U0209906

世界海洋经济统计：方法与应用

苏为华　朱发仓　朱静波　石秋乐　著

科学出版社

北　京

内 容 简 介

本书系统梳理了代表性国际组织和沿海国家有关海洋经济统计的创新举措，内容涉及海洋经济统计理论知识（海洋经济相关概念与范畴以及海洋经济统计的实施主体、对象和内容）和国际海洋经济统计实践成果（国际海洋经济发展指标、海洋经济相关指数及海洋研究报告）等方面。本书主要基于文献研究法和比较分析法，从统计学角度解读国际海洋经济的发展情况，以期为我国强化海洋经济统计顶层设计，以及推动海洋经济统计和调查工作的标准化、规范化和制度化提供相关参考和国际经验借鉴。

本书可供从事海洋渔业、交通航运、海上石油、国防建设及从事海洋科学研究等部门的科研、生产管理与规划人员和大专院校师生参考。

图书在版编目（CIP）数据

世界海洋经济统计：方法与应用 / 苏为华等著. — 北京：科学出版社，2024.5

ISBN 978-7-03-077187-2

Ⅰ. ①世… Ⅱ. ①苏… Ⅲ. ①海洋经济－经济统计－世界 Ⅳ. ①P74

中国国家版本馆 CIP 数据核字（2023）第 242102 号

责任编辑：郝　悦 / 责任校对：姜丽策
责任印制：张　伟 / 封面设计：有道设计

科学出版社 出版
北京东黄城根北街 16 号
邮政编码：100717
http://www.sciencep.com
北京建宏印刷有限公司印刷
科学出版社发行　各地新华书店经销

*

2024 年 5 月第　一　版　　开本：720×1000　1/16
2024 年 5 月第一次印刷　　印张：28 3/4
字数：580 000
定价：298.00 元
（如有印装质量问题，我社负责调换）

序　言

纵观历史，由内陆走向海洋，由海洋走向世界，是人类历史上强国发展的必由之路。"向海则兴、背海则衰"，世界上绝大多数大国和强国的盛衰更替，无不与海洋经略的强弱有着密切的关系。无论是希腊人、埃及人、罗马人、北欧人，还是阿拉伯人、腓尼基人、中国人，都曾经历依海而强盛、因弃海而衰败。争夺制海权、保障海上贸易通道、利用国际资本控制海洋的方式，成为塑造海洋强国的主要途径，由此造就了 15 世纪的葡萄牙、16 世纪的西班牙、17 世纪的荷兰、18 世纪和 19 世纪的英国、20 世纪的美国等海上霸权国家。展望未来，海洋经济是经济发展的重要增长点和动力源，2001 年联合国缔约国文件中更是明确宣示"21 世纪是海洋世纪"。各国对海洋利益争夺日益激烈，把维护国家海洋权益、发展海洋经济、保护海洋环境列为本国的重大发展战略，如美国颁布《21 世纪海洋蓝图》《美国海洋行动计划》、英国发布《英国海洋科学战略 2010-2025》《2050 海事战略》、澳大利亚发布《海洋产业发展战略》《海洋科学研究所 2015-2025 年战略规划》、欧盟修订《大西洋行动计划 2.0》等。

作为一个海岸线较长的国家，中国也高度重视发展海洋经济，将海洋合理开发与利用上升为国家发展战略。1996 年，国家海洋局制定《中国海洋 21 世纪议程》，在海洋领域更好地贯彻《中国 21 世纪议程》精神。2008 年，国务院发布《国家海洋事业发展规划纲要》这个中华人民共和国成立以来的首个海洋领域总体规划。2012 年，党的十八大报告中明确提出"建设海洋强国"[1]。2013 年，中共中央政治局就建设海洋强国进行集体学习，对建设"海洋强国"的重要意义、道路方向、具体路径做了系统的阐述，提出"四个转变"要求。2017 年，党的十九大报告中进一步强调要"坚持陆海统筹，加快建设海洋强国"[2]。2020 年，习

---

[1] 胡锦涛. 坚定不移沿着中国特色社会主义道路前进 为全面建成小康社会而奋斗——在中国共产党第十八次全国代表大会上的报告[EB/OL]. https://www.gov.cn/ldhd/2012-11/17/content_2268826_5.htm，2012-11-17.

[2] 习近平. 决胜全面建成小康社会 夺取新时代中国特色社会主义伟大胜利——在中国共产党第十九次全国代表大会上的报告[EB/OL]. https://www.gov.cn/zhuanti/2017-10/27/content_5234876.htm，2017-10-27.

近平总书记多次强调要构建以国内大循环为主体、国内国际双循环相互促进的新发展格局[①]。同年，十九届五中全会对我国社会经济做出重大战略部署，同时也对我国海洋强国战略赋予了新的内涵，对海洋经济发展提出了更高的要求。2022 年，党的二十大报告提出了发展海洋经济，保护海洋生态环境，加强建设海洋强国的议题[②]。2023 年 12 月召开的中央经济工作会议更是强调大力发展海洋经济，建设海洋强国。

首先，当前较多的海洋强国战略研究仅从形成基础、内容概述、当代价值角度展开，而鲜有研究针对海洋强国战略目标和海洋经济发展展开论述，缺乏海洋经济发展新内涵的研究。其次，较多的海洋经济分析都集中在本国内的研究，缺乏国家间海洋经济发展的对比研究。最后，较多的海洋经济评价仅从海洋科技创新、海洋生态环境等单一角度出发，就海洋论海洋，缺乏符合时代潮流的强国理念下的海洋经济综合评价，且研究对象集中在国内各省区市对比，缺乏国际化对比视野。因此，为全面理解新时代"海洋强国"战略目标及其对发展海洋经济、完善海洋经济统计体系的新要求，探索和创新基于"海洋强国"战略的海洋经济统计体系，服务国家重大战略决策，有必要总结和分析国际组织和沿海国家海洋经济统计的创新举措，以期为我国强化海洋经济统计顶层设计并推动海洋经济统计和调查工作的标准化、规范化和制度化提供相关参考和国际经验。

本书共三篇，分别从世界主要沿海国家与组织的海洋经济统计概况、海洋经济发展指标和国际知名机构对海洋经济的研究这三个角度，介绍总结并对比分析世界海洋经济统计发展现状。第一篇首先分析强国战略下海洋经济统计"新要求"，剖析海洋强国战略、海洋政策，总结出当前我国海洋经济统计存在的不足，构建了满足新时代要求的海洋经济统计框架；其次第二章至第七章分别详述经济合作与发展组织（Organization for Economic Co-operation and Development, OECD）、欧盟等国际组织，以及美国、加拿大、葡萄牙、中国等主要沿海国家有关海洋经济概念界定、海洋产业分类、海洋经济数据收集体系等海洋经济统计活动，提供海洋经济发展国际化视野。第二篇第九章至第十三章系统梳理国际组织（OECD 和欧盟）和主要沿海国家（美国、加拿大和葡萄牙）官方的与海洋相关的数据库，如 OECD 的可持续海洋经济数据库、欧盟的蓝色经济指标、美国的国家海洋经济监测（Economics：National Ocean Watch, ENOW）等，剖析主要沿海国家与组织在海洋资源、海洋经济产值、海洋产业发展状况等方面的指标，

① 习近平. 国家中长期经济社会发展战略若干重大问题[EB/OL]. https://www.gov.cn/xinwen/2020-10/31/content_5556349.htm, 2020-10-31.

② 习近平. 高举中国特色社会主义伟大旗帜 为全面建设社会主义现代化国家而团结奋斗——在中国共产党第二十次全国代表大会上的报告[EB/OL]. https://www.gov.cn/xinwen/2022-10/25/content_5721685.htm, 2022-10-25.

并比对我国海洋经济发展状况及其存在的问题，总结国际海洋强国的发展经验。第三篇系统整理国内外发布的海洋指数、报告等，分别从海洋资源环境、海洋科技创新、海洋服务三个角度，系统详述全球海洋科技创新指数、海洋健康指数（ocean health index，OHI）、波罗的海有关指数、班轮运输连通性指数、世界领先海事之都等，研究国际社会对海洋国家或海洋城市的评价，探求国际海洋经济发展风向标，为建立可以展示中国"以海洋人类命运共同体"为内核的"海洋强国"模式的统计话语与传播体系提供参考与建议。

完成本书稿需要深入研究与广泛阅读，包括大量中英文资料与文献的搜集与整理。这项繁复的工作远非一人之力能完成，而是整个团队共同努力、密切协作的成果。研究生刘晓霞撰写了第一章、第二章、第七章、第十四章及第十七章的初稿，廖宁和史润泽撰写了第三章、第八章及第十章的初稿，周晨晨撰写了第四章及第十一章的初稿，徐慧苹撰写了第五章、第十二章及第十六章的初稿，李嘉琪撰写了第六章及第十三章的初稿，胡妍和张冰撰写了第九章、第十五章及第十八章的初稿，研究生张含妍、张潇天参与了文字校对工作。全书由苏为华、朱发仓、朱静波、石秋乐审校。

感谢在本书出版过程中提供无私帮助和支持的所有人。诚挚地邀请读者朋友们在阅读本书后，提出宝贵且富有建设性的改进建议。

苏为华　朱发仓　朱静波　石秋乐

2024 年 1 月 10 日

目　　录

第一篇　世界主要沿海国家与组织的海洋经济统计概况

第二篇　海洋经济发展指标

第三篇　国际知名机构对海洋经济的研究

【第一篇】
世界主要沿海国家与组织的海洋经济统计概况

随着人类生存空间和活动范围不断向海洋扩展，作为与陆地经济对应的一种经济活动，海洋经济活动的主角光环也越发显著，如何充分利用和发挥政府在开发海洋、利用海洋过程中的作用也逐渐成为学术界和政府部门日益关注的问题。20 世纪 70 年代以来，国际组织和沿海国家都开始关注海洋经济研究，并着手研究海洋经济理论，在相关法律或研究报告中界定了海洋经济相关概念与范畴，海洋经济统计也逐步被纳入沿海国家经济体系中。从全球范围来看，各国对海洋经济重要性的认识虽然达成共识，但定义、术语、统计方法和分类标准存在较大差异，对海洋经济的认识自成体系。

在国际层面上，取代"海洋经济"而被频繁使用的是"海洋产业"一词。通常认为，产业是指某类具有共同特性的企业或组织的集合，是联结宏观经济和微观经济的一个中观层次。同样地，海洋产业也可以被认为是某类具有共同特性的海洋企业的集合。海洋产业是海洋经济的具体表现形式，对海洋经济的研究最终都要落脚到对海洋产业的界定和研究上（徐敬俊和韩立民，2007）。目前，西方沿海国家及地区对海洋产业的表述基本相同。例如，美国和澳大利亚的"海洋产业"（marine industry）；英国的"海洋关联产业"（marine-related activity）；加拿大的"海洋产业"（marine and ocean industry）；欧洲的"海洋产业"（maritime industry）；等等。虽然各国对海洋产业的定义基本类似，但其包含的内容、归类标准和体系却不尽相同，从这些差异中找出些许共性，可以作为我们比较研究的基础和依据，尤其可以反映出中国在全球海洋经济中所处的位置（傅梦孜和刘兰芬，2022）。

鉴于此，本书立足于总结和分析国际组织和沿海国家海洋经济统计的创新举措，以期为我国强化海洋经济统计顶层设计并推动海洋经济统计和调查工作的标准化、规范化和制度化提供相关参考和国际经验。

第一章 海洋经济统计概论

第一节 引 言

美国国家海洋和大气管理局（National Oceanic and Atmospheric Administration，NOAA）指出，20 世纪 90 年代以来，美国经济中 80% 的国内生产总值（gross domestic product，GDP）受到海岸海洋经济的驱动，40% 直接受到海岸经济的驱动，对外贸易总额的 95% 和增加值的 37% 通过海洋交通运输完成（徐胜和张宁，2018）。联合国贸易和发展会议（United Nations Conference on Trade and Development，UNCTAD）指出世界上 80% 以上的贸易量由海洋运输完成，海运使许多支持生计和使社会繁荣的经济活动成为可能（UNCTAD，2016）。世界银行和联合国经济和社会事务部（United Nations Department of Economic and Social Affairs，UNDESA）指出在全球资源匮乏和经济恢复乏力的双重压力下，海洋逐渐成为当今经济发展的重要增长点和动力源，成为全球新一轮竞争和发展的主战场（World Bank and UNDESA，2017）。OECD 在其海洋经济报告中提到，与海洋有关的经济活动将迅速增长，海洋产业在增值和就业方面都有潜力超过全球经济的增长，估计 2010 年与海洋相关的经济活动约为 1.5 万亿美元，并预测到 2030 年，海洋经济对全球增加值的贡献会增加一倍以上，每年超过 3 万亿美元，为 4 000 多万人提供工作（OECD，2016）。欧盟委员会（European Commission）发布 2022 年《欧盟蓝色经济报告》，报告称，2021 年欧盟蓝色经济行业从业人员达 450 万人，营业额超过 6 650 亿欧元，总增加值达到 1 840 亿欧元（European Commission，2022）。《2021 年中国海洋经济统计公报》[①]数据显示，中国海洋经济生产总值突破 9 万亿元，占沿海地区生产总值的 15%，2012~2021 年全国海洋经济生产总值年均增速为 6.03%，超过 GDP 增速的平均水平（5.98%）。

---

① http://gi.mnr.gov.cn/202204/t20220406_2732610.html.

近年来，世界各国纷纷制定新的海洋发展策略，重新布局海洋经济发展，强调海洋生态健康、海洋科技发展，促进国际合作（邢广程，2018）。美国的多项计划都强调了海洋经济发展与环境保护相协调的发展战略基调，如《21 世纪海洋蓝图》（Watkins and Gopnik，2004）；英国发布的《英国海洋科学战略2010-2025》①强调英国在全球的海洋战略目标，其发布的《全球海洋技术趋势2030》（Shenoi et al.，2015）确定了以海洋科技为核心推动新兴产业发展的海洋发展战略，发布的《2050 海事战略》②确定了以海洋事务合作推动航运业发展，强调英国全球海洋枢纽地位的海洋发展战略；澳大利亚陆续发布《海洋产业发展战略》和《海洋科学研究所 2015-2025 年战略规划》③，加强海洋产业科学研发和海洋生态系统的管理；欧盟修订《大西洋行动计划 2.0》④，提出四大支柱和七大目标，旨在提高协作水平，释放大西洋地区蓝色经济的潜力，同时保护海洋生态系统，促进适应并缓解气候变化。

一直以来，我国高度重视海洋的开发与利用。党的十八大报告中首次明确提出建设海洋强国。习近平在十八届中央政治局第八次集体学习时指出，着力推动海洋经济向质量效益型转变、海洋开发方式向循环利用型转变、海洋科技向创新引领型转变、海洋维权向统筹兼顾型转变⑤，这四个要求反映了海洋的本质特性，在建设海洋强国过程中具有主导作用，意义重大。党的十九大报告中，习近平总书记提出"加快建设海洋强国"。为应对国内外环境的复杂多变，自2020 年上半年开始，习近平总书记多次强调要"逐步形成以国内大循环为主体，国内国际双循环相互促进的新发展格局"（习近平，2020）。2020 年10 月的十九届五中全会上通过的《中共中央关于制定国民经济和社会发展第十四个五年规划和二〇三五年远景目标的建议》，对我国社会经济做出了重大的部署，同时也对海洋强国赋予了新的内涵，对海洋经济发展提出了更高的要求。2022 年党的二十大报告提出，"发展海洋经济，保护海洋生态环境，加快建设海洋强国"（习近平，2022）。

在此背景下，传统的"就海洋论海洋"的海洋经济统计已不能满足当前发展需要，新时代海洋强国目标下的海洋经济统计，需要满足国际比较、分析我国海洋高科技产业对高质量发展建设贡献度，展现产业转型成果，能够开展海洋资源

---

① https://www.gov.uk/government/publications/uk-marine-science-strategy-2010-to-2025.

② https://www.gov.uk/government/publications/maritime-2050-navigating-the-future.

③ https://www.marinescience.net.au/nationalmarinescienceplan/.

④ https://oceans-and-fisheries.ec.europa.eu/news/atlantic-action-plan-20-revamped-maritime-strategy-foster-sustainable-blue-economy-and-eu-green-deal-2020-07-23_en.

⑤ 习近平在中共中央政治局第八次集体学习时强调进一步关心海洋认识海洋经略海洋 推动海洋强国建设不断取得新成就[EB/OL]. https://www.gov.cn/ldhd/2013-07/31/content_2459009.htm，2013-07-31.

承载能力分析与海洋资源开发平衡状态分析，应该拥有服务于开放水平的统计监测体系，以及展示中国以"海洋人类命运共同体"为目标的"海洋强国"模式，因此亟须建立与国家宏观经济管理相适应的海洋经济统计制度体系。

对此，本章就海洋经济概念、产业分类、数据收集等，对比研究国际海洋经济统计体系与我国海洋经济统计体系上的异同；并对我国海洋强国战略进行挖掘分析；在此基础上，深入分析强国战略下我国海洋经济统计工作存在的问题，借鉴国外海洋经济统计体系方面的经验，有针对性地提出完善我国海洋经济统计的基本问题。

第二节　强国战略对海洋经济统计的新要求

习近平同志高度重视海洋事业发展。在福建、浙江工作时，习近平同志曾多次对海洋经济发展做出重要论述，指出"发展海洋经济是一项功在当代、利在千秋的大事业"（李群，2014）。2012 年，党的十八大报告指出："提高海洋资源开发能力，发展海洋经济，保护海洋生态环境，坚决维护国家海洋权益，建设海洋强国。"（胡锦涛，2012）自此，建设"海洋强国"战略被明确提出。2013 年7 月 30 日，在十八届中央政治局第八次集体学习时，习近平同志全面系统地阐述了建设海洋强国，对经略海洋做出高瞻远瞩的谋划和部署。这一系列重要论述，是我国建设海洋强国的科学指南，标志着我们党对海洋的认识达到新高度（林光纪等，2017）。2017 年 10 月 18 日，在党的十九大报告中，习近平总书记进一步指出"坚持陆海统筹，加快建设海洋强国"（习近平，2017）。2022 年 10 月 16日，在党的二十大报告中，习近平总书记又提出了"发展海洋经济，保护海洋生态环境，加快建设海洋强国"（习近平，2022）。

从党的系列报告中针对建设海洋强国的内容可以看出，我国推进海洋强国建设的对内具体路径为发展海洋经济，手段及措施是不断提高海洋资源开发能力（沈满洪和余璇，2018），前提是解决我国面临的重大海洋问题，以坚决维护国家主权和领土完整及海洋权益，并保障实施海洋及其资源开发的安全环境，从而实现保护海洋生态环境及建设海洋强国的目标。自十八大以来，国家有关宏观战略与决策部署对海洋强国战略及海洋经济发展提出新要求，如中共中央十九届五中全会上提出的"双循环"新发展格局赋予了海洋经济发展新内涵。下面详细分析海洋强国战略的内涵，调查分析海洋经济政策现状，分析其不足，并据此提出海洋经济统计框架。

一、海洋强国战略内涵分析

我国古代很早就开始开发和利用海洋，创造了灿烂的海洋文明。唐宋至明初期，开辟和拓展了海上丝绸之路，海洋贸易日益繁盛，我国成为当时全球最强大富裕的国家之一。但15世纪以后，西方开始放眼全球主动获取"海权"，而中国则趋于保守，拘泥于保九州的被动"海防"，最终成为西方列强侵略的目标。可以说，中国的国门是从海洋方向被西方列强打开的。历史充分表明，背海而弱、向海则兴，封海而衰、开海则盛（林光纪等，2017）。习近平同志指出："海洋在国家经济发展格局和对外开放中的作用更加重要，在维护国家主权、安全、发展利益中的地位更加突出，在国家生态文明建设中的角色更加显著，在国际政治、经济、军事、科技竞争中的战略地位也明显上升。"①这些重要论述，体现了今天更加宽广、更有高度、更富眼光的海洋观。在我国历史上，从来没有哪个时期像今天这样认识海洋、重视海洋、经略海洋。

1994年，习近平在福建任职时系统阐述了对发展海洋经济的深刻认识："这是经济发展的必然趋势，也是培育经济新生长点的重要途径。"②此次会议后不久，福州市委、市政府出台《关于建设"海上福州"的意见》，在我国沿海城市中最早发出"向海进军"的宣言（沈满洪和余璇，2018）。2003年1月，习近平第一次到访舟山，提到"浙江是海洋大省，舟山是海洋大市。经过多年的努力，浙江在发展海洋经济方面取得了很好的成效。做好海洋经济这篇大文章，是长远的战略任务，我们要加强调查研究，从实际出发，一如既往地抓下去"。以舟山为起点，习近平用四个多月先后调研了18个沿海县（市、区），并在2003年8月18日主持召开浙江省海洋经济工作会议，正式拉开了浙江加快建设海洋经济强省的序幕。到中央工作后，特别是党的十八大以来，习近平总书记提出"要进一步关心海洋、认识海洋、经略海洋"①。习近平同志指出："建设海洋强国是中国特色社会主义事业的重要组成部分……对实现全面建成小康社会目标、进而实现中华民族伟大复兴都具有重大而深远的意义。"①建设海洋强国内涵丰富，主要体现在以下三个方面。

第一，海洋科技强。建设海洋强国必须大力发展海洋高新技术。要依靠科技进步和创新，努力突破制约海洋经济发展和海洋生态保护的科技瓶颈。要搞好海洋科技创新总体规划，坚持有所为有所不为，重点在深水、绿色、安全的海洋高

---

① 习近平在中共中央政治局第八次集体学习时强调进一步关心海洋认识海洋经略海洋 推动海洋强国建设不断取得新成就[EB/OL]. https://www.gov.cn/ldhd/2013-07/31/content_2459009.htm，2013-07-31.

② 习近平总书记在福建的探索与实践[EB/OL]. http://www.xinhuanet.com//politics/2017-08/05/c_129673481_3.htm?isappinstalled=0，2017-08-05.

技术领域取得突破，尤其要推进海洋经济转型过程中急需的核心技术和关键共性技术的研发（杨海霞，2013）。提高海洋资源开发能力，着力推动海洋经济向质量效益型转变。发达的海洋经济是建设海洋强国的重要支撑。要利用海洋科技提高海洋开发能力，扩大海洋开发领域，让海洋经济成为新的增长点（姜竹雨和沈佳强，2018）。要加强海洋产业规划和指导，优化海洋产业结构，提高海洋经济增长质量，培育壮大海洋战略性新兴产业，提高海洋产业对经济增长的贡献率，努力使海洋产业成为国民经济的支柱产业（刘小力，2013）。

第二，海洋管控强。海权"操之在我则存，操之在人则亡"。历史证明，不能制海，必为海制。因此，海洋力量强大、管控有力，才能守好"蓝色国门"、保护好海上权益。习近平指出："要维护国家海洋权益，着力推动海洋维权向统筹兼顾型转变。我们爱好和平，坚持走和平发展道路，但决不能放弃正当权益，更不能牺牲国家核心利益。要统筹维稳和维权两个大局，坚持维护国家主权、安全、发展利益相统一，维护海洋权益和提升综合国力相匹配。要坚持用和平方式、谈判方式解决争端，努力维护和平稳定。要做好应对各种复杂局面的准备，提高海洋维权能力，坚决维护我国海洋权益。要坚持'主权属我、搁置争议、共同开发'的方针，推进互利友好合作，寻求和扩大共同利益的汇合点。"[①]

第三，海洋保护强。海洋强国不应以牺牲海洋生态为代价发展海洋经济，而应坚持经济与生态统筹发展。习近平指出："要保护海洋生态环境，着力推动海洋开发方式向循环利用型转变。"[①]要下决心采取措施，全力遏制海洋生态环境不断恶化趋势，让我国海洋生态环境有一个明显改观，让人民群众吃上绿色、安全、放心的海产品，享受到碧海蓝天、洁净沙滩。要把海洋生态文明建设纳入海洋开发总布局之中，坚持开发和保护并重、污染防治和生态修复并举，科学合理开发利用海洋资源，维护海洋资源再生产能力。要从源头上有效控制陆源污染物入海排放，加快建立海洋生态补偿和生态损害赔偿制度，开展海洋修复工程，推进海洋自然保护区建设（刘赐贵，2014）。

党的十八大以来，我国统筹推进"五位一体"总体布局、协调推进"四个全面"战略布局，推动党和国家事业取得历史性成就、发生历史性变革，推动中国特色社会主义进入了新时代。党的十九届五中全会指出，"十四五"时期是我国全面建成小康社会、实现第一个百年奋斗目标之后，乘势而上开启全面建设社会

---

① 习近平在中共中央政治局第八次集体学习时强调进一步关心海洋认识海洋经略海洋 推动海洋强国建设不断取得新成就[EB/OL]. https://www.gov.cn/ldhd/2013-07/31/content_2459009.htm，2013-07-31.

主义现代化国家新征程、向第二个百年奋斗目标进军的第一个五年①。新发展阶段贯彻新发展理念，必然要求构建新发展格局（余淼杰等，2022；郝宪印和张念明，2023）。《中共中央关于制定国民经济和社会发展第十四个五年规划和二〇三五年远景目标的建议》提出了加快构建以国内大循环为主体、国内国际双循环相互促进的新发展格局，进一步丰富了经略海洋、开发海洋、发展海洋经济、海洋治理体系与治理能力现代化建设、落实综合安全观、统筹发展与安全等方面内容，主要体现在以下两个方面。第一，深化供给侧结构性改革这条主线，全面优化升级产业结构，提升创新能力、竞争力和综合实力，增强供给体系的韧性，形成更高效率和更高质量的投入产出关系，实现经济在高水平上的动态平衡。第二，实行高水平对外开放，既要持续深化商品、服务、资金、人才等要素流动型开放，又要稳步拓展规则、规制、管理、标准等制度型开放（韩保江，2022）。要加强国内大循环在双循环中的主导作用，塑造我国参与国际合作和竞争新优势。要重视以国际循环提升国内大循环效率和水平，提高我国生产要素质量和配置水平（隆国强，2021）。要通过参与国际市场竞争，增强我国出口产品和服务竞争力，推动我国产业转型升级，增强我国在全球产业链、供应链、创新链中的影响力。

二、当前海洋政策主要方向

基于文本挖掘技术，本书在北大法宝法律数据库官方网站搜索界面的法律法规栏目下选择"中央法规"，以"海洋"为搜索词进行搜索，共获取相关法律法规 969 条［时间范围为 2012 年 11 月 8 日（中国共产党第十八次全国代表大会）至检索日期 2023 年 3 月 15 日］。由于文本数量过多、一些文本内容与研究课题有较大差异，进一步对政策文本进行筛选：选取中央层面发布的政策文本，政策内容应与研究主题密切相关，以保证文本数据的准确性和代表性。经过对海洋政策文本数据的收集、整理和筛选，本书最终整理出 669 份政策文本，文件类型有通知、意见、规定、办法、条例、规范等，同时建立政策数据表记录政策其他方面的信息，包括编号、政策名称、效力级别、发布部门、发布日期等信息。

在使用 Python 对获得的政策文本进行分词、去停用词、特征选择及向量化等预处理后，保留了重要程度较高的特征词，再使用 Python 的 Gensim 库进行后续的 LDA（latent Dirichlet allocation，隐含狄利克雷分布）主题模型建模（Blei

---

① 中共中央关于制定国民经济和社会发展第十四个五年规划和二〇三五年远景目标的建议. http://www.xinhuanet.com/politics/zywj/2020-11/03/c_1126693293.htm，2020-11-03.

et al.，2003）。当主题数量 $K=8$ 时，困惑度最低，此时主题之间的相似度最大，模型泛化能力最强，得到了海洋政策文本 8 个主题、主题对应关键词及其分布概率，选取每个主题的前 10 个关键词。

以第一个主题为例。首先，通过模型得到该主题下概率前 10 的关键词，概率从大到小分别为"海洋捕捞""水产""渔民""工程项目""违规""渔业资源""渔政""养护""海洋旅游""产业化"。其次，根据这 10 个关键词本身的语义、特性及其组合在海洋领域的偏向，总结该隐含主题为海洋渔业，最终得到的 8 个主题名称分别为海洋渔业、海洋人才及海洋宣传、海洋资源开发与利用、海洋生态环境保护、海洋贸易、海洋管理与调查、海洋科技、海洋工程设备与国防。

经过阅读政策文本内容、参考文献，并联系关键词在每个主题下的概率和该词在海洋领域的含义，对海洋政策关键词进行总结得出的 8 个分类主题进行再度分类，归纳出 5 个主要方向，分别为海洋科技方向、海洋权益方向、海洋生态方向、海洋开放方向和海洋辐射内陆方向。

三、新时代海洋经济统计框架

综合对比海洋强国内涵与当前我国海洋政策主要方面发现，我国当前海洋经济统计不能为海洋强国政策和海洋经济发展提供有力的数据支撑，需要建立满足海洋强国要求的海洋经济统计体系。

需要能够切实反映涉海科技创新的规模、结构、强度等指标，以统计监测海洋经济高质量发展情况。现有海洋科技统计仅仅统计了自然资源部下属的海洋科研院所，如自然资源部第一海洋研究所等单位的科技活动，广大涉海企业、高等院校开展的涉海研发活动不在统计范围之内。海洋科学、海洋技术、海洋创新的概念与内涵、识别标准、调查对象、调查范围、指标口径等都没有建立。

需要能够反映海洋经济发展权益的指标。现有海洋经济统计体系缺乏海洋权益内容统计，如海洋相关资源评估评价，经济所有权的判定、判别、转移、交易记录核算等都没有建立。

需要能够反映海洋经济发展生态的指标，以统计监测海洋经济可持续发展情况。现有海洋生态统计对近岸海域、管辖海域海洋环境进行了海水、沉积物、海水浴场、放射性水平四个方面的环境状况监测；典型海洋生态系统、海洋自然保护地、滨海湿地、海洋生态灾害四个方面的生态状况监测；入海河流污染物排放、直排海污染源、海洋大气污染物沉降、海洋垃圾和微塑料四个方面的主要入海污染源状况监测；海洋倾倒区、海洋油气区、海水浴场、海洋渔业水域四个部门海洋功能区环境状况的监测；赤潮和绿潮、海水入侵和土壤盐渍化、重点岸段海岸侵蚀三个方面海洋环境灾害状况的监测；对海洋二氧化碳源汇状况的监测。但近岸海域水质评价尚未纳入海洋统计指标体系；排污口监测、海洋自然灾害统计（如赤潮、台风等）尚未形成系统健全的体系。

需要能够反映海洋经济发展对外开放程度的指标，以统计监测我国海上丝绸之路进展。我国当前实行更加积极主动的开放战略，加快推进中国（海南）自由贸易试验区、海南自由贸易港建设，共建"一带一路"等国际公共产品和国际合作平台，致力于形成更大范围、更宽领域、更深层次对外开放格局。但现有海洋开放水平统计中对海上丝绸之路国家的营商环境、海洋便利条件、外资准入、进出口等信息掌握并不充分；我国参与全球海洋治理尚不充分，与我国海洋大国地位不相匹配。

需要能够反映海洋经济发展陆海统筹的指标，以统计监测海洋辐射内陆的情况。我国当前积极优化区域开放布局，加快建立内陆开放型经济体系，形成沿海与内陆联动开发开放新格局。例如，积极实施中新（重庆）战略性互联互通示范项目。完善北部湾港口建设，打造具有国际竞争力的港口群，加快培育现代海洋产业，积极发展向海经济。积极发展多式联运，加快铁路、公路与港口、园区连接线建设。强化沿江铁路通道运输能力和港口集疏运体系建设。依托长江黄金水道，构建陆海联运、空铁联运、中欧班列等有机结合的联运服务模式和物流大通道。支持在西部地区建设无水港。优化中欧班列组织运营模式，加强中欧班列枢纽节点建设。进一步完善口岸、跨境运输和信息通道等开放基础设施，加快建设开放物流网络和跨境邮递体系。加快中国-东盟信息港建设。但现有海洋辐射内陆发展水平统计中仅涉及江海联运吞吐量和集装箱海运联运量等，有关内陆无水港、现代海洋产业发展等信息统计并不充分，无法充分描述当前海洋对内陆经济发展的辐射效应，也无法对未来内陆发展做出合理预测。

基于以上五点，本书构建了如图 1.1 所示的基于强国战略的海洋经济统计框架图。海洋经济活动由三部分内容组成，分别为海洋直接开发与利用的核心活动，海洋服务衍生的支持活动，以及海洋空间作为必要生产要素、海洋贸易战略物资精深加工的衍生活动。其中，应关注核心活动的统计可比性，关注发展海洋支持活动和海洋衍生活动，促进海洋新兴产业发展。基于强国理念的海洋经济统计应从海洋科技、海洋生态、海洋权益、走向国际和辐射内陆五个角度出发，满足分析我国海洋高科技产业对高质量发展的贡献度，展现产业转型成果，能够开展海洋资源承载能力分析与海洋资源开发平衡状态分析，应该拥有服务于开放水平的统计监测体系，以及展示中国以"海洋人类命运共同体"为目标的"海洋强国"模式。

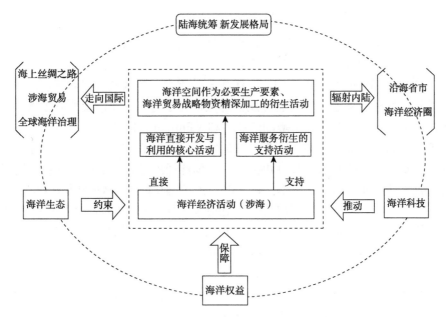

图 1.1　基于强国战略的海洋经济统计框架图

第三节　海洋经济的概念与范围

一、国际上的界定

美国的海洋活动是指所有直接或主要利用海洋、海岸和五大湖（The Great Lakes）的经济活动（Bureau of Economic Analysis，2020），其概念来源于海洋（或五大湖）对经济活动的直接和间接投入（Colgan，2007）。澳大利亚认为海洋经济是以海洋为基础的活动，Allen Consulting（2004）为澳大利亚做的海洋报告中以海洋资源是否为主要的投入、进入海洋是否为该活动中的一个重要因素定义海洋经济活动。加拿大渔业和海洋部（Canadian Department of Fishery and Ocean，2003）认为海洋产业活动对国民经济的影响由直接影响、间接影响和关联影响三个层次构成。美国、加拿大和澳大利亚对海洋经济的定义中都强调了将海洋资源作为直接或间接的投入。但是，船舶建造等不需要海洋资源作为直接和间接投入，不被纳入海洋经济活动中，因此，以海洋资源作为直接或间接投入的定义方法存在缺陷。美国经济分析局（Bureau of Economic Analysis，2020）发布的报告指出，海洋经济部分还应由产业定义、部分由地理位置定义，既包括以海洋资源为投入的商品或服务的生产（如水上货运、近海石油和天然气开采及商业捕鱼），又包括生产用于海洋环境的产品和服务（如船舶制造或海上导航设备），还包括地理性依赖于海洋的活动（如海滨酒店、服务于海港的仓库）。加拿大也从产业和地理出发，指出海洋经济是指那些依赖于海洋或与海洋有关的私营部门和公共部门的产业化活动，海洋产业是指在海洋区域及与此相连的沿海区域内的海洋娱乐、商业、贸易和开发活动及依赖于这些产业活动所开展的各种产业经济活动，但不包括内陆水域的产业活动（Pinfold，2009）。

英国、新西兰和爱尔兰等海岛国家的海洋经济定义类似于美国、加拿大和澳大利亚。爱尔兰从海洋资源投入角度出发，将海洋经济定义为直接或间接利用海洋作为投入的经济活动（Vega and Hynes，2013）。英国和新西兰从地理和产业的角度出发，英国认为海洋经济不仅指海上活动，还应包括海底活动和为海洋活动提供产品生产和服务的活动（Pugh，2008）；新西兰指出海洋经济应包括在海洋中发生的经济活动、利用海洋环境的活动、为以上活动生产必要的商品和服务的活动，以及对国民经济做出直接贡献的海上经济活动（Statistics New Zealand，2006）。比较特殊的是日本，日本海洋经济定义从产业出发，重点强调人与自然的互动方式，将海洋经济定义为专门负责开发、利用和保护海洋的产业活动（Nomura Research Institute，2009）。

OECD 指出，有许多经济活动是海洋经济的一部分，早期研究将海洋渔业、涉海旅游等行业合称为海洋经济（Jolliffe et al.，2021）。欧盟将基于大洋、海洋和海岸或与之相关的所有部门和跨部门经济活动视为海洋经济活动，即在大洋、海洋和沿海地区进行的经济活动（Surís-Regueiro et al.，2013）。

中国海洋经济定义与日本相似，从产业角度出发，关注人与自然的关系，《全国海洋经济发展规划纲要》中将海洋经济定义为开发利用海洋的各类产业及相关经济活动的总和。《海洋及相关产业分类》（GB/T 20794-2021）中，将海洋经济定义为开发、利用和保护海洋的各类产业活动，以及与之相关联活动的总和。

二、国际上所用术语

世界各国使用的海洋经济术语是不相同的，中国、日本和韩国是非英文母语国家，这些术语被翻译成英语时是混合使用的。有关海洋经济术语的使用，海洋主要使用"ocean"、"marine"和"maritime"这三个单词。美国、爱尔兰使用"ocean"；英国、法国、澳大利亚和新西兰使用"marine"；加拿大既使用"ocean"又使用"marine"；"maritime"这个单词只有西班牙使用。海洋经济术语中，经济主要由"economy"、"industry"、"activity"和"sector"这四个单词表述。美国、法国、爱尔兰、新西兰主要使用"economy"；澳大利亚、加拿大、日本和韩国主要使用"industry"；中国既使用"economy"又使用

"industry"；英国使用"activity"；西班牙使用"sector"。对比分析发现，各国最常使用的是"ocean/marine economy"和"ocean/marine industry"，如美国、法国、澳大利亚、爱尔兰、加拿大、新西兰都使用了此表述。比较特殊的是英国和西班牙，英国使用的是"marine activity"，西班牙使用的是"maritime sector"。

Park 等（2014）曾对"industry"和"economy"的内涵进行过区分，指出"industry"是"economy"的一个子集，"economy"一词内涵是大于"industry"一词的。具体而言，"industry"只包括私人部门的商品和服务。"economy"不仅包括私人部门，还包括公共部门等市场部门和非市场部门的商品和服务。

随着海洋生态环境保护取得各国广泛共识，将海洋保护纳入海洋经济定义中已被越来越多的国家认可，生态价值，如非市场流通和服务、自然资产资本不容忽视。葡萄牙认为海洋经济还应包括海洋自然资本和海洋生态系统以外的非贸易服务。OECD（2016）将海洋经济视为海洋经济活动与海洋环境之间相互作用和相互依存的系统，海洋生态系统为涉海产业活动开展提供投入，如与体验自然环境有关的福利，以及原材料、食品和能源的供给；海洋产业还会影响海洋生态系统正常运行，如环境污染等。

因此，"economy"表述比"industry"更符合当今海洋经济中经济的内涵。为满足一致性可比要求，海洋经济中海洋的表述建议选用当今国家较多采用的"ocean"或"marine"，海洋经济的完整术语可采用更具包容性和一致性的"ocean economy"或"marine economy"。

三、海洋经济活动分类

美国海洋经济活动分类从地理和产业角度出发，在 NOAA 的早期研究中，海洋经济相关生产分为以下三类：第一类与地理范围内水域的生产有关，这一类别包括在海洋上进行的任何生产或从海洋获得基本投入的所有生产，包括水运、近海石油和天然气开采以及商业捕鱼等活动；第二类包括全部必然发生在海洋附近的生产，这些生产活动的海洋或沿海属性通过海岸附近邮政编码区的地理位置进行识别和测度，这类活动包括海岸娱乐和海滨别墅租赁；第三类包括为在海洋上使用而购买的商品（包括于海洋或内陆生产的所有商品），这一类别中的产品专门或主要用于海洋，如船舶制造或海洋导航设备（林香红，2021）。加拿大海洋经济活动分类从部门角度出发，加拿大渔业和海洋部发布的《加拿大海洋相关活动经济影响》（Pinfold，2009）中确认了 12 类主要海洋活动[①]，并将主要海洋活

---

① 主要海洋活动代表海洋经济的核心，是直接从海洋资源的采掘或非采掘利用中获得其经济基础的工业活动。

动划分为私营部门活动和公共部门活动两类。其中，私营部门活动有 7 类，分别为海产品、海上石油和天然气、海洋运输、海洋旅游业、海洋建筑业、制造业、次级活动；公共部门活动有 5 类，分别为国防部/加拿大军队、渔业和海洋部、其他联邦部门、省/地区政府部门、大学和非政府环境组织。澳大利亚海洋经济活动分类从资源投入角度出发，《海洋产业指数》（Australia Institute of Marine Science，2020）将澳大利亚海洋产业划分为海洋资源活动和与海洋相关的服务活动两类。海洋资源活动又包括渔业和海上油气勘探与开采两类；与海洋相关的服务活动包括四类，分别为造船/维修服务和基础设施、海洋旅游及娱乐活动、海洋运输业、海洋安全与环境管理，子部门中由于资料来源和数据缺失，实际划分了14 个子部门，分别为水上运输、国内旅游、国际旅游、码头和划船基础设施、船舶建造和维修①、海洋设备零售、石油勘探、石油生产、液化石油气生产、天然气生产、海洋水产养殖、商业渔业、休闲渔业。

海岛国家海洋经济活动也很丰富。根据英国《海洋政策声明》，英格兰海洋活动主要分为防御、能源生产和基础设施、港口和运输、海洋集料、海洋清淤和处置、通信电缆工程、渔业、水产养殖业、地表水管理及废水处理与处置、旅游和娱乐业十类。日本国土面积狭小，海洋经济活动广泛，形成了以海洋渔业、船舶制造、滨海旅游和海洋新兴产业为支撑的现代海洋经济。

欧盟从资源投入角度对经济活动类型进行分类，将经济活动分为两类。一类是围绕海洋开展的基础活动，如海洋生物资源（捕捞渔业和水产养殖）、海洋矿物、海洋可再生能源、海水淡化、海上运输和沿海旅游；另一类是生产海洋产品或服务的活动，如海产品加工、生物技术、造船和维修、港口活动、技术和设备、数字服务等②。欧盟还将海洋活动划分为成熟海洋产业和新兴海洋产业，成熟海洋产业是海洋科技发展较为成熟的产业，新兴海洋产业中涉及的是较为新兴的海洋科技，代表未来海洋科技的发展方向（OECD，2016）。Park 和 Kildow（2014）提出 3 种海洋经济活动类型，即发生在海洋（in the ocean）、来自于海洋（from the ocean）和服务于海洋（to the ocean）。OECD（2021）详细描述了海洋经济活动的 7 种类型：发生在海洋上或海洋中；生产主要用于海洋或在海洋中使用的货物和服务；从海洋环境中提取非生物资源；从海洋环境中获取生物资源；将从海洋环境中获取的生物资源作为中间投入；如果它们不靠近海洋，很可能不会发生；由于靠近海洋而获得特殊优势的活动。在《改进国际海洋经济测量的蓝图：计算海洋经济活动的卫星的探索》（2021 年）中，OECD 利用产业活动参考分类编制了一份海洋经济活动清单，具体包括了 14 类海洋经济活动，分别为

---

① 包括船舶制造和维修（民用和国防）、船舶制造和维修（包括游船）两部分，故共有 14 个子部门。

② https://op.europa.eu/en/publication-detail/-/publication/156eecbd-d7eb-11ec-a95f-01aa75ed71a1.

海洋渔业，海洋水产养殖，海上客运，海上货物运输，原油和天然气的海上开采，海洋和海底采矿，离岸产业支持活动，鱼类、甲壳类动物及软体动物的加工和保存，海事船舶、船舶和浮式结构物建筑，海事制造、维修和安装，海上风能和海洋可再生能源，海港和海上运输支持活动，海洋科学研究与发展，海洋和海岸旅游（Jolliffe et al.，2021）。

中国海洋经济活动包括了与海洋产业相关的各类活动，按照与海洋产业的相关性，分为核心型海洋经济活动、支持型海洋经济活动和外围相关型海洋经济活动。核心型海洋经济活动包括渔业活动、矿产资源开发活动、工业活动、农业活动、旅游活动、交通活动等；支持型海洋经济活动包括研究活动、教育活动、社会服务和管理活动；外围相关型海洋经济活动包括金融活动和商业活动等，几乎覆盖了我国国民经济活动所有类型。

通过归纳梳理发现，目前国际上对于海洋经济概念本身尚未达成一致意见，趋势有以下几个方面。第一，各国都承认海洋经济属于资源经济，与海洋相关的经济活动应纳入海洋经济范畴，海洋经济在产业和区域方面向陆地有一定的延伸。例如，所有国家都有使用"ocean"和"marine"一词，海洋经济本质上是发生在靠近海洋的地方；美国海洋经济定义中不仅包括区域角度，还包括了产业角度；英国和欧盟类似，突破区域束缚，从"取之于海"与"用之于海"角度，指出为海洋活动提供生产和服务的经济活动也属于海洋经济活动。第二，各国的海洋经济活动除海洋资源的直接开发利用和为海洋经济活动提供支持的服务活动外，还逐步纳入了海洋空间利用和海洋贸易战略物资精加工等衍生活动。第三，随着海洋生态环境保护取得各国广泛共识，将海洋保护纳入海洋经济定义中被越来越多的国家认可。例如，OECD（2016）将海洋经济视为海洋经济活动与海洋环境之间相互作用和相互依存的系统；苏格兰海洋经济定义中提到生态系统（Scottish Government，2022）；葡萄牙认为海洋经济还应包括海洋自然资本和海洋生态系统以外的非贸易服务（Statistics Portugal，2016）。

第四节　海洋经济数据收集体系

一、美加澳数据收集体系

美国于1974年开始研究海洋经济的统计问题及其对国民收入的影响，经济分析局（Bureau of Economic Analysis，BEA）组织了专项研究以开发海洋生产总值和各州海洋生产总值的核算方法，但是，美国并没有就此建立专门的海洋经济数据采集系统，而是将海洋和海岸带的关键指标进行归类，既包括市场生产活动，还包括自然资源及休闲旅游等，借助于供给使用表获得与国民账户一致来源的数据集，保证了数据的可比性。例如，NOAA 大力开发数字海岸（digital coast）和伙伴关系（partnership）项目，与 BEA、劳工统计局（Bureau of Labor Statistics，BLS）、人口普查局（Bureau of the Census，BC）等机构进行合作与数据共享，合作编制了国家海洋经济数据监测系统，针对自雇工作者的国家海洋经济数据监测系统，沿海地区经济数据，海洋经济卫星账户及沿海淹没区就业情况等数据集。

加拿大于 1985 年就开始评估休闲娱乐型渔业对国家和区域社会经济的影响，每五年开展一次专项调查，后期将调查范围扩大至海洋产业，发布了《加拿大海洋相关活动经济影响》等系列研究报告。加拿大具有完善的海洋综合管理框架，拥有 18 个沙海部委局，实行联邦、省（自治区）、市三级政府的海洋管理责任（黄海燕等，2018）。加拿大海洋经济的贡献主要通过海洋生产总值、劳动收入和就业这三个指标来测度，运用投入产出（input-output，I-O）模型测度海洋对国民经济的直接、间接和诱导三种影响。

首先，澳大利亚海洋产业统计采取"自下而上"的方式，基于澳大利亚和新西兰标准产业分类（the Australian and New Zealand standard industrial classification，ANZSIC），挑选包含"海洋依赖"产业的部门，确定这些部门中包含的海洋行业，估算出海洋部分所占份额；其次，将这些数据汇总到全行业级别；最后，使用德勤经济研究所区域投入产出模型（Deloitte Access Economics regional input-output model，DAE-RIOM）核算出海洋产业经济贡献，即增加值、就业人数、出口额和缴税额（税收收入、原油资源租金额、产品和服务税、人员雇佣税）。澳大利亚海洋经济数据大部分来自政府部门，从澳大利亚农业资源经济局、国家农林渔业部、澳大利亚海事安全局、澳大利亚石油和天然气生产与勘探协会、澳大利亚统计局等部门提取数据（董伟，2006）。

二、海岛国家数据收集体系

英国在 20 世纪 90 年代开展了涉海活动调查，涉及的指标有海洋交通运输量等，对于部分属于海洋经济的行业，如装备制造业等，则基于供给使用表、公司年报等材料获得行业剥离系数。

日本于 2000 年采用投入产出表数据和相关产业组织单位数据，整合海洋经济研究机构数据，综合测度海洋经济的影响。2008 年日本内阁根据《海洋基本法》授权开展了一系列包括海洋调查在内的研究。

三、国际组织数据收集体系

OECD 从海洋及相关产业（如船舶、渔业等）与海洋提供的自然资产和生态系统服务（鱼类、二氧化碳吸收等）等方面建立可持续海洋经济数据库，该数据库汇集了来自环境局（Environment Directorate，ENV），贸易和农业局（Trade and Agriculture Directorate，TAD），创业、中小企业、地区和城市中心（Centre for Entrepreneurship，SMEs，Regions and Cities，CFE），国际运输论坛（International Transport Forum，ITF），国际能源署（International Energy Agency，IEA）等部门和机构的海洋相关数据集和指标。该数据库涵盖了自然资本（natural capital）、环境和资源生产力（environmental and resource productivity）、经济机遇（economic opportunities）、政策回应（policy responses）及社会经济背景（socio-economic context）五大方面的内容。

蓝色经济数据是决策者和企业家投资的重要参考，为了持续改进蓝色经济社会经济绩效以及监测和衡量蓝色经济现状，欧盟委员会于 2018 年开始每年定期发布《欧盟蓝色经济报告》。该报告是由欧盟环境、海洋事务与渔业委员会和欧盟委员会联合研究中心（Joint Research Centre，JRC）联合发布的。其中，传统部门的研究数据是基于欧盟委员会从欧盟成员国和欧洲统计系统收集的数据，渔业和水产养殖数据是根据欧盟数据收集框架（data collection framework，DCF）收集的，其他传统部门的分析均基于欧洲统计局的结构商业统计（structural business statistics，SBS）数据、欧洲生产调查分类标准、国民账户和旅游统计数据。

四、中国数据调查体系

根据自然资源部《海洋经济统计调查制度》，各级自然资源（海洋）主管部门组织开展海洋经济统计调查工作，调查对象为各级自然资源（海洋）主管部门，文化和旅游部、农业农村部、交通运输部、生态环境部、教育部等国务院有关涉海部门、涉海院校及重点涉海企业，主要内容包括涉海企业经营情况、各海洋产业发展情况等。报告期分为年报报表和定期报表两种形式。统计调查方法包括全面调查和重点调查，其中，年报报表主要采用全面调查方法，定期报表主要采用重点调查方法。

综上所述，各国都在努力完善海洋数据收集体系。第一，就数据收集部门而言，多部门协作成为主流。目前海洋数据收集主要由官方部门主导，官方部门通过联合国内统计部门、行业主管部门、行业协会、企业等建立畅通的数据共享渠道，或通过委托咨询公司，建立海洋数据库，定期对外公布海洋经济发展状况。

第二，就数据收集流程而言，各国都在完善海洋经济的统计和核算工作，提高数据质量。开展数据统计前，大多国家会加强统计和核算人员队伍建设，增加统计部门与涉海部门的合作与互动，数据统计好后也会开展多次监督核算（王新维和李杨帆，2022），如美国、澳大利亚和欧盟等建立联合统计监督及二次、三次核算机制，并延长单次核算周期。第三，就数据统计内容而言，有关海洋经济发展状况的指标愈发丰富，如美国、澳大利亚、欧洲等国家和地区除了增加值外，还有收入指标、就业指标、公司数量指标等；沿海城市及更小尺度的海洋经济统计工作也在进一步增强，如美国不仅对省级进行了详细统计和公开，也对县级海洋经济数据进行了同样的统计和公开，便于研究学者和相关从业人员清楚获取所需信息并了解海洋产业动态变化（王新维和李杨帆，2022）；数据收集范围得到进一步扩大，如美国、澳大利亚、欧洲对内陆地区的海洋经济产业（如海洋服务业）也进行了统计并纳入海洋经济报告。第四，就数据发布情况而言，我国海洋经济年报的发布为一年一次，海洋经济数据的核算和统计环节都要在此期间完成，相关数据的统计环节和核算时长较其他国家而言是最短的，如加拿大于 1985年就开始评估休闲娱乐型渔业对国家和区域社会经济的影响，每五年开展一次专项调查。

参 考 文 献

董伟. 2006. 澳大利亚海洋产业计量方法[J]. 海洋信息，（2）：21-23.

傅梦孜，刘兰芬. 2022. 全球海洋经济：认知差异、比较研究与中国的机遇[J]. 太平洋学报，30（1）：78-91.

韩保江. 2022. 加快构建新发展格局，着力推动高质量发展[J]. 科学社会主义，（6）：34-41.

郝宪印，张念明. 2023. 新时代我国区域发展战略的演化脉络与推进路径[J]. 管理世界，39（1）：56-68.

胡锦涛. 2012. 坚定不移沿着中国特色社会主义道路前进　为全面建成小康社会而奋斗——在中国共产党第十八次全国代表大会上的报告[M]. 北京：人民出版社.

黄海燕，杨璐，许艳，等. 2018. 加拿大海洋环境监测状况及对我国的启示[J]. 海洋开发与管理，35（3）：76-80.

姜旭朝，刘铁鹰. 2016. 国内外海洋经济统计核算与贡献测度的实践研究[J]. 中国海洋经济，（1）：129-145.

姜竹雨，沈佳强. 2018. 海洋事业发展的三个维度研究综述和评论[J]. 江苏商论，（8）：104-106.

李群. 2014. 争当建设海洋强国的排头兵[N]. 人民日报，（7）.

林光纪，董琳，耿来强. 2017. 习近平海洋强国战略思想的形成与阶段划分初探[J]. 中国海洋社会学研究，（5）：3-19.

林香红. 2021. 国际海洋经济发展的新动向及建议[J]. 太平洋学报，29（9）：54-66.

刘赐贵. 2014-06-07. 努力推动海洋强国建设取得新成就[N]. 人民日报，（11）.

刘小力. 2013. 提升海权意识　建设海洋强国[J]. 党政干部论坛，（12）：47-48.

隆国强. 2021. 坚持胸怀天下，推进大国开放[J]. 中国发展观察，（24）：5-7.

沈满洪，余璇. 2018. 习近平建设海洋强国重要论述研究[J]. 浙江大学学报（人文社会科学版），48（6）：5-17.

王新维，李杨帆. 2022. 海洋经济统计体系优化策略研究：基于国际比较视角[J]. 中国海洋大学学报（社会科学版），（6）：45-53.

习近平. 2017. 决胜全面建成小康社会　夺取新时代中国特色社会主义伟大胜利——在中国共产党第十九次全国代表大会上的报告[M]. 北京：人民出版社.

习近平. 2020. 国家中长期经济社会发展战略若干重大问题[J]. 求是，（21）：4-10.

习近平. 2022. 高举中国特色社会主义伟大旗帜　为全面建设社会主义现代化国家而团结奋斗——在中国共产党第二十次全国代表大会上的报告[M]. 北京：人民出版社.

邢广程. 2018. 中国建设"海洋强国"的新思路[J]. 中国边疆学，（1）：37-48，2.

徐敬俊，韩立民. 2007. "海洋经济"基本概念解析[J]. 太平洋学报，（11）：79-85.

徐胜，张宁. 2018. 世界海洋经济发展分析[J]. 中国海洋经济，（2）：203-224.

杨海霞. 2013. 探索海洋经济创新发展之路：专访国家发展改革委地区经济司司长范恒山[J]. 中国投资，（8）：36-43.

余淼杰，王廷惠，任保平，等. 2022. 深入学习贯彻党的二十大精神笔谈[J]. 经济学动态，（12）：3-22.

中共中央文献党史和文献研究院. 2018. 习近平关于总体国家安全观论述摘编[M]. 北京：中央文献出版社.

Allen Consulting. 2004. The Economic Contribution of Australia's Marine Industries—1995-96 to 2002-03：A Report Prepared for the National Oceans Advisory Group[R]. The Allen Consulting Group Pty Ltd.，Australia.

Australia Institute of Marine Science. 2020. The AIMS Index of Marine Industry 2020[R]. Queensland.

Blei D M，Ng A Y，Jordan M I. 2003. Latent dirichlet allocation[J]. Journal of Machine Learning Research，3：993-1022.

Bureau of Economic Analysis. 2020. Defining and Measuring the U.S. Ocean Economy[Z].

Canadian Department of Fishery and Ocean. 2003. Canada's Ocean Industries：Contribution to the Economy 1988-2000[Z].

Colgan C S. 2007. A Guide to the Measurement of the Market Data for the Ocean and Coastal Economy in the National Ocean Economics Program[R]. National Oceans Economics Program, Edmund S Muskie School of Public Service, University of Southern Maine.

European Commission. 2022. The EU Blue Economy Report 2022[R]. European Commission Directorate General for Maritime Affairs and Fisheries, Office of the European Union Publishing.

Jolliffe J, Jolly C, Stevens B. 2021. Blueprint for Improved Measurement of the International Ocean Economy: An Exploration of Satellite Accounting for Ocean Economic Activity[R]. OECD Science, Technology and Industry Working Papers.

Nomura Research Institute. 2009. Report on Japan's Marine Industry[Z].

OECD. 2016. The Ocean Economy in 2030[R]. Paris: OECD Publishing.

Park K S, Kildow J T. 2014. Rebuilding the classification system of the ocean economy[J]. Journal of Ocean and Coastal Economics, (1): 4.

Pinfold G. 2009. Economic Impact of Marine Related Activities in Canada[R]. Economic Analysis and Statistics, Fisheries and Oceans Canada.

Pugh D. 2008. Socio-economic Indicators of Marine-related Activities in the UK Economy[M]. London: Crown Estate.

Scottish Government. 2022. A Blue Economy Vision for Scotland[M]. London: Scottish Government.

Shenoi A, Bowker J, Dzielendziak A S, et al. 2015. Global marine technology trends 2030[EB/OL]. https://www.researchgate.net/publication/297195898_Global_marine_technology_trends_2030 [2023-11-13].

Statistics New Zealand. 2006. New Zealand's Marine Economy 1997 to 2002[M]. Wellington: New Zealand Statistics Publication.

Statistics Portugal. 2016. Satellite Account for the Sea 2010-2013 Methodological Report[R]. Instituto Nacional de Estatistica.

Surís-Regueiro J C, Garza-Gil M D, Varela-Lafuente M M. 2013. Marine economy: a proposal for its definition in the European Union[J]. Marine Policy, 42: 111-124.

UNCTAD. 2016. Review of Maritime Transport 2016[M]. Geneva: United Nations.

Vega A, Hynes S. 2013. Ireland's Ocean Economy[R]. SEMRU Report Series.

Watkins J D, Gopnik M. 2004. An Ocean Blueprint for the 21st Century [R]. Global Issues.

World Bank, UNDESA. 2017. The potential of the blue economy: increasing long-term benefits of the sustainable use of marine resources for small island developing states and coastal least developed countries[Z].

第二章　OECD 海洋经济统计体系

OECD 成立于 1961 年，是由 38 个市场经济国家组成的政府间国际经济组织，旨在共同应对全球化带来的经济、社会和政府治理等方面的挑战，并把握全球化带来的机遇。OECD 的工作方式包含一种高效机制，它始于数据收集与分析，进而发展为政策的集体讨论，寻求共有问题的答案并协调国内国际政策（王耀东，2010）。OECD 指出海洋经济数据应从国际到国家再到地区，在各个行业、不同地点及不同时间都具有可比性，理论上也应保持一致（Colgan，2016）。基于此，OECD 试图探讨衡量海洋经济的新方法，即将海洋经济活动和海洋生态系统服务作为海洋经济卫星账户的两大支柱纳入国民核算体系中，以期在全球范围内探讨海洋产业测度和评估方法的标准化，本章就具体内容展开论述。

第一节　OECD 对海洋经济研究的探索

OECD 一直致力于促进全球化背景下海洋经济的国际比较研究，特别是 2011 年实施的国际未来计划（The International Futures Programme，IFP），旨在对海洋经济的前景和范围开展研究，并于次年发展了一项为期三年的项目——"海洋经济的未来"（The Future of the Ocean Economy）。自 2016 年以来，OECD 发布的有关海洋经济研究的文件或工作报告还包括：《海洋经济 2030》（OECD，2016）、《可持续海洋经济的创新再思考》（OECD，2019）、《人人共享可持续的海洋：发展中国家利用可持续海洋经济的好处》（OECD，2020）及《COVID-19 大流行：走向蓝色——小岛屿发展中国家的复苏》（OECD，2021a）等。OECD 在海洋经济研究方面的创新性举措可概括为三个方面。

一、基于两个维度给出海洋经济的定义

近年来，对海洋资源的无度、无序、无偿开发利用，以及过度捕捞导致的渔业资源衰退，给海洋生态系统带来了巨大压力和严重破坏。部分国家将海洋公共领域视为免费垃圾处理场，导致海水污染、生物多样性退化、海水酸化、海洋塑料垃圾污染等海洋生态问题层出不穷。基于此，OECD 突破传统思想的制约，从海洋产业和海洋生态系统两个维度来重新界定海洋经济的概念，致力于为全球海洋经济价值评估奠定坚实基础。借鉴 de Groot 等（2002）将海洋生态系统服务分为支持服务、调节服务、供给服务和文化服务四类的做法，OECD 将海洋生态系统服务分为实物服务和非实物服务（有时用"商品"和"服务"表示），具体如表 2.1 所示（OECD，2016）。海洋产业和海洋生态系统相互依存，涉海产业的许多活动都源自海洋生态系统，而产业活动又同时会影响海洋生态系统，这一概念的提出能够确保以一致和可复制的方式来衡量海洋产业和海洋生态系统。同时，OECD 对海洋产业进行分类时充分考虑了重叠问题，将海洋产业活动分为传统海洋产业活动和高度活跃的新兴产业活动。

表 2.1　海洋及沿海生态系统服务的类型与实例

生态系统服务	定义	实例
支持服务	支持并实现其他服务持续供应的生态系统功能	光合作用、营养循环、土壤、沉积物、沙滩形成等
调节服务	生态系统过程和自然循环的自然调控	水分调控、自然灾害天气调控、碳封存、海岸线稳固等
供给服务	原材料、食品和能源	原材料（如海底沉积物，包括锰结核、富钴结壳和固体块状硫化物等）、食品生产（如渔业和水产养殖）、能源（如海上风电、海洋能源、近海石油和天然气）、遗传资源（独特生物材料的来源和工业利益的过程）等
文化服务	与体验自然环境有关的福利	旅游、休闲、精神价值观、教育等

资料来源：OECD（2016）

二、建立可持续海洋经济数据库

海洋是全球共享的资源，许多国家在发展与海洋相关行业时没有充分考虑到环境问题，从而危及经济和人民福祉所依赖的自然资源和基本海洋生态系统服务（周秋麟等，2021）。鉴于此，OECD 从海洋及相关产业（如船舶、渔业等）与海洋提供的自然资产和生态系统服务（鱼类、二氧化碳吸收等）等方面建立可持续海洋经济数据库，该数据库汇集了来自环境局，贸易和农业局，创业、中小企业、地区和城市中心，国际运输论坛，国际能源署等部门和机构的海洋相关数据

集和指标。该数据库涵盖了自然资本、环境和资源生产力、经济机遇、政策回应及社会经济背景五大方面的内容，详见表2.2。

表2.2 OECD可持续海洋经济数据库的具体内容

指标名称	内容说明	细分指标
自然资本	描述所选的与海洋有关的自然资本的数量或质量	受威胁的海洋生物
		沿海土地覆盖变化
		鱼类资源
环境和资源生产力	描述海洋作为一种资源与有益或有害产出之间的联系	国际海上燃料库（international maritime bunkers）的二氧化碳排放
经济机遇	反映为保护海洋或利用海洋资源创造财富而开展的活动	海洋可再生能源研发预算
		技术开发（创新）
政策回应	描述和通报一套旨在保护海洋的政策	非法、不报告和不受管制的捕捞
		海洋可持续性的税收、费用和收费、可交易许可证制度、补贴、押金退还计划和其他工具
		海洋经济中与环境有关的税收收入
		与海洋有关的化石燃料支持
		保护区
社会经济背景	提供与海洋间接有关的人口和经济活动的资料	海洋渔业上市量（marine landings）
		水产养殖生产
		渔业就业
		渔船队
		渔业产品贸易
		海运费
		旅游收支
		沿海人口

资料来源：OECD（2016）

三、改善海洋可持续性方面的举措

OECD（2019，2020，2021b）强调科学技术在改善海洋可持续性方面的重要性与日俱增，具体举措如下。

第一，鼓励创新，实现海洋经济的发展和海洋生态系统的可持续性齐头并进（OECD，2019）。OECD提供一系列有利技术，有望在科学研究和生态系统分析、航运、能源、渔业和旅游业等许多海洋活动中提高效率和生产力，优化成本结构。这些渐进性技术包括新材料、纳米技术、生物技术（包括遗传学）、海底工程与技术、成像和物理传感器、卫星技术、信息通信技术和大数据分析、自主系统等，其在海洋经济中的预期用途如表 2.3 所示。

表 2.3   渐进性技术及其在海洋经济中的预期用途

渐进性技术	在海洋经济中的预期用途
新材料	可使海上石油和天然气、海上风能、海洋水产养殖、潮汐能等领域的构筑物更坚固、更轻、更耐用
纳米技术	自诊断、自修复和自清洁的纳米材料，用于涂料、能源储存和纳米电子
生物技术（包括遗传学）	用于水产养殖中的物种培育、疫苗和食品开发。开发用于药品、化妆品、食品和饲料的新型海洋生物物质。藻类生物燃料和新型海洋生物产业
海底工程与技术	水下电网技术、深水输电、海底电力系统、管道安全、浮式结构的系泊和锚固装置等
成像和物理传感器	智能传感器、技术和平台依赖于小型自动化来制造低能耗、低成本的海洋环境测量设备
卫星技术	光学、成像、传感器分辨率，卫星传输数据的质量和数量的改进，以及小型、微型和纳米卫星覆盖范围的扩大，预计将促成许多活动
信息通信技术和大数据分析	智能计算系统和机器学习算法旨在理清整个海洋经济中产生的大量数据
自主系统	自主式水下航行器、遥控无人潜水器和自主水面航行器的部署将大幅扩大

资料来源：OECD（2019）

第二，重视合作，探索培育海洋经济创新网络活力的途径（OECD，2016，2019）。OECD 试图聚集包括公共研究机构、大中小型企业、大学及其他公共机构等各种参与者，致力于在海洋经济的许多不同领域（如海洋机器人和自主运载器、水产养殖、海洋可再生能源、生物技术、海洋油气）开展一系列科学和技术创新。这将有助于应对国家和国际研究环境的变化，并利用其多样性为海洋经济乃至整个社会带来利益。海洋经济的创新网络具有多种形式，从各种独立参与者之间的松散关系到追求共同目标的相对正规的协会或协定联盟，还涉及多种类型的组织，但有效的合作是这类创新网络成功的核心特征。

第三，构建附属账户，以改进海洋经济测度方法（OECD，2016，2021b；林香红，2021）。OECD 支持改进海洋经济测度的新型开拓性计划，认为有三个领域可以显著改善决策：一是标准化衡量和评估海洋产业的方法，并通过附属账户将其纳入国民核算体系；二是衡量和评估自然海洋资源和生态系统服务，并探索将其纳入国民核算框架的方法；三是更好地量化公共投资对可持续海洋观测系统的贡献。

第二节　OECD 海洋经济相关概念与范畴

OECD 预测，到 2030 年，具有巨大发展潜力的海洋经济活动在增加值和创造就业方面将胜过全球经济整体表现，海洋经济对全球生产总值的贡献将翻一番，即从 2010 年的 1.5 万亿美元增加到 2030 年的 3 万亿美元（OECD，2016）。海洋一直以其宽阔的胸怀哺育着人类，吸引着人类。进入 21 世纪，人类社会的可持续发展将会越来越依赖海洋，海洋调节全球环境系统，支撑着生命的繁衍，也是维系人类可持续发展的资源宝库。对此，OECD 在其工作报告（OECD，2019，2020，2021a，2021b，2021c）中对海洋、海洋经济及海洋经济活动的概念与范畴进行了详细描述。

一、海洋的重要性

OECD（2021b）指出，海洋作为日益增长的人口的粮食来源、化石燃料和可再生能源的来源、最终消费的矿物和生产其他商品的中间投入的矿物来源，以及作为维护全球贸易体系至关重要的客运和货运工具、度假和休闲的热门场所，在人类生产生活中扮演着不可或缺的角色。

第一，海洋是食物来源地。海洋里不能种植水稻和小麦，但海洋中的鱼类和贝类能够为人类提供营养丰富的蛋白质。在全球范围内，海产品和鱼类产品是继谷类和牛奶之后人类食用的食物蛋白质的第三大来源。据联合国粮食及农业组织（Food and Agriculture Organization of the United Nations，FAO）统计，2018 年全球范围内鱼类蛋白质消费量约占动物蛋白质总消费量的 17%（FAO；2020）。

第二，海洋是能源和矿物的聚宝盆。2019 年，全球海上石油产量每天约为 2 600 万桶，天然气产量接近 1.2 亿立方米，海上开采约占全球石油和天然气总产量的 28%（IEA，2020）。近海开采化石燃料已经有八十多年的历史，海洋日益成为清洁能源的来源。根据国际能源署的数据，海上风力资源是目前全球电力需求量的 18 倍，海上风力发电也因此被认为是降低发电排放的关键（IEA，2019）。其他形式的海洋可再生资源是通过将潮流、潮差、海浪、洋流、海洋热能和盐度梯度能等转换为电能获得的（OES，2017）。除此之外，海上开采活动还包括海上和海底采矿，在大陆架浅海海底埋藏着煤、硫、磷等矿产资源，深海也含有宝贵的金属资源，如镍、钴、金和银等。

第三，海洋是运输工具。在过去几十年里，国际海运贸易几乎每年都在增长，2018 年装载量达到创纪录的 110 亿吨（UNCTAD，2020）。油轮运输的石油、天然气和化学品以及主要干散货（铁矿石、谷物和煤炭）各占海运贸易总量的近 30%，剩下的 40%由其他部分（包括集装箱贸易）组成。海洋运输的基本要素包括船舶、航线和港口。其中，海港在全球海洋经济中发挥着关键作用，2019年全球沿海港口货物吞吐量超过 8 亿个集装箱吞吐货物量。

第四，海洋是休闲度假胜地。在 OECD 国家中，旅游业增加值约占 GDP 总量的 4.4%，就业岗位的 6.9%，旅游服务出口额约占服务出口总额的 21.5%（OECD，2020）。海洋和沿海旅游，包括沿海度假胜地租用游艇、酒店、餐馆和酒吧、鲸鱼观光旅行、游轮度假等活动以及其他相关活动，都是这些总数中的重要组成部分。根据 OECD 的数据，在 2010 年，海洋和沿海旅游业是在全球增加值方面仅次于石油和天然气行业以及在就业方面仅次于捕捞渔业的第二大海洋相关产业（OECD，2016）。

二、海洋经济的概念

OECD 在其发布的工作报告（OECD，2016，2021b）中将"海洋经济"定义为"海洋产业的经济活动以及海洋生态系统提供的资产、商品和服务的总和"。从定义中可以看出，OECD 已将海洋经济认定为海洋经济活动与海洋环境之间相互作用和相互依赖的系统（图2.1）。此外，OECD 在《海洋经济2030》报告中特别强调："海洋经济的各种定义如果没有包含不可量化的自然资源和非市场价值的产品和服务，都是不完整的。"

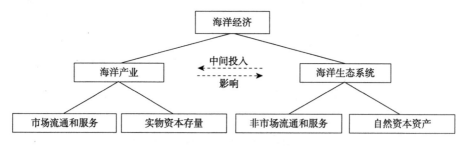

图 2.1　OECD 海洋经济的生产要素构成图
资料来源：OECD（2016）

另外，在《可持续海洋经济的创新再思考》（OECD，2019）工作报告中，OECD 认为"海洋产业活动以及海洋生态系统提供的资产、商品和服务的总和通常被称为海洋经济"。

三、海洋经济活动的概念

为提高国际海洋经济数据的可比性，OECD（2021b）依据经济活动与海洋间的不同依赖关系，详细描述了海洋经济活动的七种类型，即发生在海洋上或海洋中；生产主要用于海洋或在海洋中使用的货物和服务；从海洋环境中提取非生物资源；从海洋环境中提取生物资源；利用从海洋环境中获取的生物资源作为中间投入；如果不靠近海洋，很可能不会发生；由于靠近海洋而获得特殊优势的活动。

第一，发生在海洋上或海洋中的活动。1982 年《联合国海洋法公约》[①]中给出了"专属经济区"（exclusive economic zone，EEZ）的概念，即沿海国低水位线的基线向外延伸 200 海里的区域。但许多海洋经济活动并不完全符合这种地理定义。例如，捕鱼船队可以在专属经济区以外的水域捕鱼，海洋货物运输服务往往沿途经过其他专属经济区，大量深海矿藏位于国家管辖范围以外的地区。这意味着，海洋经济活动并不局限于一个国家的专属经济区。基于此，OECD（2021b）指出在沿海国低水位线以上或以下水域进行的任何活动或作为建立某一国家专属经济区基线的任何其他指标，都可被视为海洋经济活动的一部分。

第二，生产主要用于海洋或在海洋中使用的货物和服务的活动。许多经济活动主要是为了向海上或海洋中的活动提供货物和服务，如果海洋不存在，这些活动就不会发生或者可能发生巨大变化。例如，海洋土木工程、海军建筑、海洋水文观测以及海上造船和修理等，都是海洋经济的重要方面。其中，海事设备行业主要包括海事船舶和造船行业设计、制造和安装技术机械，据估计，2019 年其对主要造船国造船业总产值的贡献率在 6%~11%（Gourdon and Steidl，2019）。

第三，从海洋环境中提取非生物资源和/或生物资源的活动。在海洋上或海洋中进行的许多活动都是为了提取或获得海洋资源。例如，海洋渔业获得鱼类资源，近海石油和天然气行业是从海底开采近海碳氢化合物，沙子和砾石用于建筑业，珍贵的钻石和矿物是从海底的沉积物中提取出来的，获取的海藻用于各种产品，包括化妆品、肥料和燃料等。基于此，OECD（2021b）认为从海洋环境中提取生物和非生物资源的所有经济活动都应被视为海洋经济活动的一部分。

第四，利用从海洋环境中获取的生物资源作为中间投入的活动。把利用海洋生物资源作为中间投入的活动算作海洋经济活动的一部分而把利用非生物资源的活动排除在外的一个理由是，许多利用海洋生物资源作为中间投入的活动所生产的货物和服务仍然具备海洋的特征。例如，冷冻海鱼片是海洋鱼类加工业的产品，而不是海洋渔业和水产养殖业的产品，明确作为海洋特色产品销售；由海藻

[①] https://www.un.org/zh/documents/treaty/UNCLOS-1982#5.

制成的化妆品由于其与海洋有关的特性而经常在市场上销售，而非生物资源加工的产品则未必如此。例如，天然气、柴油、石脑油、液化石油气和煤油类喷气燃料等精炼石油产品往往不以其来源于海底或陆地为依据进行销售；将盐作为中间投入的产品往往不会宣传其与海洋相关。因此，OECD（2021b）认为至少在目前，海洋经济活动应将依赖海洋非生物资源作为中间投入的活动排除在外，这也使得海洋经济的边界成为人们通常理解的边界。

第五，如果不靠近海洋，很可能不会发生的活动。OECD 根据海岸带的不同衡量标准制定了建成区（built-up area）①的程度和变化指标（OECD，2021c），但靠近海洋的经济活动仍是实际获取海洋经济数据的一大挑战。例如，海水淡化厂以及与海洋和沿海旅游业有关的一些活动如果不靠近海洋，就根本不会存在；如果没有可供航行和潜水的海洋以及可供冲浪的海浪，海上游船、水肺装备等海上运动设备的租赁者以及海滨冲浪学校就无法运营。OECD（2021b）指出，判断这类活动是否应纳入海洋经济活动中，需将其生产单位放在指定的沿海地带内。

第六，由于靠近海洋而获得特殊优势的活动。该类活动主要包括以下两组活动。第一组，如沿海酒店、餐厅、游乐场及礼品店等常见的沿海地区，当针对这些活动所产生的货物和服务的需求来自其毗邻海洋的位置时，一般认为这些货物和服务是海洋经济活动的一部分。第二组是一系列更为复杂的活动，目前还没有直接依据来判断这类活动是否应纳入海洋经济活动中。例如，世界上许多大型炼油厂和核电站都位于沿海或海口沿岸，但对从沿海炼油厂流出的石油产品和沿海核电站发电的需求并不仅仅来自其毗邻海洋的位置。

第三节　OECD 海洋经济统计的行业分类

2016 年 OECD 出版的《海洋经济 2030》报告中将海洋活动划分为传统海洋产业和新兴海洋产业，具体内容如图 2.2 所示。

一、传统海洋产业

传统海洋产业包括捕捞渔业、海产品加工业、海洋商业服务业等 11 种类型，OECD（2016）给出了完整的定义。

（1）捕捞渔业（capture fisheries）：与渔业捕捞生产有关的经济活动。

---

① 表示沿海地区已经建设完成并有人居住的区域，包括住宅区、商业区、工业区等。

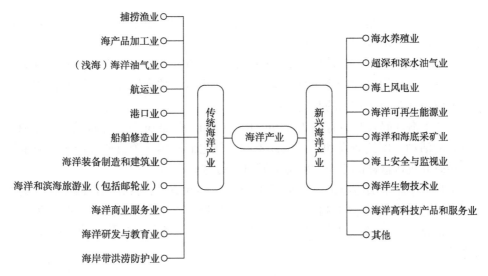

图 2.2　OECD 关于海洋产业的分类

资料来源：OECD（2016）

（2）海产品加工业（seafood processing）：海产品和小型及大型藻类加工和分销活动。换句话说，是与鱼类、甲壳类和贝类的加工及保存有关的经济活动；供人类消费和用作饲料的鱼粉的生产；海洋藻类加工。

（3）（浅海）海洋油气业（offshore oil and gas in shallow water）：浅海油气勘探和开采活动，包括设备的运行和维护以及与此活动相关的勘探服务。

（4）航运业（shipping）：海上货运和客运、货物装卸、水上运输设备租赁及其他与航运和水运有关的服务。

（5）港口业（ports）：港口经营管理，如仓储、装卸活动。

（6）船舶修造业（shipbuilding and repair）：船舶、海上平台和海上供应船舶的制造、维修和保养。海上平台包括勘探和开发海洋油气设施，如浮式生产储油卸油船、固定平台、水声研究远航平台、张力腿平台等。近海供应船，也被称为海上支援船，是支持近海油气勘探和生产的专用船舶。在该行业中包括海上平台和海上给养船，是因为一些造船工程师除生产船舶外也建造海上平台。

（7）海洋装备制造和建筑业（marine manufacturing and construction）：为多种行业部门提供产品的产业。该产业包括制造船舶设备和材料的经济活动，如机械、阀门、电缆、传感器、船舶材料、水产养殖用品等。海洋建筑业是指与海洋建设有关的经济活动（海底电缆、管道施工等）和港口开发等海洋工程建设。

（8）海洋和滨海旅游业（包括邮轮业）（maritime and coastal tourism, including cruise industry）：海洋相关旅游休闲活动的所有实物和直接设施，如海洋运动、休闲钓鱼、水族馆、游览水下文化生境等，以及靠近或毗邻海岸的餐厅、酒店和海滨住宿设施及露营地。此外，在这一领域也包括海洋旅游的新形式和新目的地，如南极和北极邮轮业。

（9）海洋商业服务业（marine business services）：与海洋产业服务有关的经济活动，包括海洋保险和金融、海洋咨询、租赁、技术服务、检验和调查、劳动力供应服务及与此有关的其他部门。

（10）海洋研发与教育业（marine R&D and education）：与研发、教育和培训有关的活动。即使研发和教育彼此不同，但它们同属一个行业，因为一般来说大学和研究机构这样的组织一般都会同时进行这些活动。

（11）海岸带洪涝防护业（coastal flood defences）：旨在保护海岸线不受海平面上升造成的海岸侵蚀和淹没的建设和管理活动。严格来说，这不是在海洋上进行的活动，也不是支持海洋产业的活动，所以经常被排除在海洋经济的定义之外。

二、新兴海洋产业

新兴海洋产业包括海水养殖业、海洋可再生能源业和海上安全与监视业等，OECD（2016）给出了完整的定义。

（1）海水养殖业（marine aquaculture）：水产品以及小型和大型藻类的农场化生产活动。

（2）超深和深水油气业（ultra-deep and deep water oil and gas）：与海上原油、天然气勘探开采相关的经济活动，包括设备的运行和维护以及与此相关的勘探服务。

（3）海上风电业（offshore wind energy）：通过海上风能发电。海上风电场的建设也包括在造船业中，因为海上风电场的建造者是造船工程师。

（4）海洋可再生能源业（ocean renewable energy）：海洋可再生能源的生产，如潮汐能、波浪能、渗透能和海洋温差能。

（5）海洋和海底采矿业（marine and seabed mining）：海底或海水中的非生物资源的生产、开采和加工。非生物资源包括来自海底（深海）的矿物和金属、河口水域的钻石、海洋填充料（石灰石、沙子和砾石）和海水中的矿物质提取物。

（6）海上安全与监视业（maritime safety and surveillance）：描述了与不同海事领域的产品和服务相关的经济活动，从污染控制和渔业管制到政府、公共或私人组织的搜索和救援、海关和海防等。

（7）海洋生物技术业（marine biotechnology）：利用科学技术，从海洋资源中提取活性物质，以及将海洋资源作为生产中的组成部分、产品或模具的经济活动，目的是改变生物或非生物材料，从而提供知识、商品和服务。

（8）海洋高科技产品和服务业（high-tech marine products and services）：包括先进的传感与通信、数据管理和信息学、海洋机器人和人工智能、材料科学和海洋工程等多个领域。这些技术支持了诸如海洋油气业、航运业、渔业和水产养殖业、海洋和滨海旅游业、海上安全人员监视等海洋部门的活动，也支持了新兴行业的发展，如海洋可再生能源、海水环境监测和资源管理等。

（9）其他（others）：包括未分类的经济活动，但是也处于发展过程中，如海水淡化（用于农业灌溉、消费和商业）和碳捕集与封存技术（carbon capture and storage，CCS）。

参 考 文 献

林香红. 2021. 国际海洋经济发展的新动向及建议[J]. 太平洋学报，29（9）：54-66.

王耀东. 2010. 创建新模式："金砖四国"多边合作的机制化进程[J]. 上海商学院学报，11（6）：7-11，34.

周秋麟，马焱，周通. 2021. 世界海洋经济十年（2011-2021）[J]. 海洋经济，11（5）：18-28.

Colgan C S. 2016. Measurement of the ocean economy from national income accounts to the sustainable blue economy[J]. Journal of Ocean and Coastal Economics，2（2）：79.

de Groot R S，Wilson M A，Boumans R M J. 2002. A typology for the classification, description and valuation of ecosystem functions, goods and services[J]. Ecological Economics，41（3）：393-408.

DEFRA. 2020. The Well-being and Human Health Benefits of Exposure to the Marine and Coastal Environment[R]. Evidence Statement，No.07，UK Department for Environment，Food and Rural Affairs.

FAO. 2020. The State of World Fisheries and Aquaculture 2020[R]. Rome：Food and Agriculture Organisation（FAO）of the United Nations.

Gourdon K，Steidl C. 2019. Global Value Chains and the Shipbuilding Industry[R]. OECD Science，Technology and Industry Working Papers，No. 2019/08.

IEA. 2018. World Energy Outlook Series：Offshore Energy Outlook[R]. Paris：OECD Publishing.

IEA. 2019. Offshore Wind Outlook 2019[R]. Paris：OECD Publishing.

IEA. 2020. World Energy Outlook 2020[R]. Paris：OECD Publishing.

OECD. 2016. The Ocean Economy in 2030[R]. Paris：OECD Publishing.

OECD. 2019. Rethinking Innovation for a Sustainable Ocean Economy[R]. Paris：OECD Publishing.

OECD. 2020. Sustainable Ocean for All：Harnessing the Benefits of Sustainable Ocean Economies for Developing Countries[R]. Paris：OECD Publishing.

OECD. 2021a. COVID-19 Pandemic：Towards a Blue Recovery in Small Island Developing States[R]. OECD Policy Responses to Coronavirus（COVID-19）.

OECD. 2021b. Blueprint for Improved Measurement of the International Ocean Economy：An Exploration of Satellite Accounting for Ocean Economic Activity[R]. OECD Science，Technology and Industry Working Papers.

OECD. 2021c. OECD Environment Database—Land Resources. Built-up Area and Built-up Area Change in Countries and Regions[R]. Paris：OECD.

OECD，WTO，WB. 2014. Global Value Chains：Challenges，Opportunities，and Implications for Policy[Z].

OES. 2017. An International Vision for Ocean Energy 2017[R]. IEA Technology Collaboration Programme for Ocean Energy Systems（OES）.

UNCTAD. 2020. Review of Maritime Transport 2020[R]. Geneva：United Nations Conference on Trade and Development.

UNCTAD. 2021. Towards a Harmonized International Trade Classification for the Development of Sustainable Ocean-Based Economies[R].

UNESCAP. 2019. Draft Workshop Report，Ocean Accounts Partnership for Asia and the Pacific Workshop[Z].

UNESCAP，GOAP. 2019. Technical Guidance on Ocean Accounting for Sustainable Development Version 0.8[Z].

第三章 欧盟蓝色经济统计体系

欧盟是一个集政治实体和经济实体于一身，在世界上具有重要影响的区域一体化组织。欧洲多半岛、岛屿和港湾，是世界上海岸线最曲折的一个大洲，其中，半岛和岛屿的总面积约占全洲面积的 1/3。欧盟 27 个成员国拥有长达 7 万千米的海岸线，沿海地区人口在欧盟总人口中约占到 1/2，这一地理位置使得欧洲的利益与海洋息息相关（张言龙等，2020）。欧盟参与国际海洋事务始于 20 世纪 70 年代，旨在在自身改革和解决本地区海洋问题的基础上，积极推进全球海洋治理规范的改革。2016 年，欧盟委员会发布了《国际海洋治理：我们海洋的未来议程》，该议程反映了欧盟引领改善全球海洋治理架构的广泛意向（European Commission，2016）。作为海洋经济最为发达的区域之一，欧盟海洋经济的发展对全球海洋经济来说举足轻重，故本章从海洋相关概念的界定、统计和分类标准等方面对欧盟海洋经济统计工作进行剖析，为推动我国海洋经济统计和调查工作的标准化、规范化和制度化提供经验借鉴。

第一节 欧盟蓝色经济的概念及海洋经济统计相关内容

一、欧盟蓝色经济的概念

2012 年 9 月，欧盟委员会发布《蓝色增长：海洋及关联领域可持续增长的机遇》（European Commission，2012），通过了《蓝色增长倡议》。这是欧盟官方文件中第一次出现"蓝色经济"这一概念，并将其定义为"除军事活动外与蓝色增长相关的经济活动"。其中，蓝色增长是指与海岸带、海洋和大洋有关联的经济和就业方面的可持续增长（张伟等，2013）。欧盟的蓝色经济是将以涉海要素作为关键性投入的经济活动作为中心产业，并向中心产业的上下游延伸（何广顺和周秋麟，2013；杨洋和宋维玲，2021）。另外，欧盟委员会在2018年发布的《欧盟蓝色经济报告》中，将蓝色经济界定为与大洋、海洋、海岸有关的所有部门和跨部门的经济活动（Surís-Regueiro et al.，2013），这些经济活动包括：①围绕海洋开展的基础活动，如海洋生物资源（捕捞渔业和水产养殖）、海洋矿物、海洋可再生能源、海水淡化、海上运输和沿海旅游；②生产海洋产品或服务的活动，如海产品加工、生物技术、造船和维修、港口活动、技术和设备、数字服务等。

二、蓝色经济的行业分类

受欧盟委员会的委托，ECORYS等咨询公司就蓝色增长开展了多项研究，并于2012年发表了蓝色增长报告（ECORYS et al.，2012）。该报告按照欧洲共同体经济活动统计分类（statistical classification of economic activities in the European Community，NACE），把蓝色经济分成六大行业，如表3.1所示。此外，在欧盟蓝色增长报告中，蓝色经济产业被分成三类：①成熟阶段（mature stage）的产业包括近海航运、海洋油气、滨海旅游、游艇和海岸带防护；②成长阶段（growth stage）的产业包括海洋风力发电、邮轮旅游、海水养殖和海洋监测监视；③预开发阶段（pre-development stage）的产业包括蓝色生物技术、海洋可再生能源和海洋矿产开发（周秋麟，2013；刘堃和刘容子，2015）。

表 3.1 欧盟蓝色经济的行业分类

蓝色经济行业	海洋产业活动	简要概述
海上运输和造船	深海航运	国际（货运）海上运输的大型船只经常航行固定路线（集装箱，主要散装）或不定期航运
	近海航运（包括RORO[①]运输）	使用中型船舶在欧洲境内和往返邻国的国内和国际货运
	客运轮渡服务	在固定的航线上运送国内和国际（主要是欧洲内部）旅客，有时与RORO运输结合
	内河水路运输	欧洲内河水道上的货物运输，包括固定联运和不定期运输
食品、营养品、卫生和生态系统服务	人类食用捕捞渔业	撷取野生自然资源（即鱼类、甲壳类、软体动物、藻类等）供人类食用。最终产品要么是生鱼，要么是加工过的鱼
	动物饲料捕捞渔业	撷取野生自然资源（主要是鱼类）供动物食用。最终产品主要是鱼粉和鱼油，可用于农业和水产养殖
	海洋水产养殖	养殖水生生物，主要供人类食用（主要是鱼类和软体动物）

---

① RORO，英文全称为 roll on roll off，滚装滚卸。

续表

蓝色经济行业	海洋产业活动	简要概述
食品、营养品、卫生和生态系统服务	蓝色生物技术	利用水生生物资源作为用于高价值产品（保健、化妆品等）的化学品和生物活性化合物
	盐碱地水产养殖	盐碱地农业的发展，通过改良现有作物或改造耐盐植物
能源和原材料	海洋油气	从海上资源提取液体化石燃料
	海上风力发电	在海洋水域建设风电场和利用近海风力发电
	海洋可再生能源	海上开发除风能以外的多种可再生能源，包括波浪、潮汐、海洋热能转换、温差能和生物质能等
	碳捕获和封存	在大型排放口捕获二氧化碳，并将其运至空旷的海上油田和其他有利的地质构造进行长期储存，以实现可持续发展目标
	集料开采（砂石等）	从海底提取海洋聚集物（沙子和砾石）
	海洋矿产开采	除骨料外的深海原料开采，包括有供应短缺风险的关键材料
	淡水供应保障（海水淡化）	海水淡化用于淡水用途（农业灌溉、消费和商业用途）
休闲、工作和生活	沿海旅游	与海滨有关的旅游和娱乐活动
	游艇及其码头	建造及维修适航休闲船及其所需的配套设施，包括码头港口
	邮轮旅游	游轮旅游的前提是人们乘坐游轮旅行，把游轮本身作为他们的度假基地，并在旅行中参观经过的地方
	工作	沿海地区的就业和经济活动
	生活	沿海地区的住宅功能及相关服务
海岸带防护	防洪和防侵蚀	监测、维护和改善沿海地区的防洪和侵蚀防护
	盐水入侵防护	与海岸保护工程有关的措施，旨在防止盐水侵入，是一项保护沿海地区淡水功能的措施
	生境保护	旨在保护自然栖息地的海岸保护工程的相关措施
海上监测和监视	货物供应链的可追踪和保障	海运领域用于安全目的的设备和服务
	预防和防止人员和货物的非法流动	利用各种服务、技术和专用设备监测和监视欧盟沿海边界
	环境监测	海洋环境监测并不是一项明确的职能。它可能涉及水质、温度、污染、渔业等

资料来源：《蓝色增长：海洋及关联领域可持续增长的机遇》

此外，在欧盟委员会发布的《欧盟蓝色经济报告》中，海洋产业被划分为成熟海洋产业和新兴海洋产业两类。其中，成熟海洋产业包括海洋生物业、海洋非生物业、海洋可再生能源（海上风能）、海洋港口活动业、船舶修造业、海洋交通运输业和滨海旅游业七类；新兴海洋产业包括蓝色能源业、蓝色生物经济与技术、海水淡化业、海洋矿业、海上防卫安全、研究与教育和基础设施建设七类。海洋相关活动包括使用海洋产品和生产海洋产品和服务的活动，以及以海洋活动为基础的活动，如海鲜加工、生物技术、造船及修理、港口活动、技术和设备、数字服务等。

三、欧盟蓝色经济部门的划分

2022年欧盟委员会发布的《欧盟蓝色经济报告》中将蓝色经济传统部门分为海洋生物资源、海洋非生物资源、海洋可再生能源、港口活动、造船及修理、海洋运输、滨海旅游七个部门，对应子部门如表3.2所示。

表3.2　欧盟蓝色经济传统部门的划分

部门	子部门
海洋生物资源	初级生产、鱼类产品加工、鱼类产品的分销
海洋非生物资源	石油和天然气、其他矿物质、相关服务活动
海洋可再生能源	海上风能
港口活动	货物和仓储、港口和水利工程
造船及修理	造船、设备和机械
海洋运输	客运、货运、运输服务
滨海旅游	居住、交通、其他支出

资料来源：2022年欧盟委员会发布的《欧盟蓝色经济报告》

1. 欧盟蓝色经济部门（传统部门）划分变动情况

2018年，欧盟委员会发布的《欧盟蓝色经济报告》中蓝色经济部门仅包括海洋生物资源提取；海上石油和天然气；港口、仓储和水利工程建设；造船及修理；海洋运输；滨海旅游六大传统部门。其中，海洋生物资源提取部门包含以下子部门：捕捞；养殖；鱼类、甲壳类和软体动物的加工和保存；专门商店中鱼类、甲壳类和软体动物的零售（包括鱼类、甲壳类和软体动物的其他食物的批发）。海上石油和天然气部门包含以下子部门：原油开采；天然气开采；支持石油及天然气开采的活动。港口、仓储和水利工程建设部门包含以下子部门：货物装卸；货物及仓储；水利工程建设；与水运有关的服务活动。造船及修理部门包含以下子部门：船舶和浮动建筑物的构造；娱乐及运动船舶的建造；船舶及小艇的维修和养护。海洋运输部门包含以下子部门：海洋及沿海客运；海洋及沿海货运；内陆客运水运；内陆货运水运；水运设备租赁。滨海旅游部门包含以下子部门：住宿、交通和其他支出。

在2019年，欧盟对六大传统部门的划分如下：海洋生物资源的开采和商业化（即海洋生物资源）；海洋矿物、石油和天然气开采（海洋非生物资源）；海洋运输；港口、仓储和水利项目的建设（港口活动）；造船和修理；滨海旅游。海洋生物资源的开采和商业化的子部门包括：捕鱼、养殖、加工及销售。海洋矿物、石油和天然气开采的子部门包括：原油开采；天然气开采；海洋骨料开采；支持石油及天然气开采及其他矿物开采的活动。港口、仓储和水利项目的建设的子部门包括：仓库及仓储；货物处理；水利工程建设；与水运有关的服务活动。

由于海上风能已经是新兴部门中最成熟的，且能够获取较为可靠和准确的数据，2020 年欧盟将海上风能部门划为传统部门，并命名为海洋可再生能源。将新兴部门分为海洋能源、蓝色生物经济及生物科技、海水淡化、海洋矿产、海上防御和海底电缆。此外，欧盟也对各部门的子部门进行了重新划分，海洋生物资源部门包括初级生产、鱼类产品加工和鱼类产品销售；海洋非生物资源部门包括石油及天然气和其他矿产资源；海洋可再生能源部门包括海上风能；港口活动部门包括货物及仓储和港口及水利工程；造船及修理部门包括造船、设备和机械；海上运输部门包括客运、货运和运输服务；滨海旅游部门包括居住、交通和其他支出。

2. 欧盟蓝色经济部门（新兴部门）划分变动情况

根据欧盟所发布的五期（2018~2022 年）《欧盟蓝色经济报告》中关于蓝色经济新兴部门的内容，整理了欧盟蓝色经济部门（新兴部门）的划分变动图（图 3.1）。2018 年《欧盟蓝色经济报告》中新兴部门包括可再生能源、蓝色生物技术、海水淡化、深海采矿、防御与安全、海岸及环境保护、海洋研究与教育七个部门。在 2019 年《欧盟蓝色经济报告》中，"可再生能源"更名为"蓝色能源"，"蓝色生物技术"更名为"蓝色生物经济及生物技术"，"深海采矿"更名为"海洋矿产"，"防御与安全"更名为"海洋防御"；此外，"海水淡化"保持不变，"海岸及环境保护"和"海洋研究与教育"已不再包含在蓝色经济新兴部门中。2020 年，则在 2019 年的五个新兴部门基础上增加了"海底电缆"部门，并将"蓝色能源"更名为"海洋能源"，其余新兴部门保持不变。

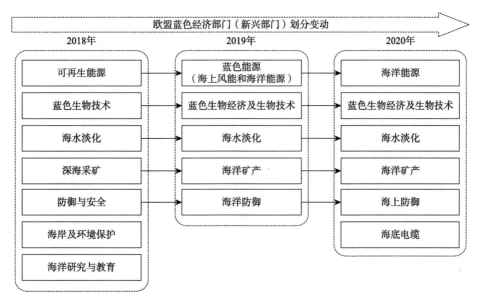

图 3.1　欧盟蓝色经济部门（新兴部门）的划分变动图

资料来源：2018~2020 年《欧盟蓝色经济报告》

四、欧盟蓝色经济传统部门特点

1. 海洋生物资源部门

海洋生物资源部门包括可再生生物资源的捕捞（第一部门），向食物、饲料、生物制品和生物能源的转化（加工），以及沿供应链的分配。《欧盟蓝色经济报告》中将海洋生物资源部门分为三个子部门，即初级生产部门、鱼类产品加工部门和鱼类产品销售部门。其中，初级生产包括捕捞渔业和水产养殖；鱼类产品加工包括鱼类、甲壳类动物及软体动物的加工保存和熟食、菜肴、油脂及其他食品的制造；鱼类产品销售包括商店零售鱼类、甲壳类动物及软体动物和其他批发。

2. 海洋非生物资源部门

海洋非生物资源部门可分为三个子部门：石油和天然气；其他矿产资源；其他服务活动①。其中，石油和天然气包括原油和天然气提取；其他矿产资源包括砾石和砂坑的经营、黏土和高岭土的开采和盐的提取；其他服务活动包括为石油和天然气开采做准备的活动和其他采石、采矿活动。海洋非生物资源部门在提供欧洲经济所需的能源和原材料来源方面发挥关键作用。虽然海洋非生物资源部门中的一些子部门已趋于成熟甚至处于衰退阶段，但其在向可持续蓝色经济过渡过程中仍发挥着关键作用。

目前，欧洲 80% 的油气生产都是在海上进行的，主要分布在北海，在地中海和黑海也有少量的油气生产。在过去几年里，由于产量下降和生产成本增加等，成熟的天然气和石油行业处于衰退状态，越来越多的海上油气设施正在进入退役过程。自 2022 年 3 月以来，由于俄乌冲突，石油价格大幅上涨，欧盟减少对俄罗斯石油和天然气的依赖，导致欧洲海上石油和天然气勘探活动的增加。在其他矿产资源方面，海底采矿被确定为未来海洋经济的一个重要组成部分。

3. 海洋可再生能源部门

海洋可再生能源包括海上风能和其他海洋再生能源。海上风能是目前唯一一种大规模采用的海洋可再生能源商业部署方式。欧盟海上风能的主要生产国是德国、荷兰、比利时和丹麦。基于数据可用性，海洋可再生能源部门目前只有海上风能部门。

4. 港口活动部门

港口活动对欧洲经济至关重要，是具有巨大商业和战略重要性的基本基础设

---

① 其他服务活动主要是为石油和天然气的提取提供服务，也可与石油和天然气子部门合并为一个子部门。

施，港口活动有助于支持货物和人员在欧洲的自由流动，对海洋运输、造船业及海上防御发挥着重要作用。港口活动部门可分为两个子部门：货物及仓储部门、港口及水利工程部门。

5. 造船及修理部门

造船及修理部门分为两个子部门：造船、设备和机械。其中，造船部门包括以下活动：船舶及浮动构筑物的建造；游艇和运动艇的建造；船舶和小艇的修理和保养。设备和机械部门包括以下活动：麻绳和网的制造；服装以外的纺织品制造；体育用品制造；发动机和涡轮机的制造（飞机除外）；测量、测试及航海用仪器的制造。

根据《欧盟蓝色经济报告》，欧盟造船业是一个充满活力和竞争力的部门，以补偿总吨位计算的市场份额约占全球订单的 6%，且以价值计算的市场份额约占 19%，在船舶装备方面，欧盟份额上升到 50%，欧盟是全球造船业的主要参与者。据报道，整个欧洲造船业供应链的年生产总值已达到 1 250 亿欧元，创造了 57.6 万个直接就业岗位和 50 万个间接就业岗位。虽然造船业可以100%归为蓝色经济，但生产机械和设备的企业可以同时进行海事和非海事行业工作。换句话说，这些企业的产出可以有多种用途。《欧盟蓝色经济报告》对这一子部门的蓝色经济统计是根据欧盟统计局关于制成品生产的现有统计数据估算出的。

6. 海洋运输部门

《欧盟蓝色经济报告》中将海洋运输部门分为三个子部门：客运、货运和运输服务。其中，客运包含海运、沿海客运和内陆客运；货运包含海上及沿海货运水运、内陆货运水运；运输服务包含水上运输设备租赁。

海洋运输是全球贸易和经济的重要组成部分，是一个高度全球化的行业。在欧盟，海洋运输承担了 77% 的对外贸易和 35% 的欧盟内部贸易。2019 年，在欧盟成员国旗下注册的船舶占世界总船队载重吨的 17.6%。一方面，海洋运输是欧盟经济的重要支柱；另一方面，海洋运输也会对环境造成压力。温室气体排放及空气污染，特别是来自船舶和港口活动的氮氧化物和硫化物及颗粒物，加剧了全球变暖，导致极端天气和海平面上升，而海运是碳效率最高的运输方式，每距离和每重量的二氧化碳排放量最低。

7. 滨海旅游部门

欧盟统计局将旅游定义如下：游客在其通常环境以外的地方旅行，以任何休闲或商务为主要目的的不到一年，且不在旅游地从事被雇佣的活动。旅游业是欧盟一项主要经济活动，是欧盟第三大经济部门，对经济增长、就业和社会发展有着广泛影响。滨海旅游部门是整个蓝色经济中最大的且仍在扩大的成熟部门，2022 年《欧盟蓝色经济报告》将其划分为三个子部门：居住、交通和其他支出。欧洲是世界上游客人数最多的大陆，接待了世界上一半的国际游客，沿海地区和岛屿往往是主要的旅游热点。近年来，日益增加的游客引起了人们关于旅游业对海洋生态系统和沿海地区可持续发展产生的影响的关注。从新冠疫情暴发开始，滨海旅游业遭受了重大冲击。随着疫情防控措施的紧缩和需求下降，欧盟成员国采取了各种限制措施，这导致对该行业的营业额和其他社会经济指标产生的影响比对其他行业持续的时间更长。

第二节　欧盟发展蓝色经济的相关举措

欧盟于 2012 年 9 月首次提出"蓝色增长"战略，旨在充分利用欧盟近海、大洋和沿海地区资源，通过保证适当强度的投资和加强海洋技术研发创新，为蓝色增长创造机遇，以此拉动欧盟经济和就业增长。"蓝色增长"战略重点关注水产养殖、蓝色能源、蓝色生物技术、滨海旅游和海底采矿五个产业。在发展和管理蓝色经济方面的创新举措主要包括收集蓝色经济数据、提出向蓝色经济转型的创新计划及途径、灵活运用基金扶持海洋产业发展三个方面（李大海和韩立民，2013；刘堃和刘容子，2015；李学峰等，2021）。

一、收集蓝色经济数据

蓝色经济数据是决策者和企业家投资的重要参考，为了持续改进蓝色经济社会经济绩效以及监测和衡量蓝色经济现状，欧盟委员会于 2018 年开始每年定期发布《欧盟蓝色经济报告》。该项报告是由欧盟环境、海洋事务与渔业委员会和欧盟委员会联合研究中心发布的。其中，传统部门的研究数据是基于欧盟委员会从欧盟成员国和欧洲统计系统收集的数据，渔业和水产养殖数据是根据 DCF 收集的，其他传统部门的分析均基于欧盟统计局的 SBS、PRODCOM、国民账户和旅游统计数据。其中，PRODCOM 是法语"PRODuction COMmunautaire"的缩写，提供了关于报告国国内企业生产制成品的统计数字，涵盖《欧盟经济活动统计分类》（NACE 修订版），其目的是在欧盟层面以可比方式提供某一产品或某一行业的工业生产发展全图。

二、提出向蓝色经济转型的创新计划及途径

海洋治理与蓝色经济发展关系密切。2016年，在欧盟委员会发布的《国际海洋治理：我们海洋的未来议程》文件中，正式提出海洋治理的重要性和政策方向，欧盟成为世界上第一个制定国际海洋治理议程的经济体（林香红，2021a）。2017年10月5日，欧盟外交和安全政策高级代表莫盖里尼在马耳他举行的第四届"我们的海洋"国际会议上宣布，欧盟将投入超过5.5亿欧元、采取36项行动治理海洋，这些行动涉及海事安全、海洋污染、蓝色经济、气候变化、海洋保护和可持续渔业6个方面。2019年，欧盟发布了《改善国际海洋治理：两年的进展》[①]报告，强调欧盟在改善国际治理框架、海洋外交和国际海洋合作、减轻海洋压力、加强海洋研究和数据国际合作等方面的重大贡献，支持《国际海洋治理：我们海洋的未来议程》的后续行动，并鼓励建立一个专门论坛（郑海琦，2020）。2020年，欧盟对外行动署（European External Action Service，EEAS）发起了国际海洋治理论坛。该论坛作为欧洲内外海洋利益攸关方分享海洋治理知识、经验和良好做法的平台，旨在支持欧盟国际海洋治理议程的进一步发展（林香红，2021a）。2021年发布的《为可持续的蓝色星球设定路线——加强欧盟行动的建议》（EU International Ocean Governance Forum，2021），为实现清洁健康、多产、有弹性、清晰的海洋，提出了一系列优先行动，包括保护、修复和可持续利用海洋生态系统，将可持续性目标和指标纳入蓝色经济项目，在海洋领域采取行动应对气候变化（傅梦孜和王力，2022），以及利用现有最佳知识进行决策等（EU International Ocean Governance Forum，2021）。

2014年，欧盟委员会提出"蓝色经济"创新计划。作为回应，欧洲议会（European Parliament）于2015年通过了蓝色经济创造就业和增长相关研究和创新决议，指出"蓝色增长"战略范围有限且未涵盖蓝色经济的所有产业，应注意创新对所有传统和新兴产业活动及跨领域活动的重要性。可持续的蓝色经济对欧盟实现可持续的未来和疫情后的经济复苏都至关重要。2021年5月17日，欧盟委员会发布《欧盟实现可持续蓝色经济的新途径：为可持续未来转变欧盟蓝色经济》（European Commission，2021），该方案提出的主要措施如下：①开发海上可再生能源，以减少海洋运输碳排放，实现碳中和及零污染目标；②发展循环经济和阻止浪费；③保护生物多样性；④在沿海地区建设绿色基础设施，以保护海岸线；⑤确保海产品的可持续生产；⑥加强海洋空间管理，以促进可持续利用海

---

① 《改善国际海洋治理：两年的进展》是欧盟针对2016年《国际海洋治理：我们海洋的未来议程》发布的第一份执行报告，该报告总结了执行《国际海洋治理：我们海洋的未来议程》取得的成就并概述了欧盟致力于进一步加强国际海洋治理的情况。

洋环境方面的合作等（林香红，2021a；魏广成和张曼茵，2022）。

三、灵活运用基金扶持海洋产业发展

欧盟委员会灵活运用基金扶持海洋产业发展，降低新冠疫情对产业的影响。新冠疫情对欧盟公民、社会和经济造成了巨大影响，渔业等海洋产业受到的影响尤为严重。欧盟成立了两个与蓝色经济相关的基金（林香红，2021b），即传统的欧盟海洋与渔业基金（European Maritime and Fisheries Fund，EMFF）和 2020 年新成立的蓝色投资基金（BlueInvest Fund，EIF）。其中，欧洲海洋与渔业基金是欧洲四大结构基金之一，主要是为了帮助沿海地区受渔业生产萎缩影响的渔民（林香红，2021b）。欧盟委员会于 2018 年提议 2021~2027 年欧洲海洋与渔业基金预算金额为 61.4 亿欧元①。为了减轻疫情对海洋渔业的影响，2020 年 3 月 19日，欧盟通过了新的国家援助临时框架，提供暂时性有限数额的援助，形式包括直接赠款、可偿还的预付款或税收优惠、贷款担保或贷款贴补利率，这些援助可以由成员国提供给海洋捕捞和水产养殖企业。同年 6 月，欧洲海洋与渔业基金增投 5 亿欧元用于加强水产业复苏。2020 年，欧盟委员会联合欧洲投资基金共同设立了总额 7 500 万欧元的"蓝色投资基金"，旨在通过扶持创新型企业成长，推动欧盟海洋经济的可持续发展，这是释放蓝色经济潜力的重要工具之一。蓝色投资基金由欧洲投资基金负责管理，并向其他潜力股票基金融资，欧盟委员会通过蓝色投资平台提供资金支持。基金将为推进欧洲蓝色经济和绿色协议做出积极贡献，帮助中小企业解决融资问题。此外，欧盟海事安全局于 2018 年开始每年主办蓝色经济投资日活动，汇集蓝色经济中的创新者、创业者、投资者和推动者，促进与行业领袖、政府和公共部门高层管理者之间的有效沟通（林香红，2021a；王新仪和马学广，2022）。

参 考 文 献

柴媛. 2019. 中国与欧盟蓝色经济产业对比研究[D]. 上海海洋大学硕士学位论文.

傅梦孜，王力. 2022. 海洋命运共同体：理念、实践与未来[J]. 当代中国与世界，（2）：37-47，126-127.

何广顺，周秋麟. 2013. 蓝色经济的定义和内涵[J]. 海洋经济，3（4）：9-18.

---

① http://www.ship.sh/news_detail.php?nid=29595.

李大海，韩立民. 2013. 蓝色增长：欧盟发展蓝色经济的新蓝图[J]. 未来与发展，（7）：33-37.

李学峰，吴姗姗，岳奇. 2021. 新经济形势下欧盟蓝色经济发展的现状分析与应对策略[J]. 科技经济市场，（11）：70-71.

林香红. 2021a. 国际海洋经济发展的新动向及建议[J]. 太平洋学报，29（9）：54-66.

林香红. 2021b. 浅析欧洲海洋与渔业基金[J]. 海洋经济，11（4）：106-110.

刘堃，刘容子. 2015. 欧盟"蓝色经济"创新计划及对我国的启示[J]. 海洋开发与管理，2015，32（1）：64-68.

王新维，李杨帆. 2022. 海洋经济统计体系优化策略研究：基于国际比较视角[J]. 中国海洋大学学报（社会科学版），（6）：45-53.

王新仪，马学广. 2022. 欧盟海洋空间规划理念、方法及启示[J]. 浙江海洋大学学报（人文科学版），39（3）：9-17.

魏广成，张曼茵. 2022. 主要发达国家推进海洋制造业发展的做法及启示[J]. 中国发展观察，（8）：109-112.

杨洋，宋维玲. 2021. 浅析中欧海洋经济发展的差异[J]. 海洋经济，11（6）：100-108.

张伟，周洪军，李巧稚，等. 2013. 欧盟的蓝色增长[J]. 海洋经济，3（4）：32-39.

张言龙，陈文钦，王栽毅，等. 2020. 海洋强国指数：全球主要海洋国家研究[M]. 济南：济南出版社.

郑海琦. 2020. 欧盟海洋治理模式论析[J]. 太平洋学报，28（4）：54-68.

周秋麟. 2013. 欧盟蓝色经济发展现状和趋势[J]. 海洋经济，3（4）：19-31.

ECORYS，Deltares，OCEANIC. 2012. Blue Growth：Scenarios and Drivers for Sustainable Growth from the Oceans，Seas and Coasts. Final Report[Z].

EU International Ocean Governance Forum. 2021. Setting the Course for a Sustainable Blue Planet：Recommendations for Enhancing EU Action[EB/OL]. https://3rd-iog-forum.fresh-thoughts.eu/wp-content/uploads/sites/89/2021/04/IOG-recommendations-2021-WEB.pdf[2023-11-01].

European Commission. 2012. Blue Growth：Opportunities for Marine and Maritime Sustainable Growth[R]. Brusels：European Commission.

European Commission. 2016. International Ocean Governance：An Agenda for the Future of Our Oceans[R]. Brusels：European Commission.

European Commission. 2021. On a New Approach for a Sustainable Blue Economy in the EU Transforming the EU's Blue Economy for a Sustainable Future[R]. Brusels：European Commission.

Surís-Regueiro J C，Garza-Gil M D，Varela-Lafuente M M. 2013. Marine economy：a proposal for its definition in the European Union[J]. Marine Policy，42：111-124.

第四章 美国海洋经济统计体系

美国东临大西洋、西接太平洋，在阿拉斯加州北部区域与北冰洋相连。海岸线长达 22 680 千米，是国际公认的头号海洋强国，尤其是海军实力远超世界其他国家，在全球的"一超多强"格局中扮演着"超级大国"的角色。美国是世界上最早利用海洋、开发海洋的国家之一，自 20 世纪 70 年代以来，就致力于发展海洋产业的衍生产业，挖掘与海洋产业相关的可发展经济条件，逐渐对海洋矿产资源、海水养殖等产业活动进行开拓发展。基于此，本章就美国关于海洋经济的概念、统计和分类标准等方面的内容展开讨论，以期为我国强化海洋经济统计的顶层设计提供经验借鉴。

第一节 美国海洋经济的概念及海洋经济统计相关内容

一、海洋经济的基本概念

美国是世界上较早实施海岸海洋全面管理的国家之一，早在 1972 年 10 月 27 日美国国会颁布的《海岸带管理法》（*Coastal Zone Management Act*，CZMA）[①]中就出现了"海洋经济"一词。1974 年，美国 BEA 提出了"海洋经济"的概念并给出了"海洋生产总值"的计算方式（董伟，2005；韩立民和李大海，2013）。为加强对海洋经济的统计和研究，NOAA 于 2000 年启动了国家海洋经济项目（The National Ocean Economics Program，NOEP）[②]，将美国的涉海活动划分为海岸带经济和海洋经济两大类，该项目认为"海洋经济是指来自海洋（或五大

---

① Coastal Zone Management Act. https://coast.noaa.gov/czm/act/.

② The National Ocean Economics Program. https://oceaneconomics.org/.

湖），且其资源直接或间接投入经济活动中的产品或服务"（宋维玲等，2021）。2004年，美国海洋政策委员会（United Committee on Ocean Policy）发布《美国海洋政策要点与海洋价值评价》将海洋经济界定为"直接依赖于海洋属性的经济活动，或在生产过程中依靠海洋作为投入，或利用地理位置优势，在海面或海底发生的一系列相关经济活动"（宋炳林，2012）。《定义和测量美国海洋经济》（Bureau of Economic Analysis，2020）指出美国的海洋活动是指"所有直接或主要利用海洋、海岸和五大湖的经济活动，由生产活动和地理依赖活动两方面组成"（Nicolls et al.，2020），具体包括三个部分：一是以海洋资源为投入的商品或服务的生产（如水上货运、近海石油和天然气开采及商业捕鱼）；二是生产用于海洋环境的产品和服务（如船舶制造或海上导航设备）；三是地理性依赖于海洋的活动（如海滨酒店、服务于海港的仓库）。

综上所述，美国海洋（或五大湖）经济对经济活动直接或间接投入是由行业和地理位置两方面来定义的（Booz Allen Hamilton，2012；Colgan，2003）。例如，渔业捕捞加工、深海货运运输等行业，无论地理位置如何，都应包含在海洋经济中。其他的，如旅游和娱乐等，只有在特定的地理条件下才属于海洋经济。

二、海洋经济统计的实施主体

NOAA是隶属于美国商务部的科技部门，主要关注地球的大气和海洋变化，提供对灾害天气的预警，提供海图和空图，管理对海洋和沿海资源的利用和保护，研究如何改善对环境的了解和防护（王淑玲等，2012）。除此之外，美国BEA、BLS、BC等机构与NOAA进行合作与数据共享，促进合作伙伴联合解决沿海问题，确保了数字海岸与沿海管理界不断变化的需求相适应（宋维玲等，2011）。

三、海洋经济统计的行业分类

在对早期海洋产业研究的基础上，美国国家海洋经济计划制定了涉海部门的选取原则：一是依据《标准产业分类（SIC）》，可获取的海洋产业数据口径必须保持一致；二是依据北美产业分类体系（North American industry classification system，NAICS），海洋产业数据可以从其他数据集中剥离出来；三是选取的产业在快速发展的海洋经济中占据着重要的地位（邢文秀等，2019；徐丛春，2011）。

具体地，一个机构是否纳入海洋经济统计需要从产业性质和地理位置两个角度综合考虑：①依据 NAICS，对于在产业范围内明确包含与海洋有关的活动的产业，属于海洋经济；②对于与海洋部分关联的产业，依据地理位置来确定是否属于海洋经济活动范畴，若企业所在地的邮政编码位于滨海县的邮政编码区内，则属于海洋经济（如海岸带城镇旅馆）。NAICS 和地区范围标准为测量海洋经济提供了最佳手段，这种方法的优势是可以获得各州一致可比的数据，并且可以从中央向地方提取数据。NAICS、NOEP 的统计范围为海洋矿业、滨海旅游娱乐业、海洋交通运输业、船舶制造业、海洋生物资源业、海洋建筑业六大行业。但它们仅代表涉海产业的一部分，未能全面反映经济活动和海洋之间的关系，选择这些行业的原因是联邦数据可提供具有一致性的信息，从而可将这些涉海产业与其他产业相剥离（赵锐，2014；严小军，2018）。

NOAA 发布的《美国海洋和五大湖海洋经济报告》显示，美国海洋经济产业由原先的 6 个调整到 10 个，分别为海洋旅游和休闲业、海洋交通运输和仓储业、非娱乐性造船业、海洋建筑业、海洋矿业、海洋生物资源业、海洋研究和教育业、海洋职业技术服务业、沿海公用事业、国防和公共行政业，新增了海洋研究和教育业、海洋职业技术服务业、沿海公用事业、国防和公共行政业（NOAA，2021）。

四、海洋经济统计的区域范围

《海岸带管理法》（1972 年）规定了 NOAA 对沿海资源的管理。美国海洋经济核算区域为所有海洋（距美国海岸约 200 海里）、边缘海及五大湖区域。其中，所有海洋包括大西洋、太平洋和北冰洋以及直接沿着这些水域的美国海岸线；边缘海包括墨西哥湾、切萨皮克湾、普吉特湾、长岛湾、旧金山湾等；五大湖区域包括有重大海洋活动的部分内陆水域，如弗吉尼亚州的诺福克，甚至还包括与加拿大的国际边界。

此外，美国于 1999 年成立了国家海洋经济计划国家咨询委员会，并实施了 NOEP[①]，其中对美国海洋和海岸带区域的划分主要包括三个层次（王晓惠等，2010）：①沿海州，根据《海岸带管理法》，沿海州包括与大西洋、太平洋、北冰洋、墨西哥湾和五大湖相毗邻的州；②流域县，包括海岸带县和入海河流上游区的县，由海岸带县流域县和非海岸带县流域县构成；③海岸带县，由州政府确定的《海岸带管理法》管理的县，其中既包括滨海县又包括非滨海县。

按此划分方式，美国共拥有 30 个沿海州、683 个流域县和 442 个海岸带县。

---

① https://www.awhonn.org/education/neonatal-orientation-and-education-program-fourth-edition-noep/.

该统计区域不仅包括海洋和海岸带地区，还包括五大湖地区。

另外，NOAA 还根据 NOAA 海岸评估框架中规定的沿海编目单位编制了沿海县名单（coastal shoreline counties）[1]。

第二节 美国海洋经济统计工作的开展情况

NOAA 是美国官方的科学研究机构，其研究内容从太阳表面延伸到海底深处，通过研究使得政府与公众了解不断变幻的环境状况，其产品与服务包含每日天气预报、严重风暴警报和气候检测、渔业管理、海洋恢复和海洋贸易支持等，这些产品与服务有效地支持了美国经济活力，影响美国 GDP 的 1/3 以上。通过结合专职科学家的尖端研究和高新科技仪器，NOAA 在公民、规划人员、应急管理人员和其他决策者需要时提供了可参考信息，在制定国际海洋、渔业、气候、太空和天气政策方面发挥着关键的领导作用。数字海岸是 NOAA 开发的社区资源与伙伴关系项目。数字海岸提供了一个具有成本效益并易于使用的平台，将海洋数据信息集中储存并为公众与决策者提供海洋数据可视化、预测及检索工具。除此之外，数字海岸还建立了一个合作框架，使得美国 BEA、BLS、BC 等机构进行合作与数据共享，促进合作伙伴联合解决海洋与沿海问题，确保了数字海岸与沿海管理不断变化的需求相适应。NOAA 与 BEA、BLS 及 BC 合作编制了 ENOW 系统、针对自雇工作者的 ENOW、沿海地区经济数据集、海洋经济卫星账户及沿海淹没区就业情况数据集等，这些数据集的编制机构与数据跨度如表 4.1 和图 4.1 所示。

表 4.1 美国海洋相关数据集的基本信息表

数据集名称	编制机构	数据跨度
ENOW	NOAA、BEA、BLS	2005~2019 年
针对自雇工作者的 ENOW	NOAA、BC	2005~2018 年
沿海地区经济数据集	NOAA、BEA、BLS	2005~2019 年
海洋经济卫星账户	NOAA、BEA、BLS	2014~2020 年
沿海淹没区就业情况数据集	NOAA、BLS	2019 年

---

[1] Data Dictionary for the American Community Survey Five-Year Estimates in Coastal Geographies. https://coast.noaa.gov/htdata/SocioEconomic/AmericanCommunitySurvey/AmericanCommunitySurvey_DataDictionary.pdf.

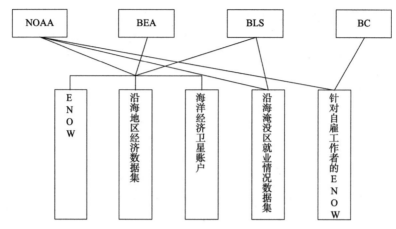

图 4.1　美国海洋相关数据集的基本信息图

一、美国 ENOW

（一）基本内容

美国 ENOW 是 NOAA 海岸服务中心依托数字海岸项目建立的数据库。该数据库对依赖海洋及五大湖资源的六大海洋产业及经济活动进行了统计，不仅提供国家层面的数据，还可提供精细到沿海地区、沿海州及沿海县的数据，其数据跨度为 2005~2019 年。ENOW 对海洋经济表述的一致性是它的主要优势之一，另外，其数据在不同时间、地点之间具有较强的可比性。海洋生产总值的数据每年更新，其结果与 BEA 每年更新的国家产业数据相一致。

ENOW 数据集涵盖了美国 8 个沿海区域、30 个沿海州、约 400 个沿海县与海洋经济活动直接相关的企业数、就业人数、薪酬和海洋生产总值。ENOW 的经济统计主要涉及六个海洋产业：海洋矿业、滨海旅游娱乐业、海洋交通运输业、船舶制造业、海洋生物资源业、海洋建筑业（邢文秀等，2019）。此外，一些海洋经济活动高度依赖于海洋生态系统的健康状况，如商业捕鱼（属于海洋生物资源业）；并且，生物资源开采、海洋运输等经济活动都与海岸带密切相关，如出现海平面上升或其他特殊状况，会对这些企业的经营带来不利影响。基于此，ENOW 选择对这些海洋产业进行重点分析。这些海洋产业依据 NAICS 按产业类型进行分类，每个产业包括了依赖海洋和五大湖的多个 NAICS 行业类别的复合。具体分类如表 4.2 所示。

表 4.2　ENOW 数据集的海洋产业分类表

部门	产业	NAICS 编码	NAICS 产业
海洋生物资源业	鱼类孵化和水产养殖业	112511	鳍鱼类养殖
		112512	贝类养殖
		112519	其他水产养殖
	渔业	114111	鳍鱼类渔业
		114112	贝类渔业
		114119	其他海洋渔业
	海产品加工业	311710	海产品制备和包装
	海产品市场	445220	鱼类和海鲜市场
		424460	鱼类和海鲜批发商
海洋建筑业	海洋相关建筑业	237990	其他重型和土木工程建筑
海洋交通运输业	深海货运业	483111	深海货物运输
		483113	沿海和五大湖货运
	海洋客运业	483112	深海客运
		483114	沿海和五大湖客运
	海运服务业	488310	港口经营
		488320	海运货物装卸
		488330	航运导航服务
		488390	其他水运支持活动
	搜索和导航设备	334511	搜索、探测、导航、制导、航空和航海系统及仪器制造
	仓储	493110	一般仓储和储存
		493120	冷藏仓储和储存
		493130	农产品仓储和储存
海洋矿业	石灰石、沙子和砾石	212321	建筑砂石开采
		212322	工业采砂
	石油和天然气勘探和生产	211111	原油和天然气开采
		211112	天然气液体提取
		213111	钻探油气井
		213112	石油和天然气作业的支持活动
		541360	地理勘探和测绘服务

续表

部门	产业	NAICS 编码	NAICS 产业
船舶制造业	中小型船只建造和修理业	336612	中小型船只建造和修理
	大型船舶建造和修理业	336611	大型船舶建造和修理
	船只经销商	441222	船只经销商
滨海旅游娱乐业	饮食场所	722511	全方位服务餐厅
		722513	有限的服务餐饮场所
		722514	自助餐厅
		722515	小吃和不含酒精的饮料吧
	酒店和住宿	721110	酒店（赌场酒店除外）和汽车旅馆
		721191	民宿
	码头	713930	码头
	休闲车辆停车场和露营地	721211	休闲车辆停车场和露营地
	景区水上游览	487210	水上观光客运
	体育用品	339920	运动和体育用品制造业
	娱乐和休闲服务	487990	其他观光客运
		611620	体育和娱乐指导
		532292	休闲用品租赁
		713990	其他地方未分类的娱乐和休闲服务
	动物园和水族馆	712130	动物园和植物园
		712190	自然公园和其他类似机构

资料来源：美国 ENOW 数据库，https://coast.noaa.gov/data/digitalcoast/pdf/enow-crosswalk-table.pdf

（二）调查方法与数据来源

ENOW 由 NOAA 与 BEA、BLS 和 BC 合作编制。其中，海洋经济生产总值数据来源于 BEA 的州生产总值统计数据，企业数、就业人数和薪酬数据来源于 BLS 的就业和工资季度普查（quarterly census of employment and wages，QCEW）。该报告由雇主提交至各州的就业或劳动部门，再由部门提交至各州政府，最后由各州政府将数据传输至 BLS，以此维护国家数据库。就业和工资季度普查公布了由雇主报告的就业和工资的季度统计，统计范围涵盖了美国 95% 以上的县、大都会统计区、州，以及全国整体数据。美国 BLS 在每个季度结束后的 5 个月时间内，会在县级就业和工资新闻发布会上公布 QCEW 项目的数据。在该新闻稿发布后约两周，QCEW 会公布所有地理级别的完整季度产业数据。

二、美国针对自雇工作者的 ENOW 数据集

在第一部分所介绍的美国 ENOW 数据库的统计中，就业统计数据来自 BLS 的 QCEW，这些数据涵盖了为他人工作的雇员，但是不包括自雇工作者。为了对海洋经济产业就业市场进行更加全面的观察，还需查阅 BC 的非雇员统计，将这两部分加在一起才能对整个就业市场有一个更完整的了解。在某些特定产业，自雇工作者尤为重要。例如，在海洋生物资源产业，约 50% 的就业人员是自雇工作者。

（一）基本内容

针对自雇工作者的 ENOW 数据集与 ENOW 数据集的研究框架大致相同，主要统计了直接依赖于海洋和五大湖资源的自雇工作者，具体指标为自雇工作者就业人数与总收入。数据跨度为 2005~2018 年，细分至国家、地区、州和县层面，其产业分类如表 4.3 所示。

表 4.3　针对自雇工作者的 ENOW 数据集的海洋产业分类表

部门	产业	NAICS 编码	NAICS 产业
海洋生物资源业	渔业	1141	渔业
	海产品加工	31171	海产品制备和包装
	海鲜市场	445220	鱼类和海鲜市场
海洋建筑业	海洋相关建筑业	237990	其他重型和土木工程建筑
海洋交通运输业	海洋客运	483	水下运输
		486	管道运输
		488	水运支持活动
	仓储	4931	仓储
海洋矿业	石灰石、沙子和砾石	2123	非金属矿产开采与采石
	油气勘探与生产	2111	油气开采
		21311	采矿支持活动
		541360	地理勘探和测绘服务
船舶制造业	船舶建造和修理	336	交通运输设备制造业
	船只经销商	441222	船只经销商

续表

部门	产业	NAICS 编码	NAICS 产业
滨海旅游娱乐业	饮食场所	7225	有限服务餐厅
		722510	全方位服务餐厅
	酒店和住宿场所	7211	旅客住宿
		72121	休闲车辆停车场和露营地
		487	风景观光交通

资料来源：美国针对自雇工作者的 ENOW 数据库，https://coast.noaa.gov/data/digitalcoast/pdf/enow-nes-crosswalk-table.pdf

（二）调查方法与数据来源

针对自雇工作者的 ENOW 由 NOAA 与 BC 合作编制，数据来源于 BC 非雇主统计。当 BC 通过行政记录收集到企业没有授薪员工的信息时，该企业就会被认为是潜在的自雇工作者并进行进一步排除。BC 对潜在的自雇工作者进行审查，检测并删除不是真正非雇员的企业，最终得到有关自雇工作者的信息。这些信息主要来自于公民向美国国家税务局（Internal Revenue Service，IRS）提交的年度或季度商业所得税申报表，这些申报表被保存在 BC 的商业登记册中。

三、美国海洋经济卫星账户

美国海洋经济卫星账户是 NOAA 与 BEA、BLS 合作编制并进行统计发布的数据库。该卫星账户对依赖海洋及五大湖资源的 10 个部门产业及经济活动进行统计，并提供国家层面的数据，数据跨度为 2014~2020 年，该数据库的数据相比于其他海洋经济国际数据库的数据更具有可比性。

（一）海洋经济卫星账户的基本内容

美国海洋经济卫星账户中分别对海洋经济及与其相关的经济活动范围进行了界定。

海洋经济主要包括：①发生在海洋和沿海水域或从海洋和沿海水域获得基本投入的活动；②在海洋和沿海水域所使用的产品和服务生产；③因需求而位于沿海地区的活动等。

海洋经济卫星账户统计的与海洋经济相关的经济活动包括：①海洋生物资源；②沿海和海洋建筑；③海洋研究和教育；④海运运输和仓储；⑤专业技术服务；⑥近海矿产；⑦沿海公用事业；⑧非娱乐用途的船舶制造；⑨沿海和近海旅

游及娱乐；⑩国防与公共管理。

除了按海洋相关经济活动分类以外，该卫星账户还按照产业分类，具体产业分类包括农林牧渔业、采矿业、公用事业、建筑业和制造业等私人产业，以及联邦、州和地方政府等公共产业。卫星账户确定负责生产这些商品和服务的产业，并核算与该生产相关的产出、增加值、薪酬和就业水平。

（二）海洋经济卫星账户与ENOW数据集的差异

在编制海洋经济卫星账户之前，NOAA与BEA、BLS、BC等机构合作建立了一系列与海洋经济有关的统计数据集，如ENOW数据集、针对自雇工作者的ENOW数据集等。为了使海洋经济统计数据更符合美国BEA在测度海洋生产总值时使用的国民核算框架，基于与BEA的合作伙伴关系上，NOAA决定进一步编制海洋经济卫星账户。国民核算框架对国民经济的核算是全面且一致的，这也是使用卫星账户估算方法编制海洋经济卫星账户的基础。

除了核算框架不同以外，海洋经济卫星账户的产业分类也与ENOW不同。ENOW按照对海洋生态系统的依赖性以及与海洋的相关性，将统计工作重点放在六个海洋产业上，分别为海洋矿业、滨海旅游娱乐业、海洋交通运输业、船舶制造业、海洋生物资源业、海洋建筑业，而海洋经济卫星账户的分类是从经济活动的角度出发，选取高度依赖海洋及五大湖的十大海洋经济活动并进行进一步分析。除了按照海洋经济活动分类以外，海洋经济卫星账户也提供产业分类，但其产业分类并非仅针对海洋产业，而是与国民经济核算框架保持一致，从供给-使用表的产业分类出发，剥离出各产业中的海洋部分。

（三）海洋经济卫星账户的编制方法及数据来源

为了全面展示美国经济的内部运作情况，反映产业与商品间的生产关系，美国BEA编制了投入产出账户，便于其他领域使用投入产出数据进行深入分析。投入产出账户由一系列详细表格组成，显示产业之间以及与经济的其他部分之间如何相互作用。其中，供给-使用框架下的供给表和使用表展示了商品与服务的供给使用情况。

投入产出账户数据于每年9月更新，包含71个产业类别的信息。更为具体的基准投入产出统计包含405个产业，每5年更新一次，数据来源于美国BC的经济普查数据等源数据。海洋经济卫星账户的数据正是建立在供给-使用账户框架之上。供给-使用账户详细介绍了产业之间的关系以及每个产业对GDP的贡献。海洋经济卫星账户对已发布的供给-使用账户进行重新排列，采用各种估算方法，将与海洋有关的支出与生产剥离。同时，利用多种私人与公共数据来源确定各产业的海洋成分，估算海洋经济卫星账户。海洋经济卫星账户编制步骤大致可分为以下四步。

1. 界定海洋经济的范围

编制海洋经济卫星账户的第一步是确定账户的地理范围。因为其他 BEA 卫星账户主要是由经济活动进行界定的，这一点也将海洋经济卫星账户与其他 BEA 卫星账户区分开来。地理范围包括美国所有的海洋和边缘海，既包括专属经济区内的大西洋、太平洋和北冰洋（距美国海岸约 200 海里）以及墨西哥湾、切萨皮克湾、普吉特湾、长岛湾、旧金山湾等边缘海域，也包括与这些水体直接相接的美国海岸带；此外，五大湖区一直延伸到与加拿大的国际边界，五大湖的经济生产活动与海洋的经济生产活动类似，包括国际和国内的水上货运、休闲钓鱼、海滩和其他沿海旅游。有大量海洋活动的内陆水域也包括在内。例如，弗吉尼亚州的诺福克是一个为远洋船只提供服务的主要内陆港口，也在统计范围内。

2. 确定和界定与海洋有关的活动

在确定海洋经济的地理范围后，上述地理范围之外的与海洋相关的经济活动也仍然存在。因此，根据 NOAA 的早期研究（Colgan，2013），海洋经济相关生产分为以下三类。第一类与地理范围内水域的生产有关，这一类别包括在海洋上进行的任何生产，以及从海洋获得基本投入的所有生产，包括水运、近海石油和天然气开采、商业捕鱼等活动。第二类包括全部必然发生在海洋附近的生产。这些生产活动的海洋或沿海属性通过海岸附近邮政编码区的地理位置进行识别和测度。这类活动包括海岸娱乐和海滨别墅租赁。第三类包括为在海洋上使用而购买的商品（包括在海洋或内陆生产的所有商品）。这一类别中的产品专门或主要用于海洋，如船舶制造或海洋导航设备。

在确定与海洋相关的生产以后，便可以将生产归类分组为与海洋相关的经济活动，其具体分组如本章第二节第三小节中"海洋经济卫星账户的基本内容"所示。

3. 计算海洋经济在商品产出中的份额

BEA 和 NOAA 研究了供应表下的大约 5 000 种详细商品，并确定了海洋经济定义下的具体商品和服务。在确定了商品后，进一步开展工作以确保只列入属于海洋地理范围和三类海洋相关生产的产出。海洋经济范围内商品产出的比例是根据各种政府和非政府数据估算的（见附表4.1），并适用于最终需求或中间投入。部分商品与服务整体都属于海洋经济，可以在 BEA 供给−使用表的基础明细中直接确定。在这类情况下，商品产出的全部价值将完全被分配到海洋经济统计中，不需要按比例进行折算。例如，深海水运的产出可全部归入海洋经济产出。另外，若商品和服务仅有一部分与海洋经济相关，则需要更多数据来确定海洋部分。例如，水产养殖既包括海洋部分也包括内陆部分。在这种情况下，海洋水产养殖必须与淡水水产养殖分开，可使用NOAA美国渔业数据确定百分比。

4. 确定海洋经济产业并输出结果

使用供给-使用表来确定以上与海洋相关的商品与服务分别属于哪一产业，并进行进一步汇总，得到海洋经济产业总产值，它代表美国经济中与海洋相关的生产总值。然后，假设海洋产业的中间消耗比例与产业总产出的中间消耗比例相同，进一步得出海洋经济增加值、薪酬及就业数据。

四、美国沿海淹没区就业情况

部分沿海地区受海啸、飓风等恶劣天气的影响较为严重，为了确定洪灾等淹没事件对经济的潜在风险，NOAA与BLS合作编制了沿海淹没区就业情况。该统计覆盖全国沿海地区，目前仅有2019年的统计数据。该数据集中包含的沿海淹没区包括以下三部分内容。

一是美国联邦应急管理局特殊洪水危险区。联邦应急管理署特殊洪水危险区是指在任何一年都有1%的概率被洪水淹没的地区。据联邦应急管理署估计，位于特殊洪水危险区的房屋在30年贷款期间有26%的概率被洪水破坏。

二是NOAA海洋、湖泊和陆上浪涌Ⅰ~Ⅳ类地区。飓风引起的海洋、湖泊和陆上浪涌模型是由美国国家气象局（National Weather Service，NWS）开发的计算机化数字模型，通过考虑大气压力、大小、前进速度和轨迹数据来估计历史上、假设的或预测的飓风引起的风暴潮高度。在该模型的基础上，NOAA划定了易受飓风影响而造成海洋、湖泊和陆上浪涌的地区，并划定受影响的等级为Ⅰ~Ⅳ级。

三是NOAA海啸淹没区。美国国家气象局对海啸淹没的定义如下：当海啸发生时，海啸可以沿着河流和溪流向上游内陆传播，其内含的动量使得海啸可以在内陆传播得更远，并淹没内陆的低洼地区，造成严重破坏。根据此定义，NOAA划定的海啸淹没区包含加利福尼亚州、夏威夷州、俄勒冈州及华盛顿州。

五、美国沿海地区经济数据集

（一）基本内容

沿海地区经济数据集是对沿海地区所有经济活动的就业情况（包括企业数、

就业人数及工资）和生产总值的统计。该数据由 NOAA、BLS 及 BEA 合作编制，统计区域为全国范围内的沿海地区，数据跨度为 2005~2019 年。该数据集中的沿海地区包括：①沿海岸线各县；②沿海分水岭县；③沿海州；④各州的沿海部分地区。

需要补充的是，沿海经济与海洋经济都是与海洋相关的经济活动，两者是相关的但又不完全相同。如前文所述，海洋经济的定义是产业和地理的共同作用，包括从海洋及五大湖获得全部或部分投入的所有经济活动。虽然大部分海洋经济位于沿海地区，但也有部分（如部分造船和海鲜零售商）位于非沿海地区。因此，统计海洋经济的重点是区分该经济活动是否依赖于海洋或五大湖。沿海经济则包括沿海地区的所有经济活动，因此是该地区就业、工资和产出的总和，其统计严格受地理因素限制。沿海经济中与海洋相关的经济活动也属于海洋经济，但沿海经济也包含除海洋相关以外的经济活动，仅因地理位置也统计入沿海经济内。

（二）调查方法与数据来源

沿海地区经济数据统计由三个数据集构成，分别为美国沿海州和地区的经济总量、美国海岸带县的经济总量、美国沿海分水岭县的经济总量数据集。具体统计数据包括沿海地区的企业数、就业人数、工资及海洋生产总值。数据以产业进行分类，包括分产业统计与总值统计。沿海地区经济数据中的企业数、就业人数及工资统计数据来源于美国 BLS 的 QCEW。州级生产总值即各州生产总值，由美国 BEA 进行统计。

参 考 文 献

董伟. 2005. 美国海洋经济相关理论和方法[J]. 海洋信息，（4）：11-13.

韩立民，李大海. 2013. 美国海洋经济概况及发展趋势：兼析金融危机对美国海洋经济的影响[J]. 经济研究参考，（51）：59-64.

宋炳林. 2012. 美国海洋经济发展的经验及对我国的启示[J]. 吉林工商学院学报，28（1）：26-28.

宋维玲，郭越，蔡大浩. 2021. 中国与美国海洋经济核算对比研究[J]. 中国渔业经济，39（5）：92-102.

宋维玲，徐丛春，林香红. 2011. 试析中美海洋经济发展的差异[J]. 海洋经济，1（4）：57-62.

王舒鸿，卢彬彬. 2021. 海洋资源约束与海洋经济增长：基于中美经验的比较[J]. 中国海洋大学学报（社会科学版），（3）：39-49.

王淑玲，管泉，王云飞，等. 2012. 全球著名海洋研究机构分布初探[J]. 中国科技信息，（16）：
　　56-58.

王晓惠，林香红，朱凌，等. 2010. 中美沿海区域划分对比研究[J]. 海洋开发与管理，27（7）：
　　64-66.

王新维，李杨帆. 2022. 海洋经济统计体系优化策略研究：基于国际比较视角[J]. 中国海洋大学
　　学报（社会科学版），（6）：45-53.

邢文秀，刘大海，朱玉雯，等. 2019. 美国海洋经济发展现状、产业分布与趋势判断[J]. 中国国
　　土资源经济，32（8）：23-32，38.

徐丛春. 2011. 中美海洋产业分类比较研究[J]. 海洋经济，1（5）：57-62.

严小军. 2018. 中美海洋经济对标研究及我国发展海洋经济的对策建议[J]. 浙江海洋大学学报
　　（人文科学版），35（2）：21-28.

张耀光，刘锴，王圣云，等. 2016. 中国和美国海洋经济与海洋产业结构特征对比：基于海洋
　　GDP 中国超过美国的实证分析[J]. 地理科学，36（11）：1614-1621.

张耀光，王涌，胡伟，等. 2017. 美国海洋经济现状特征与区域海洋经济差异分析[J]. 世界地理
　　研究，26（3）：39-45.

赵锐. 2014. 美国海洋经济研究[J]. 海洋经济，4（2）：53-62.

Booz Allen Hamilton. 2012. NOAA Report on the Ocean and Creat Lakes Economy of the United
　　States[R]. ENOW Final Economic Report.

Bureau of Economic Analysis. 2020. Defining and Measuring the U.S. Ocean Economy[R]. U.S.
　　Department of Commerce.

Center for the Blue Economy, Middlebury Institute of International Studies at Monterey. 2016. State
　　of the U.S. Ocean and Coastal Economies 2016 Update[R].

Colgan C S. 2003. Measurement of the Ocean and Coastal Economy: Theory and Methods[R]. U.S.
　　National Ocean Economics Program.

Colgan C S. 2013. The ocean economy of the United States: measurement, distribution, &
　　trends[J]. Ocean & Coastal Management, 71: 334-343.

Henry M S, Barkley D L, Evatt M G. 2002. The Contribution of the Coastal to the South Carolina
　　Economy: Agriculture[R]. Clemson University Regional Economic Development Laboratory.

Nathan Associates. 1974. Gross Product Originating from Ocean-Related Activities[R]. Bureau of
　　Economic Analysis.

National Research Council, Ocean Studies Board, Division on Earth and Life Studies, et al. 2007.
　　A Review of the Ocean Research Priorities Plan and Implementation Strategy[M]. Washington:
　　The National Academies Press.

Nicolls W, Franks C, Gilmore T, et al. 2020. Defining and Measuring the U.S. Ocean

Economy[M]. Washington：Bureau of Economic Analysis.

NOAA. 2021. NOAA Report on the U.S. Ocean and Great Lakes Economy[R]. Charleston：NOAA Office for Coastal Management.

U.S. Commission on Ocean Policy. 2004. An Ocean Blueprint for the 21st Century. Final Report[R]. Washington.

附　　表

附表 4.1　美国海洋经济卫星账户的外部数据来源

序号	外部数据来源
1	U.S. Army Corps of Engineers Analysis of Dredging Costs，Study of Developed Shoreline Master Database
2	NOAA Habitat Restoration Expenditures
3	NOAA Chesapeake Bay Program Expenditures
4	U.S. Army Corps of Engineers Everglades Restoration Budget
5	Coastal Wetlands Planning，Protection and Restoration Act Expenditures
6	Energy Information Administration，Annual Electric Generation by Facility
7	Department of Defense Budget
8	Federal Ocean and Coastal Activities Report（FOCAR）
9	NOAA Commercial Fisheries Landing Statistics，Fisheries of the United States
10	Department of Agriculture，Census of Aquaculture
11	Seattle Genetics 2016 Annual Report
12	Jazz Pharmaceuticals 2016 Annual Report
13	Baker Hughes North America Rig Count，Average Day Rates for Offshore vs Onshore Drilling
14	Bureau of Labor Statistics，Quarterly Census of Employment and Wages
15	National Marine Manufacturing Association，Recreational Boating Statistical Abstract
16	U.S. Coast Guard Boat Registration by State
17	Department of Transportation，Freight Analysis Framework
18	Bureau of Economic Analysis，Outdoor Recreational Satellite Account
19	DK Shifflet and Associates Demand for Travel Commodities by Type of Visitor

序号	外部数据来源
20	International Trade Administration，Survey of International Air Travelers
21	Census Bureau Service Annual Survey
22	Census Bureau ZIP Codes Business Patterns
23	National Association of Realtors

第五章　加拿大海洋经济统计体系

　　加拿大位于北美洲的北部，峡湾、海岛众多，拥有370万平方千米的海洋专属经济区，海岸线长达24万千米，占世界各国海岸线总长的25%，是世界上拥有最长海岸线的国家（杨振姣和王斌，2017）。此外，加拿大海洋开发利用和管理历史悠久，形成了一套科学合理的海洋管理体制和机制（黄海燕等，2018）。加拿大通过完善创新政策、搭建创新平台、促进合作等途径，构建了完善高效的国家海洋创新系统，有效助推了自身海洋产业的快速发展及生态化海洋综合管理（倪国江等，2012）。鉴于此，本章总结了加拿大的海洋经济统计工作以及海洋创新体系建设的先进经验，为我国海洋科技创新提供经验借鉴。

第一节　加拿大海洋经济的相关概念与范畴

　　早在20世纪80年代，加拿大就开展了海洋经济统计和研究工作。1985年，加拿大渔业和海洋部（Department of Fisheries and Oceans，DFO）首次组织开展了海上娱乐性钓鱼活动情况的调查。为进一步了解海洋经济活动及其对国民经济的贡献，加拿大渔业和海洋部于1998年开展了一项名为"1988-1996年加拿大海洋产业对国民经济贡献"的调查研究，最终形成了《1988-1996年加拿大海洋产业对国民经济贡献》报告。随后，基于对海洋相关数据的补充和修订，对该报告进行了完善，并发布了《1988-2000年加拿大海洋产业对国民经济贡献》报告。在2009年3月，加拿大渔业和海洋部又发布了《加拿大海洋相关活动经济影响》，较为全面地分析了2006年加拿大私营部门、公共部门以及国家和地区层面海洋相关活动的经济影响（姚朋，2021）。鉴于此，以下将从海洋经济的基本概念、区域范围、实施主体及方法等方面描述加拿大的海洋经济统计工作。

一、加拿大海洋经济的基本概念

1998 年，加拿大渔业和海洋部将海洋经济定义如下：在加拿大海域内所开展的商贸、娱乐及开发活动，包含依托这些活动而展开的其他类型产业活动，但不包括在运河等内陆水域进行的产业活动。并在 2009 年发布的《加拿大海洋相关活动经济影响》中指出，海洋经济是那些依赖于海洋或与海洋有关的私营部门和公共部门的产业化活动（姚朋，2021）。2002 年 7 月颁布的《加拿大海洋战略》也对海洋产业进行了明确的定义：加拿大海洋产业是指在海洋区域及与此相连的沿海区域内的海洋娱乐、商业、贸易和开发活动及依赖于这些产业活动所开展的各种产业经济活动，不包括内陆水域的产业活动（宋维玲和郭越，2014；朱凌和林香红，2011）。

二、加拿大海洋经济统计的区域范围

根据《1988-2000 年加拿大海洋产业对国民经济贡献》和 2009 年的《加拿大海洋相关活动经济影响》，加拿大的海洋经济区域包括大西洋沿岸、太平洋沿岸和北冰洋沿岸三大沿海经济区（宋维玲等，2016），在经济区基础上又划分了海洋省份，具体如下。

（1）大西洋沿岸经济区包括大西洋沿岸 4 个省（纽芬兰和拉布拉多省、爱德华王子岛省、新斯科舍省和新不伦瑞克省）和魁北克省。

（2）太平洋沿岸经济区由不列颠哥伦比亚省组成。

（3）北极沿岸经济区包括西北地区、育空地区和努纳武特地区。

另外值得注意的是，总部设在渥太华的国防部及渔业和海洋部的海洋支出也包括在大西洋区域。

三、加拿大海洋经济统计的实施主体及方法

（一）海洋经济统计的实施主体

加拿大具有完善的海洋综合管理框架，实行联邦、省（自治区）、市三级政府的海洋管理责任。加拿大涉海部委局共有 18 个，其中在海洋经济统计方面起着重要作用的是加拿大渔业和海洋部及加拿大统计局。其中，加拿大渔业和海洋部是联邦海洋与渔业事务的主管部门，也是唯一的联邦海洋综合管理机构。该机构成立于 1979 年，负责发展及执行海洋及内陆水域的经济、生态和科技等相关政策与方案，下设机构包括海岸警卫队、渔业农业管理局、海洋生态保护局及海洋科学研

究所等。海洋委员会是加拿大涉海行业的协调机构，涉及渔业和海洋部、环境部、交通部、公共安全部等所有海洋管理部门。此外，加拿大还成立了国家海洋与产业委员会（National Oceanic and Industrial Commission），负责国家相关海洋政策的指导与管理咨询工作（黄海燕等，2018）。

（二）海洋经济统计方法

加拿大海洋产业统计基于 NAICS，与美国使用的核算方法是类似的。首先，依据商品名称及编码协调制度，确定海洋产业的行业清单和范围（宋维玲等，2016）；其次，确定海洋产业中海洋的比重；再次，量化出海洋产业活动对整个经济的直接影响、间接影响及诱导影响；最后，计算出海洋经济各产业总产值、增加值、劳动者报酬、就业等。其中，海洋旅游和娱乐、国防、海洋渔业这三个产业产出总值相当于总支出总额，通过运行投入产出模型以获得相关的经济影响，其余产业的总产出是指通过销售产生的收入，然后通过将相应的行业乘数应用于总产出估计值得出对应的生产总值、劳动收入和就业值。此外，若活动被确定为完全海洋活动，可直接得到产出数据，而对于某些只有一部分与海洋经济相关的商品，则可利用各类相关涉海普查和一次性调查数据进行计算，如娱乐性钓鱼业可以利用加拿大渔业和海洋部每五年进行的调查数据来计算。

第二节　加拿大海洋经济测度方法

要量化经济影响，首先要选择分析的每一种海洋活动总产值的综合数据。对于私营部门活动而言，总产值意味着通过销售产生的收入；对于公共部门活动而言，总产值与总支出相对应。随着生产所需的支出在经济中发挥作用，它们产生了生产总值、就业和劳动收入。

一、加拿大海洋经济影响的测度

（一）测度指标

加拿大海洋经济的贡献主要通过海洋生产总值、劳动收入和就业这 3 个指标来测度，具体如下所示。

海洋生产总值：一个行业对国内生产总值的贡献是测度其经济影响最常用的指标。一个行业的生产总值是生产的全部货物和服务价值与同期投入的劳动力和资本价值的差额，国内生产总值代表各行业增加值的总和。

劳动收入：包括在海洋产业中以工资和薪水形式获得的报酬，以及渔船船员的收入份额。工资、薪水形式的劳动回报是国内生产总值的一个关键组成部分。与平均收入较低的行业相比，平均收入较高的行业产生的经济影响相对较大。

就业：一个行业的就业在政治上尤为重要，但从经济影响的角度来看，其意义在于就业收入所产生的经济影响。就业人数越多，平均收入越高，这个行业对经济的影响就越大。

（二）三种经济影响

2009 年发布的《加拿大海洋相关活动经济影响》中指出，经济影响是通过直接、间接和诱导的经济需求产生的。

直接影响由海洋企业生产（销售）的产品和服务的直接需求产生。这些海洋产业直接增加了为生产其产出而购买的商品和服务的价值。例如，渔业通过捕捞和销售鱼类，为其从制造商处购买的船只、渔网、诱捕器和其他用品增加价值；航运业通过提供海上运输服务，为船舶、燃料和其他供应品增加价值。

间接影响与海洋工业对其他行业的商品和服务产生的间接需求有关。例如，商业捕鱼企业从制造商那里购买渔具，而制造商又从其他制造商和供应商那里购买必要的原材料；石油和天然气公司从维修承包商那里购买服务，而维修承包商又从其他企业购买工具和材料；等等。

诱导影响是指在直接和间接活动中，就业收入通过消费支出在更广泛的经济中创造的需求。这些消费支出可能需要一年或更长时间才能在经济中发挥作用。

由于一个产业会产生对海洋产品产出的需求关联行业，那么当两个海洋产业通过供应链联系在一起时，则存在重复计算经济影响的风险。例如，鱼类和海产品加工产生了对商业捕鱼业产出的需求，因此鱼类和海产品加工业的间接影响与商业捕鱼业的直接和间接影响之间存在重叠部分。

（三）投入产出模型

2009 年发布的《加拿大海洋相关活动经济影响》中指出，加拿大使用投入产出模型，即加拿大统计局跨省投入产出模型（2005 年版）来测度经济影响。

1. 投入产出模型的优点

投入产出模型能够产生所需的直接、间接和诱导影响，前提是它有"开放"和"封闭"版本。运用"开放"版本会使劳动收入"流出"经济，仅包含间接影响。运用"封闭"版本迫使劳动收入在经济中流动，从而产生间接和诱导影响的综合衡量指标。两个版本的差值为诱导影响的估算值。为了确定诱导影响，加拿大统计局采用了部分闭合的投入产出模型，捕捉到了第一轮诱导影响，从而得出了一个保守的影响估计。

为了应用投入产出模型，加拿大统计局任意增加行业支出（通常为 1 000 万美元）从而引发行业间的购买和销售流动，产生直接和间接影响。根据工业产出的实际价值（最终需求）与任意 1 000 万美元的冲击比率来计算影响。

2. 投入产出模型的缺点

由于模型将根据固定系数产生不变的结果，这意味着经济不会受到生产约束，从而对结果造成一定影响，但考虑到研究的范围和目标，该影响可忽略不计。

投入产出模型的静态系数表明缺乏技术创新，说明全球竞争导致的支出没有发生变化。如果模型没有定期更新，这将是一个值得关注的问题，但鉴于经济体的结构性变化并不频繁，只要模型依赖的行业数据不超过 4 年，这种动态效应就会在系数中得到体现。加拿大统计局的省际投入产出模型通过了这一检验，因为模型版本（2005 年）与影响年份（2006 年）仅相隔一年。需要指出的是，就业影响因工业工资指数的增长而进行了调整（根据加拿大统计局的数据，2005 年 7 月至 2006 年 7 月为 2.1%）。

二、加拿大海洋经济数据标准

2009 年发布的《加拿大海洋相关活动经济影响》中指出，为了更加详细地描述海洋活动，反映活动的性质及其经济意义，有效运用投入产出模型，生成可靠的经济影响评估，研究过程中收集的数据必须符合四个关键标准，即一致性、可比性、准确性和可复制性。

（一）一致性

数据必须符合一致性，这意味着要使用相同的数据和方法来衡量每个行业以及每个省或地区的影响。大多数数据来自加拿大统计局或符合加拿大统计局的定义。主要例外是由加拿大渔业和海洋部提供的商业和娱乐渔业数据；从专题研究中获得的游轮旅游数据；公共政府部门、大学和非政府组织直接从相关部门、机构、大学和环境组织获得的数据。另外，所有产值均以现值美元表示。

（二）可比性

数据必须符合跨行业和地区的可比性，如不能保证数据的可比性，将无法确定所观察到的变化是否为真正的变化。因此，加拿大基于 NAICS 对所考虑的行业使用标准分类。

（三）准确性

每一项海洋活动都代表一个不同的行业，可以测度其直接、间接和诱导影响。但许多海洋活动相互依赖，在评估影响时重复计算的可能性很大，因此在计算对某些指标的总影响时，必须做出相应调整来消除重复计算。例如，初级捕捞的产出是鱼类加工的关键投入，即初级捕捞代表了鱼类加工的一种间接活动。若未能对数据或结果做出调整，则会夸大整体影响。

（四）可复制性

研究过程中收集的数据必须符合可复制性，以便对数据进行周期性的分析，对海洋经济进行时间序列测度。因此，对数据定义、来源和用于派生数据的方法都须进行解释并明确假设。

以上标准与 Pinfold（2009）在分析加拿大海洋产业的经济贡献时使用的标准非常相似。Pinfold 指出，通过根据 NAICS 对行业进行分类并从唯一来源（加拿大统计局）获取所有行业的统计信息，可以大大提高跨行业、地域和时间的可比性。然而，数据可用性和行业定义往往会导致可比性和一致性方面的缺陷。一旦数据来源中断（加拿大统计局发布数据或行业协会报告停止发布），特别是在公共行政部门预算减少的情况下，会直接引发数据可比性问题。例如，渔业和海洋部定期开展的休闲钓鱼调查被推迟，休闲划船调查被停止。另外，数据保密性方面也存在一些问题，因为数据在某些年份可能是保密的，尤其是省级层面的数据。

与时间序列数据相关的另一重大挑战是使用投入产出模型估计经济影响所需的成本较大。加拿大的经验表明，可以每五年进行一次基准研究，并根据现成的替代数据每年进行更新。基准研究通常外包给经济学家，因为他们有丰富的关于渔业和海洋的行业知识。出于成本和专业知识的考虑，很难用渔业和海洋部的内部资源重复基准研究。

使用 NAICS 和加拿大统计局的省际投入产出模型为一致性提供了合理的保证。然而，重复计算的问题并没有从加拿大的核算中完全消除。当一个海洋产业从其他海洋产业购买投入时，重复计算的风险最高（Pugh，2008）。在这种情况下，作为一个单独行业列入一个部门的增加值会作为它向其他海洋部门提供货物或服务的间接增加值的一部分重复计算。例如，商业捕鱼和海产品加工、造船和海洋运输，在这些情况下，"在海洋中"活动（商业捕鱼）在某种程度上被重复计算在与"来自海洋"活动（鱼类和海产品加工）相对应的间接影响中，或者"到海洋"活动（造船）在某种程度上被重复计算在与"在海洋中"活动（海洋运输）相对应的间接影响中。

核算方法的可复制性受到诸多因素的影响，如数据源的中断、保密问题导致隐藏数据等。聘请外部顾问确实会增加量化工作本身的复杂性，私人顾问通常通过他们积累的专业知识或通过他们的关系网实现专业化或找到利基市场，这将使其他顾问难以完全复制他们的方法。为使核算具有可复制性，加拿大渔业和海洋部开发了一种基于电子表格的方法，用于每年更新估算。由于某些数据源不可用或者难以在特定部门（海上运输）运用该方法，该模型将最新基准研究（商业捕鱼、水产养殖、海产品加工、海上石油和天然气）开发的方法与代理指标相结合，以生成适用于基准研究结果（其余部门）的增长率，提高高层政策分析中核算结果的合理性和准确性。

三、加拿大海洋经济统计的行业分类

（一）2009 年加拿大渔业和海洋部的行业划分

各国在定义和衡量海洋经济方面均付出了很大努力。加拿大渔业和海洋部2009 年发布的《加拿大海洋相关活动经济影响》确认了 12 类主要海洋活动，并将主要海洋活动划分为私营部门活动和公共部门活动两类。主要海洋活动代表海洋经济的核心，是直接从海洋资源的采掘或非采掘利用中获得其经济基础的工业活动。其中，私营部门活动有 7 类，分别为海产品、海上石油和天然气、海洋运输、海洋旅游业、海洋建筑业、制造业、次级活动；公共部门活动有 5 类，分别为国防部和加拿大军队、渔业和海洋部、其他联邦部门、省/地区政府部门、大学和非政府环境组织，详细内容如表 5.1 所示。

表 5.1　加拿大主要涉海部门及范围

主要部门		部门范围
私营部门	海产品	捕捞、水产养殖、加工、生计捕捞
	海上石油和天然气	勘探、开采、保障服务、炼油厂、管道运输
	海洋运输	货运、客运、保障服务
	海洋旅游业	游钓、旅游客轮旅行、滨海旅游业和娱乐
	海洋建筑业	石油和天然气设施安装、港口-海湾-港口工程
	制造业	航海和导航设备、船舶制造、高技术
	次级活动	自给捕鱼、炼油和近海管道
公共部门	国防部和加拿大军队	
	渔业和海洋部	
	其他联邦部门	7 个部门
	省/地区政府部门	在 4 个主要领域开展活动
	大学和非政府环境组织	选定的大学和组织

1. *海产品*

海产品部门由三个相互关联的行业组成,即商业渔业、水产养殖和鱼类加工。

(1)商业渔业的NAICS行业编码为11411,是指使用专用船只和渔具从自然栖息地捕捞鱼类。渔船包括拖网渔船、围网渔船和各种用于龙虾、螃蟹和潜水渔业的敞口船。装备包括拖网、长线、围网、鱼钩和绳索,以及各种陷阱装备和罐子。

(2)水产养殖的NAICS行业编码为11251,是指在受控环境中从事养殖和生产水生动物的机构,并使用各种形式的干预措施(如网围栏、笼子、各种悬挂系统)来提高生产,包括放养、喂养、防止捕食者及预防疾病。

(3)鱼类加工的NAICS行业编码为31171,是指从事调味、鱼片、罐头、熏制、腌制和冷冻鱼类以及贝类去皮和包装的机构。工厂船舶也包括在这个行业中。

2. *海上石油和天然气*

该行业由两个相互关联的行业组成:原油和天然气开采;油气业务的支持活动。

(1)原油和天然气开采的 NAICS 行业编码为 211111,该行业由主要从事勘探、开发和生产石油或天然气的企业组成,这些企业使用常规泵送技术从碳氢化合物流动的油井中开采石油和天然气。海上设施包括固定或浮动生产系统,碳氢化合物通过船舶或管道运输至岸上设施。

(2)油气业务的支持活动的 NAICS 行业编码为 213111/2,该行业由主要从事石油和天然气业务的机构组成,包括勘探钻井、测试油井和准备生产所需的各种服务(下套管、固井、射孔套管、酸化和化学处理井)。

3. *海洋运输*

该部门由两个密切相关的行业组成:水运和水运支持活动。

(1)水运的NAICS行业编码为48311,该行业由主要从事深海、沿海、大湖区和圣劳伦斯海路货运和客运服务(包括渡轮和游轮)的机构组成。

(2)水运支持活动的 NAICS 行业编码为 4883,该行业由四个子部分组成:港口和港口运营、海上货物装卸、导航服务(引航、拖船、码头、打捞)和其他水运服务(货物检验师/检查员、船舶供应服务、浮式干船坞维护)。

4. *海洋旅游业*

旅游业不属于NAICS,因为它跨越了交通、住宿和食品服务等几个成熟行业。但旅游业被广泛认为是海洋经济的主要来源,因此被列为海洋经济活动的分析重点。

考虑到数据来源的范围和重点，渔业和海洋部将海洋旅游业细分为三个支出驱动领域：海洋休闲捕鱼、游轮旅游及沿海旅游和娱乐。该海洋活动通常是季节性的，在加拿大大多数沿海地区持续 2~6 个月。

（1）海洋休闲捕鱼：包括使用租用船只和导游以及自有船只和设施进行的咸水和河口捕鱼。

（2）游轮旅游：该行业已成为旅游活动的主要季节性来源。在东海岸，游轮公司提供往返于美国东北部和圣劳伦斯港口之间的航线，大西洋各省也有多个停靠港。在西海岸，温哥华是一个母港，现已建成几个往返于阿拉斯加的停靠港。

（3）沿海旅游和娱乐：包括海洋旅游（赏鲸、观光、沿海远足、潜水、皮划艇），以及帆船、巡航、参观海滩和其他海洋地点。这一部分包括国际游客及当地居民。

5. 海洋建筑业

海洋施工是指在海洋环境中进行的施工活动，包括两种类型的海洋建设：港口和港口运营；海上石油和天然气开发（设施安装）。根据 NAICS，海洋施工属于一个广泛的施工类别：其他重型和土木工程施工（NAICS 行业编码为 2379），主要是从事重型和土木建筑工程施工的机构，涉及专业贸易活动，如打桩和疏浚，包括海洋设施的开发。

量化海洋建设的影响需要四个不同的数据来源：①港务局和港口运营商/用户（包括渡轮），用于建造工程，包括码头和货物装卸设施；②加拿大渔业和海洋部建造和维护小型船只港口；③国防部负责建造和维护海军基地和设施；④海上油田开发的油气工业。

6. 制造业

该行业由两个行业组成：船舶建造和修理、造船。

（1）船舶建造和修理的 NAICS 行业编码为 336611，该行业由主要经营船厂的机构组成，船厂拥有固定设施，包括干船坞与能够建造和修理船舶的制造设备（非个人用途船舶）。

（2）造船的 NAICS 行业编码为 336612，主要是从事船舶制造（包括渔船在内的个人用途船舶）的企业。

7. 次级活动

该活动列出了在海洋活动范围内但不属于前述 6 项海洋活动的其他 3 项次级活动：自给捕鱼、炼油和近海管道。

（1）自给捕鱼：发生在北极地区的因纽特人与南部地区的大西洋和太平洋沿

岸的土著居民中。在所有地区，自给捕鱼的参与程度和收获水平都无较完整的记录。

（2）炼油：根据原油的来源，炼油可以被描述为依赖海洋的炼油行业。如果原油来自近海地区的油田，那么炼油就是石油，就像海产品加工就是渔业一样——这是与海洋资源的反向联系。因此，在概念上，将海上供应的炼油厂纳入海洋相关行业类别是正确的。

（3）近海管道：加拿大有一条输送近海生产的碳氢化合物的管道，它将来自新斯科舍近海项目的天然气输送到该省的一个岸上分馏厂。这条海上管道（和分馏厂）构成了该项目生产系统的一个组成部分，若天然气经过处理并满足天然气销售规范，天然气将在进入陆上管道时出售给客户。

8. 国防部和加拿大军队

国防部和加拿大军队在加拿大国防政策下发挥三个主要作用：在国内保护加拿大人；与美国合作保卫北美；在海外捍卫加拿大的利益。加拿大军队有三个分支：海军（海上指挥部）、空军（空中指挥部）和陆军（陆地指挥部），并在统一指挥下运作。

9. 渔业和海洋部

渔业和海洋部及其特别业务机构（加拿大海岸警卫队）负责制定和实施政策和方案，以支持加拿大在海洋和淡水方面的科学、生态、社会和经济利益。渔业和海洋部的指导立法包括《海洋法》和《渔业法》。

渔业和海洋部旨在实现以下三个主要任务：①安全无障碍水道；②健康和生产性水生生态系统；③可持续渔业和水产养殖。

为实现以上任务，渔业和海洋部通过以下五项主要计划活动提供一系列服务。

（1）渔业和水产养殖管理：合作管理商业、休闲和土著渔业；向渔民提供服务，如发放许可证和制定规章；为支持可持续的水产养殖业创造条件；确保遵守支持经济发展和其他活动的环境标准和条例。

（2）海岸警卫队：与安全部队合作，确保加拿大水道的安全使用，并帮助实现船对岸通信、导航和水上安全旅行的通道畅通。

（3）海洋和生态环境：研究、养护和保护水生生态系统，开展科学研究和相关活动，对了解和可持续管理加拿大海洋和水生资源至关重要。

（4）科学：提供高质量的环境、种群评估和水文数据、产品和服务，开发和促进技术的合理使用，以确保加拿大水域的长期健康。

（5）小船港：维持渔港网络。

10. 其他联邦部门

在25个从事海洋相关活动的其他联邦部门中，加拿大渔业和海洋部发布的报告包括7个部门。

（1）加拿大交通部：交通部的使命是保障交通系统的安全、可靠和高效。交通部通过规范游乐船只和商业船只的安全要求促进海上安全；监测游乐船只、商业船只、进入加拿大水域的外国注册船只和近海钻井平台，以确保其符合安全标准；通过认证加拿大船舶上的官员和船员，帮助促进商业航运的安全运营。交通部制定和实施安全法规，并与国家和国际合作伙伴合作，预防和管理海上和其他运输方式的安全风险。

（2）加拿大自然资源部：与海洋有关的责任有三方面，一是海洋管理的地理科学、加拿大大陆架的划定，二是能源和矿产资源开发、北部资源开发及海洋相关活动，三是气候变化的影响和适应。海洋管理的地理科学包括研究和测绘，以确定夏洛特皇后盆地、波弗特海和普莱森蒂亚湾的敏感海洋生境，并支持五个大型海洋管理区的规划。根据《联合国海洋法公约》，加拿大大陆架的划界包括在海岸和北极进行测深测量，以确定外部界线。

（3）加拿大自然科学和工程研究委员会：自然科学和工程研究委员会的资金用于支持加拿大大学生、教授和一些研发公司的海洋相关研究。考虑到自然科学和工程研究委员会支出总额有限，因此最重要的海洋研究领域是海洋、河口、环境、地球科学、生命科学（包括生物技术）和水产养殖。

（4）加拿大食品检验局：加拿大食品检验局旨在保护加拿大人的健康，在海洋相关活动中的作用是检查国内和国际鱼类加工厂（包括工厂船只上的加工厂），批准和监督质量保证计划。

（5）加拿大环境部：加拿大环境部旨在保护和提高自然环境的质量；保护加拿大的可再生资源；养护和保护加拿大的水资源；预测天气和环境变化；实施有关边界水域的规则；协调联邦政府的环境政策和方案。

（6）加拿大公园管理局：该局开发海洋保护区网络以代表加拿大大西洋、北极和太平洋及大湖区的29个海洋自然区。

（7）加拿大印第安人和北方事务部：加拿大印第安人和北方事务部的自然资源部门处于该组织海洋相关活动的交叉点，这些活动包括近海能源和矿产开发、国际极地年、污染物研究、气候变化和适应研究及其他海洋环境研究。

11. 省/地区政府部门

各省和地区对海洋问题的管辖权有限，主要在以下四个领域开展活动。

（1）渔业和水产养殖：每个沿海省份和领地都有一个单独的部门或自然资源部门的一个分支，专门负责渔业和水产养殖业。这些部门在管理商业渔业方面没有直接作用，但它们在管理水产养殖方面发挥着重要作用，并与联邦政府共同负责发放许可证和监督鱼类加工行业。

（2）交通：省内渡轮由私营公司、国营公司或省级交通部门运营。省交通预算的很大一部分用于渡轮运营补贴。

（3）近海石油和天然气：联邦省级委员会监管新斯科舍、纽芬兰和拉布拉多附近海域的近海石油与天然气活动。省级能源部门就地质问题和特许权使用费以及当地行业参与海上项目采购提供咨询意见。

（4）旅游业：沿海省份分配了大量资源促进海洋旅游业发展。

12. 大学和非政府环境组织

（1）大学。许多加拿大大学在海洋领域提供课程和开展研究，但课程和研究支出的数据没有以任何系统的方式汇编。大学从以下几个联邦资助来源获得研究经费：自然科学和工程研究理事会、社会科学和人文研究理事会和大西洋创新基金，以及私营部门。虽然可以从赠款中确定可能与海洋有关的研究经费，但这些数据并没有系统地汇编。

（2）非政府环境组织。一些国家和区域非政府环境组织开展了海洋运动，以解决海洋环境和渔业相关问题。这些组织主要从事研究、教育、宣传工作，有时还从事非营利服务或产品交付工作，如生态认证。这些活动可能侧重于海洋物种、栖息地、捕捞和养殖渔业、沿海或近海资源管理问题。大部分支出用于劳动力，一些用于设备，包括船只、燃料和供应品。

大学支出估计数据基于以下组织获得的数据：绿色和平组织、世界野生动物基金会、David Suzuki 基金会、加拿大塞拉俱乐部、自然保护委员会、生态行动中心、海洋生物学会、加拿大自然、SeaChoice 公司、加拿大公园与荒野协会、魁北克自然、清洁新斯科舍省、加拿大生态信托基金等。

非政府环境组织的海洋支出通过以下三个来源估算：若干组织的年度报告、加拿大统计局非营利卫星账户和不列颠哥伦比亚省海洋部门报告。

（二）Park 等提出的海洋行业划分

Park 等（2014）提出了两个非常有用的分类，用于界定海洋产业及海洋部门的国际标准，几乎可以应用于所有国家，有利于促进国际比较。

第一种分类是基于该行业与海洋资源或其他使用海洋资源的行业的关系，可以分为三组："在海洋中"、"来自海洋"和"到海洋"。"在海洋中"产业是指直接使用、保护、研究和开发海洋的产业（如鱼类捕捞、海运、近海石油和天然气）。"来自海洋"产业是那些为"在海洋中"产业的产出增加价值的产业（如海产品加工、石油精炼、海洋生物技术）。"到海洋"产业是那些为第一批产业提供投入的产业（如造船、海洋制造和建造、海洋产业的支持服务）。

　　第二种分类使用供应链方法，侧重于利用海洋资源的各个行业之间的供应链关系。因此，可以通过将直接使用或收获资源的行业与下游或上游的行业联系起来，围绕海洋资源形成产业集群。

　　这两种分类是兼容的，可以很容易地组合。以商业鱼类资源为例，鱼类捕捞发生"在海洋中"，而鱼类和海鲜加工与鱼类分销/批发/零售则使用"来自海洋"（鱼类）的资源并为其增加商业价值；反过来，造船厂、加油站和渔具制造商等也为直接使用资源（鱼类捕捞）的"到海洋"行业提供投入。因此，围绕商业鱼类资源建立了一个产业集群，该产业集群由许多行业组成：造船、加油站、纺织产品厂、渔业、海产品加工、海产品批发和零售等。

　　上述分类为加拿大提供了一个框架，该框架可与 NAICS 一起使用，以界定加拿大海洋经济中包含的经济行业。NAICS 为定义海洋产业的概念提供了一个实用的系统。该系统的主要优势在于它被加拿大、美国和墨西哥用作行业分类标准。加拿大统计局使用该系统来报告行业统计数据和开发投入产出模型，用于估算加拿大海洋产业经济贡献。此外，NAICS 满足 Colgan（2003）提出的所有目标。必须指出的是，除了商业相关的行业外，NAICS 框架还包括公共和民间部门组织（政府部门、大学、社会宣传组织）。

　　基于这些行业分类及其对国家特定报告的审查，Park 等（2014）为海洋经济制定了一个拟议的国际标准，包括 12 个部门（表 5.2）。加拿大的海洋工业数据涵盖了这 12 个部门中的 8 个，对加拿大来说，这 8 个部门是最具代表性的。代表性较低的部门为海洋采矿、海洋设备制造、海洋商业服务和其他（主要是新兴）行业。

表 5.2　Park 等（2014）提出的海洋工业分类标准

Park 等（2014）		加拿大渔业和海洋部
部门	定义	行业
1. 渔业	与海鲜生产、加工和分销有关的经济活动	商业捕鱼、水产养殖、鱼类和海鲜加工（包括海鲜批发和海鲜零售）
2. 海洋采矿	与海床或海水中非生物资源的生产、开采和加工有关的经济活动，但不包括海上石油和天然气	包括海洋骨料、盐、海水溶解矿物
3. 海上石油和天然气	与海上石油和天然气勘探和生产相关的经济活动，包括与该活动相关的设备的操作和维护。它不包括建造海上平台、设备和 OSV（offshore support vessel，海洋石油支持船）	油气勘探和开采支持活动
4. 运输和港口	经济活动与通过海洋和河流运输货物和乘客有关，与港口的运营和管理有关	海上运输支持活动（包括航运业务服务）
5. 海洋休闲与旅游	与海洋和沿海休闲和旅游相关的经济活动，包括餐饮场所、酒店和住宿场所、码头、海洋体育用品零售商、动物园、水族馆、休闲停车场和露营地	海洋旅游与休闲

续表

Park 等（2014）		加拿大渔业和海洋部
部门	定义	行业
6. 海上施工	经济活动，包括在海洋中建造和与海洋有关的活动	港口和港口建设（包括海底电缆、管道）
7. 海洋设备制造	经济活动，包括船舶设备和材料的制造，如各种机械、阀门、电缆、传感器、船舶材料等（不包括建筑、修理和/或改建和供应服务）	包括机械、阀门、电缆、传感器、船舶部件及研究设备
8. 船舶建造和修理	与船舶、船只、海上平台和OSV的建造、维修和维护相关的经济活动	造船、油气设施建设
9. 海洋商业服务	经济活动，与支持海洋产业的服务相关，如金融、咨询、技术服务等	包括金融保险、海事咨询；海洋工程技术服务；其他
10. 海洋研发与教育	与研发、教育和培训相关的经济活动	大学
11. 海洋管理	政府和公共或私人组织与国防、海岸警卫队、安保、航行和安全、海岸和海洋环境保护有关的经济活动	国防部、渔业和海洋部、其他联邦部门、州/地区政府部门、大学和非政府环境组织
12. 其他	其他未分类的经济活动，还包括与海洋资源开发有关的经济活动，包括刚刚进入早期商业阶段的海洋可再生能源、海洋生物资源、海水和空间资源	包括海洋可再生能源、海洋生物技术

　　在通过投入产出模型估计间接影响时，与12个部门相关的一些经济活动可能会被包括在内。Colgan（2003）指出，与第一产业有中间联系，与第二、第三产业相关的经济活动（如海洋制造和商业服务行业）可以使用国家投入产出表进行最佳估算。

参 考 文 献

黄海燕，杨璐，许艳，等. 2018. 加拿大海洋环境监测状况及对我国的启示[J]. 海洋开发与管理，35（3）：76-80.

刘阳，王淼. 2020. 加拿大海洋创新体系建设的启示与借鉴[J]. 中国渔业经济，38（3）：10-15.

刘振东. 2008. 加拿大海洋管理理论和实践的启示与借鉴[J]. 海洋开发与管理，（3）：73-75.

倪国江，刘洪滨，马吉山. 2012. 加拿大海洋创新系统建设及对我国的启示[J]. 科技进步与对策，29（8）：39-42.

宋国明. 2010. 加拿大海洋资源与产业管理[J]. 国土资源情报，（2）：2-6.

宋维玲，郭越. 2014. 加拿大海洋经济发展情况及对我国的启示[J]. 海洋经济，4（2）：43-52.

宋维玲，秦雪，李琳琳. 2016. 中国与加拿大海洋经济统计口径比较研究[J]. 海洋经济，6（5）：55-62.

杨振姣，王斌. 2017. 加拿大：完善海洋发展战略强化生态安全治理[EB/OL]. https://www.cafs. ac.cn/info/1053/25179.htm[2024-04-29].

姚朋. 2021. 当代加拿大海洋经济管理、海洋治理及其挑战[J]. 晋阳学刊，（6）：88-92，101.

詹滨秋. 1986. 加拿大海洋学研究所概况[J]. 海洋科学，（3）：69-70.

朱凌，林香红. 2011. 世界主要沿海国家海洋经济内涵和构成比较[J]. 海洋经济，1（2）：58-64.

Allen Consulting Group. 2004. The Economic Contribution of Australia's Marine Industries：1995-1996 to 2002-2003[R]. A Report Prepared for the National Oceans Advisory Group，The Allen Consulting Group Pty Ltd.

Colgan C S. 2003. Measurement of the Ocean and Coastal Economy：Theory and Methods[R]. National Ocean Economics Program.

de Maio A，Irwin C. 2016. From the orderly world of frameworks to the mesy world of data：Canada's experience measuring the economic contribution of maritime industries[J]. Journal of Ocean and Coastal Economics，2（2）：Article 9.

Ganter S，Crawford T，Irwin C，et al. 2021. Canada's Oceans and the Economic Contribution of Marine Sectors[R]. Government of Canada.

Jarayabhand S，Chotiyaputta C，Jarayabhand P，et al. 2009. Contribution of the marine sector to Thailand's national economy[J]. Tropical Coasts，16（1）：22-26.

Khalid N，Ang M，Zuliatini M J. 2009. The importance of the maritime sector in socioeconomic development：a Malaysian perspective[J]. Tropical Coasts，16（1）：16-21.

Kildow J T，Colgan C S，Scorse J D，et al. 2014. State of the U.S. Ocean and Coastal Economies 2014[R]. National Oceans Economics Program.

Kildow J T，Mcllgorm A. 2010. The importance of estimating the contribution of the oceans to national economies[J]. Marine Policy，34：367-374.

Morley J M，Selden R L，Latour R J，et al. 2018. Projecting shifts in thermal habitat for 686 species on the North American continental shelf[J]. PLoS ONE，13（5）：e0196127.

Morrissey K，O'Donoghue C，Hynes S. 2011. Quantifying the value of multi-sectoral marine commercial activity in Ireland[J]. Marine Policy，35：721-727.

Nakahara H. 2009. Economic contribution of the marine sector to the Japanese economy[J]. Tropical Coasts，16（1）：49-53.

Park K S，Kildow J T，Geology H M. 2014. Rebuilding the classification system of the ocean economy[J]. Jounal of Ocean and Coastal Economics，1，DOI：https://doi.org/10.15351/2373-8456.1001.

Pinfold G. 2009. Economic Impact of Marine Related Activities in Canada[R]. Statistical and Economic Analysis Series，Fisheries and Oceans Canada，Publication No. 1-1.

Pugh D. 2008. Socio-economic Indicators of Marine-related Activities in the UK Economy[R]. The Crown Estate.

Virola R，et al. 2009. Measuring the contribution the maritime sector to the philippine economy[J]. Tropical Coasts，16（1）：60-70.

Zhao R，Hynes S，He G S. 2014. Defining and quantifying China's ocean economy[J]. Marine Policy，43：164-173.

第六章　葡萄牙海洋经济统计体系

葡萄牙位于欧洲大陆西南角，号称"陆尽于此，海始于斯"之地，在欧洲享有"海滨花园"之美誉。葡萄牙西、南两面毗邻大西洋，同时拥有马德拉和亚速尔两个离岛，海岸线长达832千米，排在欧洲国家前列，其专属经济区比陆地领土大18倍，管辖海域在欧盟管辖海域中占有相当大的比例（洪丽莎等，2020）。海洋是葡萄牙国家身份的基础和生成要素，海洋影响了葡萄牙人的生活方式，也影响到了葡萄牙与国际社会的关系。此外，葡萄牙还是首个与中国签署共建"一带一路"谅解备忘录的西欧国家，也是欧盟国家中首个与中国正式建立"蓝色伙伴关系"的国家（洪小彬，2019）。从各方面评估来看，葡萄牙达不到海洋强国的标准，但其海洋战略的制定和实施及海洋经济统计工作的开展对我国具有重大的借鉴意义。

第一节　研究背景

海洋经济如今已成为国内外议程的一部分，即使在疫情期间，海洋经济对社会福祉和社会经济持续增长的重要性也不可忽视。为了实现海洋经济的可持续发展，葡萄牙认为必须保护海洋环境，并且对此进行评估、预警，减轻人类对海洋所制造的压力，并执行相应的措施来监测海洋生态系统的环境状况。

葡萄牙海事政策总局（Directorate-General for Maritime Policy，DGMP）于2014年7月首次提出了2013~2020年葡萄牙国家海洋战略（National Ocean Strategy 2013-2020，NOS 2013-2020）。该战略指出，葡萄牙海洋及沿海地区的新发展模式将促进葡萄牙海洋经济的发展，增强葡萄牙的国际竞争力。该战略制定的长期目标主要包括：①促进海洋经济中现代商业部门的发展，重申葡萄牙的海洋特性；②促进葡萄牙海洋领土的经济、地缘政治和地缘战略潜力；③为吸引国内外对不同海洋经济部门的投资、促进经济就业水平增长创造条件；④在2020年之前，将海洋经济对葡萄牙国民经济的直接贡献提高 50%；⑤增强葡萄牙的科技能力；⑥使葡萄牙在全球范围内成为世界领先的海洋国家，并成为综合海洋政策（Integrated Maritime Policy，IMP）和欧盟大西洋海洋战略（EU Maritime Strategy for the Atlantic Area，EUMSAA）的关键参与者。

为了监测 NOS 2013-2020 战略的实施效果，葡萄牙统计局（Statistics Portugal）和海洋农业部门（Ministry of Agriculture and Sea，MAS）于 2016 年编制出了第一版海洋卫星账户（Satellite Account for the Sea，SAS）。

第二节　葡萄牙海洋卫星账户

一、葡萄牙海洋卫星账户发展历程

第一版海洋卫星账户于 2013 年 6 月签署协议，最终于 2016 年 5 月完成。第二版海洋卫星账户（Ocean Satellite Account，OSA）于 2020 年 11 月发布。2017 年 7 月 10 日，葡萄牙部长理事会第 99 号会议决议中提到，OSA 将每三年发布一次。相较于第一版海洋卫星账户，第二版海洋卫星账户扩大了统计地区范围，增加了亚速尔群岛自治区和马德拉群岛自治区。

第一版海洋卫星账户所涉及的年份为 2010~2013 年，基期为 2011 年。第二版海洋卫星账户所涉及的年份为 2016~2018 年，并使用 2016 年葡萄牙国民账户基准年对 2016 年和 2017 年的 OSA 活动单位进行了全面分析；还对 2016 年和 2017 年同时进行了 OSA 数据汇编和计算，这样可以通过比较发现不一致的地方并在此基础上做出改进。

在编制 OSA 过程中，遵循了葡萄牙国民账户（Portugal National Accounts，PNA）的基本原则，如活动、分类、居住标准和计算准则等，并借鉴了国际上一些在海洋经济方面有所建树的国家的相关经验以及其他领域卫星账户的经验（如旅游、卫生、社会经济、文化和体育卫星账户等）。制定 OSA 的主要目标包括：①衡量与海洋经济有关的相关产业；②结合 OSA 的最终结果，制定相关的海洋政策；③帮助国际海事委员会（Inter-Ministerial Commission for Maritime Affairs，ICMA）监测 NOS 2013-2020 和 2021~2030 年葡萄牙国家海洋战略（National Ocean Strategy 2021-2030，NOS 2021-2030）的实施效果；④提供与海洋经济有关的统计数据，衡量海洋经济在葡萄牙国民经济中的规模和重要性。

二、海洋经济的定义及分组范围

在 OSA 可行性研究中，根据 IMP 和 NOS 2013-2020 的战略框架，界定了海洋经济的概念，如下所示：海洋经济是指在海洋上发生的经济活动和其他不在海洋上但依赖海洋的经济活动的总称，其中包括海洋自然资本和海洋生态系统的非贸易服务。然而，海洋自然资本和海洋生态系统的非贸易服务并未被纳入 OSA 中，这是因为它们不在 2010 年欧洲国家和地区账户体系（European System of National and Regional Accounts，ESA 2010）定义的国民账户生产范围内。

OSA 是依据葡萄牙国民账户框架构建的，在该框架内，构建海洋卫星账户所涉及的概念源于 ESA 2010，因此，海洋经济并没有整合海洋生态系统中的不可交易服务，因为这些服务不在 ESA 2010 定义的生产范围中。

海洋经济的定义考虑了直接或间接利用海洋的经济活动，重点放在其经营的价值链上，既包括位于海洋地区的活动，也包括位于沿海地区的活动，还包括位于沿海偏远地区与海洋相关的活动。因此，海上货物和服务的生产和消费的经济价值取决于本账户范围内界定的一系列生产活动，即与海洋直接或间接相关的活动。无法根据葡萄牙国民账户体系衡量的活动未考虑进 OSA 内。在被确定为与海洋经济有关的活动或货物和服务（产品）时，需要同时满足以下两个条件：第一，在没有海洋的情况下，其货物、服务活动的消费量将大大减少；第二，可获得相关统计数据。下面根据海洋经济的概念对海洋经济活动进行简要阐述。

（一）在海洋上进行的经济活动

在海洋上进行的经济活动包括海洋运输、渔业和海洋水产养殖、生物勘探、非生物海洋资源的研究和开发、海洋旅游、海洋设备运营（如通信技术和信息电子）、海洋设备服务（如海洋信息和通信服务）。

（二）依赖海洋但不在海洋进行的经济活动

依赖海洋但不在海洋进行的经济活动包括以下三类。

（1）直接依赖于海洋生态系统商品和服务的娱乐活动（如沿海旅游业）。

（2）为海上活动提供货物或特定服务的活动（如港口物流、船舶维修制造、船舶拆解、海上设备建造和维护以及陆上海事服务等活动）。

（3）属于某些功能型价值链的活动，这些价值链很难分开，并且这些活动直接影响海上发生的活动。在这种情形下，形成以鱼类为中心的价值链（如内陆水域的水产养殖，因为它使用相同的鱼类分销渠道）和以水船为中心的航运价值链（如内陆水道运输、内河巡航，它们在船舶生产上没有差异）。

其余的经济活动既不在海上进行，也不依赖海洋，代表着葡萄牙国民经济活动的其余部分。

三、海洋经济活动分类

在编制 OSA 时使用的是官方分类标准（葡萄牙经济活动分类标准 CAE Rev.3，等同于 NACE Rev.2 活动分类标准）和海洋经济活动类别，根据经济活动单位的范围及特征对海洋经济活动单位（kind of activity units，KAU）进行分类（Simões et al.，2018）。

（一）OSA 参考总体

葡萄牙统计局和两个自治区统计局在项目管理总局的支持下编制了 OSA 参考总体。OSA 参考总体是按机构部门划分的，是葡萄牙国民账户参考总体（基期为 2016 年）的子集，OSA 参考总体的相关数据是从商业登记册处获得的。该数据库提供了在葡萄牙大陆与亚速尔群岛和马德拉群岛自治区的活动单位（公司、非营利机构、公共行政等）的登记结果。在第一阶段，根据 CAE Rev.3 和 NACE Rev.2 分类标准，选择当地 OSA 活动单位并整合参考总体。在第二阶段，对其他代码进行分析，并确定具有海洋性质的实体。如果根据 NACE Rev.2 或 CAE Rev.3 代码不能把一个活动完全视为海洋活动，则需要与当局联系，由葡萄牙统计局和 DGMP 技术人员团队进行会议讨论后决议，并选择性地收集信息。在某些情况下，可使用第一版海洋卫星账户中的系数。

KAU 在 2008 年国民账户体系和国际标准行业分类第 4 版中被称为机构。据 ESA 2010、EUROSTAT（2013）所述，机构单位的信息系统中必须能够包含，或通过计算能够得出每个 KAU 的生产价值、中间消费、员工薪酬、营业盈余和就业，以及固定资本形成总额等信息。根据 ESA 2010 提供的机构部门分类标准，OSA 将活动单位分为 S.11 非金融公司、S.12 金融公司、S.13 一般政府、S.14 家庭、S.15 为住户提供服务的非营利机构。

根据收集到的信息，葡萄牙统计局与项目管理总局合作，参考 2012 年的参考总体，并结合多种信息来源，如 2016 年和 2017 年的 EEA（European Environmental Agency，欧洲环境署）赠款项目数据库和 ITIMAR（Integrated Territorial Investment at the Ocean，海洋综合领土投资）等数据库、行政数据及博览会、专业海洋报纸等手动收集信息，编制了当地 KAU（名称、税号、网站/其他网站信息、机构部门）的系统化清单。

（二）依据海洋经济活动范围进行分类

OSA 根据海洋经济范围将海洋活动分为既定活动和新型活动。又根据这两种活动范围将海洋经济活动分为 9 大类。其中，第 1 类到第 8 类为既定活动，第 9 类为新型活动。这种海洋经济活动分类标准符合市场成熟度的国际逻辑，即欧盟在"蓝色增长"研究中遵循的标准，以便进行国际比较（ECORYS et al.，2012）。9 类活动具体介绍如下所示。

（1）渔业、水产养殖、产品加工、批发和零售。该行业包括与渔业和水产养殖产品价值链相关的活动。核心活动主要有渔业和水产养殖，上游与水产养殖等动物食品行业相连，下游与鱼类、甲壳类动物及软体动物加工和保藏等转型行业相连。该行业还包括冰的生产、冷藏和贸易，渔业和水产养殖产品的批发，零售贸易，海上捕鱼，淡水捕鱼，海水养殖等活动，共涉及 40 种海洋经济活动。

（2）非生物海洋资源。包括与常规能源（石油和天然气）的研发、海洋矿物的研究和开采、盐的提取和提炼，以及由此衍生的调味品生产有关的活动，还包括海水淡化、水的收集提取和供应等活动，共涉及 11 种海洋经济活动。

（3）港口、运输和物流。主要活动是货物和乘客的运输。下游包括港口服务、海上和内陆水路运输租赁及货物和乘客的河流运输等活动，还包括与水运价值链相关的其他活动，如货物处理、内陆客运水运、海上和沿海货物水运等活动，共涉及 26 种海洋经济活动。

（4）娱乐、体育、文化和旅游。包括海上娱乐和体育活动、海上文化和海上旅游及沿海旅游等。此外，还包括与划船有关的活动，这些活动被视为娱乐性划船和航海运动。沿海旅游包括住房、旅游住宿、餐馆、旅行社，以及相关娱乐活动和休闲活动，还包括与海洋有关的文化活动，共涉及 64 种海洋经济活动。

（5）船舶制造、维护和修理。包括船只和浮动平台的建造、游艇和运动艇制造、船只的修理和维护、报废船只的拆卸等活动，共涉及 14 种海洋经济活动。

（6）海洋设备。包括多种制造活动，如装备船只或浮动平台的制造活动。海洋设备的活动类型较多，主要包括致力于建造和维修海洋经济中其他活动所需的设备。因此，OSA 决定将制造业中涉及海洋设备的生产和维修活动合并为一组，以支持其他类型的海洋经济活动。此外，该组别还包括与海洋经济间接相关的活动，如平板玻璃的成型和加工、金属门窗制造等活动，共涉及 91 种海洋经济活动。

（7）基础设施和海洋工程。包括与建设工程和港口码头扩建有关的活动，以便实现海洋和陆地的有效联通，如建设用于通过铁路运输货物的陆地走廊。例如，港口、码头的建设和维修，以及疏浚、保护和海防等。该行业还包括水利工程施工、桥梁和隧道施工等活动，共涉及 32 种海洋经济活动。

（8）海洋服务。与海洋有关的服务活动，包括如下几个方面：①与海洋相关领域的教育、培训和研发、治理活动，如国防和海事安全以及海事空间规划；②其他服务活动，如海事信息和通信服务、海洋领域的咨询和商业服务、公共秩序和安全活动、体育和娱乐教育、海事金融和保险；③与海洋相关的其他贸易和分销活动等。共涉及 112 种海洋经济活动。

（9）海洋的新用途和资源。这一类海洋活动存在是为了量化一系列新兴活动，它们的经济重要性不大，否则会被其他活动所"稀释"。主要包括海洋生物技术、海洋可再生能源、气体储存、非常规能源（天然气水合物）的研究与开发、地球观测服务、工程项目相关技术咨询、生物技术的研究和实验等活动，共涉及 7 种海洋经济活动。

（三）依据价值链功能进行分类

OSA 在编制过程中还考虑了价值链效应，因为利用价值链可以将海洋经济的中心活动（核心）与上游活动（后向链接）及下游活动（前向链接）联系起来，通过公共政策提案检测海洋经济活动之间的协同效应、风险（图 6.1）（Statistics Portugal and DGMP，2015b）。

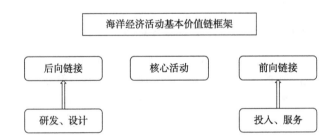

图 6.1　蓝色增长中的价值链分析

资料来源：《蓝色增长：大洋、海洋和海岸带可持续发展的情景和驱动力》

可以根据基本价值链原理，将 9 类海洋经济活动按照价值链功能进行分类，其结果如表 6.1 所示。这一价值链理论具有一定优势，因为它重点关注选定的价值功能，可以对价值链中的各类海洋经济活动的价值功能进行评估，并确定协同作用和可能发生的风险。

表 6.1　9 类海洋经济活动按价值链功能分类

价值链功能	海洋经济活动
能源	2，9

续表

价值链功能	海洋经济活动
环境	7，8，9
健康福祉	1，4，9
知识	8，9
工件材料	2，5，6，9
营养	1，2，9
监管	8
安全	6，7，8，9
服务供应	3，8
运输	3，4，7
水	2

表 6.1 综合考虑了价值链功能和海洋经济活动之间的关系，OSA 按海洋经济活动类别分析了价值链功能，与第一版海洋卫星账户相同，这些功能符合人类满意度和地球保护的基本需求标准。第 1 类至第 9 类海洋经济活动价值链功能的简要介绍如图 6.2 所示。

1. 渔业、水产养殖、加工、批发和零售产品

第 1 类海洋经济活动价值链涵盖了渔业和水产养殖产品价值链中整合的活动，从资源捕获生产到批发零售，这些是实现人类营养、健康福祉功能的重要活动，其具体价值链如图 6.2 所示，其他类别海洋经济活动的价值链和图 6.2 类似，不再具体阐述，详情可见《海洋卫星账户 2016-2018：方法和决策支持》。

2. 非生物海洋资源

第 2 类海洋经济活动价值链包括常规能源（石油和天然气）的勘探开发和生产、海洋矿物开采、与开采和提炼盐和调味品生产相关的活动，还包括海水淡化。该类活动有助于提供营养、能源、水资源和工件材料。

3. 港口、运输和物流

第 3 类海洋经济活动价值链包括与水路运输价值链相关的活动，其主要活动是货物和乘客的运输。它包括港口社区完成的所有作业，并有助于实现运输和服务供应功能。

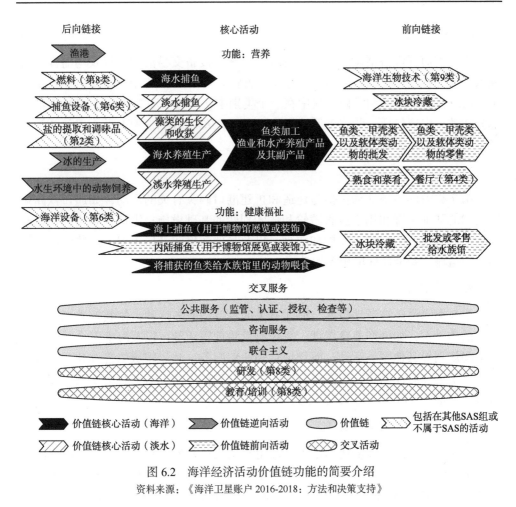

图 6.2　海洋经济活动价值链功能的简要介绍

资料来源：《海洋卫星账户 2016-2018：方法和决策支持》

4. 娱乐、体育、文化和旅游

第 4 类海洋经济活动的价值链包括划船活动，这些活动包括娱乐性划船和航海运动、海洋文化以及海洋和沿海旅游等。沿海旅游包括住房、旅游住宿的房地产开发、餐饮活动、旅行社和娱乐活动等，以及相关的文化活动，如旅游卫星账户中考虑的仅在沿海地区进行的活动——航海运动学校和其他提供水上运动训练的实体单位。

5. 船舶制造和维修

第 5 类海洋经济活动包括造船和浮动平台的活动，如游艇、运动艇、船舶的维修维护活动，船舶寿命结束时的拆解活动。它有助于实现工件材料功能。

6. 海洋设备

第 6 类海洋经济活动包括海洋部件、机械和设备交易活动，以及与海洋设备领域相关的特定工程和培训活动。海洋设备将 CAE 第三版 C 节中确定的所有活动（如海事设备的制造和维修）集中在一个类别中，这些活动支持 OSA 其他类的大部分活动，它还包括一些施工活动（NACE Rev.2/CAE Rev.3 第 F 节），该类海洋经济活动有助于实现工件材料和安全功能。

7. 基础设施和海事工程

第 7 类海洋经济活动包括与建造和扩建港口码头有关的活动，如通过铁路运输货物的陆地走廊和用于接收游轮和休闲划船的基础设施；港口、码头的建设和维修，沿海地区的疏浚、保护和防御，以及其他海事和港口工程。这些活动能够实现与运输、安全和环境相关的功能。

8. 海事服务

第 8 类海洋经济活动包括与海洋有关的跨部门服务活动，使其他类别的海洋经济活动受益，如海洋教育培训、海洋研发治理等活动，以及海事安全活动和海事空间规划等其他服务活动；海洋信息和通信服务、海洋领域的咨询和商业服务活动，融资和海洋保险，与海洋有关的贸易和分销活动等活动有助于实现知识、监管、安全、环境和服务供应功能。

9. 海洋的新用途和资源

设立第 9 类海洋经济活动是为了确定和量化一系列新兴的活动，但这些活动的经济重要性很小，可能会在其他活动中被稀释。它包括所有新兴海洋国家和地区知识功能及能源功能的活动，如海洋可再生能源（海上风、波浪、潮汐、洋流）、非常规能源（天然气水合物）的研发，以及天然气储存活动。该类海洋经济活动可以实现多种功能。例如，通过制药和化妆品行业的生产投入实现了健康福祉功能；通过生物材料的研发实现了工件材料功能；通过营养保健投入研发活动实现了营养功能；通过地球观测实现了安全和环境功能。

（四）依据观测水平进行分类

2018 年 1 月 1 日至 2018 年 12 月 31 日，欧洲统计局地方行政单位 2 级人口分布数据库的计算结果表明，欧盟 28 国 49% 的人口位于沿海地区。鉴于葡萄牙领土和海洋经济之间的特殊关系，OSA 将 9 类海洋经济活动按照观测水平分为 3 类（表 6.2）。

表 6.2　按观测水平划分海洋经济活动

观测水平	海洋经济活动类别
特色活动	1, 2, 3, 4（部分）, 5, 7, 9
交叉活动	6, 8
靠近海洋的活动	4（部分）

特色活动是指主要发生在海上的活动，或其产品来自海上、打算在岸边使用的活动。这一范围包括除海洋设备，海事服务，娱乐、体育、文化和旅游（特别是沿海旅游）的部分之外的海洋经济活动。

交叉活动是指除特色活动外，OSA 范围内考虑的其他活动，包括海洋设备和海事服务。

靠近海洋的活动包括位于沿海地区村庄的住宿活动、餐厅等活动，这类活动与沿海旅游业相对应。

这种划分方式也有助于将 OSA 的最终结果用于支持公共政策的制定。特色活动是海事政策的主要关注点。交叉活动对于支持海洋经济增长也至关重要。例如，该领域包括创新和研究、海上运输和培训，以及重要的技术和工业领域。又如，与设备供应有关的领域及特定金融和担保服务等。靠近海洋的活动在很大程度上取决于海洋环境质量政策、沿海地区政策，以及陆地和海洋空间之间的协调政策等。

（五）海洋经济活动和产品分类标准

OSA 在确定统计数据所涉及的分类和命名标准时，考虑到了欧洲统计系统（European Statistical System，ESS）和葡萄牙国家统计局使用的分类和术语，并结合国际组织的建议，依据国内外经济活动分类、命名标准确定了与海洋经济有关的活动和产品，所参考的分类依据主要包括：CAE Rev.3、NACE、2008 年版《欧洲共同体产品活动分类》（Classification of Products by Activity in the European Community 2008 Version，CPA 2008）、政府职能分类（classification of the functions of government，COFOG）、葡萄牙个人消费目的分类（Portuguese classification of individual consumption by purpose，COICOP/HICP）、为家庭服务的非营利机构的目的分类（classification of the purposes of non-profit institutions serving households，COPNI）、2016 年葡萄牙国民账户产品分类（national accounts product classification 2016，NPCN 2016）、联合命名法（combined nomenclature，CN）、国家教育和培训领域分类（national classification of education and training areas，NCETA）、国际标准职业分类（international standard classification of occupations，ISCO）、海

洋经济研发方面的智能专业化优先事项（smart specialization priorities regarding R&D for the ocean economy）。

（六）数据来源

数据来源：葡萄牙供给与使用表、投入产出矩阵、中间消耗矩阵、葡萄牙国民账户工作文件、政府统计数据等均来自葡萄牙统计局（国民账户）。此外，还有亚速尔群岛自治区区域账户（Região Autónoma dos Açores Regional Account，RAARA）、马德拉群岛自治区区域账户（Reqional Accounts of the Autonomous Region of Madeira，RAARM）。OSA 主要数据来源和责任实体如表 6.3 所示。

表 6.3　OSA 主要数据来源和责任实体

数据来源	责任实体
国际收支差额	葡萄牙中央银行
报告和账目报告及财务报表	公司和其他私人实体
公共工程观测数据库	公共市场、房地产和建筑研究所
亚速尔群岛自治区区域账户和马德拉群岛自治区区域账户	亚速尔群岛自治区统计局和马德拉群岛自治区统计局
简化商业信息	葡萄牙财政部/葡萄牙统计局/葡萄牙银行
国家科技潜力调查	科学、技术和高等教育部，教育科学统计总局
高等教育教师履历登记册	科学、技术和高等教育部，教育科学统计总局
国家一般账户管理（支出和收入预算控制图）	信息研究所
私营社会团结机构的预算和账目	葡萄牙政府
建筑业年度调查	葡萄牙统计局
工业生产年度调查	
家庭预算调查	
国际贸易统计	
劳动力调查	
国民账户	
简化商业信息	
国际旅游调查	
居民旅游需求调查	

（七）行政数据来源

行政数据是对上述主要数据的补充，需要对其进行更多的研究，以弥补信息差，特别是在无法确定的经济活动方面。在选择 KAU 整合 OSA 的过程中，有必要搜索更多信息，以验证海洋经济活动的性质和重要性，以便于按海洋经济类别和观察水平进行分类。亚速尔群岛自治区和马德拉群岛自治区的行政数据来源主要包括：①政府一般预算；②亚速尔群岛自治区政府预算；③马德拉群岛自治区政府预算；④公司年度报告和财务报表；⑤公司和其他实体网站或 Facebook；⑥第三方提供的公司/机构目录；⑦司法部网站；⑧航海运动联合会；⑨专业协会；⑩社会经济附属账户；⑪其他管理数据源。

第三节　编制海洋产品的供给使用表

ESA 2010 提到，供给使用表可以将不同部门的货物和服务进出口、政府支出、家庭和非营利机构支出及资本形成联系起来，显示出全球价值链各组成部分、行业投入、产出及产品供需之间的联系。

编制供给使用表可以在一个单一、详细的框架内检查国民账户组成部分的一致性和连贯性。与此同时，还可以使用生产法、收入法和支出法来估算出 GDP。当以综合方式平衡时，供给使用表还可以将商品和服务账户、生产账户（按行业和机构部门）和收入账户（按行业和机构部门）联系起来。

编制供给使用表是编制 OSA 的最后阶段，OSA 供给使用表是葡萄牙国民账户供给使用表的一个子集，它同样遵循 ESA 2010 的相关标准。在界定参考总体之后，按机构部门收集收入账户中的经济变量，包括产出、中间消费、增加值、其他生产税、其他生产补贴、营业盈余等。随后，参考葡萄牙国民账户的供给使用表（127 类行业×433 类产品），编制了海洋产品的供给使用表，从而对供应和需求进行初步评估。为了完成这一框架，必须按选定产品计算产品的进口、出口、公共消费、私人消费、投资和中间消费。OSA 还使用葡萄牙统计局 2017 年发布的对称投入产出矩阵综合系统对 2018 年产出、进出口情况等进行了估算。在此过程中，尽管没有对整个参考总体进行详细分析，但是使用了最相关的实体的详细信息，与国际贸易有关的信息及最终国民账户中所获取的详细信息来进行估算。

OSA 供给使用表还补充了验证步骤。海洋产品的供给使用之间的平衡也被用作计算部分海洋经济活动单位系数的间接方法。例如，可以按照产品对产出和出口进行系统比较，从而在某些情况下对产出进行补充。海洋产品的供给使用表遵循按机构部门、行业和海洋经济活动类别对收入账户中的经济变量汇编，其中的经济变量包括海洋产品或与海洋相关的产品的产出、2016 年按行业基准计算的基本价格产出、以购买者价格估价的中间消费、海洋增加值、海洋劳动者报酬、其他海洋生产税、海洋生产的其他补贴。

因此，根据葡萄牙国民账户产品分类（以 2016 年葡萄牙购买者价格为基础），来计算海洋资源的供给部分。除了以基期价格（2016 年价格）计算的海洋产品产出外，还估算了海洋产品的进口、贸易和运输利润、产品税（为正值，包括增值税和其他产品税）、产品补贴（为负值）。

通过计算家庭、一般政府和非营利机构的最终消费支出、资本形成总额、出口、以卖方价格计算的海洋产品的中间消耗量，得到海洋产品的使用部分。

第一阶段，利用供给使用表分别计算各类海洋经济活动的总增加值和总营业盈余，在供给使用表中，当每类特定产品的供给和使用之间相互平衡时，才能确定海洋经济的总增加值。第二阶段，分析了每个机构部门的账户并查看其供给和使用之间的平衡情况。

葡萄牙统计局每年都会检查 OSA 中每个变量的值，以确保供给使用之间的平衡。根据部门和产品，与葡萄牙国民账户的数据进行详细的比较分析。在这个过程中，有时意味着可能需要改变最初的估计值。在海洋卫星账户的涉及年份期间（2016~2018 年），对变量的值进行了比较分析，以验证某些比率或系数的合理性。

一、海洋资源（供应）

葡萄牙国民账户中有国际贸易的计算框架，因此，使用葡萄牙国际货物贸易数据库（Portugal International Trade of Goods Database）、简化的商业信息和葡萄牙银行中所记录的葡萄牙国际收支数据作为主要数据来源。

在第一阶段，葡萄牙国民账户中的数据直接用于完全被视为海洋的产品。对于其他情况，为了确定国际贸易中海洋部分的份额，对国际贸易统计的分类进行了详细的研究。每当通过分类能够确定与海洋有关的份额时，就使用构成 OSA 参考总体的各经济活动单位的流量信息。例如，渔网产业可以使用产业绳索和网的进出口信息来进行估算。每当命名的细节不足以确定海洋部分时，则需要通过研究 OSA 参考总体的经济活动单位的相应流量信息，查明与海洋相关的情况，只考虑这些部分的贸易流量。例如，对于其他电气设备而言，只识别了与海洋相关部分的进出口情况。

对于国际贸易而言，葡萄牙国民经济领域以外居民与酒店、餐馆和类似服务及旅行社服务、旅行社和其他储备及相关服务的最终消费支出也被视为进口。OSA 是基于家庭预算调查以及在编制过程中计算的这些产品的生产结构来对其进行估算的。同样，国民经济领域非居民与酒店设施服务、餐馆和类似服务、旅行社服务、旅游经营者，以及其他相关服务的最终消费支出也被视为出口。它采用了与进口这些产品相同的方法操作路线。因此，这些产品的家庭消费支出符合居住原则。

当无法从 OSA 参考总体中确定海洋经济活动单位中与海洋相关的国际贸易的部分时，不考虑进口和出口。

1. 贸易和运输利润

就贸易而言，其产出是由产品的利润率（零售和批发）以及商业数据库中的信息共同决定的。通过建立产品、活动类别与产出之间的对应关系，将每种产品的贸易利润之和归入各自的活动类别，产品贸易的产出等于所有贸易利润之和。

贸易和运输利润被认定为国家进口和出口的资源，在计算时分别计入各自的产品中，并根据其不同的用途进行细分。因此，NACE Rev.2 中第 46 部分和第 47 部分中指出，其产出等于各种海洋产品的贸易利润之和。

通过上述方法，可以计算出葡萄牙整个国家的贸易利润。随后，计算出亚速尔群岛自治区和马德拉群岛自治区的贸易利润，具体表达式如下：

$$\text{Margins}(AR)=\text{Margins}(\text{Portugal})\frac{P.1(AR)}{P.1(\text{Portugal})} \tag{6.1}$$

其中，Margins（AR）表示某自治区的贸易利润；Margins（Portugal）表示葡萄牙全国的贸易利润；$P.1$（AR）表示某自治区的产出；$P.1$（Portugal）表示葡萄牙全国总产出。

2. 产品税

产品税（$D.21$）可以细分为增值税（$D.211$）和除增值税以外的其他产品税（$D.212+D.214$），其具体表达式如下：

$$D.21 = D.211 + D.212 + D.214 \tag{6.2}$$

增值税的估算公式如下所示：

$$D.211 = \sum_i \left\{ D.211(NA)_i \left[\frac{P.1(OSA)_i + M(OSA)_i}{P.1(NA)_i + M(NA)_i} \right] \right\} \tag{6.3}$$

其中，$D.211(NA)_i$ 表示国民账户中产品 i 的增值税；$P.1(OSA)_i$ 表示 OSA 中产品 i 的产出；$M(OSA)_i$ 表示 OSA 中产品 i 的进口；$P.1(NA)_i$ 表示葡萄牙国民账户中产品 i 的产出；$M(NA)_i$ 表示葡萄牙国民账户中产品 i 的进口。

对于产品税（$D.21$）的其他部分，通常只估计$D.212$。估计$D.212$的一般算法是将 OSA 中产品 i 进口的系数应用于国民账户 $D.212$ 水平。该系数是由海洋卫星账户和国民账户产品进口比得到的。具体计算表达式如下：

$$D.212 = \sum_i \left\{ D.212(\mathrm{NA})_i \left[\frac{M(\mathrm{OSA})_i}{M(\mathrm{NA})_i} \right] \right\} \quad (6.4)$$

对于油气类产品，除增值税外的其他产品税（$D.212+D.214$）是作为一个整体估计的，估计方法和上式相同，具体表达式如下：

$$D.212 + D.214 = \sum_i \left\{ \left[D.212(\mathrm{NA})_i + D.214(\mathrm{NA})_i \right] \left[\frac{P.1(\mathrm{OSA})_i + M(\mathrm{OSA})_i}{P.1(\mathrm{NA})_i + M(\mathrm{NA})_i} \right] \right\}$$
$$(6.5)$$

其中，$D.212(\mathrm{NA})_i$ 表示产品 i 的进口税（不包括国民账户中的增值税）；$D.214(\mathrm{NA})_i$ 表示产品 i 除了国民账户中进口税以外的产品增值税；$P.1(\mathrm{OSA})_i$ 表示 OSA 中产品 i 的产出；$M(\mathrm{OSA})_i$ 表示 OSA 中产品 i 的进口；$P.1(\mathrm{NA})_i$ 表示国民账户中产品 i 的产出；$M(\mathrm{NA})_i$ 表示国民账户中产品 i 的进口。

进口税（$D.212$）和 $D.214$ 中包含的消费税直接或间接取决于进口和产出，因此使用了上述变量来进行计算。

3. 产品补贴

对于产品 i 而言，产品补贴（$D.31$）是根据 OSA 与 NA 之间产出比率来估算的，其具体估算方法如下：

$$D.31 = \sum_i D.31(\mathrm{NA})_i \left[\frac{P.1(\mathrm{OSA})_i}{P.1(\mathrm{NA})_i} \right] \quad (6.6)$$

二、海洋（使用）

（一）家庭、政府和为家庭服务的非营利机构的最终消费支出

1. 最终消费支出总额

根据 ESA 2010 关于最终消费支出的定义，最终消费支出包括驻地机构单位在用于直接满足个人需求及愿望或社区成员集体需求的商品或服务上发生的支出。

2. 家庭最终消费支出

家庭最终消费支出主要数据来自家庭预算调查，其定义见 ESA 2010。对于完

全被视为用于海洋使用的产品，OSA 使用了葡萄牙国民经济中按产品划分的最终消费支出。利用家庭预算调查的数据对家庭的最终消费量进行了彻底分析，并包括海洋或与海洋相关的使用情况。对于其他产品，用最终消费支出与整个经济产出之间的比率来表示海洋份额，用于计算海洋产出。

3. 政府最终消费支出

根据 ESA 2010，政府的最终消费支出（$P.3$）包括两类支出：第 1 类为一般政府自身生产的商品和服务的价值（$P.1$），而非自有账户资本形成（对应于 $P.12$）、市场产出（$P.11$）和非市场产出的支付（$P.131$）；第 2 类为一般政府购买由市场生产者生产的商品和服务，这些商品和服务没有进行任何转变以实物形式提供给家庭（$D.632$）。其具体计算公式如下所示：

$$P.3=P.13-P.131+D.632 \tag{6.7}$$

其中，$P.13$ 表示非市场产出；$P.131$ 表示非市场产出的支付；$D.632$ 表示一般政府和非营利组织购买的市场生产的实物社会转移部分。

在产品被完全视为海洋产品（如鱼类或海运）的情况下，政府的最终消费支出（$P.3$）对应于国民账户中政府对相关产品的最终消费支出值（$P.3$）。在其他情况下，上述公式同样适用于实体或经济活动单位。

4. 为住户服务的非营利机构的最终消费支出

ESA 2010 第 3.97 段中描述了为住户服务的非营利机构的最终消费支出的定义，其中提到为住户服务的非营利机构的最终消费支出包括两个单独的类别：①为住户服务的非营利机构生产的商品和服务的价值（不包括自有账户资本形成和家庭以及其他单位的支出）；②为住户服务的非营利机构在市场生产者生产的商品或服务上的支出，这些商品或服务未经任何改变就提供给家庭，供其消费。

（二）固定资本形成总额的估算

ESA 2010 第 3.124 段定义了固定资本形成总额：固定资本形成总额（$P.51$）包括居民生产者在特定时期内收购的固定资产，减去处置的固定资产，再加上生产者或机构单位生产活动所实现的非生产资产价值的增加部分。固定资产是指生产中使用一年以上的生产性资产。对于完全被认定为海洋产品的，从国民账户固定资本形成总额矩阵中获得该产品的固定资本形成总额。机构部门 S.11 和 S.14 的主要数据来自简化商业信息。

根据 ESA 2010，第 3.127 段区分了以下类型的固定资本形成总额：①住宅；②其他建筑物和构筑物，包括对土地的重大改进；③机械和设备，如船舶、汽车和计算机；④武器系统；⑤栽培生物资源，如树木和牲畜；⑥非生产资产（如土地、合同、租赁和许可证）的所有权转让成本；⑦研发，包括免费研发的生产，只有当成员国的估计具有较高的可靠性和可比性时，研发支出才会被视为固定资本形成；⑧矿产勘查与评价；⑨计算机软件和数据库；⑩娱乐、文学或艺术原件；⑪其他知识产权。其中，②、③和⑦与 OSA 最相关。

按照经济活动对海洋使用的重要性，对一些行业进行分析，包括渔港、商业港、海岸疏浚保护及防御工程的投资。这一组投资被视为产品土木工程建设和建筑工程中的固定资本形成总额。对于在 NACE Rev.2 中被认定为完全与海洋相关的行业，如渔业、水运等，它们的统计数据来源于葡萄牙国民账户。对于在 NACE Rev.2 中被认定为与海洋不完全相关的行业，如海洋建筑工程等，它们的数据来源于公共工程观测数据库。通过查询相应实体签订的合同，可以选择与海岸保护和防御工程、疏浚和其他海洋工程相关的项目合同。合同价值假定为总投资，根据合同期限（自合同签订之日起）来进行加权，以获得按项目和年份划分的投资数据。

对于被视为部分海洋或与海洋相关的其他产品，计算固定资本形成总额时是以整个海洋经济的按产品划分的海洋产出与该产品在国民经济中产出之比作为权重来进行计算的，具体如下：

$$\mathrm{GFCF(OSA)}_i = \mathrm{GFCF(NA)}_i \frac{P.1(\mathrm{OSA})_i}{P.1(\mathrm{NA})_i} \tag{6.8}$$

其中，$\mathrm{GFCF(NA)}_i$ 代表国民账户中产品 i 的固定资本形成总额；$\mathrm{GFCF(OSA)}_i$ 代表 OSA 中产品 i 的固定资本形成总额；$P.1(\mathrm{NA})_i$ 代表国民账户中产品 i 的产出；$P.1(\mathrm{OSA})_i$ 代表 OSA 中产品 i 的产出。

（三）国际贸易出口的估算

与国际贸易进口的估算方法相同。

（四）海洋产品的中间消费量（按购买价格）

按买方价格（$P.2$）计算的海洋产品中间消费量按机构部门和海洋经济活动类别计算。

三、OSA 就业人数的估算

ESA 2010 第 11.32 段中指出就业的定义如下：用全职当量（full-time equivalent，FTE）衡量就业等价于全职员工就业人数。通过总工作时长（小时）除以经济领域内全职员工的平均每年的工作时长（小时）来计算。

在编制海洋卫星账户的背景下，评估海洋就业重要性对评估海洋经济对国民经济的有关影响至关重要。OSA 在评估就业时，最终所参考的方法和前文的其他经济变量一样，均采用葡萄牙国民账户的相关方法，因为它可以更好地衡量劳动力投入。

OSA 在衡量 2016 年和 2017 年海洋就业时，同时考虑到了雇员（有薪）和自雇工作者（无薪）的计算。

OSA 对就业的估算，包括所考虑的经济活动和机构部门的全职人力工时的计算。更具体地说，对于非金融企业（S.11）、家庭（S.14）和金融公司（S.12）的机构部门，使用 OSA 产出占葡萄牙国民账户产出的比例来估计 OSA 全职人力工时占国民账户全职人力工时的比例；而对于一般政府（S.13）和非营利机构（S.15）而言，使用 OSA 劳动者报酬占葡萄牙国民账户劳动者报酬比率来估计海洋卫星账户全职人力工时所占国民账户全职人力工时的比例计算。这些部门的产出估计是基于生产成本的，因此认为员工的劳动者报酬与就业变量更直接相关。尽管在许多情况下会用以上方法来估计就业，但在某些特殊情况下，还是使用原始数据源的相关信息，按照海洋经济活动类别和机构部门进行了重点分析。例如，就一般政府而言，这一方法适用于第 8 类海洋经济活动（海事服务），而对于其他群体，就业是详细计算的。

鉴于 OSA 中各类海洋经济活动在亚速尔群岛自治区和马德拉群岛自治区这两个自治区所占比例较小，在更多情况下，应该对原始数据进行评估和考虑，按照实体对就业进行直接估计。在这种情况下，首先估计每类海洋经济活动的平均劳动者薪酬；然后将先前估计的 OSA 劳动者薪酬除以 OSA 人均劳动者薪酬，从而更真实地了解各自治区 OSA 就业和经济发展的具体情况。

还可以根据就业的计算结果结合后续分析来验证海洋供给使用表的估计值，并在特定的情况下对此进行修订。

总之，OSA 最终结果可能与 OSA 最终参考总体所选择的每个活动单位的可用信息之和不一致。最终结果应具有宏观经济性质。因此，需要根据最佳实践方法来进行估算，并根据国家实际、现有数据和 ESA 2010 下的规则对计算结果进行调整。

四、测度 OSA 对葡萄牙国民经济的间接影响

直接影响衡量的是由于对海洋活动最终需求的增加而对海洋活动直接产生的影响。间接影响衡量供应海洋活动的其他各类活动对整个产业链产生的影响，这些活动增加了对生产要素的需求，进而满足了最终需求的增加。这是通过将葡萄

牙统计局发布的 2017 年对称投入产出矩阵综合系统应用于 OSA 结果来实现的。这一系统满足需求和供应之间的总体平衡，可以表示行业之间的相互联系，允许在某些假设条件下确定海洋经济产品需求变化对各种活动的影响。在衡量间接影响的过程中，需要满足以下假设：恒定的技术系数；缺乏规模经济；相对价格和替代效应没有变化；无限生产能力；同质产品；没有财政限制。

参 考 文 献

洪丽莎，毛洋洋，曾江宁. 2020. 中国和葡萄牙海洋科技合作实践[J]. 海洋开发与管理，37（5）：10-13.

洪小彬. 2019. 学生翻译团队项目管理流程优化研究[D]. 上海外国语大学硕士学位论文.

CBD. 2021a. First Draft of the Post-2020 Global Biodiversity Framework. Note by the Co-Chairs of the Open Ended Working Group on the Post-2020 Global Biodiversity Framework[R]. Document CBD/WG2020/3/3.

CBD. 2021b. One Papers on the Goals and Targets of the First Draft of Post-2020 Global Biodiversity Framework. Note by the Executive Secretary[R]. Document CBD/WG2020/3/INF/3.

CBD. 2021c. Scientific and Technical Information to Support the Review of the Proposed Goals and Targets in the Updated Zero Draft of the Post-2020 Global Biodiversity Framework[R]. Document CBD/SBSTTA/24/3/Add.2/Rev.1.

CY. 2012. EU Cyprus Presidency of the Council of the European Union 2012，Declaration of the European Ministers Responsible for the Integrated Maritime Policy and the European Commission，on a Marine and Maritime Agenda for Growth and Jobs the "Limassol Declaration" [EB/OL]. http://www.cy2012.eu/index.php/en/file/TphGtH7COdr2nxXo9+AUZw═/ [2024-05-08].

DGMP. 2012. A Economia do Mar em Portugal. Documento de Suporte à Estratégia Nacional para o Mar，Relatório Técnico，Dezembro de [EB/OL]. https://www.dgpm.mm.gov.pt/_files/ugd/eb00d2_6e90e41184b94b4288f173c7d687f0be.pdf[2024-05-08].

Douvere F. 2012. Marine spatial planning：concepts，current practice and linkages to other management approaches[Z]. Ghent University，Belgium.

EC. 2007. Communication an Integrated Maritime Policy for the European Union，COM（2007）575[R]. Brussels：EC.

EC. 2008a. Communication on a New Approach for a Sustainable Blue Economy in the EU，Transforming the EU's Blue Economy for a Sustainable Future，COM（2021）240 Final[R].

Brussels: EC.

EC. 2008b. Communication Roadmap for Maritime Spatial Planning: Achieving Common Principles in the EU, COM（2008）791 Final[R]. Brussels: EC.

EC. 2008c. Initial Assessment for the Marine Strategy Framework Directive. A Guidance Document, A Non-legally Binding Document[R]. Brussels: EC.

EC. 2011. Communication Developing a Maritime Strategy for the Atlantic Ocean Area, COM（2011）782 Final[R]. Brussels: EC.

EC. 2012. Communication Blue Growth Opportunities for Marine and Maritime Sustainable Growth COM（2012）494 Final[R]. Brussels: EC.

EC. 2013a. Communication Action Plan for a Maritime Strategy in the Atlantic Area Delivering Smart, Sustainable and Inclusive Growth, COM（2013）279 Final[R]. Brussels: EC.

EC. 2013b. Communication Proposal for a Directive of the European Parliament and of the Council Establishing a Framework for Maritime Spatial Planning and Integrated Coastal Management, COM（2013）133 Final[R]. Brussels: EC.

ECORYS, COGEA s.r.l, POSEIDON LTD. 2013. Study to Support the Development of Sea Basin Cooperation in the Mediterranean, Adriatic and Ionian and Black Sea[R]. Guide to the Country Fiche, August 2013.

ECORYS, Deltares, Océanique Développment. 2012. Blue Growth Study-Scenarios and Drivers for Sustainable Growth from the Oceans, Seas and Coasts[R]. August 2012（Client: DG MARE）.

ECORYS Nederland BV. 2013a. Blue Growth in the EU Sea Basins: Methodology for Data Gathering and Processing for the North Sea and Atlantic Arc[R]. Annex I Methodology to Sea Basin Reports, Rotterdam/Brussels, 19th December 2013（Client: DG MARE）.

ECORYS, COGEA s.r.l, POSEIDON LTD. 2013b. Study on Deepening Understanding of Potential Blue Growth in the EU Member States on Europe's Atlantic Arc[R]. Country Paper: Final Version PORTUGAL December 2013（Client: DG MARE）.

EEA. 2006. Report on the Use of the ICZM Indicators from the WG-ID[R]. A Contribution to the ICZM Evaluation. Version 1.

Ehler C. 2004. A Guide to Evaluating Marine Spatial Plans, Paris[R]. UNESCO, 2014. IOC Manuals and Guides, 70; ICAM Dossier 8.

Ehler C, Douvere F. 2009. Marine Spatial Planning: A Step-By-Step Approach Toward Ecosystem-Based Management. Intergovernmental Oceanographic Commission and Man and the Biosphere Programme[R]. IOC Manual and Guides No. 53, ICAM Dossier No. 6. Paris: UNESCO.

EUROSTAT. 2012a. EUROSTAT Regional Yearbook 2011[R].

EUROSTAT. 2012b. The Sogeti Study: Description of Sea and Coastal Areas in Europe[R].

EUROSTAT. 2013. Methodological Manual for Tourism Statistics，Version 2.02[Z].

EUROSTAT. 2015. Regions in the European Union. Nomenclatures of Territorial Units for Statistics NUTS 2013/EU-28，Luxembourg[Z].

Fenichel E P，Milligan B，Porras I. 2020. National Accounting for the Ocean and Ocean Economy[M]. Washington：World Resources Institute.

Government of Portugal，Ministry of Agriculture and Sea. 2012. Portuguese Marine Strategy for the Subdivision of the Continent[R].

Government of Portugal，Ministry of Agriculture and Sea. 2013. National Ocean Strategy 2013-2020[R].

Government of Portugal，Ministry of Economy. 2013. National Strategic Plan for Tourism 2013-2015 （PENT）[R].

Government of Portugal，Ministry of the Sea. 2021. National Ocean Strategy 2021-2030[R].

Ifremer，BALance Technology Consulting GmbH. 2009. Study in the Field of Maritime Policy Approach Towards an Integrated Maritime Policy Database，Study for EUROSTAT[R].

OECD. 2013. Proposal for a Project on the Future of the Ocean Economy. Exploring the Prospects for Emerging Ocean Industries to 2030[R]. Directorate for Science，Technology and Industry，OECD International Futures Programme.

OECD. 2016. The Ocean Economy in 2030[R]. Paris：OECD Publishing.

OECD. 2021. Blueprint for Improved Measurement of the International Ocean Economy：An Exploration of Satellite Accounting for Ocean Economic Activity[R]. OECD Science，Technology and Industry Working Papers.

OSPAR. 2012. Strategic Support for the OSPAR Regional Economic and Social Analysis Draft Final Interim Report[R].

OSPAR. 2021. The North-East Atlantic Environment Strategy-Strategy of the OSPAR Commission for the Protection of the Marine Environment of the North-East Atlantic 2010-2020[R]. OSPAR Agreement.

Secretariat of Regular Process. 2016. Abstract of Views on Lessons Learned from the First Cycle of the Regular Process for Global Reporting and Assessment of the State of the Marine Environment，Including Socioeconomic Aspects[R].

Simões A S，Salvador M R，Guedes Soares C. 2018. Evaluation of the Portuguese Ocean Economy Using the Satellite Account for the Sea[M]. Boca Raton：CRC Press.

Statistics Portugal. 2015. Portuguese National System of Accounts，Benchmark-year 2011，Inventory of Sources and Methods[R]. National Accounts Department，December 2015（Internal Report）.

Statistics Portugal. 2016. Satellite Account for the Sea 2010-2013 Methodological Report[R]. Instituto

Nacional DE Estatistica.

Statistics Portugal. 2021. Portuguese National System of Accounts, Benchmark-year 2016, Inventory of Sources and Methods[R]. National Accounts Department, December 2021 (Internal Report).

Statistics Portugal, DGMP. 2014. Satellite Account for the Sea-Feasibility Study[R]. April 2014 (Internal Report).

Statistics Portugal, DGMP. 2015a. Satellite Account for the Sea-Intermediate Report[R]. Universe Analysis, June 2015 (Internal Report).

Statistics Portugal, DGMP. 2015b. Satellite Account for the Sea-Value Chains[R].

Stobierski T. 2020. What is a Value Chain Analysis?[EB/OL]. https://online.hbs.edu/blog/post/what-is-value-chain-analysis#:~:text=Value%20chain%20analysis%20is%20a%20means%20of%20evaluating,subtracts%20value%20from%20your%20final%20product%20or%20service[2024-05-08].

UN. 2012. The Future We Want. Our Common Vision, Rio+20 United Nations Conference on Sustainable Development, Rio de Janeiro, Brasil[R].

UN Statistical Commission (Committee of Experts on Environmental-Economic Accounting). 2021. SEEA Ecosystem Accounting (SEEA EA), Final Draft[R].

UNGA. 2015. Summary of the First Global Integrated Marine Assessment[R].

United Nations Environment Programme (UNEP). 2021. Making Peace with Nature: A Scientific Blueprint to Tackle the Climate, Biodiversity and Pollution Emergencies[M]. Nairobi: UNEP.

van der Veeren R, Brouwer R, Schenau S, et al. 2004. NAMWA: A New Integrated River Basin Information System[R].

Virola R A, Talento R J, Lopez-Dee E P, et al. 2011. Towards a Satellite Account on the Maritime Sector in the Philippine System of National Accounts: Preliminary Estimates[R].

WG ESA. 2010. Economic and Social Analysis for the Initial Assessment for the Marine Strategy Framework Directive: A Guidance Document[R]. Working Group on Economic and Social Assessment, Directorate-General Environment, European Commission.

第七章　中国海洋经济统计体系

中国有着五千年的文明史，从秦朝开始就已逐步走向海外，明朝时期更是拥有世界上最强大的海军和船队。21 世纪是海洋的世纪，中国已然形成高度依赖海洋的外向型经济形态和"大进大出、两头在海"的基本格局，对海洋资源、空间的依赖程度也大幅提升。中国与日本、韩国、印度尼西亚等 8 个国家海上相邻，东部和南部大陆海岸线约 1.8 万千米，内海和边海的领海水域面积 473 万平方千米，海域分布有大小岛屿 7 600 个①。此外，中国海洋经济的发展也有着自身的特色和优势，海洋经济统计水平位于世界前列，有进一步发展的历史机遇。鉴于此，本章对中国海洋经济统计相关内容进行梳理，试图引发一些探索性思考。

第一节　中国海洋经济统计的发展进程

1989 年，自国务院授予国家海洋局（现为自然资源部）"负责海洋统计"的职责以来，中国的海洋统计工作经历了从产业分散统计到部门集中统计、从部分海洋产业统计到海洋经济全面统计、从松散化管理到制度化管理的发展历程（何广顺，2011；王殿昌等，2021）。以下就中国海洋统计工作发展历程及中国海洋统计制度的建立和发展等内容展开讨论。

一、海洋统计工作发展历程

中国海洋统计工作自 20 世纪 90 年代初开展，为形成上下贯通的海洋统计数据服务体系，国家海洋局于 1991 年在天津组织召开了海洋统计工作协调会，国家统计局、国家计划委员会（现国家发展和改革委员会）、地质矿产部、水利部、

---

① https://www.gov.cn/guoqing/index.htm.

国家旅游局（现文化和旅游部）、中国海洋石油总公司等部门和单位的全体代表协商并一致同意成立中国海洋经济信息网（何广顺，2006）。1991年11月，国家海洋局、国家统计局和国家计划委员会联合印发了《关于开展海洋统计工作的通知》（国海计〔1991〕727号），明确指出海洋统计是国民经济和社会发展情况统计的组成部分，这也标志着中国的海洋统计工作正式启动（郭越，2009）。1995年，国家海洋局、国家统计局和国家计划委员会又联合向11个沿海省（区、市）印发了《关于沿海地方开展海洋统计工作的通知》（国海计〔1995〕067号）。自此，中国沿海地区的海洋统计工作开展起来（王晓惠，2004）。在2002年1月1日正式实施的《中华人民共和国海域使用管理法》中，明确提出了"定期发布海域使用统计资料"的要求。为满足这一要求，国家海洋局组织沿海地区开展了海域使用调查统计工作，用以及时反映海域使用、海洋环保和海洋经济运行情况，该项工作进一步提高了海洋统计的时效性（张峰等，2016；李佳芮等，2021）。自2010年3月1日《中华人民共和国海岛保护法》正式实施开始，国家将对海岛资源和环境的保护也纳入了法治化轨道。但在海岛保护管理和政策制定的过程中，海岛现势性基础数据也亟待完善，基于此，国家海洋局于2014年启动了海岛统计调查研究工作。2018年，国务院规定了自然资源部定职责、定机构、定编制的职责，以应对工作新要求①，自然资源部综合司和海域海岛管理司将海域使用统计和海岛统计调查研究两项工作进行了合并，同时还补充了海岸线和海洋灾害等相关内容（李佳芮等，2021）。

此外，2017年初，国家海洋局与国家统计局签订《国家海洋局　国家统计局促进海洋经济可持续发展战略合作协议》，年底又联合印发了《关于做好海洋经济统计工作的通知》（国海发〔2017〕21号），从组织领导、技术方法、数据质量、统计服务、统计宣传和队伍建设等方面对海洋经济统计工作做出了全面部署，这对提升海洋统计能力和水平、推进国家和沿海地方海洋经济统计工作发挥了关键作用（国家海洋中心，2021）。

二、海洋统计制度的建立与发展

我国已经建立了专门的海洋经济统计调查制度和海洋经济增加值核算制度，这为摸清我国海洋的基本情况提供了基本数据保障（宋瑞敏和杨化青，2010）。但从实践情况来看，无论是全国还是省域，我国的海洋经济统计体系在测度内容上依旧存在不足，如统计内容仍局限于传统涉海产业产品，指标主要集中在增加

---

① 自然资源部职能配置、内设机构和人员编制规定. http://www.gov.cn/zhengce/2018-09/11/content_5320987. htm，2018-09-11.

值上，与"海洋强国"战略目标下的海洋经济发展需求相去甚远，即使从 2020 年经国家统计局批准、自然资源部实施的两大制度（《海洋经济统计调查制度》《海洋生产总值核算制度》）来看，依然止步于"就海洋经济论海洋经济"的统计设计理念，未能有效发挥政府统计监督职能。对照 2022 年中共中央办公厅、国务院办公厅印发的《关于更加有效发挥统计监督职能作用的意见》，海洋经济统计制度性创新则更是迫在眉睫。

（一）国家层面海洋统计制度的变革

1990 年，国家海洋局组织编订了《全国海洋统计指标体系及指标解释》，标志着我国海洋经济统计的诞生（国家海洋中心，2021），它确立了以海洋渔业、海洋盐业、海洋石油、海滨砂矿、海洋交通和滨海旅游 6 个海洋产业为主体的海洋经济统计调查制度，后续根据国家管理需要不断修订和完善，如 1994 年增加了海洋修造船产业。1996 年，我国开始定期发布海洋经济发展公报。1999 年，我国颁布实施《海洋经济统计分类与代码》（HY/T 052—1999），并印发了《海洋综合统计报表制度》①。2001 年，新增海洋化工、海洋生物医药、海洋电力、海水利用、海洋工程建筑和其他海洋产业，将海洋经济统计范围由 6 个扩大为 12 个（何广顺，2006）。2003~2004 年开展了涉海就业调查，并发布了《2003 年中国海洋经济统计公报》，为党的十六大提出的"实施海洋开发"提供了决策依据。与此同时，为综合探查我国海洋经济，国务院于 2003 年 9 月 8 日批准实施"我国近海海洋综合调查与评价"专项（简称"908 专项"），主要包括三大任务：①2004~2007 年实施"近海海洋综合调查"；②2005~2008 年实施"近海海洋综合评价"；③2005~2009 年实施"近海'数字海洋'信息基础框架构建"工作。"908 专项"为了解和掌握我国海洋经济，实施《全国海洋经济发展规划纲要》，促进我国海洋经济健康、稳定、可持续发展提供数据支撑和决策依据，也为我国迈向海洋强国奠定统计基础。

为了进一步摸清海洋经济，实现海洋经济基础数据在全国、全行业的全覆盖和一致性，2012 年国务院批准同意开展第一次全国海洋经济调查，经过 2014~2016 年的方案论证及试点调查，2016 年 6 月国家海洋局、国家统计局印发了《第一次全国海洋经济调查实施方案》。通过此次调查，我国形成了全国涉海单位名录库，掌握了我国海洋经济发展水平与结构，了解了海岛经济和临海开发区经济活动情况，以及海洋工程、围填海规模、防灾减灾和科技创新情况（赵龙飞等，2018）。在此基础上，2020 年自然资源部修订、国家统计局批准的《海洋经济统计调查制度》和《海洋生产总值核算制度》发布，我国正式进入了系统性的海洋

---

① 海洋经济统计的业务化进程. https://www.mnr.gov.cn/dt/hy/202107/t20210712_2662560.html，2021-07-12.

经济调查制度时代。

（二）沿海省（区、市）关于海洋统计制度的探索

我国沿海省（区、市）除了对海洋经济增加值进行核算试点外，还在区域海洋经济调查体系方面进行了一系列的探索。例如，辽宁省围绕涉海法人单位主要产业活动、用海情况等内容展开调查（狄乾斌，2007）；河北省将调查范围集中在港口及海洋运输业、临港工业、海洋渔业、滨海旅游业及新兴海洋产业，主要采用涉海单位清查、产业调查及专题调查等方法；山东省基于调查测算了海洋产业总产量、海洋产业总产值占全国的比重、集中化指数、海岸人口压力及沿海人口密度等指标；天津市海洋经济统计调查围绕天津海洋经济预警研究和天津海洋经济发展两个方面展开，其中监测预警的范围根据国家标准《海洋及相关产业分类》（GB/T 20794—2006）选定，涉及海洋产业、海洋科研教育管理服务业和海洋相关产业三个方面；上海市海洋经济统计的调查范围主要涉及海洋渔业、海洋水产品加工业等16个产业，对部分海洋相关产业按照分层、随机等距的抽样方法从单位底册中抽取样本单位进行调查，其余采用全面调查方法；浙江省印发了《浙江海洋经济发展示范区建设统计监测办法（试行）》，将海洋经济分为海洋核心产业和泛海洋产业，开展海洋经济统计监测试点。

此外，各省（区、市）还充分发挥了行业协会等专业机构的力量，如广东省海洋协会承担政府部门转移的专业技术事项和政府购买服务事项，负责编制《广东海洋经济发展年度报告》，同时成立广东海洋创新联盟，建立海洋领域的资源、技术、新兴设备等共享利用机制；深圳市制定《深圳市海洋经济生产总值核算技术指南》，对市级年度和季度核算、区级年度核算及历史核算数据修正方法进行细化，并创新开展海洋产业创新能力评估工作；福建省围绕海洋经济、科教创新等 6 个维度建立"海洋强省"指标体系，每季度由省直涉海单位采集测算基础数据，并委托第三方机构测算全省海洋生产总值分季度和年度数据。

第二节　中国海洋经济的概念及海洋经济统计相关内容

一、海洋经济的概念

中国海洋经济理论起步于20世纪70年代末80年代初。1978年，我国著名经济学家许涤新和于光远在全国哲学社会科学规划会议上提出了建立"海洋经济"

新学科的建议，自此我国出现了"海洋经济"这一术语。早期，我国海洋经济概念局限于生态和资源领域，1998 年，我国国家海洋局科技司编制的《海洋大辞典》中将海洋经济界定为人类开发利用各种海洋资源过程中的生产、经营、管理等活动的总称。随着海洋经济地位的提升，人类开发海洋能力的跃进，海洋经济内涵不断扩展和深化，现代海洋经济既涵盖了开发利用各类海洋资源的活动，也包括基于整个海洋空间产生的全部生产活动和所有服务于生产的服务性活动（赵昕和李慧，2019）。

直到 2003 年，《国务院关于印发全国海洋经济发展规划纲要的通知》（国发〔2003〕13 号）出台，首次以政府文件的形式对海洋经济做了概括性、全面性的定义：海洋经济是开发利用海洋的各类产业及相关经济活动的总和。随后在 2006 年，我国首版国家标准《海洋及相关产业分类》（GB/T 20794—2006）也采用了这一定义。由国家海洋信息中心负责起草的，2022 年 7 月 1 日正式实施的《海洋及相关产业分类》（GB/T 20794—2021），将海洋经济定义为开发、利用和保护海洋的各类产业活动，以及与之相关联活动的总和。

二、海洋经济统计的实施主体

自然资源部海洋战略规划与经济司司长何广顺在其书中详细介绍了中国海洋经济统计的实施主体（何广顺，2011；何广顺等，2013），即我国海洋经济统计形成了以国家海洋局、国家发展和改革委员会、国家统计局为领导，以国家海洋信息中心为技术支撑，以 19 个涉海部委（局）、16 个沿海地方海洋厅局、16 个沿海地方统计局和国家海洋局下属 3 个分局为主体的全国海洋经济统计信息网络。但自 2018 年国务院规定了自然资源部"定职责、定机构、定编制"的职责之后，不再保留国家海洋局，由自然资源部负责相关工作。但是，我国海洋经济统计工作仍主要依托于国务院 20 余个涉海部委、11 个沿海地区和 5 个沿海计划单列市的相关部门组成的海洋经济统计信息网（刘纪岗，2016）。相关涉海部门海洋经济运行数据的交换和共享以及重点涉海企业直报数据的采集，满足了国家海洋经济监测和评估的数据需求，并为国家海洋经济的宏观指导提供了信息服务和支撑（路文海等，2018）。

三、海洋经济统计的行业分类

国家海洋局于 1999 年发布的国家标准《海洋经济统计分类与代码》（HY/T 052—1999）认为，海洋产业是涉海性的人类经济活动，并指出涉海性体现在五个方面：①直接从海洋中获取产品的生产和服务；②直接从海洋中获取的产品的一次加工生产和服务；③直接应用于海洋和海洋开发活动的产品的生产和服务；④利用海水或海洋空间作为生产过程的基本要素所进行的生产和服务；⑤与海洋密切相关的科学研究、教育、社会服务和管理。

随着对海洋经济活动的深入探索，间接与海洋经济相关的产业也逐步归纳到海洋经济活动的范畴中。中国的海洋经济产业分类研究始于1999年，先后经历了1999年的行业标准（HY/T 052—1999）、2006年的国家标准（GB/T 20794—2006）和2021年的国家标准（GB/T 20794—2021）。2006年国家海洋局颁布的《海洋及相关产业分类》（GB/T 20794—2006）指出，海洋经济是开发、利用和保护海洋的各类产业活动，以及与之相关联活动的总和。这一标准将海洋经济划分成海洋产业及海洋相关产业两大类，其中，海洋产业包括主要海洋产业和海洋科研教育管理服务业。GB/T 20794—2006标准和GB/T 20794—2021标准都将海洋经济划分为海洋经济核心层、支持层、外围层。2006年和2021年的国家标准《海洋及相关产业分类》对比如图7.1所示。

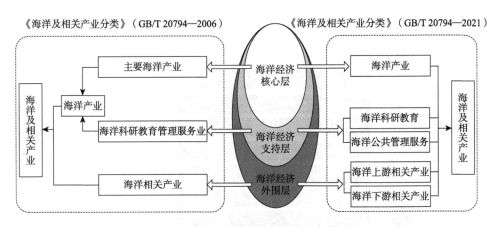

图 7.1　2006 年和 2021 年的国家标准《海洋及相关产业分类》对比

资料来源：根据 GB/T 20794—2006 标准和 GB/T 20794—2021 标准整理所得

2022年7月1日正式实施的《海洋及相关产业分类》（GB/T 20794—2021）中，海洋经济被分为海洋经济核心层、海洋经济支持层、海洋经济外围层三个层次，分别对应五个产业类别。其中，海洋经济核心层包括海洋产业，海洋经济支持层包括海洋科研教育、海洋公共管理服务，海洋经济外围层包括海洋上游相关产业和海洋下游相关产业。进一步地，五个产业类别又进一步细分成若干大类、中类和小类，具体内容见图7.2。

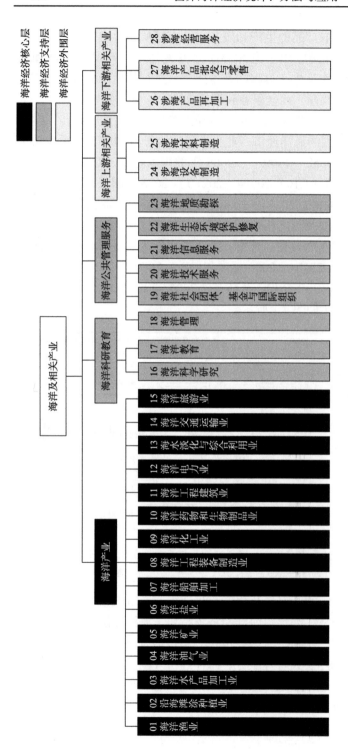

图 7.2　中国海洋及相关产业分类结构图

资料来源：《海洋及相关产业分类》（GB/T 20794—2021）

四、海洋经济统计的区域范围

根据海洋行业标准《沿海行政区域分类及代码》（HY/T 094—2006），中国海洋经济统计的区域统计范围为 11 个沿海省（区、市），具体包括辽宁省、河北省、天津市、山东省、江苏省、上海市、浙江省、福建省、广东省、广西壮族自治区和海南省。《沿海行政区域分类与代码》（HY/T 094—2006）已经实施了十多年，各沿海地区行政区划在十几年间进行了多次调整，发生了较大变化，沿海城市由原来的 53 个变成 55 个，沿海地带由原来的 243 个减少到 234 个，如天津原来的沿海地带包括塘沽、汉沽和大港，现调整为滨海新区。鉴于此，2016 年 10 月，国家海洋局下达了修改 HY/T 094—2006 的任务（国海科字〔2016〕569 号），最终，自然资源部于 2022 年 9 月 26 日发布了《沿海行政区域分类与代码》（HY/T 094—2022），该标准于 2023 年 1 月 1 日正式实施。

另外，为优化海洋经济发展布局，《全国海洋经济发展"十三五"规划》将沿海省份划分为北部海洋经济圈、东部海洋经济圈和南部海洋经济圈三大海洋经济圈。其中，北部海洋经济圈由辽东半岛、渤海湾和山东半岛沿岸及海域组成，主要包括辽宁、河北、天津和山东的海域与陆域；东部海洋经济圈是指由长江三角洲的沿岸地区组成的经济区域，主要包括江苏、上海和浙江沿岸及海域；南部海洋经济圈由福建、珠江口及其两翼、北部湾、海南岛沿岸及海域组成，主要包括福建、广东、广西和海南的海域与陆域。

五、海洋经济统计的内容

结合我国海洋经济统计的特点，我国海洋经济统计包括以下四个方面的内容。

第一，海洋产业发展情况。海洋及海洋相关产业的发展情况统计是海洋经济统计的核心内容。具体包括海洋及海洋相关产业的产量、产值、生产经营情况、财务状况、生产能力、生产效率、主要原材料、生产设备、能源消耗、从业人员、信息化水平等，特别是海洋新兴产业的设备国产化率、科技研发水平、高技术产业化水平和市场需求前景等内容。

第二，与海洋经济相关的国民经济和区域经济发展情况。海洋经济的陆联性决定了沿海地区社会经济的发展情况也是海洋经济统计的重要内容，具体包括全国沿海地区的经济发展水平、产业结构与产业布局、投资贸易情况、金融服务情况、科研教育水平、科技研发能力等。

第三，海洋资源环境状况。基于海洋经济活动对海洋资源和环境的依赖性，海洋资源和环境状况在海洋经济统计中不可或缺，具体包括海洋资源存量、消耗量情况和海洋环境质量状况等内容。

第四，国际海洋经济发展情况。在经济全球化的背景下，海洋经济统计还应包含主要海洋国家的海洋经济发展情况，包括主要沿海国家的经济总量、对外贸易发展水平、海洋产业发展现状、海洋经济发展速度和结构、涉海就业人员和海洋经济对国民经济的贡献等。

参 考 文 献

曹艳. 2021. 关于我国海洋经济统计的思考[J]. 中国统计，（7）：74-76.

狄乾斌. 2007. 海洋经济可持续发展的理论、方法与实证研究[D]. 辽宁师范大学硕士学位论文.

郭越. 2009. 我国海洋统计数据状况及影响因素分析[J]. 海洋信息，（3）：12-14.

郭越. 2013. 海洋经济统计调查制度编制方法初探[J]. 海洋经济，3（3）：43-50.

郭越，王悦. 2022. 构建海洋经济统计调查方法体系的思考[J]. 统计与决策，38（2）：179-183.

国家海洋中心. 2021-07-09. 海洋经济统计三十年回顾之四：海洋经济统计的全面发展[N]. 自然资源报.

何广顺. 2006. 海洋经济核算体系与核算方法研究[D]. 中国海洋大学博士学位论文.

何广顺. 2011. 海洋经济统计方法与实践[M]. 北京：海洋出版社.

何广顺，等. 2013. 海洋经济统计简明教程[M]. 北京：科学出版社.

李佳芮，曹英志，谭论，等. 2021. 我国海洋统计发展回顾与展望[J]. 国土资源情报，（1）：59-63，42.

李军. 2011. 海陆资源开发模式研究[D]. 中国海洋大学博士学位论文.

刘纪岗. 2016. 海洋经济统计与核算口径的国际比较[J]. 知识经济，（6）：45-47.

刘容子，刘明. 2014. 经略海洋：中国的海洋经济与海洋科技[M]. 北京：五洲传播出版社.

路文海，付瑞全，赵龙飞，等. 2018. 国家海洋经济运行监测与评估系统总体设计及实践[J]. 海洋信息，33（2）：34-39.

施春华. 2008. 论海洋经济问题的研究本体[J]. 太原城市职业技术学院学报，（12）：29-30.

宋瑞敏，杨化青. 2010. 广西海洋产业发展现状及对策[J]. 广西社会科学，（12）：29-32.

宋维玲. 2011. 海洋经济统计信息化建设构想[J]. 海洋经济，1（5）：25-30.

苏为华，张崇辉，李伟，等. 2014. 中国海洋经济动态监测预警体系及发展对策研究[M]. 北京：中国统计出版社.

王殿昌，李先杰，宋维玲，等. 2021. 完善海洋经济管理 构建海洋经济发展新格局[J]. 海洋经济，11（5）：29-37.

王敏菁. 2017. 信息化时代海洋经济统计的发展研究[J]. 淮海工学院学报（人文社会科学版），
　　15（3）：87-89.

王舒鸿，陈汉雪，黄冲，等. 2022. 海洋强国战略目标下海洋经济统计核算的综述[J]. 北方论
　　丛，（2）：115-125.

王晓惠. 2004. 海洋统计工作的发展与展望[J]. 海洋信息，（1）：13-15.

伍业锋. 2010. 海洋经济：概念、特征及发展路径[J]. 产经评论，（3）：125-131.

肖勇. 2012. 关于完善海洋经济统计调查制度的思考[J]. 统计与决策，（8）：35-36.

张斌键. 2014-03-12. 我国海洋经济进入增速"换挡期"[N]. 中国海洋报（001）.

张峰，王晶，李佳芮，等. 2016. 海岛统计报表制度研究与实践[J]. 海洋通报，35（1）：11-15.

赵龙飞，付瑞全，路文海，等. 2018. 国家重点涉海企业直报系统设计与实现[J]. 海洋经济，
　　8（2）：22-30.

赵鸣. 2020. "十四五"江苏海洋中心城市建设与区域协调发展问题研究[J]. 江苏海洋大学学报
　　（人文社会科学版），18（6）：11-22.

赵昕，李慧. 2019. 澳门海洋经济高质量发展的路径[J]. 科技导报，37（23）：39-45.

郑联盛，张春宇，刘东民. 2014. 发展海洋经济：中国需要学习什么[J]. 世界知识，（9）：
　　50-54.

周洪军，王晓惠. 2022. 海洋经济产业分类标准化体系研究[J]. 海洋经济，12（3）：83-93.

周秋麟，马焓，周通. 2021. 世界海洋经济十年（2011-2021）[J]. 海洋经济，11（5）：18-28.

朱坚真. 2015. 中国海洋经济发展重大问题研究[M]. 北京：海洋出版社.

第八章 国内外海洋经济相关概念的比较

通过全球海洋经济的比较分析可以发现，中国海洋经济的发展有其自身的优势，也存在进一步发展的历史机遇，宜充分扬长避短和发挥潜力，把握全球海洋经济的发展潮流，努力建设海洋强国（傅梦孜和刘兰芬，2022）。

第一节 国内外海洋经济基本概念的对比

20世纪60~70年代，美国学者率先提出了海洋经济概念，开启了人类系统研究海洋经济的先河。随着人类对海洋资源利用与开发的深入，海洋经济的概念不断演化，不同国家、不同地域对海洋经济的理解亦有不同。通过归纳梳理发现，当前主要国家与国际组织对海洋经济的定义类型可大致分为区域经济、产业经济及"取之于海和用之于海"三类，其中欧盟以及美国、加拿大等代表性国家或地区都侧重于从区域经济视角定义海洋经济，中国侧重于从产业经济角度定义海洋经济，澳大利亚、OECD则侧重于从"取之于海和用之于海"角度定义海洋经济，具体内容如表8.1所示。

表8.1 世界主要国家、地区或组织关于海洋经济的定义

国家、地区或组织	海洋经济定义
中国	开发、利用和保护海洋的各类产业活动以及与之相关联活动的总和
美国	海洋（或五大湖）对经济活动直接或间接投入是由行业（如深海货运运输）和地理位置（如沿海城镇的酒店）来定义的
英国	包括海上活动、海底活动，以及为海洋活动提供产品生产和服务的经济活动
苏格兰	与海、洋、海湾、入海口、其他主要水体有密切关联的经济活动以及相应的生态、物理系统
爱尔兰	直接或间接利用海洋作为投入物或生产用于特定海洋活动的产出物的任何经济活动，沿海经济代表了发生在沿海地区的所有经济活动，但不一定是海洋经济的一部分

续表

国家、地区或组织	海洋经济定义
葡萄牙	发生在海上的经济活动和其他不发生在海上但依赖于海洋的经济活动，包括海洋自然资本和海洋生态系统以外的非贸易服务
PEMSEA	商业蓝色经济是指一系列依赖并影响沿海和海洋资源的环境和社会可持续的商业活动
澳大利亚	以海洋为基础的活动，并关注海洋资源是否为主要投入
新西兰	在海洋中发生的经济活动，或利用海洋环境，或为这些活动生产必要的商品和服务，或对国民经济做出直接贡献的经济活动
日本	专门负责开发、利用和保护海洋的产业
韩国	在海洋中发生的经济活动，将商品和服务投入海洋活动，以及将海洋资源作为投入的活动
加拿大	加拿大海洋产业是指在海洋区域及与此相连的沿海区域内的海洋娱乐、商业、贸易和开发活动及依赖于这些产业活动所开展的各种产业经济活动，不包括内陆水域的产业活动。其中海洋产业活动对国民经济的影响由三个层次构成，即直接影响、间接影响和关联影响
OECD	海洋在为生产提供投入，以及为整个经济体的生产活动产出创造需求方面的作用
欧盟	基于大洋、海洋和海岸或与之相关的所有部门和跨部门经济活动，其中海洋活动包括在大洋、海洋和沿海地区进行的活动，与海洋相关的活动主要为使用来自海洋的产品和服务的活动或以海洋为基础的活动

注：PEMSEA：Partnerships in Environmental Management for the Seas of East Asia，东亚海洋环境管理伙伴关系组织

（1）从区域经济视角定义海洋经济。1982 年《联合国海洋法公约》界定了国际商定的国家对海洋的权利，并引入了"专属经济区"的相关概念——从通常定义为沿海国低水位线的基线向外延伸 200 海里（1 海里 ≈ 1.852 千米）的区域。基于此，部分学者及国际组织明确了海洋经济的具体定义。Colgan（2003）认为海洋经济是发生在海岸上或者近邻海岸的经济活动。美国在 1999 年实施的"全国海洋经济计划"中将海洋经济定义为包括全部或者部分源于海洋或者五大湖的投入的所有经济活动（徐敬俊和韩立民，2007）；2020 年美国 BEA 与 NOAA 在联合公布的海洋经济卫星账户中将范围进一步明确为所有美国的海洋（距美国海岸约 200 海里）、边缘海（marginal seas）和五大湖。与美国类似，《英国海洋经济活动的社会-经济指标》认为海洋经济活动是指海上活动、海底活动，并包括为海洋活动提供产品生产和服务的经济活动（Pugh，2008）。新西兰则仅考虑了与海洋直接关联的海洋经济活动（郭越等，2010）。进一步地，欧盟将基于大洋、海洋和海岸或与之相关的所有部门和跨部门经济活动视为海洋经济活动，即包括在大洋、海洋和沿海地区进行的活动，与海洋相关的活动，主要是指使用来自海洋的产品和服务的活动或以海洋为基础的活动（European Union，2019）。

（2）从产业经济角度定义海洋经济。OECD（2021）指出从传统的海洋渔业和海洋客运到新兴的海上风力发电和海洋生物技术等，许多经济活动是海洋经济的一部分，早期研究将海洋渔业、涉海旅游等行业合称为海洋经济。日本将海洋经济定义为专门负责开发、利用和保护海洋的产业（OECD，2019）。1999 年中

国国家海洋局发布的《海洋经济统计分类与代码》（HY/T 052—1999）将海洋经济定义为涉海性的人类经济活动。之后，中国基于《国民经济行业分类》（GB/T 4754—2002）形成了《海洋及相关产业分类》（GB/T 20794—2006）。此分类标准的更新版《海洋及相关产业分类》（GB/T 20794—2021）将海洋经济重申为开发、利用和保护海洋的各类产业活动以及与之相关联活动的总和。具体实践中，即 2017 年第一次全国海洋经济调查中，各个沿海省（区、市）根据各自的实际情况，或是基于产业经济视角，或是基于区域经济视角进行分类。此外，陈可文（2003）根据产业的范围将海洋经济分为狭义、广义与泛义三个口径。

　　（3）从"取之于海和用之于海"角度定义海洋经济。Park 和 Kildow（2014）将与海洋用途相关的经济活动描述为"流向海洋"、在"海洋中"发生、从"海洋"获得中间投入的经济活动。2016 年 OECD 发布的《海洋经济2030》将海洋经济视为海洋经济活动与海洋环境之间相互作用和相互依存的系统。为促进国际海洋经济统计，OECD（2021）依据经济活动与海洋之间的不同依赖关系，将部分活动定义为海洋经济活动，具体如下：发生在海洋上或海洋中；生产主要用于海洋或在海洋中使用的货物和服务；从海洋环境中提取非生物资源；从海洋环境中获取生物资源；将从海洋环境中获取的生物资源作为中间投入；如果它们不靠近海洋，很可能不会发生；由于靠近海洋而获得特殊的优势活动。类似地，澳大利亚认定海洋经济是以海洋为基础的活动，并关注海洋资源是否为主要投入（Australian Institute of Marine Science，2020）。爱尔兰的海洋经济报告指出，海洋经济为直接或间接利用海洋作为投入物或生产用于特定海洋活动的产出品的任何经济活动，并特别声明，沿海经济代表发生在沿海地区的所有经济活动，不一定是海洋经济的一部分（Tsakiridis et al.，2019）。加拿大则认为，在考虑区域的同时，海洋经济还应包含海洋产业活动对国民经济的直接影响、间接影响和关联影响（Pinfold，2009；宋维玲等，2016）。

　　海洋经济概念的明确界定是海洋经济统计体系建设的重要前提，因此有必要对其定义展开系统的识别。上述三种类型的海洋经济定义代表的是三种海洋经济视角，折射出不同的"海权理论"思想及"海洋强国"战略意图。对于我国而言，单纯基于区域（临海）或产业（关联）理念构造的海洋经济与投入产出理念大相径庭，无法与我国"海洋强国"的"两个统筹"战略方法和"四个目标"战略定位相匹配。"陆海统筹"要求强调海洋经济发展的向内辐射，强调与流域或湾区或港区经济的联动，污染的陆海同治。统筹国内国际两个大局，实现合作共赢，建设海洋人类命运共同体等，需要立足于双循环共建互促，强调国内发展与国际贡献同步；统筹维权与维稳，兼顾发展与安全，需要大力发展海洋及相关科技，加强海洋维权能力建设，扩大维权活动范围与强度，促进海洋经济发展的同时，确保海洋经济相关权益的安全。显然，上述三种海洋经济的定义都无法完全与我国海洋强国战略对海洋经济发展的考察需求相匹配。再者，我国海域辽阔且各地涉海经济活动的空间布局千差万别，导致海洋经济统计数据呈现出上述三种定义无法企及的多元化多层化态势，现实中不同数据用户对海洋经济统计数据口径的需求又是多种多样的。因此，必须给出更加具有包容性与灵活性、兼收并蓄的海洋经济新概念（新的内涵与外延），以契合我国海洋强国意图，使之有效服务于宏观管理。

第二节　国内外海洋及相关产业分类的对比

海洋经济活动统计分类与海洋经济活动概念界定密切相关，是提供海洋经济标准化描述，收集和汇编可比海洋经济统计数据的基础。从既有研究与实践来看，目前对海洋经济统计分类的主要思路是根据海洋经济概念，从国际行业分类标准体系或者各国国民经济行业分类中切割出若干行业以形成海洋经济行业分类。中国是一个已有海洋经济行业分类的国家，其以《国民经济行业分类》为基础，参考联合国的《国际标准产业分类》（*International Standard Industrial Classification*，ISIC），出台了《海洋及相关产业分类》（GB/T 20794—2006），并对此进行修正得到了 GB/T 20794—2021。联合国统计委员会（United Nations Statistical Commission，UNSC）批准的活动和产品分类的最新版本是国际标准产业分类 ISIC Rev.4 和产品中央分类 CPC 2.1（Central Product Classification，Version 2.1）；欧盟使用的 NACE 与 ISIC 保持一致，直到最详细的级别；美国、加拿大使用的NAICS与ISIC大部分是相关的，只在结构上稍有不同；澳大利亚和新西兰使用 ANZSIC，可以将数据与 ISIC 进行比部门颗粒度更详细的比较。因此，理论上来说，相关国家间的海洋产业在一定程度上是可比的。

综合对比多个国家和国际组织的海洋产业分类和产业分类范围（具体见附表 8.1），中国的海洋产业分类是最为细致的。中国的海洋产业分类中的核心层部分基本就包含了加拿大、美国、澳大利亚的海洋经济行业范围。中国的海洋科研教育和海洋公共管理服务类，可能由于体制不同，与加拿大、美国、澳大利亚等国家存在难以一一对应的问题（徐胜和张宁，2018）。中国有海洋上游相关产业和海洋下游相关产业的分类，而加拿大、美国、澳大利亚等国家并无此分类，只是在中类归属上存在差别。例如，海产品零售与批发等交易，在中国属于海洋下游相关产业海洋产品批发与零售，在美国属于海洋生物业；海洋设备零售，在中国属于海洋下游相关产业海洋产品批发与零售，在澳大利亚属于造船/维修服务和基础设施；鱼类产品销售，在中国属于海洋下游相关产业海洋产品批发与零售，在欧盟属于海洋生物业等。因此，本章选取了中国的海洋经济核心层部分，进行多个国家和组织间的对比，见表8.2。

表 8.2　世界主要国家、地区或组织关于海洋产业的分类

国家、地区或组织	海洋产业分类
中国	海洋及相关产业共包括 5 个类别、28 个大类、121 个中类、368 个小类。其中，海洋产业包括 15 个大类、58 个中类、179 个小类；海洋科研教育包括 2 个大类，8 个中类，28 个小类；海洋公共管理服务包括 6 个大类，22 个中类，64 个小类；海洋上游相关产业包括 2 个大类，18 个中类，64 个小类；海洋下游相关产业包括 3 个大类，15 个中类，33 个小类
美国	（1）私人部门产业：海洋农业、林业、渔业和狩猎，海洋采矿业，海洋公用事业，海洋建筑业，海洋制造业，海洋批发与贸易业，海洋零售业，海洋运输仓储业，海洋信息业，海洋金融、保险、房地产和租赁业，海洋专业服务和商业服务业、教育服务、卫生保健和社会援助业、艺术、娱乐、住宿和餐饮服务业、除政府外的其他服务业 （2）公共政府部门产业：联邦政府、州和地方政府
法国	（1）工业（11 个）：海鲜部门（涉及初级部门、制造业和服务业）、海盐提取、海洋材料提取、能源生产、造船与船舶修理、海事和河流公共工程、海底电缆的制造安装与维护、近海油矿类服务、沿海旅游、海运和内核水路运输、海鲜保险 （2）非市场公共部门：海军、海洋领域的公共干预、保护沿海和环境、海洋研究
英国	（18 个产业）渔业、油气业、滨海砂石开采业、船舶修造业、海洋设备、海洋可再生能源、海洋建筑业、航运业、港口业、航海与安全、海底电缆、商业服务许可、租赁业、研究与开发、海洋环境、海洋国防、休闲娱乐业、海洋教育
苏格兰	（10 个产业）海洋捕捞业、海水养殖业、海洋油气业、水产品加工与仓储业、船舶修造维修业、海洋工程建造（服务）业、海洋运输业（客运和货运）、海运设备租赁业、滨海旅游业、其他海洋经济部门（海上风电、海洋科技研发等）
爱尔兰	（1）成熟的海洋产业（9 个）：航运与海运、海洋与沿海地区旅游休闲、国际邮轮、海洋渔业、海洋养殖、海产品加工、油气勘探与生产、船舶制造建筑与工程、海洋零售服务 （2）新兴海洋产业（4 个）：先进海洋技术产品与服务、海洋商业、海洋生物技术与生物制品、海洋可再生能源
葡萄牙	（6 个产业）旅游和休闲、海上运输港口和物流、水产养殖和渔业、造船与船舶维修、海岸防御工程、海盐开采
挪威	（1）石油行业：包括石油公司和服务供应行业 （2）航运业：包括所有拥有、经营、设计、建造或提供设备或为各类船舶和其他浮动设备提供专门服务的企业 （3）海产品行业：包括渔业、鱼类养殖（水产养殖）、海产品加工和出口，以及设备和服务供应商 （4）其他新兴产业：包括海上能源、海上生物资源和海底矿藏等
澳大利亚	（1）海洋资源活动型产业是指与海洋资源利用直接有关的产业以及相关的下游加工业：油气业、渔业等 （2）海洋系统设计与建造产业：船舶设计、建造和维修 （3）近海工程和海岸工程等：海上作业与航运业、海上运输系统、漂浮和固定海洋结构物的安装、潜水作业、疏浚和倾废等 （4）海洋有关设备与服务型产业：制造业、海洋电子和仪器仪表工程和咨询公司、机械、通信、导航系统、专用软件、决策支持工具、海洋研究、海洋勘探和环境监测等 （5）培训和教育
日本	按照与海洋的直接关联关系分为 A、B、C 三类。A 类产业与海洋直接相关，如海洋捕捞等；B 类产业为海洋活动提供支撑，如渔船制造；C 类产业主要是海产品加工等
泰国	（1）自然资源：生物资源、非生物资源 （2）海上开发活动：海洋运输、相关海上运输活动、旅游 （3）其他：防御（海军）、考古调查、医药产品等
菲律宾	（1）渔业 （2）工业：采矿和采石、制造业、建筑业 （3）服务业：电力行业服务业、运输和存储、金融中介、租赁和商业活动、公共管理和国防、教育

国家、地区或组织	海洋产业分类
韩国	（1）海洋（沿海、内河、深海）运输 （2）港口（建设和服务） （3）渔业、海产品 （4）造船 （5）海洋旅游、国防、海洋物资等其他事项
加拿大	（1）私营部门：海洋产品、海洋油气、海洋运输业、海洋旅游与娱乐、海洋制造与建筑业 （2）公共部门：海防、渔业与海洋其他联邦部门、省/地方各部门、大学、非政府组织
南非	海洋运输及制造业、海上油气、水产养殖、海洋保护服务和海洋治理、小港口发展、海岸及海洋旅游、技能发展和能力建设、研究技术和创新
OECD	海洋捕捞，海洋水产养殖，海上客运，海上货物运输，原油和天然气的海上开采，海洋和海底采矿，离岸产业支持活动，鱼类、甲壳类动物及软体动物的加工和保存，海上船舶和浮式结构物建造，海事制造、维修和安装，海上风能和海洋可再生能源，海港和海上运输支持活动，海洋科学研究与发展，海洋和海岸旅游
欧盟	（1）成熟产业：滨海旅游业、海洋生物业、海洋油气业、海洋港口（仓储）业、船舶修造业、海洋交通运输业 （2）新兴产业：蓝色能源业、蓝色生物业、海洋矿业、海水淡化业及海上防卫

中国和加拿大对比，加拿大的私营部门中除了生计捕捞外，其他都被中国包含，理解范围基本一致。例如，中国的海洋渔业和海产品加工对应加拿大的海洋产品部门；中国的海洋油气业和海洋矿业对应加拿大的海洋油气部门；中国的海洋建筑业对应加拿大的海洋制造与建筑业。但在个别行业归属上存在差别，如海洋石油的提炼加工，加拿大属于近海油气业，中国属于海洋化工业；石油管道运输，加拿大属于近海油气业，中国属于交通运输业；船舶和小型船舶制造，加拿大属于制造业，中国属于船舶工业等。公共部门可能由于体制不同，存在难以一一对应的问题。中国核心海洋产业中的沿海滩涂种植业、海洋盐业、海洋矿业、海洋电力业、海洋生物医药业、海水淡化与综合利用业等，加拿大是没有此分类的。

中国和美国对比，美国海洋产业都被中国包含。例如，美国的海洋生物资源业对应中国的海洋渔业、海洋水产品加工业、海洋药物和生物制品业；美国的海洋采矿业对应中国的海洋油气业和海洋矿业；美国的非娱乐性造船业对应中国的海洋船舶工业；美国的建筑业对应中国的海洋建筑业；美国的海洋公用事业对应中国的海洋电力业；美国的海洋运输仓储业对应中国的海洋交通运输业；美国的旅游和休闲业对应中国的海洋旅游业（周乐萍，2020）。大类下的中类分类规则是存在差异的，如建筑业，美国是按照具体活动内容分类，分为保护、疏浚、娱乐，中国是按照地理位置，分为海上、海底和近岸。此外，中国的沿海滩涂种植业、海洋盐业、海洋工程装备制造业、海洋化工业和海水淡化与综合利用业，美国未有此分类。

中国和澳大利亚对比，澳大利亚的海洋产业基本是被中国海洋产业分类包括的（林香红，2011）。例如，中国的海洋渔业和海洋水产品加工业对应澳大利亚的渔业；中国的海洋油气业对应澳大利亚的海上油气勘探与开采；中国的海洋船舶工业和海洋建筑业对应澳大利亚的造船、维修服务和基础设施；中国的海洋交通运输业对应澳大利亚的水上运输；中国的海洋旅游业对应澳大利亚的海洋旅游及娱乐活动。中国的沿海滩涂种植业、海洋矿业、海洋盐业、海洋工程装备制造业、海洋化工业、海洋药品和生物制品业、海洋电力业、海水淡化与综合利用业，澳大利亚未有此分类。此外，在个别行业的种类归属上，是存在差别的，如澳大利亚中类分类中的土著捕鱼、养鱼池、玻璃缸、水族馆和海洋安全与环境管理，中国未有此分类；休闲钓鱼，澳大利亚属于渔业，而中国属于海洋旅游业；澳大利亚的造船、维修和基础设施基本对应了中国的海洋船舶工业和海洋建筑业；海洋旅游业中，中国是按照旅游内容划分，澳大利亚是按国内和国际划分。

中国和欧盟对比，中国的海洋产业分类包括了欧盟的成熟海洋产业。例如，欧盟的海洋生物业对应着中国的海洋渔业和海洋水产品加工业；欧盟的非生物业对应着中国的海洋油气业、海洋矿业和海洋盐业；欧盟的船舶修造业对应着中国的海洋船舶工业；欧盟的海洋港口活动对应着中国的海洋建筑业；欧盟的海洋可再生能源对应着中国的海洋电力业；欧盟的海水淡化业对应着中国的海洋淡化与综合利用业；欧盟的海洋交通运输业对应着中国的海洋交通运输业；欧盟的滨海旅游业对应着中国的海洋旅游业。中国的沿海滩涂种植业、海洋工程装备制造业、海洋化工业、海洋药品和生物制品业，欧盟未有此分类。个别行业的中类归属上，存在较小的差异，如鱼类产品销售，欧盟属于海洋生物业，中国属于海洋产品批发与零售。

中国和 OECD 对比，中国的海洋产业基本包含了 OECD 的海洋产业。例如，OECD 的海洋水产养殖对应中国的海洋渔业；OECD 的鱼类、甲壳类动物及软体动物的加工和保存对应中国的海洋水产品加工业；OECD 的海上原油和天然气开采对应中国的海洋油气业；OECD 的海洋和海底采矿对应中国的海洋矿业和海洋盐业；OECD 的海上船舶和浮式结构物建筑对应中国的海洋船舶工业；OECD 的海上风能和海洋可再生能源对应中国的海洋电力业；OECD 的海上客运和海上货物运输对应中国的海洋交通运输业；OECD 的海洋和海岸旅游业对应中国的海洋旅游业。中国的船舶工业，海洋工程装备制造业，海洋建筑业，海洋相关产业中的涉海材料制造与海上制造、维修及安装，海洋产业支持活动，海运港口和海运支持活动与 OECD 在种类细分上有所区别，难以一一对应。例如，测量、测试、导航和控制设备的制造，在 OECD 属于海上制造、维修及安装，在中国属于海洋船舶工业；金属制品、机械、电子光学设备、电气设备、运输设备修理，在 OECD 属于海上制造、维修及安装，在中国属于海洋工程装备制造业；油漆、清漆类似涂料，印刷油墨和胶黏剂制造，光缆制造，在 OECD 属于海上制造、维修及安装，在中国属于涉海材料制造；支持石油和天然气等开采活动、其他土木工程项目的建设，在 OECD 属于海洋产业支持活动，在中国属于海洋工程装备制造业。中国的沿海滩涂种植业、海洋化工业、海洋药品和生物制品业、海水淡化与综合利用业，OECD 未有此分类。

参 考 文 献

柴媛. 2019. 中国与欧盟蓝色经济产业对比研究[D]. 上海海洋大学硕士学位论文.

陈可文. 2003. 中国海洋经济学[M]. 北京：海洋出版社.

董伟，徐丛春. 2011. 中外海洋经济统计分类比较分析[J]. 海洋经济，1（6）：59-64.

傅梦孜，刘兰芬. 2022. 全球海洋经济：认知差异、比较研究与中国的机遇[J]. 太平洋学报，30（1）：78-91.

郭越，赵锐，蔡大浩. 2010. 新西兰海洋经济（1997-2002 年）：环境系列[J]. 经济资料译丛，（1）：132-149.

林香红. 2011. 澳大利亚海洋产业现状和特点及统计中存在的问题[J]. 海洋经济，1（3）：57-62.

林香红. 2021. 国际海洋经济发展的新动向及建议[J]. 太平洋学报，29（9）：54-66.

刘纪岗. 2016. 海洋经济统计与核算口径的国际比较[J]. 知识经济，（6）：45，47.

宋维玲，郭越，蔡大浩. 2021. 中国与美国海洋经济核算对比研究[J]. 中国渔业经济，39（5）：92-102.

宋维玲，秦雪，李琳琳. 2016. 中国与加拿大海洋经济统计口径比较研究[J]. 海洋经济，（5）：55-62.

宋维玲，徐丛春，林香红. 2011. 试析中美海洋经济发展的差异[J]. 海洋经济，1（4）：57-62.

王舒鸿，卢彬彬. 2021. 海洋资源约束与海洋经济增长：基于中美经验的比较[J]. 中国海洋大学学报（社会科学版），（3）：39-49.

王新维，李杨帆. 2022. 海洋经济统计体系优化策略研究：基于国际比较视角[J]. 中国海洋大学学报（社会科学版），（6）：45-53.

徐敬俊，韩立民. 2007. "海洋经济"基本概念解析[J]. 太平洋学报，（11）：79-85.

徐胜，张宁. 2018. 世界海洋经济发展分析[J]. 中国海洋经济，（2）：203-224.

杨洋，宋维玲. 2021. 浅析中欧海洋经济发展的差异[J]. 海洋经济，11（6）：100-108.

张言龙，陈文钦，王栽毅，等. 2020. 海洋强国指数：全球主要海洋国家研究[M]. 济南：济南出版社.

周乐萍. 2020. 世界主要海洋国家海洋经济发展态势及对中国海洋经济发展的思考[J]. 中国海洋经济，（2）：128-150.

周秋麟，马焱，周通. 2021. 世界海洋经济十年（2011-2021）[J]. 海洋经济，11（5）：18-28.

Australian Institute of Marine Science. 2020. The AIMS index of marine industry[R]. Deloitte Access Economics.

Colgan C S. 2003. Measurement of the Ocean and Coastal Economy：Theory and Methods[R]. National Ocean Economics Program.

European Union. 2019. The EU Blue Economy Report 2019[R]. Brussels：European Union.

OECD. 2016. The Ocean Economy in 2030[R]. Paris：OECD Publishing.

OECD. 2019. Rethinking Innovation for a Sustainable Ocean Economy[M]. Paris：OECD.

OECD. 2021. Blueprint for Improved Measurement of the International Ocean Economy：An Exploration of Satellite Accounting for Ocean Economic Activity[R]. OECD Science，Technology and Industry Working Papers.

Park K S，Kildow J T. 2014. Rebuilding the classification system of the ocean economy[J]. Journal of Ocean and Coastal Economics，（1）：4.

Pinfold G. 2009. Economic Impact of Marine Related Activities in Canada[R]. Economic Analysis and Statistics，Fisheries and Oceans Canada.

Pugh D. 2008. Socio-Economic Indicators of Marine-Related Activities in the UK Economy[M]. London：Crown Estate on Behalf of the Marine Estate.

Tsakiridis A，Aymelek M，Norton D，et al. 2019. Ireland's Ocean Economy[R]. Galway：Whitaker Institute.

附　　表

附表 8.1　相关国家及组织海洋产业及范围对比

中国		加拿大		美国		澳大利亚		欧盟		OECD	
产业名称	产业范围	产业名称	产业范围	产业名称	产业范围	产业名称	产业范围	产业名称	产业范围	产业名称	产业范围
海洋渔业	海水养殖	海产品	水产品养殖	海洋生物资源业	商业捕鱼	渔业	海洋水产养殖	海洋生物业	商业捕鱼	海洋渔业	海洋渔业
	海洋捕捞		水产品捕捞				商业捕鱼（野生捕捞渔业）		水产养殖		海水养殖
	海洋渔业专业及辅助性活动		生计捕捞				土著捕鱼		海水养殖		海洋渔业专业及辅助性活动
沿海滩涂种植业	潮间带农作物种植										
	潮间带林木种植和管护										
	潮间带农、林专业及辅助性活动										

续表

中国		加拿大		美国		澳大利亚		欧盟		OECD	
产业名称	产业范围	产业名称	产业范围	产业名称	产业范围	产业名称	产业范围	产业名称	产业范围	产业名称	产业范围
海洋水产品加工业	海洋水产品冷冻加工	海产品	水产品加工	海洋生物资源业	海产品加工	海洋生物业			鱼类加工		鱼类、甲壳类动物及软体动物的加工和保藏
	海洋鱼糜制品及水产品干腌制加工				鱼类动物食品制造						
	海洋水产饲料制造										鱼类、甲壳类动物及软体动物的加工和保藏
	海洋水产品罐头制造										
	海水珍珠加工										
	海洋鱼油提取及制品制造										
	其他海洋水产品加工										
海洋油气业	海洋石油和天然气开采	近海石油和天然气	勘探、开采		石油和天然气开采	海洋非生物业	石油勘探		石油	海上原油和天然气开采	原油的提取
	海洋石油和天然气开采专业及辅助性活动		保障服务、炼油厂		海上油气勘探与开采		石油生产		天然气		天然气的开采
				海洋矿业			液化石油气体				
							天然气生产				
海洋矿业	海滨矿产采选				砾石开采				其他矿物	海洋和海底采矿	其他有色金属矿石的开采
	大陆架矿产资源开采										石头、沙子和黏土的开采
	深海矿产资源开采										化学和肥料矿物的开采
海洋盐业	海水制盐								盐		盐的提取
	海盐加工										

续表

中国		加拿大		美国		澳大利亚		欧盟		OECD	
产业名称	产业范围	产业名称	产业范围	产业名称	产业范围	产业名称	产业范围	产业名称	产业范围	产业名称	产业范围
海洋船舶工业	海洋船舶制造	制造业	船舶制造	非娱乐性造船业	商业船舶制造	造船/维修服务和基础设施	造船和修理（民防）	造船	海上船舶和浮式结构物建筑	海上制造、维修及安装	船舶和浮动结构的建造
	海洋船舶改装拆除与修理						造船和修理（包括休闲船）	设备			建造游乐和运动船
	海洋船舶配套设备制造				政府船舶制造		划船基础设施	机械			测量、测试、导航和控制设备的制造
	海洋航标器材及其他相关装置制造										
海洋工程装备制造业	海洋矿产资源勘探开发装备制造	制造业	高技术					船舶修造业		海洋产业支持活动	支持石油和天然气开采活动
	海洋油气资源勘探开发装备制造										支持其他采矿和采石活动
	海洋可再生能源开发装备制造										其他土木工程项目的建设
	海水利用装备制造		航海和导航设备							海上制造、维修及安装	修理金属制品
	海洋工程通用装备制造										机械维修
	炼油、化工生产专用设备制造										电子和光学设备维修
	塑料加工专用设备制造		高技术								电气设备维修
	其他海洋工程装备制造										运输设备的修理，机动车辆除外
											其他设备的修理

续表

中国		加拿大		美国		澳大利亚		欧盟		OECD	
产业名称	产业范围	产业名称	产业范围	产业名称	产业范围	产业名称	产业范围	产业名称	产业范围	产业名称	产业范围
海洋化工业	海盐化工；海洋石油化工；海藻化工；其他海洋化工	近海石油和天然气	石油提炼加工								
海洋药物和生物制品业	海洋药物制造；海洋功能性食品制造；海洋生物制品制造			海洋生物资源业	海洋药业						
海洋建筑业	海上工程建筑；海底工程建筑；近岸工程建筑	海洋建筑业	石油和天然气设施安装；港口海湾港口工程	海洋建筑业	保护；疏浚；娱乐设施	造船/维修服务和基础设施	码头	海洋港口活动业	货运仓储；港口；水利工程	海运港口和海运支持活动	
海洋电力业	海洋能发电；海洋风能发电；其他海洋可再生能源利用			沿海公用事业	传统电力生产	海洋可再生能源	海上风能	海上风能和海洋可再生能源	海上风能		海上风能和海洋可再生能源
海水淡化与综合利用业	海水直接利用；海水淡化；海水化学资源利用；其他海水利用					海水淡化业			海水淡化		
海洋交通运输业	海洋旅客运输；海洋货物运输；海洋港口	海洋运输	客运；货运；保障服务、炼油厂	海洋交通运输和仓储业	旅客运输；货物运输；仓储	水上运输	水运客运；货运	海洋交通运输业	客运；货运	海上客运	海上和沿海客运水运；货运

续表

中国		加拿大		美国		澳大利亚		欧盟		OECD	
产业名称	产业范围	产业名称	产业范围	产业名称	产业范围	产业名称	产业范围	产业名称	产业范围	产业名称	产业范围
海洋交通运输业	海底管道运输	近海石油和天然气	管道运输	海洋交通运输和仓储业		水上运输		海洋交通运输业		海上货物运输	海运和沿海货水运
	海洋运输辅助活动										
海洋旅游业	海洋游览服务	海洋旅游业	游钓	海洋旅游和休闲业	游览服务	滨海旅游业	休闲钓鱼	滨海旅游业	住宿	海洋和沿海旅游	海上和沿海客水运
	海洋旅游娱乐服务		旅游客轮旅行		休闲渔业		渔业		交通		短期住宿活动
	海洋旅游文化服务		滨海旅游业和娱乐		乘船及划船				其他支出		露营地、休闲车停车场和拖车停车场
	滨海旅游住宿				其他水上活动		旅游商品和服务的国内消费				其他住宿
	海洋旅游经营服务				其他沿海娱乐		旅游商品和服务的国际消费				餐厅和流动食品服务活动
	其他海洋旅游服务				沿海旅游		养鱼池，玻璃缸，水族馆				其他餐饮服务活动
					海洋旅游及娱乐活动						饮料服务活动
											拥有或租赁财产的房地产活动
											以收费或合同为基础的房地产活动
											汽车租赁
											休闲和体育用品的出租和租赁
											旅行社活动
											其他预订服务及相关活动
											创意、艺术和娱乐活动

续表

中国		加拿大		美国		澳大利亚		欧盟		OECD	
产业名称	产业范围	产业名称	产业范围	产业名称	产业范围	产业名称	产业范围	产业名称	产业范围	产业名称	产业范围
海洋旅游业		海洋旅游业		海洋旅游和休闲业		海洋旅游及娱乐活动		滨海旅游业		海洋和沿海旅游	博物馆活动、历史遗迹和建筑物的运营
											动植物园和自然保护区活动
											赌博和博彩活动
											体育设施运营
											其他体育活动
											游乐园和主题公园的活动
											其他娱乐和休闲活动（未另作规定）
海洋科学研究	海洋自然科学研究和试验发展	联邦政府	相关部门	海洋研究和教育业	国防科学研究和试验发展			研究与教育	蓝色经济领域与研究和创新（R&I）	海洋科学研究与开发	科学研究与开发
	海洋工程技术研究与试验发展				联邦非国防科学研究和试验发展						
	海洋农业科学研究和试验发展				国家和州科学研究和试验发展						
	海洋生物医药研究和试验发展										
	海洋社会人文科学研究										
海洋教育	海洋中等职业教育	大学和研究机构	相关部门		教育				与蓝色经济部门相关的教育方案		
	海洋高等教育				职业培训				蓝色职业		

中国		加拿大		美国		澳大利亚		欧盟		OECD	
产业名称	产业范围	产业名称	产业范围	产业名称	产业范围	产业名称	产业范围	产业名称	产业范围	产业名称	产业范围
海洋教育	海洋职业技能培训	大学和研究机构	相关部门	海洋研究和教育业	实验室			研究与教育			
海洋管理	海洋管理	联邦政府	相关部门	国防和公共行政业	国防	海洋安全与环境管理	澳大利亚海事安全局	海上防卫安全	海上防务部门		
	涉海行业管理				联邦公共行政		澳大利亚皇家救生协会		海上安全		
	海洋开发区管理				海岸警卫		澳大利亚志愿海岸警卫队		监视部门		
	海洋公共安全管理	省政府	相关部门		国家和州公共行政		大堡礁海洋公园管理局				
	海洋社会保障服务						国家海洋石油安全与环境管理局（石油）				
海洋社会团体、基金会与国际组织	海洋社会团体	非政府环境组织	相关部门								
	海洋基金会										
	海洋国际组织										
海洋技术服务业	海洋专业技术服务	服务业	专业服务高技术服务	海洋职业技术服务业	海洋职业技术和服务						
	海洋工程技术服务										
	海洋科技交流与推广服务										
海洋信息服务业	海洋信息采集服务	服务业	专业服务高技术服务								
	海洋通信传输服务										
	海洋信息处理与存储										
	海洋信息系统开发集成										
	海洋信息共享应用服务										

续表

中国		加拿大		美国		澳大利亚		欧盟		OECD	
产业名称	产业范围	产业名称	产业范围	产业名称	产业范围	产业名称	产业范围	产业名称	产业范围	产业名称	产业范围
海洋生态保护修复业	海洋生态保护	联邦政府	相关部门								
	海洋生态修复										
	海洋环境治理										
海洋地质勘查业	海洋矿产地质勘查	省政府	相关部门								
	海洋基础地质勘查										
	海洋地质勘查技术服务										
涉海设备制造	海洋渔业和水产品加工设备制造	制造业	航海和导航设备制造								
	海洋船舶辅助设备及配件制造										
	海盐设备制造										
	海洋化工设备及仪器制造										
	海洋制药设备及仪器制造										
	海洋交通运输设备制造										
	海洋旅游娱乐设备制造										
	海洋信息硬件设备制造										
	海洋生态保护修复仪器设备制造										

续表

中国		加拿大		美国		澳大利亚		欧盟		OECD	
产业名称	产业范围	产业名称	产业范围	产业名称	产业范围	产业名称	产业范围	产业名称	产业范围	产业名称	产业范围
涉海材料制造	海洋水产养殖饲料与药品制造									海上制造、维修及安装	油漆、清漆和类似涂料、印刷油墨和胶黏剂的制造
	海洋人造原油加工制造										光缆制造
	海洋油田化学品制造										
	海洋旅游工艺品制造										
	海洋生态保护修复材料制造										
	海底传输材料制造										
	海洋防护材料制造										
	船舶及海洋工程装备材料制造										
	海洋领域特殊用途材料制造										
涉海产品再加工	海洋水产品深加工										
	海洋化工产品制造										
海洋产品批发与零售业	海洋渔业产品批发与零售			海洋生物资源业		海产品交易		海洋设备零售		鱼类产品销售		
	海洋石油及制品批发与零售					造船/维修服务和基础设施		海洋生物业				
	海盐批发与零售										
	海水淡化产品批发与零售										

续表

中国		加拿大		美国		澳大利亚		欧盟		OECD	
产业名称	产业范围	产业名称	产业范围	产业名称	产业范围	产业名称	产业范围	产业名称	产业范围	产业名称	产业范围
海洋产品批发与零售业	其他海洋产品批发与零售			海洋生物资源业		造船/维修服务和基础设施		海洋生物业			
涉海经营服务	渔港经营服务								运输服务		
	船舶用资源供应服务							海洋交通运输业			
	公共运输服务										
	金融服务										
	仪器设备代理服务										
	餐饮服务										
	商务服务										
	特色服务										
								蓝色生物经济与技术	非传统的商业开发的海洋生物群体应用，如藻类（宏观和微观）、细菌、真菌和无脊椎动物		
								海洋矿业	海洋的矿产资源包括海洋集料（如沙子和砾石）、海底内的其他矿物和金属（如锰、钛、铜、锌和钴）及溶解在海水中的化学元素（如盐和钾）		

中国		加拿大		美国		澳大利亚		欧盟		OECD	
产业名称	产业范围	产业名称	产业范围	产业名称	产业范围	产业名称	产业范围	产业名称	产业范围	产业名称	产业范围
								蓝色能源业	海洋可再生能源部门包括生产可再生能源的不同技术：海上风能（海底底部固定基础或固定浮动装置）、海洋能源（潮汐和波浪功率、海洋热能转换、盐度梯度）、浮动太阳能光伏和海上可再生氢生产		

【第二篇】
海洋经济发展指标

在全球范围内，三分陆地，七分海洋，海洋所提供的生存空间是陆地和淡水的 300 倍，海洋中蕴藏的生物资源、矿产资源、能源和工业原料等远超陆地。21 世纪是海洋的世纪，随着人口和陆域资源供需矛盾的日趋尖锐，陆地经济增长乏力，开发利用海洋已然成为全人类扩大生存空间、获取新资源、推动经济增长的战略重点，海洋发展也被视作新的经济增长点。在"可持续发展目标 14：水下生物"的指导下，海洋经济（或蓝色经济）已涉及海洋的方方面面，海洋开发方式也逐步由传统的单一开发转变为现代的综合开发。在推进海洋经济可持续发展的同时，全球海洋经济统计和评估取得了重大进展，相关国际组织正致力于收集和汇编海洋经济活动一致和可比的数据，以提高国际海洋经济发展状况的可比性。

鉴于此，本篇系统梳理了主要沿海国家（美国、加拿大和葡萄牙）和国际组织（OECD 和欧盟）官方数据库中的数据，如 OECD 的可持续海洋经济数据库、欧盟的蓝色经济指标、美国的 ENOW 等，剖析了主要沿海国家在海洋资源、海洋经济产值、海洋产业发展状况等方面的指标，并对比我国海洋经济发展状况及其存在的问题，总结国际海洋强国的发展经验。

第九章 OECD海洋经济发展主要指标

海洋是全球共有的资源，许多国家在没有充分考虑环境情况的条件下对海洋相关产业进行了扩张，从而危及经济、自然资源和海洋生态系统。OECD可持续海洋经济数据库综合了整个组织现有的海洋相关数据集和指标，汇集了环境局，贸易和农业局，创业中心、中小企业、地区和城市中心，国际运输论坛，国际能源署和其他机构的相关指标。本章通过分析该数据库中的海洋相关指标，剖析OECD海洋经济统计现状，并对比分析中国相关海洋经济情况。

第一节 OECD沿海资源基本情况

OECD沿海地区建筑物远远多于其他地区，且沿海地区剩余未建成土地的开发速度快于内陆地区。许多OECD国家沿海地区平均建筑面积是全国的两倍多，距离海岸10千米范围内的居住人口大约占总人口的1/4。

一、沿海土地覆盖

（一）OECD总体情况

土地覆盖（land cover）是指可观测地球表面的物理和生物覆盖，包括自然植被、非生物表面和内陆水域。土地覆盖变化（land cover change）用来描述单一土地覆盖类别随时间的变化，如建成区范围的变化。

2014年与2000年相比，一些已经高度城市化且可用空间较少的国家，如荷兰和比利时，也出现了高水平的城市增长，荷兰海岸10千米以内的建成区占所有土地面积比例增长了1.58%，海岸1千米以内的建成区占所有土地面积比例增长了1.66%。比利时海岸10千米以内的建成区占所有土地面积比例提高了1.85个百分点，海岸 1 千米以内的建成区占所有土地面积比例提高了 2.38 个百分点。OECD 的沿海地区的建筑比其他地区要多得多，沿海地区剩余的未建设土地比内陆发展得更快。2000 年，OECD 国家沿海 10 千米以内的建成区（71 342.94 平方千米）占全球（118 105.35 平方千米）的 60.41%，2014 年，占全球（131 816.7 平方千米）的 59.1%，虽降低了 1.31 个百分点，但仍超过全球的一半。此外，OECD 海岸 10 千米以内的建成区所占比例由 2000 年的 2.57%增加至 2.81%，海岸 1 千米以内的建成区所占比例由 2000 年的 3.53%增加至 3.77%，沿海土地覆盖变化幅度较小。

（二）排名前十国家情况[①]

如图 9.1 所示，2000 年，OECD 国家海岸 10 千米范围内建成区占总土地的比例排名前十的国家分别为以色列、比利时、荷兰、日本、法国、葡萄牙、意大利、西班牙、丹麦、韩国。此外，美国海岸 10 千米范围内建成区面积为 23 061.04 平方千米，占总土地面积的 5.52%；加拿大海岸 10 千米范围内建成区面积为 2 759.46 平方千米，但只占总土地面积的 0.28%。2014 年排名前十的国家为以色列、比利时、荷兰、日本、法国、葡萄牙、意大利、丹麦、韩国、西班牙，仍然是这十个国家，排名只有略微的变化，西班牙从第八下降到第十。

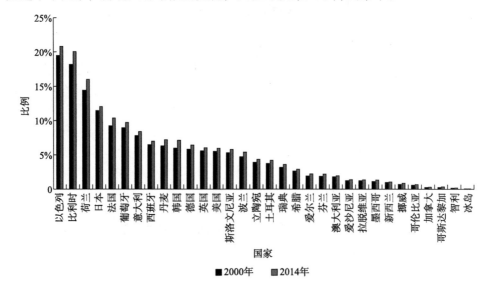

图 9.1　2000 年和 2014 年各国海岸 10 千米范围内建成区占总土地的比例

① 智利、斯洛文尼亚、爱沙尼亚、以色列在 2010 年加入 OECD，拉脱维亚、立陶宛、哥伦比亚、哥斯达黎加在 2014 年以后才加入 OECD。

二、沿海人口

OECD可持续海洋经济数据库中仅给出2000年和2015年各国沿海人口数据，包括海岸 100 千米以内的居民人数和海岸 10 千米以内的居民人数，以及各自占总人口的比例。

（一）OECD 总体情况

OECD 海岸 100 千米以内的居民 2000 年有 6.521 亿人，占当年总人口的 56.44%；2015 年居民数达到 7.227 9 亿人，占当年总人口的 56.47%。此外，海岸 10 千米以内的居民 2000 年有 2.778 3 亿人，占总人口的 24.05%；2015 年居民数达到 3.053 9 亿人，占总人口的 23.86%（表 9.1）。总体上看，OECD 沿海人口并未发生较大变化。

表 9.1　OECD 沿海人口情况

年份	海岸 100 千米以内的居民/亿人	海岸 100 千米以内的居民占总人口的比例	海岸 10 千米以内的居民/亿人	海岸 10 千米以内的居民占总人口的比例
2000	6.521	56.44%	2.778 3	24.05%
2015	7.227 9	56.47%	3.053 9	23.86%

（二）排名前十国家情况

如图 9.2 所示，2000 年 OECD 各国海岸 10 千米范围内居民占总人口的比例排名前十的分别为冰岛、挪威、丹麦、新西兰、希腊、澳大利亚、爱尔兰、爱沙尼亚、葡萄牙、以色列。

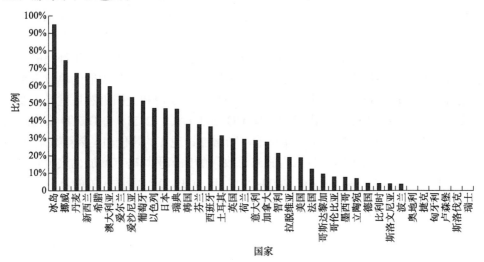

图 9.2　2000 年 OECD 各国海岸 10 千米范围内居民占总人口的比例

　　如图 9.3 所示，2015 年 OECD 各国海岸 10 千米范围内居民占总人口的比例排名前十的分别为冰岛、挪威、丹麦、新西兰、希腊、澳大利亚、爱沙尼亚、葡萄牙、爱尔兰和瑞典。对比 2000 年，沿海人口占总人口比重前十的国家，在排名和占比上均未发生太大变化。

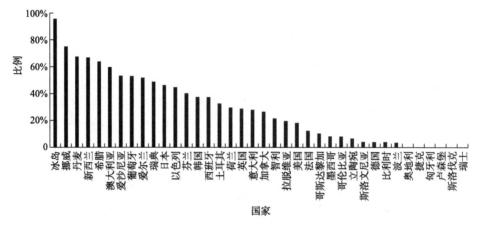

图 9.3　2015 年 OECD 各国海岸 10 千米范围内居民占总人口的比例

第二节　OECD 传统海洋产业情况

　　本节从捕捞渔业、航运业、海洋旅游业和海洋研发业四个方面，对 2000~2019 年的 OECD 传统海洋产业情况进行深度分析。其中，海上渔获量较 2000 年下降了 17.4%，单价基本保持稳定。渔业部门的就业人数持续下降，平均每年下降 2%；相反，水产养殖部门的就业人数同期平均每年增加 1%；加工部门的就业水平保持稳定。各种规模的渔船数量平均每年下降 1.6%，但每艘船的单位重量略有增加。OECD 渔业产品进出口总额均有所增加，欧盟和美国仍然是世界主要的鱼类进口地，而亚洲是主要出口地（OECD and FAO，2021）。OECD 沿海运输货物总量有所减少，但海运集装箱运输不断增加，现在的吨位和集装箱数量是 21 世纪初的两倍多。海上客运收入占旅游总收入的比例平均略有增加，旅游收支差额处于顺差但近些年有所减小。2000~2019 年，OECD 与海洋相关的环境技术发明数量呈现先增加后减少的趋势，其中，2019 年此发明数量最多的国家为韩国，其次是美国、日本。

一、捕捞渔业

捕捞渔业是指与渔业捕捞生产相关的经济活动（OECD，2022），本节选取海上渔获量、渔业就业、捕鱼船队和渔业产品贸易等相关指标，主要对 OECD 总体渔业情况及部分国家进行分析①。

（一）海上渔获量

海上渔获量是指按上岸重量计算的鱼类、甲壳类动物及软体动物，以及其他水生无脊椎动物、残余物和海藻的数量，即产品在上岸时的质量（或重量），而不考虑该产品是在何种状态下（OECD，2022）。如图 9.4 所示，2000 年 OECD 海上渔获为 2 888.087 万吨，折合 419.658 6 亿美元；而 2018 年渔获量为 2 385.448 万吨，折合 368.684 6 亿美元。总体上看，OECD 渔获量相比之前有所降低，2018 年较 2000 年下降了 17.4%，且自 2012 年以来，渔获量趋于稳定。此外，2000~2018年，渔获量单价基本保持稳定，从 1.45 美元/千克上涨至 1.55 美元/千克。

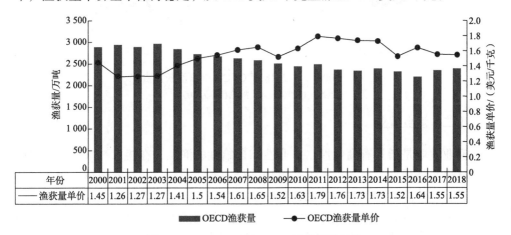

图 9.4　2000~2018 年 OECD 渔获量及单价

根据 OECD 国家在 2000 年和 2018 年的渔获量占比可知（图 9.5），前十名国家并未发生变化，但排名有所起伏。美国从之前的第二跃居第一，2018 年占比高达 20.50%；日本从之前的第一退居第二，占比为 14.32%；智利、挪威和加拿大排名并未发生变化，分别位于第三、第四和第九，2018 年占比分别为 9.88%、9.77% 和 3.35%；墨西哥、韩国和西班牙分别上升了 2 位、1 位和 2 位，2018 年分别位于第五、第七和第八，占比分别为 7.43%、4.35% 和 3.86%；冰岛和丹麦排名

---

① 资料来源：OECD. Sustainable Ocean Economy. OECD Environment Statistics（database）. https://doi.org/10. 1787/4c44ff65-en.

分别下降 1 位和 4 位，2018 年位于第六和第十，占比分别为 5.26%和 3.28%；其余国家 2018 年总计占比为 18.00%，较 2000 年有所增加。综上，2018 年 OECD 渔获量前十位国家按先后顺序分别为美国、日本、智利、挪威、墨西哥、冰岛、韩国、西班牙、加拿大和丹麦。

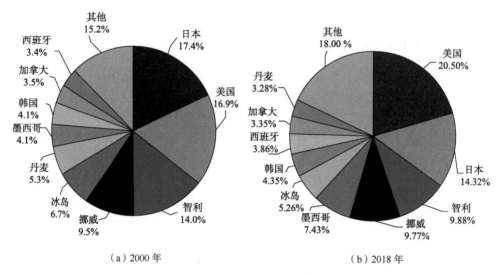

（a）2000 年　　　　　　　　　　（b）2018 年

图 9.5　2000 年和 2018 年 OECD 国家渔获量占比

数据经过四舍五入，故总和不为 100%

（二）渔业就业

渔业就业是指具有商业性、工业性和自给性的渔民，在淡水、咸水和海洋水域中从事经济活动，对各种水生动植物进行捕捞活动，以及在养鱼场、孵化场从事贝类养殖等活动（OECD，2022）。

如图 9.6 所示，对于不包括内陆渔业在内的渔业部门从业人员数，OECD 整体呈现下降趋势，其总数从 2000 年的 122.775 万人下降到 2019 年的 91.129 万人，共减少了 31.646 万人；对于从事水产养殖业（海洋和内陆）的人员数，OECD 总从业人数呈现上升趋势，从 2000 年的 25.082 万人增加至 2019 年的 34.83 万人，共增加了 9.748 万人；对于在渔业加工部门（海洋和内陆）就业的人员数，OECD 变动较为稳定，在 2000~2019 年有所上升但总体变化影响不大。

以下对 2019 年 OECD 各国不同部门从业人员占比情况进行分析，如图 9.7 所示，排名前十的国家大致相同。OECD 中不包括内陆渔业在内的渔业部门从业人员数排在前十的国家分别为墨西哥、美国、日本、韩国、加拿大、智利、土耳其、意大利、哥伦比亚和西班牙。OECD 中从事水产养殖业（海洋和内陆）的人员数排在前十的国家分别为哥伦比亚、墨西哥、日本、韩国、法国、土耳其、挪威、智利、西班牙和美国。由于缺失较多国家 2019 年在渔业加工部门（海洋和内陆）就业人员数据，故此不做分析。

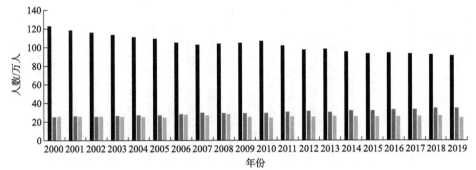

图 9.6　2000~2019 年 OECD 渔业就业人员数

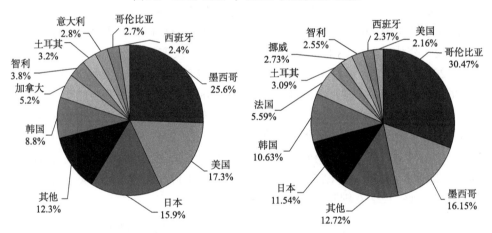

（a）不包括内陆渔业在内的渔业部门从业人员数占比　　（b）从事水产养殖业（海洋和内陆）的人员数占比

图 9.7　2019 年 OECD 国家就业人员数占比

（三）捕鱼船队

捕鱼船队是指仅从事捕捞作业的船只，该数据库收集了处于活动状态且仅从事捕捞作业的渔船数据情况。如图 9.8 所示，OECD 各种尺寸的渔船总数略有减少，从 2000 年的 772 347 艘减少至 2018 年的 512 853 艘，共计减少了 259 494 艘，平均每年减少约 14 416 艘。每艘船的单位重量（平均总吨位）略有增加，2000 年为 8.78 吨/艘，2007 年跌至最低，为 8.55 吨/艘，自 2007 年以来每艘船的单位重量呈上升趋势，2018 年每艘船的单位重量达到 9.76 吨/艘。

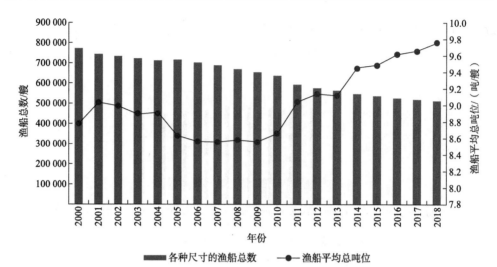

图 9.8　2000~2018 年 OECD 渔船总数及平均总吨位

由于数据库中部分年份的国家渔船数缺失较多，本节仅选取 2005 年和 2017 年的渔船总数（图9.9），对排在前十位的国家进行分析可知，大部分国家排名并未发生较大变化。其中，排名前三的国家并未发生改变，分别是日本、墨西哥和韩国，2017 年占比分别为 45.75%、14.70% 和 12.85%，渔船总数分别为 237 503 艘、76 306 艘和 66 736 艘；美国变化较大，从 2005 年的第四跌至 2017 年的第十，占比从 5.047% 降至 1.66%，渔船总数从 36 150 艘减少至 8 623 艘，平均每年减少 2 294 艘；由于美国下跌，其余国家排名各进一位，2017 年的第四到第九依次为加拿大、土耳其、希腊、智利、意大利和西班牙，占比分别为 3.38%、2.97%、2.88%、2.68%、2.36% 和 1.75%，渔船总数分别为 17 522 艘、15 406 艘、14 977 艘、13 935 艘、12 250 艘和 9 083 艘。

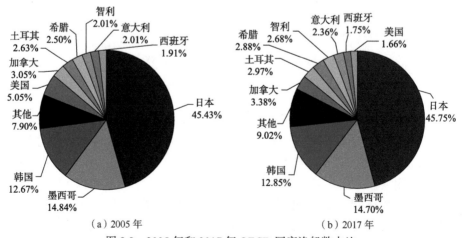

（a）2005 年　　　　　　　　　　　（b）2017 年

图 9.9　2005 年和 2017 年 OECD 国家渔船数占比

（四）渔业产品贸易

渔业产品贸易（trade in fisheries products）是指进入或离开经济领土的渔业产品，即渔业产品贸易的进口和出口。如图 9.10 所示，OECD 渔业产品出口总额呈上升趋势，出口总额从 2000 年的 295.887 6 亿美元增加至 2019 年的 779.809 亿美元，年均增长 5.23%。OECD 渔业产品进口同样呈现增长趋势，进口总额从 517.228 3 亿美元增加至 1 122.165 4 亿美元，年均增长 4.16%。此外，OECD 渔业产品贸易净出口额历年来均为负值，即渔业产品常年处于贸易逆差，且差额与日俱增。

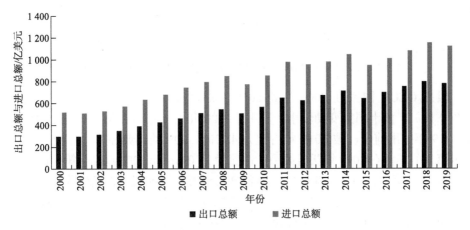

图 9.10　2000~2019 年 OECD 渔业产品贸易出口和进口总额

根据 OECD 国家在 2000 年和 2019 年的渔业产品贸易出口总额占比可知（图 9.11），2000 年排名第七的韩国和排名第十的冰岛在 2019 年退出前十，而瑞典和德国在 2019 年进入前十，排名分别为第八和第十。其中，挪威和英国的排名并未发生变化，分别位于第一和第九，2019 年占比分别为 15.4% 和 3.9%；智利和荷兰排名相比 2000 年分别上升 3 名和 5 名，2019 年分别位列第二和第三，占比分别为 8.6% 和 7.3%；而 2019 年位列第四至第七的加拿大、美国、丹麦和西班牙占比分别为 7.2%、7.0%、6.2% 和 6.1%，较 2000 年排名均有所下降。综上，2019 年 OECD 渔业产品贸易出口总额排名前十的国家为挪威、智利、荷兰、加拿大、美国、丹麦、西班牙、瑞典、英国和德国，渔业产品出口额分别为 35.503 7 亿美元、31.188 4 亿美元、28.353 亿美元、27.658 9 亿美元、18.583 9 亿美元、16.152 3 亿美元、14.914 4 亿美元、13.518 3 亿美元、12.698 5 亿美元和 12.366 1 亿美元。

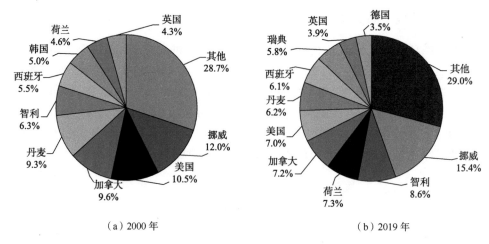

（a）2000 年　　　　　　　　　（b）2019 年

图 9.11　2000 年和 2019 年 OECD 国家渔业产品贸易出口总额占比

根据 OECD 国家在 2000 年和 2019 年的渔业产品贸易进口总额占比可知（图 9.12），前十国家变动较小。其中，2000 年位于第八和第十的丹麦和加拿大在 2019 年掉出前十，被 2019 年占比为 4.7% 和 4.0% 的瑞典和荷兰替代；2000 年排名第二的美国在 2019 年跃居第一，占比为 21.0%；而 2000 年排名第一的日本在 2019 年退居第二，占比为 13.8%；排名第三至第六的国家并未发生改变，分别是西班牙、法国、意大利和德国，2019 年占比分别为 7.3%、6.0%、5.9% 和 5.2%；2000 年排名第七和第九的英国和韩国在 2019 年排名发生调换，第七变为韩国，占比 5.0%，第九变为英国，占比 4.1%。综上，2019 年 OECD 渔业产品贸易进口总额排名前十的国家为美国、日本、西班牙、法国、意大利、德国、韩国、瑞典、英国和荷兰，其渔业产品进口额分别为 235.205 2 亿美元、154.925 6 亿美元、81.394 9 亿美元、67.339 5 亿美元、66.187 1 亿美元、58.868 6 亿美元、56.206 亿美元、52.705 1 亿美元、46.009 5 亿美元和 45.199 9 亿美元。

二、航运业

海运主导着货运活动，占所有货运总量的 70% 以上，其他货运方式按重要顺序排列为公路和铁路。海运费数据是国际运输论坛发布的数据子集，国际运输论坛每年从各成员那里收集运输统计数据[①]。

---

① 资料来源：OECD. Sustainable Ocean Economy. OECD Environment Statistics（database）. https://doi.org/10.1787/4c44ff65-en.

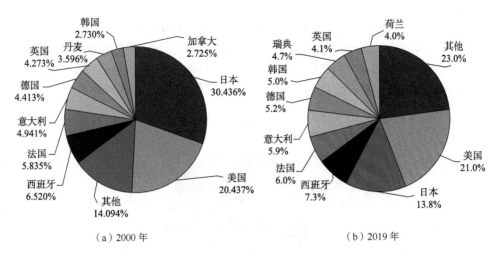

图 9.12　2000 年和 2019 年 OECD 国家渔业产品贸易进口总额占比

（一）沿海运输货运总量

沿海运输货运总量以百万吨公里为单位（即 100 万吨货物运输距离为 1 公里）来计算运输费。如图 9.13 所示，2000~2020 年 OECD 沿海运输货运总量有所下降。2000 年沿海运输货运总量为 1 020 157 百万吨公里，在 2012 年降至最低，为 766 632 百万吨公里，平均每年减少约 21 127 百万吨公里，此后略微有所上升但逐渐趋于平稳，2020 年沿海运输货运总量为 785 522.95 百万吨公里，相比于 2000 年减少了 234 634.05 百万吨公里。

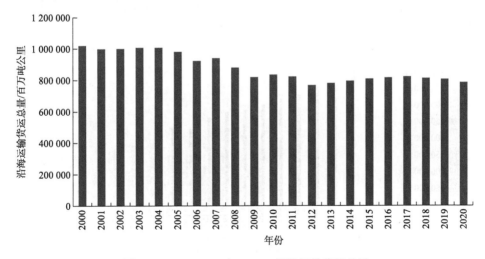

图 9.13　2000~2020 年 OECD 沿海运输货运总量

关于沿海运输货物总量，OECD 国家中仅有 17 个国家存在数据，且部分国家只含有少数几个年份数据。故此，将各国以及OECD总计所含有的数据分别进行平均，并计算各国沿海运输货运总量平均值占OECD总计平均值的比例。从图9.14可知，美国、日本和澳大利亚的沿海运输货物总量领先于其他OECD国家，占比分别为36%、22%和13%；意大利、西班牙和英国紧随其后，占比均为5%。

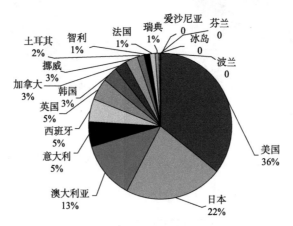

图 9.14　2000~2020年各国沿海运输货运总量平均值占比

从已有数据来看（图9.15），美国沿海运输货运总量远多于其他OECD国家，但总体呈现下降趋势，2000年美国沿海运输货运总量为414 445百万吨公里，2012年降至最低，为229 349百万吨公里，年均减少15 425百万吨公里，随后稍有增加，2018年为253 451百万吨公里。此外，日本和澳大利亚的沿海运输货运总量大体趋势较平稳。其中，日本运输总量略微呈现下降趋势，2000年运输总量为241 671百万吨公里，2020年减少至153 824百万吨公里。

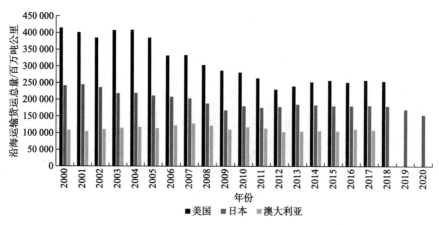

图 9.15　2000~2020年部分国家历年沿海运输货运总量情况

（二）海运集装箱运输总量

集装箱是用于运输货物的特殊箱子，可以进行堆叠、水平或垂直转移。如图 9.16 所示，OECD 在 2000~2020 年（2009 年除外），海运集装箱运输总量及海运集装箱数量均不断增加。2000 年海运集装箱运输总量为 10.133 9 亿吨，集装箱数量为 1.09 亿箱；2020 年运输总量增至 25.416 1 亿吨，集装箱数量为 2.35 亿箱。

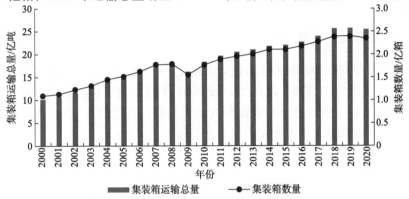

图 9.16　OECD 海运集装箱运输总量和集装箱数量

从韩国、日本和美国的海运集装箱运输总量历年情况看（图 9.17），韩国最初集装箱运输总量低于日本和美国，2000 年韩国集装箱运输总量仅为 1.078 4 亿吨；而日本和美国当时运输总量分别为 2.126 亿吨、1.444 2 亿吨。此后，韩国集装箱运输总量不断增长，2001 年就已超过美国，随后在 2007 年超过日本，成为 OECD 国家中集装箱运输总量第一的国家。日本海运集装箱运输总量在 2000~2019 年变化幅度不大，美国在此期间略有增长，2016 年美国集装箱运输总量和日本相差无几。2017年，韩国海运集装箱运输总量已经远远超过日本和美国，2017 年韩国、日本和美国的运输总量分别为 4.815 2 亿吨、2.939 3 亿吨和 2.890 4 亿吨。

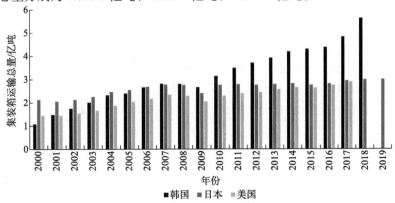

图 9.17　2000~2019 年部分国家历年集装箱运输总量情况

三、海洋旅游业

旅游业是全球和地方经济增长的重要推动力。对 OECD 国家而言，该部门直接贡献了 4.4%的 GDP、6.9%的就业和 21.5%的服务出口（OECD，2020a）。本节分析国际海上客运支出（收入），以及占国际旅游总支出（收入）的比例情况[①]。

（一）国际海上客运支出

自 2008 年来 OECD 国际海上客运支出额处于一个较为稳定的状态（图 9.18），2020 年客运支出为 18.876 8 亿美元，较 2008 年的 20.993 6 亿美元有所下降；但 2020 年客运支出占旅游总支出的份额大幅度提高，占比为 0.52%，而 2008~2019 年客运支出在旅游总支出占比年均仅为 0.27%。

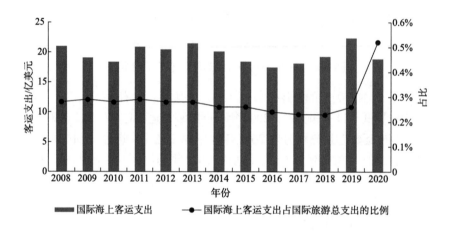

图 9.18　2008~2020 年 OECD 海上客运支出情况

（二）国际海上客运收入

OECD 海上客运收入远远大于支出，这些年总体呈现增长趋势（图 9.19），2020 年海上客运收入达到 47.944 2 亿美元，超过客运支出 29.067 4 亿美元；收入占国际旅游总收入比例也大于支出比例，并且在 2020 年大幅度增加，占比达到 1.02%。

---

① 资料来源：OECD. Sustainable Ocean Economy. OECD Environment Statistics（database）. https://doi.org/10.1787/4c44ff65-en.

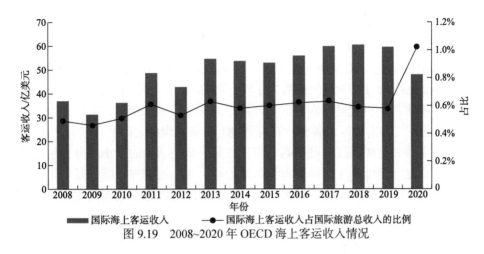

图 9.19　2008~2020 年 OECD 海上客运收入情况

（三）国际海上客运收支差额

OECD 国际海上客运收支一直处于顺差，即国际海上客运收入大于国际海上客运支出。从图 9.20 可知，2008 年国际海上客运收支差额为 15.900 7 亿美元，2009 年下降至最低点，为 12.229 6 亿美元，此后开始逐年递增（2012 年下降），在 2017 年达到收支差最大，为 41.726 4 亿美元。随后收支差额开始不断下降，2020 年降至 29.067 4 亿美元。

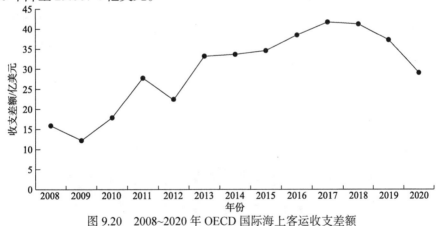

图 9.20　2008~2020 年 OECD 国际海上客运收支差额

四、海洋研发业

衡量环境创新的主要动机是以较低成本减少经济活动对环境的负面影响，并带来新的商业机会和市场。人们普遍认为，应对气候变化和其他环境挑战需要深远的创新。在这里我们用专利发明数据衡量环境创新，因为与其他替代指标相比，它具有广泛可用、定量、可衡量、以产出为导向并能够被分解等特性，这是分析环境技术时的一个重要优势。最重要的是，专利分类系统本质上是技术分类，在细节水平上描述一项发明的工程特征及其应用，国际专利分类（international patent classification，IPC）系统包括 7 万多个单独的技术类别（Haščič and Migotto，2015）。因此，专利数据允许识别非常具体的环境技术。例如，可以在旨在减少 NO_x 排放的空气污染控制设备和旨在控制 SO_2 排放的设备之间进行区分。

与海洋相关的环境技术发明的专利只占整个专利活动的一小部分，包括 6 个方面，分别是海洋可再生能源、海洋污染治理、海上运输中减缓气候变化、渔业和水产养殖中减缓气候变化、海水淡化，以及沿海地区适应气候变化，具体的搜索策略如附表 9.13 所示①。

（一）OECD 总体情况

由图 9.21 可以看出，2000~2010 年，OECD 与海洋相关的环境技术发明随着时间的推移有所增长，2010 年达到最多，10 年间从 701.67 项增加到 2 852.88 项，占总发明的比例上升了 0.38%。但在 2012 年之后，发明数量出现逆转趋势，从 2012 年的 2 727.25 项减少到 2019 年的 1 270.42 项，占总发明的比例下降了 0.22%。2019 年，全世界与海洋相关的环境技术发明数为 1 666 项，OECD 为 1 270.42 项，可以看出有四分之三的与海洋相关的环境技术发明来自 OECD 国家，特别是美国、韩国和日本，其次是一些欧洲国家。由附表 9.11 可以看出，对海洋环境发明贡献最大的技术领域是海洋可再生能源发明和减少海洋污染的发明。减少海洋污染的发明减少得最多，从 2010 年的 804.25 项减少至 2019 年的 212.5 项。

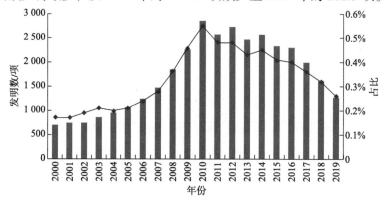

图 9.21　2000~2019 年 OECD 与海洋相关的环境技术发明数以及占比

---

① OECD. Sustainable Ocean Economy. https://stats.oecd.org/OecdStat_Metadata/ShowMetadata.ashx?Dataset=OCEAN&Coords=&Lang=en.

（二）各国与海洋相关的环境技术发明情况

由图 9.22 可以看出，2019 年，OECD 中海洋可再生能源、减少海洋污染、海洋运输中减缓气候变化、海洋捕鱼和水产养殖中减缓气候变化、沿海适应及海水淡化发明总数最多的国家是韩国，其次是美国、日本，与海洋有关的环境技术发明占总发明的比例分别为 0.53%、0.17%、0.11%。其中，韩国在海洋捕鱼和水产养殖中减缓气候变化上的发明最多，为 191.5 项；在海水淡化上的发明最少，为 18.25 项。美国在海洋可再生能源上的发明最多，为 85.67 项；在沿海适应上的发明最少，为 16 项。日本在海洋捕鱼和水产养殖中减缓气候变化上的发明最多，达 22 项；在减少海洋污染上的发明最少，达 11 项。

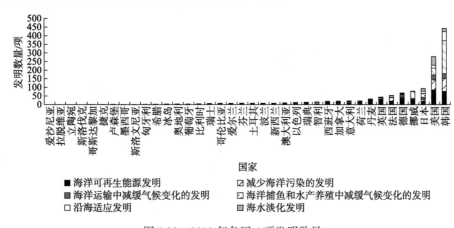

图 9.22　2019 年各国 6 项发明数量

对很多国家来说，与海洋有关的环境技术发明量占总发明的份额越来越大，反映出高度的专业化。2019 年，挪威的这一比例为 7.3%，冰岛为 4.5%，智利为 3%，新西兰为 1.8%，丹麦为 1.5%，远高于 OECD 0.3%的平均水平（图 9.23）。

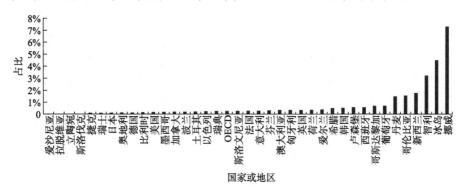

图 9.23　2019 年各国及 OECD 与海洋有关的环境技术发明占总发明的比例

第三节　OECD 新兴海洋产业情况

本节通过海洋水产养殖业、海上风电业和海洋可再生能源三个方面，对 OECD 新兴海洋产业情况进行全面分析。其中，OECD 水产养殖量在 2000~2019 年大幅度增加。OECD 海上风能研究、开发和示范预算迅速增加，2019 年达到最大为 3.05 亿美元。2021 年，日本的海上风能研究、开发和示范预算排在第一位。此外，OECD 在海洋可再生能源上的研究、开发和示范预算起伏较大，各年份差距明显。

一、海洋水产养殖业

水产养殖是指养殖水生生物，包括鱼类、软体动物、甲壳动物和水生植物，养殖意味着对养殖过程进行某种形式的干预，以提高产量，如定期放养、投喂、保护捕食者等，还意味着个人或公司对所养殖的牲畜拥有所有权。为了更好地识别水产养殖生产中与海洋相关的部分，OECD 贸易和农业局渔业和水产养殖部门对其进行了统计。

OECD 水产养殖量在 2000~2019 年大幅度增加（图 9.24），2000 年水产养殖量为 469.65 万吨，折合 172.502 3 亿美元；而 2019 年水产养殖量为 868.58 万吨，折合 344.301 6 亿美元。此外，OECD 水产养殖的单价在 20 年间有涨有跌，2000 年单价为 3.67 美元/千克，2002 年跌至最低为 3.01 美元/千克，2014 年涨至最高值，为 4.67 美元/千克，2019 年单价为 3.96 美元/千克。

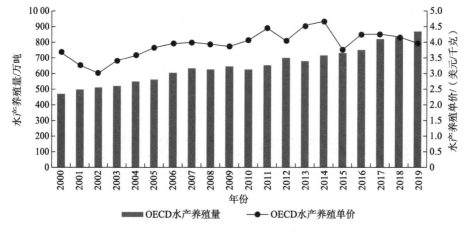

图 9.24　OECD 水产养殖量及单价情况

根据 OECD 国家在 2000 年和 2019 年的水产养殖产量占比可知（图 9.25），排名前十的国家发生些许变化。2000 年前十名国家中排名第七的意大利在 2019 年中掉出前十；第十的加拿大也掉出前十；而 2000 年未进入前十名的土耳其，在 2019 年跃居第五位，占比为 4.3%；墨西哥升至第十名，占比为 2.2%。除此之外的 9 个国家在排名上有细微变化，2000 年排名第一的日本在 2019 年跌至第四名，占比为 10.8%；而之前排名第二的韩国在 2019 年跃居第一名，占比高达 27.5%；之前排名第三、第四、第八和第九的挪威、智利、美国和英国均上升 1 位，2019 年排名分别为第二、第三、第七和第八，占比分别为 16.7%、16.2%、2.9% 和 2.5%；西班牙从之前的第五掉至第六，2019 年占比为 3.5%；法国相比之前下降 3 位，从第六名跌至第九名，占比为 2.2%。综上，2019 年 OECD 水产养殖量前十位国家按先后顺序分别为韩国、挪威、智利、日本、土耳其、西班牙、美国、英国、法国和墨西哥，水产养殖量分别为 239.249 万吨、145.304 万吨、140.729 万吨、94.09 万吨、37.112 万吨、30.082 万吨、25.265 万吨、21.926 万吨、19.275 万吨和 18.821 万吨，当前单价分别为 1.09 美元/千克、5.16 美元/千克、6.82 美元/千克、5.34 美元/千克、2.26 美元/千克、2.22 美元/千克、2.25 美元/千克、6.17 美元/千克、4.22 美元/千克和 3.97 美元/千克。

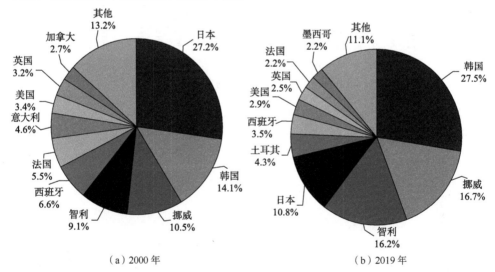

（a）2000 年　　　　　　　　　　　（b）2019 年

图 9.25　2000 年和 2019 年 OECD 国家水产养殖量占比

数据经过四舍五入，故总和不为 100%

二、海上风电业

海上风能是从海上风力中获取的能量，可将其转化为电力并供应到陆上的电网中（Li et al.，2020）。海上风能是一种可再生能源，将风能转化为电力不会产生有害的温室气体排放，具有发电利用效率高、不占用土地资源、适宜大规模开发、风机水路运输方便、靠近沿海电力负荷中心等优势。在努力应对气候变化和减少温室气体的同时，海上风能将在未来的发电中发挥至关重要的作用，各国也越来越重视海上风能技术的发展。

如图9.26所示，2009年起OECD海上风能RD&D（research，development and demonstration，研究、开发和示范）预算从2009年的0.009 6亿美元增长至2021年的0.938 3亿美元。其中，2019年海上风能RD&D预算达到最大，为3.053 1亿美元。

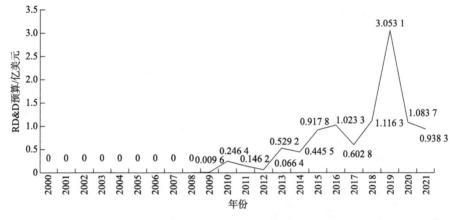

图9.26　2000~2021年OECD总的海上风能RD&D预算

从2021年各国海上风能RD&D预算比较来看（图9.27），各国差异很大，排在前五位的分别是日本（0.496 1亿美元）、德国（0.255 1亿美元）、挪威（0.128 8亿美元）、比利时（0.024 0亿美元）、丹麦（0.023 3亿美元）。

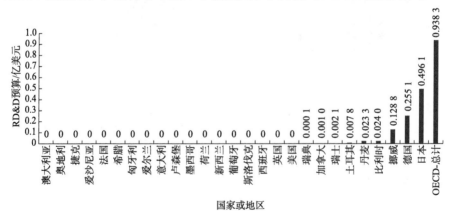

图9.27　2021年各国及OECD海上风能RD&D预算

三、海洋可再生能源

（一）潮汐能

潮汐能是最可靠的可再生能源，因为月球引力每天会引发潮汐两次高潮和两次低潮的持续变化（Bedard et al.，2010）。随着世界范围内对清洁电力和可再生燃料的需求不断增长，确保现有资源之外的可持续能源至关重要。研究人员认识到，海洋在为各种用途生产可靠的可再生能源方面具有巨大潜力。因为水的密度是空气的数百倍，这使得潮汐能比风能更强大，比风能或太阳能效率更高，在相同的涡轮机直径和转子转速下产生的功率是指数级的，而且不会产生温室气体或其他废物，使其成为一种有吸引力的可再生能源。为了充分利用潮汐能，使其成为一种重要的、持续的清洁能源，研究人员必须探索各种方法，实现潮汐能的广泛商业应用。如图 9.28 所示，2000~2021 年，OECD 潮汐能 RD&D 预算差距巨大，受新冠疫情影响，2021 年与 2020 年相差 0.145 5 亿美元，2010 年，潮汐能 RD&D 预算最大，为 0.326 1 亿美元。

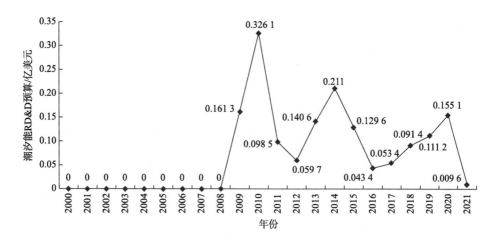

图 9.28　2000~2021 年 OECD 总的潮汐能 RD&D 预算

（二）波浪能

波浪能也被称为海浪能，海浪剧烈的垂直运动产生了大量的动能，这些能量被波浪能技术捕获并转换为电能（Kim et al.，2012）。波浪能占海洋能的 80%左右，是海洋中分布最广的可再生能源，价格低廉，适用于边远海域的岛屿、国防和海洋开发等活动，因此，各国将更多的目光投向波浪能资源的开发利用，政府和很多科研机构投入了大量资金用于波浪能的研发。如图 9.29 所示，2000~2021

年，OECD 波浪能 RD&D 预算起伏很大，2015 年达到最高点，为 0.324 3 亿美元，2021 年较 2020 年减少了 0.173 1 亿美元。此外，由图 9.30 可知，2015 年波浪能 RD&D 预算位列前五的国家是英国、丹麦、法国、瑞典和加拿大。

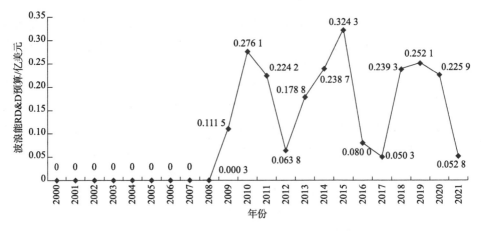

图 9.29　2000~2021 年 OECD 总的波浪能 RD&D 预算

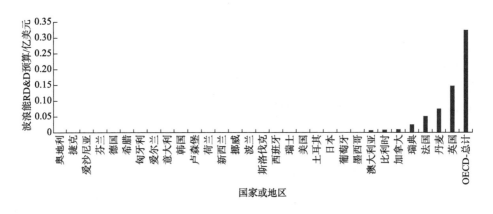

图 9.30　2015 年各国及 OECD 波浪能 RD&D 预算

（三）盐差能

盐差能是由淡水和盐水之间盐浓度的差异产生的能量，是一种以化学能形态出现的海洋能，与地球复杂的昼夜循环直接相关，在一些淡水资源丰富地区的盐湖、地下盐矿等也可以使用盐差能（Neill，2022）。作为海洋能中能量密度最大的一种可再生资源，盐差能的应用前景十分广阔，许多国家都对海洋盐差能进行研究。但盐差能的研发无论是在成本还是在施工方面都面临巨大的挑战。盐差能的应用普及还需要很长一段时间。如图 9.31 所示，2000~2021 年，与其他海洋能相比，盐差能 RD&D 预算很低，2009 年最高，为 527 万美元。2016~2019 年，盐差能 RD&D 预算保持平稳，在 150 万美元左右小幅度波动。2020~2021 年变化幅度最大，从 521 万美元减至 10 万美元，主要是受到疫情影响。

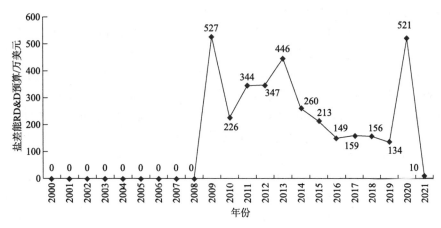

图 9.31　2000~2021 年 OECD 总的盐差能 RD&D 预算

第四节　促进 OECD 海洋经济发展政策

OECD 设立的海洋保护区近年来不断扩大，2020 年覆盖了 OECD 专属经济区的 21%。OECD 国家积极开发与海洋相关的政策工具，2021 年确定了 156 项与海洋有关的环境政策文书。在 OECD 地区，与海洋可持续性相关的税收在 2020 年筹集了 52 亿美元，自 2000 年以来这一水平一直保持稳定（尽管实施的此类税收数量不断增加）。海洋经济中的化石燃料支持措施在大多数国家中得到实施，所确定的 118 项措施主要惠及矿物燃料消费者，但对于一些主要矿物燃料生产国来说，这些措施主要惠及生产者。此外，对于损害可持续海洋经济发展的非法、不报告和无管制捕捞活动进行打击（OECD，2022）。

一、设立海洋保护区

海洋生物多样性由物种、生态系统和遗传多样性组成，提供了食物、氧气生产和碳封存等生态系统服务，维持着海洋和陆地上的生活。然而生物多样性的丧失降低了海洋生态系统提供这些服务的能力，特别是由于捕鱼、污染、气候变化和其他各种人为影响，海洋生物多样性遭到破坏。在 OECD 所涵盖的国家中，许多海洋鱼类物种受到威胁，截至 2020 年，加拿大受到威胁的海鱼有 52 种，但由于加拿大地域辽阔，物种丰富，其数量只占已知物种的 0.04%；智利受到威胁的海鱼只有 1 种，但其所占已知物种比例高达 0.24%；从 OECD 总体状况来看，受威胁海鱼种类占已知物种比为 0.06%①。

保护区（protected area）是专门用于保护生物多样性以及维护自然和相关文化资源并通过法律或其他有效手段进行管理的陆地或海洋区域，海洋保护区（marine protected areas，MPA）是通过立法或其他有效手段保留的海洋环境内或附近的任何区域，以便其海洋和沿海生物多样性得到更高水平的保护。世界自然保护联盟（International Union for Conservation of Nature，IUCN）管理类别如下：Ⅰ（严格的自然保护区和荒野地区）；Ⅱ（国家公园）；Ⅲ（天然纪念物或特征）；Ⅳ（生境或物种管理区）；Ⅴ（受保护的景观或海景）；Ⅵ（可持续利用自然资源的保护区）。

自 2000 年以来，OECD 国家的海洋保护区面积总体上得到大幅扩展。2020 年 OECD 21% 的海洋区域（2000 年仅为 2%）被指定为受保护区域，海洋保护区总面积为 9 383 584.11 平方千米（2000 年仅为 993 341.22 平方千米）。OECD 中海洋保护区占专属经济区份额较高的国家有法国（45%）、德国（43%）和澳大利亚（41%）等，美国海洋保护区占专属经济区的份额为 19%，日本为 9%。大多数国家为海洋保护区制订了有效的管理计划，并分配了足够的资源来实施这些计划，但目前仍具有挑战性。IUCN 管理类别中Ⅰ、Ⅱ和Ⅲ明确指定的保护区使用较少，约占 OECD 专属经济区的 9%（OECD，2022）。

二、开发与海洋可持续性相关的政策工具

与海洋可持续性有关的政策工具包括税收（taxes）、费用和收费（fees and charges）、可交易许可证（tradable permits）、以环保为动机的补贴（environmentally motivated subsidies）和押金退款计划（deposit refund schemes）等，具体包括捕鱼税、海上运输税、船只进口关税、进入海洋保护区公园的费用、捕鱼许可证、沿海保护补贴、海上风力发电补贴、渔业个人可转让配额等，2021 年 OECD 海洋相关政策工具占所有政策工具的份额的 0.06%。

随着时间的推移，拥有海洋可持续性相关经济工具的国家显著增加，2021 年已经有 58 个国家发布了与海洋有关的文书，是 1980 年的 3 倍多。2021 年 OECD 与海洋有关的政策文书总计 156 篇，比 2000 年增加了 56 篇。其中，税收是最常

---

① OECD. OECD Environment Statistics（database）：Threatened Species. https://stats.oecd.org/Index.aspx?DataSetCode=WILD_LIFE.

见的工具类型，40多个国家实行了与海洋有关的税收（如渔业税、海上运输税和海洋污染税），2000年OECD海洋相关税收总计有54种，2021年已达到83种。尽管大多数与海洋有关的文书都是税收，但可交易许可证制度在海洋领域的份额最高（超过任何其他环境领域）。例如，与海洋有关的可交易许可证制度包括个人捕捞配额（澳大利亚、爱沙尼亚、冰岛、加拿大、英国和美国）、可转让船只配额（西班牙）和领土使用权（墨西哥和智利）。

除此之外，目前至少有28个国家引入了与海洋有关的收费，如国家公园的入场费、捕鱼许可证的收费、向海洋排放污水的收费及各种违规罚款。至少有19个国家报告了与海洋有关的出于环境动机的补贴，如近海风力、潮汐和波浪发电的上网电价（阿根廷、加拿大、丹麦、法国、韩国、英国），以及保护海洋生物多样性的保护赠款（瑞典）。

与海洋可持续发展相关的税收收入包括税收和拍卖针对海洋可持续性的可交易许可证带来的收入，具体包括海运能源产品税、海运船舶使用税或所有权税、海洋资源开采税、渔业许可证税、拍卖个人可转让渔业配额所得税、控制海洋污染税等。2020年OECD海洋相关税收达到52亿美元，这一水平自2000年以来一直保持基本稳定。其中，海洋相关税收收入在环境相关税收总额中所占的份额下降，从2000年的0.68%下降到2020年的0.62%；而海洋税收占总税收比例基本不变，2012年之前为0.04%，2012年后开始变为0.03%；此外海洋税收占GDP比例一直不变为0.01%（OECD，2022）。

三、提供海洋化石燃料支持

与海洋有关的矿物燃料支出措施是指矿物燃料生产或消费的直接预算支出和税收支出。根据OECD的PSE-CSE框架，有利于化石燃料生产商的措施被归类为生产者支持评估（producer support estimate，PSE），而那些有利于个别化石燃料消费者的措施被归类为消费者支持评估（consumer support estimate，CSE）。一般服务支持评估（general services support estimate，GSSE）是指目前不会增加矿物燃料生产和消费但将来可能会增加的措施。

大量与海洋有关的矿物燃料支出措施已经生效，在30个国家（OECD《化石燃料支持措施清单》涵盖了42个国家）中确定了118项措施。化石燃料生产国（如澳大利亚、巴西、英国、美国和俄罗斯）主要通过以下措施支持海上开采和一般服务：对海上开采石油和天然气的实体给予税收优惠；支持研究和勘探活动；为增加化石燃料贸易能力而升级港口基础设施；加强退役活动能力建设。其他主要作为化石燃料消费国的国家，倾向于将其与海洋有关的支持分为渔业及水产养殖和运输部门，如对渔业及水产养殖或海上运输中使用的燃料实行优惠税率（OECD，2022）。

四、打击非法、不报告和不受管制的捕捞活动

非法、不报告和不受管制（illegal，unreported and unregulated，IUU）捕捞对渔业和依赖渔业的社区构成严重威胁，损害了可持续海洋经济的发展（Konar et al.，2019；Sumaila et al.，2020）。其中，非法捕捞（illegal fishing）是指在一国专属经济区内违反其法律和条例进行的捕捞活动，以及违反该国船旗国法律和条例进行的捕捞活动；不报告捕捞（unreported fishing）是指违反该国或组织的法律、条例和报告程序，没有向有关国家当局或区域渔业管理组织报告的捕捞活动；不受管制捕捞（unregulated fishing）是指在没有适用于某一特定渔船的国家、区域或国际养护或管理措施的地区或鱼类种群内的捕捞活动（OECD，2017c）。

IUU 捕捞活动对鱼类种群造成的压力损害了守法渔民的利益，造成了不正当竞争，减少了他们在整个价值链中的盈利能力和就业机会。它还会影响依赖鱼类资源的其他活动收入，如与休闲捕鱼或观赏海洋野生动物有关的旅游活动。在取代合法活动时，IUU 捕捞活动也剥夺了各国的相关财政收入（Galaz et al.，2018；Sumaila et al.，2020）。

OECD 通过调查并根据最新的国际公认最佳做法，重新评估了各国和各经济体在政府干预 IUU 捕捞活动的一些最重要领域取得的进展（OECD，2017c）。具体如下所示。

（1）船舶登记（vessel registration）：各国通过登记收集和公布在其专属经济区（EEZ）内作业或悬挂其国旗的船舶信息。

（2）授权在专属经济区内经营（authorisation to operate in the EEZ）：各国作为沿海国，管制其专属经济区内的渔业和与渔业有关的活动。

（3）授权在专属经济区外经营（authorisation to operate outside the EEZ）：作为船旗国的国家，可以通过该法规管制在国家管辖范围以外区域（即公海）和外国专属经济区内悬挂其国旗的船舶的运营。

（4）港口国措施（port state measures）：各国监测和控制进出港口和港口活动。

（5）市场措施（market measures）：各国通过这些措施规范产品如何进入市场和流经供应链，并在经济上阻止 IUU 捕捞活动。

（6）国际合作（international co-operation）：各国通过这种合作参与区域和

全球信息共享和联合活动，打击 IUU 捕捞活动。

对每个领域进行了调查，并收集了与阻止、识别和惩罚非法、未报告、未受管制捕捞活动（IUU 捕捞活动）相关的法律和政策框架，以及这些框架在 2018 年的实施情况。得分为 0~1，分数越高表明在每个问题中采用和执行规章和措施的程度越高。其中，0 表示没有实施监管；0.2 表示有监管但被报告为没有实施；0.5 表示部分实施；1 表示完全实施。然后将分数汇总为政府干预 IUU 捕捞的最重要领域的 6 个指标，并对所有受访者（如 OECD 国家）的指标进行平均，图 9.32 为 OECD 针对 IUU 捕捞的政策采用情况。

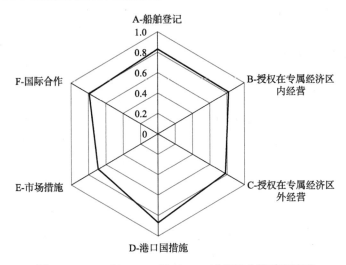

图 9.32　2018 年 OECD 针对 IUU 捕捞的政策采用情况

总体而言，港口国措施（平均指标得分为 0.87）、船舶登记（平均指标得分为 0.83）和授权在专属经济区内经营（平均指标得分为 0.82）在实践中得到最高采纳，国际合作（平均指标得分为 0.79）次之，市场措施使用最不广泛（平均指标得分为 0.69）[①]。

第五节　中国与 OECD 国家对比情况

本节对前文所列海洋指标中涉及中国情况进行单独分析，并将其与 OECD 国家进行对比分析[①]。其中，2000~2018 年中国渔获量总体呈现下降趋势，但仍

① 资料来源：OECD. Sustainable Ocean Economy. OECD Environment Statistics（database）. https://doi.org/10.1787/4c44ff65-en.

高于日本和美国，占比高达 OECD 总计的一半。渔业就业人员数变动不大，作为人口大国，中国的渔业就业人员数远远大于 OECD。中国渔船总数在 2017 年和 2018 年减少较多，但总数仍旧大于 OECD 总计。不同于 OECD 国家，中国渔业产品贸易出口大于进口，是主要出口国之一，但 2016 年后净出口额大幅度下降，2019 年仅为 19.155 4 亿美元，与 2000 年相差无几。在沿海运输货运方面，中国遥遥领先于 OECD 国家。中国与海洋相关的环境技术发明在 2000~2019 年波动范围比较大，整体呈下降趋势。2019 年，中国发明数低于韩国和美国，高于日本和加拿大。此外，中国水产养殖产量远大于 OECD 总计产量，2019 年更是达到 OECD 的 4.6 倍。

一、海上渔获量

中国海上渔获量近些年呈现下降趋势（图 9.33），2000~2018 年平均渔获量为 1 471.96 万吨，在此期间 2006 年渔获量达到最高，为 1 693.12 万吨，而在 2018 年降至最低，为 1 270.21 万吨。由于缺失 2000~2002 年中国渔获量折合美元价值的数据，此前 3 年渔获量单价无法换算，如图 9.33 所示，渔获量单价总体呈现增长趋势，从 2003 年的 0.86 美元/千克增至 2018 年的 2.42 美元/千克，年均增长 7.14%。

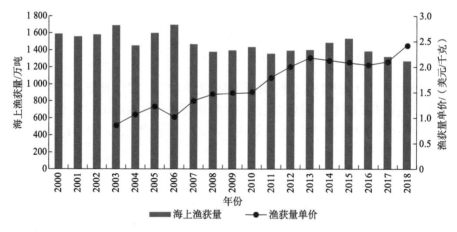

图 9.33　2000~2018 年中国渔获量及单价

根据图 9.34 可知，日本和美国渔获量在 2000 年和 2018 年均是 OECD 国家的前两名，而中国渔获量在 2000~2018 年均远大于日本和美国。中国渔获量比 OECD 国家总计的一半还要高。

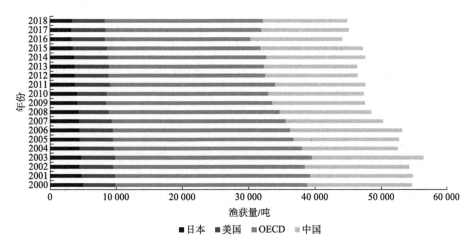

图 9.34 2000~2018 年中国渔获量与日本、美国、OECD 对比情况

二、渔业从业

中国不包括内陆渔业在内的渔业部门从业人员数在 2000~2019 年此起彼伏（图 9.35），年均从业人员数为 887.2 万人，总体而言趋势较为平稳。2001 年渔业部门从业人员数达到最多，为 987.629 万人，2006 年渔业部门从业人员数降至最少，为 809.186 万人，此后有涨有跌，2019 年渔业部门从业人员数为 825.327万人。此外，中国从事水产养殖业（海洋和内陆）的人员少于渔业部门从业人员。2000 年从事水产养殖人员最少，为 372.235 万人，仅约为渔业部门从业人员的 40%，2011 年人数达到最多，为 529.002 万人，到 2019 年从事水产养殖业的人员略有减少，为 466.368 万人，此时约达到渔业部门从业人员的 57%。

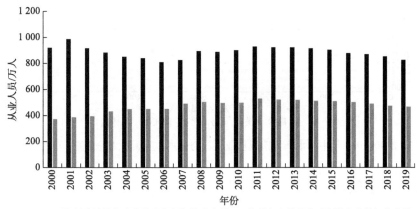

图 9.35 2000~2019 年中国渔业从业情况

2019 年，日本、美国和墨西哥的渔业部门从业人员数在 OECD 国家中分别排在第五、第三和第一。由图 9.36 可知，中国作为人口大国，渔业部门从业人员数远高于日本、美国、墨西哥。2011 年，中国渔业部门从业人员甚至达到 OECD 总计人员数的 9 倍以上。

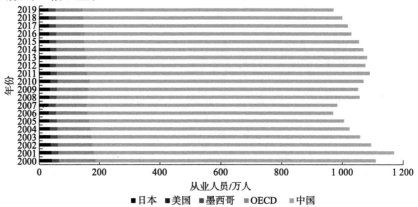

图 9.36　2000~2019 年中国渔业部门从业人员与日本、美国、墨西哥、OECD 对比情况

2019 年，日本、美国和哥伦比亚的水产养殖业从业人员数在 OECD 国家中排在第五、第二和第一。由图 9.37 可知，与渔业部门从业人员情况相似，中国的水产养殖业从业人员数同样远远高于日本、美国、哥伦比亚。2011~2019 年，甚至达到 OECD 总计人员数的 13~17 倍。

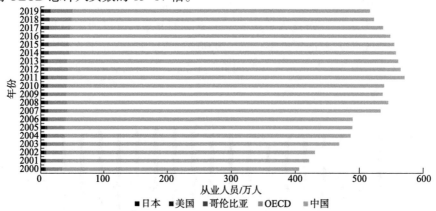

图 9.37　2000~2019 年中国水产养殖业从业人员与日本、美国、哥伦比亚、OECD 对比情况

三、捕鱼船队

中国捕鱼船队 2015 年之前处于平稳状态（图 9.38），均在 80 万艘以上，2015

年之后开始下滑，2018 年已减少至 68.241 6 万艘。但渔船单位重量呈现逐年上涨的趋势，2003~2018 年，渔船单位重量从 8.38 吨/艘增加到 13.27 吨/艘，平均每年增长 3.11%。

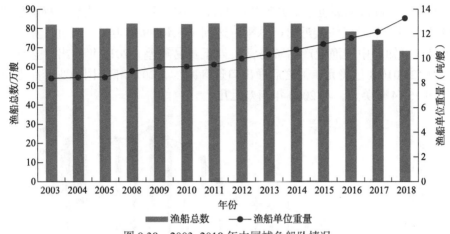

图 9.38　2003~2018 年中国捕鱼船队情况

日本渔船总数在 OECD 常年位列第一，在渔船数量方面远远超过美国，这与其天然地理位置有关，且日本渔船总数占 OECD 总渔船数份额高达 45%，但中国渔船总数仍旧大于 OECD 总计（图 9.39）。

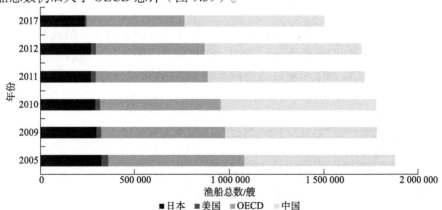

图 9.39　2005~2017 年部分年份中国渔船总数与日本、美国、OECD 对比情况[①]

四、渔业产品贸易

不同于渔业产品以进口为主的 OECD 国家，中国是渔业产品主要出口国之

---

① 由于美国渔船总数有较多年份数据缺失，这里仅对含有数据的年份进行分析。

一。如图 9.40 所示，2000~2019 年渔业产品出口额快速增长，2000 年出口总额仅为 37.063 4 亿美元，2019 年已达到 202.564 3 亿美元，年均增长 9.35%。在此期间，2009~2014 年增长最为迅速，后期出口额有所下降，但处于稳定状态。此外，渔业产品进口总额也呈上升趋势，2017~2019 年增长尤为明显，特别是到了 2019 年进口总额已经快接近出口总额，达到 183.408 9 亿美元。通过计算渔业产品净出口可知，中国渔业产品贸易常年处于贸易顺差，2014 年净出口达到最大值，为 123.010 8 亿美元，但之后净出口逐渐减少，2019 年中国渔业产品净出口仅为 19.155 4 亿美元，与 2000 年相差无几。

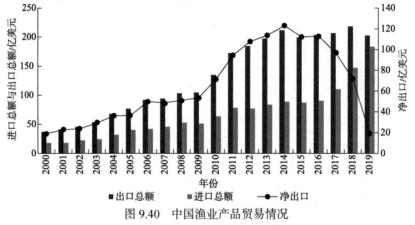

图 9.40　中国渔业产品贸易情况

2019 年，日本渔业产品出口在 OECD 国家中并未进入前十，挪威和美国分别位列第一和第五。如图 9.41 所示，2011~2019 年，中国出口总额远大于日本和美国，并且高于 OECD 国家中出口总额排名第一的挪威，与 OECD 总计出口的比值也呈增大趋势。

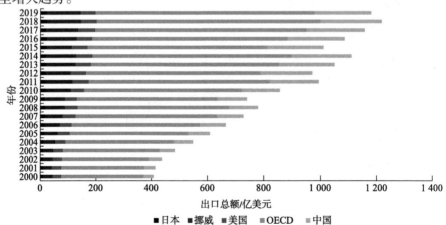

图 9.41　2000~2019 年中国渔业产品出口总额与日本、挪威、美国、OECD 对比情况

美国和日本作为 OECD 中进口总额排名第一和第二的国家，进口总额均大于中国。如图 9.42 所示，美国和中国的渔业产品进口额呈上升趋势，反观日本进口额一直处于平稳状态。2019 年中国进口总额已超过日本，但仍低于美国。

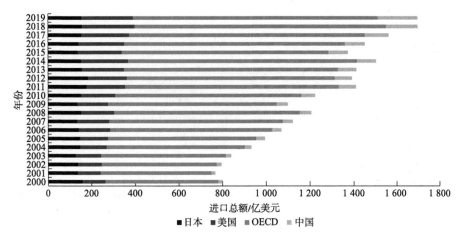

图 9.42　2000~2019 年中国渔业产品进口总额与日本、美国、OECD 对比情况

五、航运业

根据图 9.43 可知，中国沿海运输货运总量 2000 年为 17 073 亿吨公里，自此不断上涨，2007 年涨至 48 686 亿吨公里，此期间年均上涨 16.15%。但在 2008 年快速下跌至 32 851 亿吨公里，而后整体呈现上涨趋势，逐渐趋于平稳，到 2019 年中国沿海运输货运总量达到 54 047 亿吨公里，相比于 2000 年上升两倍有余。

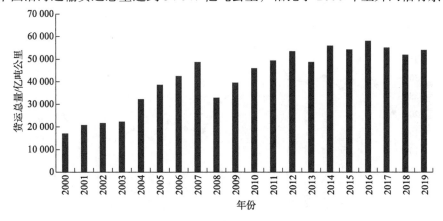

图 9.43　2000~2019 年中国沿海运输货运总量情况

对比日本、美国和 OECD 的沿海运输货运总量，中国在这方面遥遥领先

（图 9.44）。2000 年中国沿海运输货运总量是 OECD 总计的 1.7 倍，此后中国在沿海运输方面发展迅猛，而 OECD 各国家（如日本和美国）沿海运输货运总量不断减少，到了 2018 年中国沿海运输货运总量已经达到 OECD 总计的 6.7 倍。

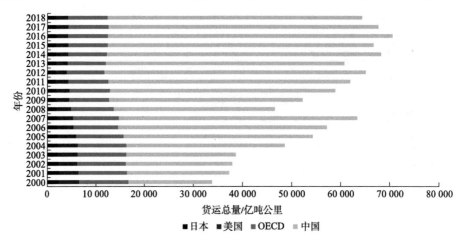

图 9.44　2000~2018 年中国沿海运输货运总量与日本、美国、OECD 对比情况

六、海洋研发

从图 9.45 可以看出，2000~2007 年，中国与海洋相关的环境技术发明数持续增加，到 2007 年达到 409.83 项。2007 年以后发明数量减少，2019 年为 188.17 项，占总发明的比例为 0.22%，低于 OECD 平均水平（0.3%），2019 年与 2007 年相比降低了 0.2 个百分点。

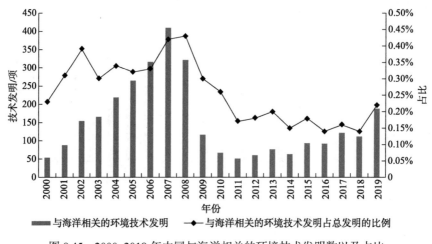

图 9.45　2000~2019 年中国与海洋相关的环境技术发明数以及占比

在与海洋相关的环境技术发明上，如表9.2所示，韩国在这几个国家中排名第一，其次是美国，中国排在第三位，比日本多96.17项。加拿大则远落后于韩国，仅有20项与海洋相关的环境技术发明。中国在与海洋相关的环境技术发明占总发明的比例上超过美国，排在第二。中国在海洋可再生能源、海洋捕鱼和水产养殖中减缓气候变化的发明上有很大的优势，分别为51.33项、58.5项。

表9.2 中国与OECD主要国家的对比

国家	与海洋相关的环境技术发明	与海洋相关的环境技术发明占总发明的比例	海洋可再生能源发明	减少海洋污染的发明	海洋运输中减缓气候变化的发明	海洋捕鱼和水产养殖中减缓气候变化的发明	沿海适应发明	海水淡化发明
中国	188.17项	0.22%	51.33项	26.5项	6.5项	58.5项	27项	35.33项
韩国	434.75项	0.53%	77项	74.5项	28.5项	191.5项	53项	18.25项
美国	270.67项	0.17%	85.67项	57.5项	29.25项	39.5项	16项	51.75项
日本	92项	0.11%	19项	11项	12.5项	22项	13项	15.5项
加拿大	20项	0.2%	5项	4.5项	3项	2项	1项	4.5项

七、海洋水产养殖业

中国水产养殖产量在2000~2019年逐年上升（图9.46），年均产量为2 709.508万吨，从2000年1 675.185万吨上升到2019年的3 979.904万吨，年均增长4.66%。其单价在这期间有涨有跌，2004年降至最低，为1.03美元/千克，2014年升至最高，为1.67美元/千克，2019年跌至1.44美元/千克。

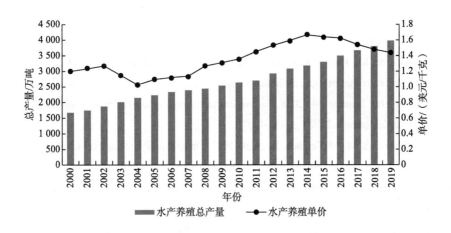

图9.46 2000~2019年中国水产养殖总产量及单价

日本、美国和韩国 2000 年在 OECD 国家中分别位列第一、第二和第八，2019年位列第四、第七和第一。如图9.47所示，中国水产养殖产量远远超过日本、美国和韩国，甚至远大于 OECD 总计产量，2019 年更是达到 OECD 的 4.6 倍。

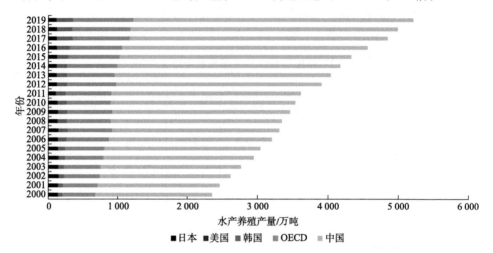

图 9.47　2000~2019 年中国水产养殖产量与日本、美国、韩国、OECD 对比情况

参 考 文 献

Bedard R, Jacobson P T, Previsic M, et al. 2010. An overview of ocean renewable energy technologies[J]. Oceanography, 23（2）: 22-31.

Carpenter K E, Muhammad A, Greta A, et al. 2008. One-third of reef-building corals face elevated extinction risk from climate change and local impacts[J]. Science, 321（5888）: 560-563

Dureuil M, Boerder K, Burnett K A, et al. 2018. Elevated trawling inside protected areas undermines conservation outcomes in a global fishing hot spot[J]. Science, 362（6421）: 1403-1407.

Galaz V, Crona B, Dauriach A. 2018. Tax havens and global environmental degradation[J]. Nature Ecology & Evolution, 2（9）: 352-1357.

Halpern B S, Frazier M, Afflerbach J, et al. 2017. Drivers and implications of change in global ocean health over the past five years[J]. PLoS One, 12（7）: e0178267.

Haščič I, Mackie A. 2018. Land Cover Change and Conversions: Methodology and Results for OECD and G20 Countries[R]. OECD Green Growth Papers, No. 2018/04.

Haščič I, Migotto M. 2015. Measuring Environmental Innovation Using Patent Data[R]. OECD Environment Working Papers, No. 89.

Hutniczak B，Delpeuch C，Leroy A. 2019. Closing Gaps in National Regulations Against IUU Fishing[R]. OECD Food，Agriculture and Fisheries Papers，No. 120.

ITF. 2021. ITF Transport Outlook 2021[R]. Paris：OECD Publishing.

Kim G，Lee M E，Lee K S，et al. 2012. An overview of ocean renewable energy resources in Korea[J]. Renewable and Sustainable Energy Reviews，16（4）：2278-2288.

Konar M，Gray E，Thuringer L，et al. 2019. The Scale of Illicit Trade in Pacific Ocean Marine Resources[R]. World Resources Institute Working Paper.

Li J，Wang G，Li Z，et al. 2020. A review on development of offshore wind energy conversion system[J]. International Journal of Energy Research，44（12）：9283-9297.

Neill S P. 2022. Introduction to ocean renewable energy[C]//Letcher T M. Comprehensive Renewable Energy. 2nd ed. Volume 8：Ocean Energy. London：Elsevier：1-9.

OECD. 2011. Invention and Transfer of Environmental Technologies，OECD Studies on Environmental Innovation[R]. Paris：OECD Publishing.

OECD. 2016. The Ocean Economy in 2030[R]. Paris：OECD Publishing.

OECD. 2017a. Marine Protected Areas：Economics，Management and Effective Policy Mixes[R]. Paris：OECD Publishing.

OECD. 2017b. Green Growth Indicators 2017，OECD Green Growth Studies[R]. Paris：OECD Publishing.

OECD. 2017c. OECD Review of Fisheries：Policies and Summary Statistics 2017[R]. Paris：OECD Publishing.

OECD. 2018. OECD Companion to the Inventory of Support Measures for Fossil Fuels 2018[R]. Paris：OECD Publishing.

OECD. 2019a. Rethinking Innovation for a Sustainable Ocean Economy[R]. Paris：OECD Publishing.

OECD. 2019b. Inventory of fossil fuel support measures[EB/OL]. www.oecd.org/fossil-fuels [2024-05-08].

OECD. 2019c. Responding to Rising Seas：OECD Country Approaches to Tackling Coastal Risks[R]. Paris：OECD Publishing.

OECD. 2019d. Revenue Statistics 2019[R]. Paris：OECD Publishing.

OECD. 2020a. OECD Tourism Trends and Policies 2020[R]. Paris：OECD Publishing.

OECD. 2020b. Policy instruments for the environment（PINE）database[EB/OL]. www.oecd.org/environment/indicators-modelling-outlooks/policy-instrument-database[2024-05-08].

OECD. 2020c. OECD Review of Fisheries 2020[R]. Paris：OECD Publishing.

OECD. 2022. Environment at a Glance Indicators[R]. Paris：OECD Publishing.

OECD. 2023. Environment statistics（database）[EB/OL]. https://doi.org/10.1787/env-data-en[2024-05-08].

OECD，FAO. 2021. OECD-FAO Agricultural Outlook 2021-2030[R]. Paris：OECD Publishing.

Oppenheimer M，Glavovic B C，Hinkel J，et al. 2019. Sea level rise and implications for low-lying islands, coasts and communities[C]//Pörtner H-O, Roberts D C, Masson-Delmotte V, et al. IPCC Special Report on the Ocean and Cryosphere in a Changing Climate. New York：Cambridge University Press：321-445.

Sandin S. 2009. Estimating the worldwide extent of illegal fishing[J]. PLoS One，4（2）：e4570.

Sumaila U R, Zeller D, Hood L. 2020. Illicit trade in marine fish catch and its effects on ecosystems and people worldwide[J]. Science Advances，6（9）：eaaz3801.

Worm B，Barbier E B，Beaumont N. 2006. Impacts of biodiversity loss on ocean ecosystem services[J]. Science，314（5800）：787-790.

WWF. 2015. Living blue planet report. Species，habitats and human well-being[EB/OL]. www.wwf. or.jp/activities/data/20150831LBPT.pdf[2024-05-08].

附　　表[①]

附表 9.1　各个国家及组织沿海土地覆盖情况

国家及组织	距海岸 1 千米以内的建成区/千米²		海岸 1 千米内的建成区占总土地的比例		海岸 10 千米以内的建成区/千米²		海岸 10 千米内的建成区占总土地的比例	
	2000 年	2014 年	2000 年	2014 年	2000 年	2014 年	2000 年	2014 年
澳大利亚	1 482.84	1 563.63	3.41%	3.60%	4 815.82	5 245.47	1.81%	1.97%
比利时	32.62	34.20	49.03%	51.41%	157.55	173.59	18.18%	20.03%
加拿大	853.28	950.79	0.43%	0.48%	2 759.46	3 156.94	0.28%	0.32%
智利	107.77	123.12	0.22%	0.25%	263.58	308.08	0.15%	0.17%
哥伦比亚	47.57	52.33	1.54%	1.70%	147.28	166.13	0.61%	0.69%
哥斯达黎加	11.29	14.02	0.76%	0.94%	29.55	39.86	0.27%	0.36%
丹麦	286.16	318.27	8.43%	9.37%	1 284.87	1 465.79	6.32%	7.21%
爱沙尼亚	30.68	34.25	1.75%	1.95%	121.68	134.29	1.27%	1.40%
芬兰	98.92	109.94	1.96%	2.18%	354.91	416.78	1.88%	2.21%
法国	817.10	869.77	20.22%	21.53%	3 045.40	3 431.67	9.22%	10.39%
德国	206.03	222.76	8.57%	9.27%	880.40	972.41	5.82%	6.43%
希腊	416.53	448.81	5.23%	5.63%	1 288.93	1 407.01	2.67%	2.91%
冰岛	13.17	14.80	0.29%	0.33%	22.21	25.32	0.07%	0.08%
爱尔兰	124.81	138.83	3.36%	3.74%	412.82	480.41	1.92%	2.23%
以色列	62.42	65.91	33.12%	34.97%	394.52	421.79	19.47%	20.82%
意大利	1 065.82	1 108.91	21.81%	22.69%	3 653.66	3 934.15	7.80%	8.39%

---

① 原始数据库中不同指标的各 OECD 国家数量不同。

续表

国家及组织	距海岸 1 千米以内的建成区/千米²		海岸 1 千米内的建成区占总土地的比例		海岸 10 千米以内的建成区/千米²		海岸 10 千米内的建成区占总土地的比例	
	2000 年	2014 年	2000 年	2014 年	2000 年	2014 年	2000 年	2014 年
日本	2 678.05	2 810.62	17.07%	17.91%	12 329.54	12 958.48	11.46%	12.04%
韩国	404.52	464.93	7.51%	8.63%	1 462.45	1 739.46	5.98%	7.12%
拉脱维亚	14.81	15.94	3.42%	3.68%	58.20	63.62	1.26%	1.38%
立陶宛	12.33	13.18	6.85%	7.32%	39.52	43.97	3.91%	4.35%
墨西哥	347.72	395.99	2.16%	2.45%	1 219.54	1 434.95	1.14%	1.35%
荷兰	187.35	208.75	14.60%	16.26%	1 237.05	1 372.05	14.43%	16.01%
新西兰	214.34	230.40	1.96%	2.11%	721.69	787.32	0.99%	1.08%
挪威	324.33	385.77	1.40%	1.66%	758.05	938.46	0.71%	0.88%
波兰	66.69	74.35	9.79%	10.92%	251.68	287.80	4.73%	5.41%
葡萄牙	251.79	262.50	12.33%	12.85%	1 251.97	1 358.67	8.95%	9.72%
斯洛文尼亚	9.58	9.92	33.71%	34.90%	23.46	25.58	5.31%	5.79%
西班牙	769.50	807.76	16.94%	17.79%	2 480.94	2 681.33	6.47%	6.99%
瑞典	311.90	348.67	4.67%	5.22%	1 155.34	1 301.91	3.20%	3.60%
土耳其	441.20	478.74	9.83%	10.67%	1 655.90	1 858.51	3.75%	4.21%
英国	1 044.97	1 107.93	8.72%	9.25%	4 033.49	4 361.17	5.59%	6.04%
美国	5 880.69	6 238.15	6.36%	6.74%	23 061.04	24 948.26	5.52%	5.97%
中国	2 036.88	2 549.66	12.73%	15.93%	10 765.71	14 075.39	10.84%	14.17%
OECD	18 605.51	19 909.9	3.53%	3.77%	71 342.94	77 901.4	2.57%	2.81%

附表 9.2　各个国家及组织沿海人口情况

国家及组织	海岸 100 千米以内的居民/人		海岸 100 千米以内的居民占总人口的比例		海岸 10 千米以内的居民/人		海岸 10 千米以内的居民占总人口的比例	
	2000 年	2015 年	2000 年	2015 年	2000 年	2015 年	2000 年	2015 年
澳大利亚	17.51	22.06	92.18%	92.18%	11.32	14.27	59.61%	59.61%
奥地利	0.17	0.18	2.16%	2.08%	0.00	0.00	0.00	0.00
比利时	8.11	8.95	78.91%	79.31%	0.41	0.45	4.00%	4.02%
加拿大	13.46	15.57	44.00%	43.21%	8.49	9.57	27.75%	26.55%
智利	14.56	17.06	94.93%	94.92%	3.27	3.86	21.33%	21.50%
哥伦比亚	11.87	14.55	29.95%	30.62%	3.05	3.84	7.70%	8.07%
哥斯达黎加	3.96	4.85	100.00%	100.00%	0.37	0.50	9.43%	10.24%
捷克	0.00	0.00	0.00	0.00	0.00	0.00	0.00	0.00
丹麦	5.34	5.69	100.00%	100.00%	3.59	3.84	67.22%	67.57%
爱沙尼亚	1.17	1.10	83.29%	83.31%	0.75	0.70	53.26%	53.31%

续表

国家及组织	海岸 100 千米以内的居民/人		海岸 100 千米以内的居民占总人口的比例		海岸 10 千米以内的居民/人		海岸 10 千米以内的居民占总人口的比例	
	2000 年	2015 年	2000 年	2015 年	2000 年	2015 年	2000 年	2015 年
芬兰	3.75	4.04	72.27%	73.70%	1.96	2.21	37.71%	40.27%
法国	22.98	25.47	38.94%	39.52%	7.21	7.93	12.22%	12.30%
德国	11.22	11.39	13.78%	13.93%	3.33	3.34	4.09%	4.08%
希腊	10.98	10.57	99.10%	99.13%	7.06	6.80	63.75%	63.81%
匈牙利	0.00	0.00	0.00	0.00	0.00	0.00	0.00	0.00
冰岛	0.28	0.33	100.00%	100.00%	0.27	0.32	94.96%	95.64%
爱尔兰	3.78	4.65	100.00%	100.00%	2.04	2.41	54.06%	51.84%
以色列	5.93	7.96	99.79%	99.75%	2.80	3.57	47.04%	44.72%
意大利	44.08	46.64	77.76%	77.00%	16.27	16.89	28.71%	27.88%
日本	124.51	125.06	97.64%	97.72%	59.70	59.30	46.81%	46.33%
韩国	47.38	50.82	100.00%	100.00%	17.97	19.10	37.93%	37.59%
拉脱维亚	1.85	1.54	77.68%	77.08%	0.45	0.39	19.03%	19.53%
立陶宛	0.80	0.66	22.84%	22.35%	0.24	0.20	6.82%	6.67%
卢森堡	0.00	0.00	0.00	0.00	0.00	0.00	0.00	0.00
墨西哥	27.70	34.75	28.01%%	28.52%	7.46	9.86	7.54%	8.09%
荷兰	14.66	15.70	92.04%	92.68%	4.68	5.01	29.40%	29.56%
新西兰	3.86	4.61	100.00%	100.00%	2.59	3.08	67.14%	66.74%
挪威	4.36	5.06	96.98%	97.28%	3.35	3.90	74.49%	75.02%
波兰	5.09	5.14	13.19%	13.53%	1.35	1.33	3.49%	3.49%
葡萄牙	9.68	9.82	94.03%	94.68%	5.28	5.50	51.26%	53.04%
捷克斯洛伐克	0.00	0.00	0.00	0.00	0.00	0.00	0.00	0.00
斯洛文尼亚	1.17	1.28	59.06%	61.77%	0.07	0.09	3.73%	4.18%
西班牙	27.39	31.64	67.09%	67.80%	14.91	17.46	36.51%	37.42%
瑞典	7.64	8.53	85.99%	87.32%	4.14	4.77	46.60%	48.85%
瑞士	0.00	0.00	0.00	0.00	0.00	0.00	0.00	0.00
土耳其	38.11	48.36	60.27%	61.59%	19.86	25.50	31.40%	32.47%
英国	58.30	65.12	98.95%	98.88%	17.49	18.95	29.68%	28.77%
美国	122.53	139.36	43.49%	43.43%	52.92	58.12	18.79%	18.11%
OECD	652.10	722.79	56.44%	56.47%	277.83	305.39	24.05%	23.86%

单位：万吨

附表9.3　各个国家及组织海上渔获量情况

国家及组织	2000年	2001年	2002年	2003年	2004年	2005年	2006年	2007年	2008年	2009年	2010年	2011年	2012年	2013年	2014年	2015年	2016年	2017年	2018年
澳大利亚	18.475	19.570	20.059	21.533	23.183	23.630	19.704	18.851	18.167	17.245	17.355	16.516	15.929	15.728	15.350	15.243	17.425	16.580	17.343
比利时	2.777	2.861	2.939	2.483	2.392	2.164	2.042	2.199	2.006	1.771	1.977	2.014	2.189	2.279	2.427	2.249	2.458	2.214	2.063
加拿大	100.350	105.334	107.399	112.006	117.623	112.195	109.041	101.215	93.711	96.023	95.153	85.412	80.325	83.736	84.913	83.738	84.682	80.584	79.956
智利	403.200	451.500	392.100	531.700	473.800	446.200	413.300	368.728	393.938	382.171	304.832	346.696	300.891	228.887	259.281	209.836	192.169	231.260	235.724
哥伦比亚													4.149	3.556	3.870	4.132	1.214	4.744	4.744
哥斯达黎加	2.428	2.724	2.597	2.048	1.611	1.675	1.620	1.477	1.478	1.415	1.365	1.635	1.754	1.537	1.565	1.338	1.000	0.879	1.034
丹麦	154.417	152.451	145.530	105.424	110.555	91.643	87.253	66.518	69.218	77.876	82.138	71.444	50.385	66.304	73.853	86.170	66.225	89.704	78.213
爱沙尼亚						9.622	9.774	10.688	11.364	11.052	10.432	8.960	7.368	7.662	7.699	8.319	8.433	9.029	9.397
芬兰	10.961	10.320	9.815	7.779	9.175	8.816	10.244	11.764	11.137	11.732	12.185	11.945	13.259	13.824	14.809	14.801	15.725	15.443	14.758
法国	37.127	36.613	37.478	33.455	32.129	29.499	32.591	31.096	28.586	21.421	25.488	36.767	36.517	37.429	34.266	29.131	40.150	48.599	53.823
德国	18.434	17.428	18.515	24.893	25.143	25.271	26.184	26.794	24.768	21.510	21.407	22.251	18.922	21.002	22.053	17.015	25.060	25.632	27.049
希腊			9.189	8.963	9.113	9.045	9.669	9.364	8.382	8.182	7.009	6.285	6.073	6.364	6.032	6.443	6.136	6.255	5.358
冰岛	192.957	194.218	213.225	197.939	170.910	141.145	132.338	140.608	130.801	116.209	109.303		133.618	135.693	107.834	131.320	107.926	115.872	125.508
爱尔兰	29.094	30.513	28.090	25.910	30.603	30.206	27.453	21.482	20.193	28.211	31.806	20.607	22.542	24.263	27.570	23.403	24.185	24.548	21.334
意大利	38.681	33.852	30.393	31.217	24.506	24.609	27.027	24.753	20.128	20.783	19.717	18.610	17.415	17.156	17.549	19.221	19.236	19.192	19.675
日本	502.152	475.281	443.648	472.198	445.508	445.689	446.953	439.682	437.334	414.738	412.210	382.410	374.676	371.547	371.324	349.243	326.357	325.802	341.533
韩国	117.598	123.717	108.539	109.137	106.763	108.183	109.506	113.411	127.102	121.612	111.949	122.070	108.091	103.613	104.901	105.050	89.872	95.635	103.683
拉脱维亚					12.503	15.026	14.006	15.497	15.759	16.289	16.449	15.468	9.411	11.572	11.926	8.130	11.466	11.791	13.523
立陶宛					1.240	1.004	10.100	15.465	2.893	3.291	3.311	3.066	2.837	7.981	14.288	6.856	9.538	8.867	6.895

续表

国家及组织	2000年	2001年	2002年	2003年	2004年	2005年	2006年	2007年	2008年	2009年	2010年	2011年	2012年	2013年	2014年	2015年	2016年	2017年	2018年
墨西哥	119.380	126.255	129.549	130.301	126.498	116.984	121.368	129.186	139.764	141.423	131.883	134.038	134.858	145.611	141.979	136.775	140.041	145.430	177.234
荷兰		9.420							41.599	35.579	38.675	35.176	34.371	34.508	38.235	33.046	36.679	41.177	40.411
新西兰			56.406	53.279	51.781	50.946	45.810	46.877	43.706	43.074	42.742	42.767	43.466	43.419	43.268	43.555	41.862	41.880	39.557
挪威	273.161	270.793	276.095	254.211	250.593	238.162	223.208	232.540	237.514	248.312	254.938	214.995	200.956	193.110	212.484	216.017	190.528	224.800	233.099
波兰	20.014	20.736	20.440	16.026	12.267	12.254	10.289	10.634	9.255	12.985	10.840	10.917	11.853	13.231	11.682	13.286	13.746	13.573	15.345
葡萄牙	16.955	16.737	17.322	18.386	18.522	17.711	17.730	18.994	20.182	17.472	21.734	23.399	20.870	20.711	17.324	18.334	18.759	17.540	17.302
斯洛文尼亚							0.093	0.092	0.069	0.087	0.076	0.072	0.033	0.024	0.025	0.019	0.015	0.013	0.013
西班牙	98.381	96.283	91.825	87.647	70.072	70.327	77.756	83.679	89.129	70.394	75.547	71.268	73.294	86.828	107.902	83.898	79.960	85.135	92.083
瑞典	34.047	31.486	29.351	28.393	26.121	24.058	25.099	22.787	22.278	20.084	20.531	17.800	15.038	17.824	17.235	20.288	19.800	22.177	21.497
土耳其	46.052	48.441	52.274	46.307	50.490	38.038	48.897	58.913	45.311	42.505	44.568	47.766	39.632	33.905	26.608	39.773	30.158	32.217	28.395
英国	74.716	73.950	68.755	64.093	65.505	71.590	61.923	61.332	58.746	58.421	60.885	60.278	63.488	62.830	75.895	70.900	69.997	72.271	69.820
美国	488.913	510.995	510.046	511.656	516.864	508.478	504.355	495.251	451.469	437.139	445.932	528.810	515.205	523.930	512.465	517.650	504.743	518.285	489.079
OECD	2 888.087	2 939.872	2 890.786	2 966.191	2 840.933	2 720.009	2 671.080	2 625.624	2 580.135	2 503.155	2 436.585	2 485.050	2 359.419	2 336.064	2 386.612	2 315.178	2 195.544	2 347.127	2 385.448

附表 9.4 各个国家及组织不包括内陆渔业在内的渔业部门从业人员数情况

单位：万人

国家及组织	2000年	2001年	2002年	2003年	2004年	2005年	2006年	2007年	2008年	2009年	2010年	2011年	2012年	2013年	2014年	2015年	2016年	2017年	2018年	2019年
澳大利亚	1.854	1.809	1.769	1.758	1.750	1.720	1.604	1.600	1.400	1.400	1.300	1.300	1.400	1.200	1.100	1.100	1.000	1.000	1.100	1.000
比利时	0.069	0.071	0.072	0.065	0.059	0.057	0.069	0.069	0.074	0.060	0.061	0.059	0.059	0.038	0.061	0.056	0.049	0.048	0.052	0.049
加拿大	5.561	5.194	4.826	4.798	4.769	4.716	4.651	4.820	4.678	4.578	4.469	4.458	4.354	4.118	3.984	3.861	4.098	4.213	4.193	4.764
智利	1.678	0.180	3.296	3.347	3.267	3.498	3.272	3.279	3.405	3.483	3.515	3.744	3.788	3.461	3.603	3.701	3.765	3.769	3.725	3.497
哥伦比亚	2.450	0.245	2.450	2.450	2.450	2.450	2.450	2.450	2.450	2.450	2.450	2.450	2.450	2.056	1.611	1.594	1.729	1.767	1.742	2.449
哥斯达黎加	0.652	0.683	0.667	0.763	0.331	0.787	0.739	0.652	0.498	0.550	0.575	0.591	0.674	0.756	0.485	0.370	0.389	0.334	0.576	0.576
丹麦	0.461	0.453	0.426	0.376	0.350	0.324	0.290	0.257	0.228	0.217	0.211	0.205	0.195	0.194	0.190	0.182	0.181	0.183	0.180	0.178
爱沙尼亚	0.658	0.483	0.594	0.631	0.663	0.228	0.305	0.348	0.319	0.214	0.221	0.225	0.230	0.232	0.237	0.239	0.242	0.240	0.238	0.239
芬兰	0.271	0.266	0.256	0.248	0.239	0.222	0.212	0.206	0.208	0.208	0.219	0.220	0.215	0.206	0.207	0.208	0.236	0.249	0.250	0.223
法国	1.830	1.831	1.825	1.798	1.775	1.737	1.699	1.661	1.568	1.474	1.446	1.427	1.427	1.361	1.355	1.344	1.344	1.354	1.327	1.327
德国	0.436	0.427	0.379	0.402	0.390	0.373	0.352	0.328	0.317	0.305	0.289	0.268	0.266	0.257	0.247	0.242	0.237	0.227	0.216	0.210
希腊	1.631	1.589	1.573	1.482	1.409	1.393	1.320	1.314	1.240	1.222	1.217	1.097	1.097	1.078	1.081	1.082	2.160	2.115	2.057	1.989
冰岛	0.610	0.600	0.555	0.480	0.440	0.500	0.450	0.440	0.440	0.401	0.442	0.522	0.516	0.500	0.478	0.405	0.436	0.416	0.394	0.373
爱尔兰	0.600	0.572	0.544	0.516	0.491	0.391	0.423	0.446	0.449	0.489	0.442	0.324	0.312	0.309	0.315	0.345	0.346	0.306	0.294	0.330
以色列	0.126	0.112	0.130	0.134	0.137	0.150	0.147	0.143	0.139	0.135	0.132	0.128	0.124	0.124	0.073	0.082	0.084	0.083	0.083	0.083
意大利	3.721	3.614	3.512	3.415	3.520	3.217	3.035	3.021	2.960	2.922	2.922	2.896	2.829	2.676	2.693	2.581	2.593	2.552	2.583	2.535
日本	23.871	23.083	22.183	22.134	21.395	20.512	19.543	18.729	22.191	21.181	20.288	17.787	17.366	18.099	17.304	16.661	16.002	15.349	15.170	14.474
韩国	18.149	16.407	15.584	15.199	15.312	15.948	14.987	14.210	13.513	12.616	12.744	11.649	11.262	10.826	10.493	9.691	9.189	8.983	8.233	8.013
拉脱维亚	0.289	0.251	0.249	0.253	0.213	0.249	0.192	0.087	0.084	0.074	0.067	0.059	0.055	0.060	0.051	0.051	0.100	0.044	0.049	0.041

续表

国家及组织	2000年	2001年	2002年	2003年	2004年	2005年	2006年	2007年	2008年	2009年	2010年	2011年	2012年	2013年	2014年	2015年	2016年	2017年	2018年	2019年
立陶宛	0.096	0.131	0.126	0.149	0.126	0.098	0.108	0.094	0.114	0.073	0.071	0.076	0.071	0.075	0.076	0.071	0.063	0.051	0.046	0.047
墨西哥	23.291	23.638	23.561	23.884	24.410	24.407	24.646	24.164	23.234	23.151	24.168	21.383	19.934	20.154	20.438	22.697	22.658	22.718	23.399	23.314
荷兰	0.250	0.241	0.239	0.229	0.218	0.203	0.186	0.191	0.188	0.196	0.182	0.171	0.172	0.174	0.168	0.162	0.173	0.183	0.216	0.216
新西兰	0.205	0.215	0.220	0.195	0.180	0.160	0.160	0.160	0.160	0.190	0.180	0.180	0.170	0.180	0.185	0.205	0.195	0.245	0.255	0.255
挪威	2.008	1.890	1.849	1.865	1.734	1.553	1.473	1.403	1.354	1.323	1.299	1.277	1.205	1.161	1.130	1.113	1.124	1.134	1.122	1.105
波兰	0.760	0.591	0.540	0.455	0.434	0.327	0.287	0.281	0.271	0.246	0.242	0.240	0.250	0.244	0.276	0.249	0.247	0.299	0.266	0.254
葡萄牙	2.502	2.358	2.203	2.046	1.874	1.809	1.726	1.702	1.685	1.742	1.498	1.463	1.493	1.512	1.516	1.549	1.563	1.598	1.455	1.367
斯洛文尼亚	0.011	0.014	0.014	0.013	0.014	0.014	0.013	0.015	0.012	0.012	0.012	0.013	0.011	0.012	0.013	0.012	0.010	0.010	0.009	0.008
西班牙	4.619	4.468	4.301	3.896	3.830	3.671	3.524	3.307	3.139	3.906	4.106	3.749	2.820	2.722	2.679	2.586	2.474	2.282	2.265	2.187
瑞典	0.210	0.203	0.202	0.186	0.173	0.172	0.169	0.167	0.198	0.186	0.181	0.175	0.169	0.162	0.163	0.152	0.154	0.145	0.134	0.142
土耳其	0.450	0.470	0.500	4.475	4.315	4.790	4.634	4.564	4.587	4.741	4.636	3.775	3.678	3.346	3.260	3.135	3.263	3.184	3.088	2.872
英国	1.565	1.496	1.312	1.345	1.283	1.279	1.293	1.287	1.261	1.270	1.241	1.245	1.224	1.185	1.211	1.176	1.169	1.169	1.196	1.204
美国	17.842	16.726	15.61	14.495	13.379	12.263	11.147	11.353	11.488	13.547	15.974	18.673	17.557	19.865	18.526	16.405	16.695	16.875	16.333	15.809
中国	921.334	987.629	916.800	883.864	852.836	838.916	809.186	825.363	895.466	888.65	901.317	929.499	922.618	923.884	916.599	904.534	879.523	869.206	851.45	825.327
OECD	122.775	118.363	116.066	113.480	110.933	109.217	105.104	102.747	103.85	104.561	106.798	101.828	97.373	98.341	95.206	93.307	93.97	93.126	92.245	91.129

附表 9.5　各个国家及组织从事水产养殖业（海洋和内陆）的人员数情况

单位：万人

国家及组织	2000年	2001年	2002年	2003年	2004年	2005年	2006年	2007年	2008年	2009年	2010年	2011年	2012年	2013年	2014年	2015年	2016年	2017年	2018年	2019年
澳大利亚	0.700	0.700	0.700	0.700	0.700	0.700	0.700	0.700	0.800	0.700	0.700	0.700	0.700	0.600	0.700	0.700	0.600	0.600	0.600	0.600
奥地利	0.202	0.202	0.204	0.205	0.211	0.211	0.211	0.211	0.223	0.224	0.224	0.223	0.227	0.230	0.230	0.230	0.230	0.230	0.235	0.236
比利时	0.014	0.014	0.014	0.014	0.014	0.014	0.014	0.014	0.014	0.014	0.014	0.014	0.014	0.014	0.014	0.014	0.014	0.014	0.014	0.014
加拿大	0.425	0.425	0.425	0.401	0.399	0.392	0.467	0.437	0.451	0.358	0.338	0.329	0.324	0.318	0.321	0.328	0.336	0.346	0.351	0.379
智利	1.200	1.389	1.578	1.766	1.955	2.060	2.070	2.035	2.078	2.342	2.607	2.839	2.941	2.125	2.512	1.834	2.570	1.927	1.832	0.888
哥伦比亚	2.159	2.424	2.972	3.357	3.941	4.271	4.794	5.688	5.578	5.272	5.484	5.645	6.077	5.984	7.479	7.280	7.681	8.532	9.199	10.613
哥斯达黎加	0.098	0.071	0.202	0.079	0.481	0.161	0.175	0.330	0.133	0.204	0.103	0.127	0.212	0.147	0.212	0.136	0.130	0.124	0.170	0.170
捷克	0.161	0.148	0.148	0.134	0.128	0.157	0.139	0.110	0.104	0.111	0.133	0.157	0.145	0.155	0.148	0.158	0.154	0.153	0.146	0.143
丹麦	0.083	0.085	0.085	0.073	0.070	0.057	0.055	0.055	0.050	0.046	0.044	0.043	0.042	0.044	0.045	0.044	0.049	0.049	0.052	0.049
爱沙尼亚	0.007	0.010	0.009	0.010	0.005	0.007	0.010	0.009	0.010	0.012	0.009	0.010	0.008	0.010	0.009	0.010	0.009	0.010	0.011	0.011
芬兰	0.199	0.199	0.199	0.156	0.149	0.151	0.126	0.143	0.129	0.116	0.126	0.126	0.124	0.118	0.107	0.109	0.112	0.101	0.109	0.096
法国	2.390	2.390	2.157	2.111	2.065	2.019	2.052	2.056	2.061	2.065	2.069	1.950	1.736	1.792	1.609	1.555	1.652	1.749	2.048	1.948
德国	0.044	0.042	0.040	0.038	0.035	0.033	0.031	0.029	0.027	0.025	0.023	0.021	0.018	0.016	0.014	0.012	0.010	0.008	0.006	0.004
希腊	0.357	0.414	0.415	0.417	0.478	0.483	0.492	0.493	0.496	0.457	0.425	0.431	0.420	0.412	0.407	0.407	0.429	0.440	0.426	0.416
匈牙利	0.140	0.142	0.153	0.163	0.228	0.152	0.131	0.137	0.134	0.124	0.125	0.126	0.152	0.133	0.159	0.166	0.209	0.171	0.145	0.139
冰岛	0.010	0.026	0.020	0.024	0.020	0.022	0.024	0.023	0.025	0.025	0.024	0.024	0.025	0.034	0.034	0.034	0.056	0.058	0.058	0.060
爱尔兰	0.321	0.296	0.296	0.233	0.194	0.164	0.206	0.200	0.196	0.195	0.172	0.176	0.172	0.182	0.183	0.184	0.195	0.192	0.195	0.198
以色列	0.040	0.040	0.040	0.040	0.040	0.040	0.040	0.040	0.040	0.040	0.040	0.040	0.040	0.040	0.040	0.040	0.040	0.040	0.040	0.040
意大利	0.800	0.600	0.309	0.309	0.309	0.300	0.300	0.250	0.436	0.588	0.584	0.508	0.516	0.506	0.511	0.492	0.455	0.443	0.432	0.421
日本	5.620	5.471	5.202	5.742	5.656	5.569	5.483	5.397	5.310	5.118	4.926	4.734	4.542	4.350	4.283	4.217	4.151	4.084	4.018	4.018
韩国	4.545	5.080	4.392	4.327	4.061	4.163	4.552	4.495	4.286	4.343	2.971	3.204	3.019	2.972	2.765	3.510	3.516	3.530	3.799	3.703

国家及组织	2000年	2001年	2002年	2003年	2004年	2005年	2006年	2007年	2008年	2009年	2010年	2011年	2012年	2013年	2014年	2015年	2016年	2017年	2018年	2019年
拉脱维亚	0.024	0.032	0.033	0.037	0.038	0.034	0.029	0.030	0.033	0.031	0.033	0.034	0.035	0.036	0.039	0.038	0.036	0.036	0.034	0.031
立陶宛	0.030	0.030	0.028	0.030	0.033	0.033	0.033	0.036	0.034	0.034	0.035	0.034	0.037	0.043	0.049	0.048	0.051	0.043	0.041	0.043
墨西哥	1.827	2.096	2.167	2.303	0.230	2.352	2.500	3.042	3.033	3.069	4.312	4.869	5.613	5.625	5.625	5.625	5.625	5.625	5.625	5.625
荷兰	0.028	0.027	0.027	0.026	0.026	0.026	0.025	0.024	0.022	0.039	0.037	0.036	0.036	0.022	0.021	0.020	0.020	0.020	0.024	0.024
新西兰	0.072	0.066	0.074	0.074	0.074	0.073	0.072	0.068	0.068	0.081	0.065	0.062	0.061	0.070	0.066	0.065	0.075	0.078	0.084	0.084
挪威	0.433	0.451	0.440	0.428	0.429	0.422	0.455	0.478	0.487	0.506	0.553	0.588	0.589	0.598	0.627	0.688	0.783	0.817	0.855	0.950
波兰	0.500	0.500	0.500	0.500	0.500	0.500	0.500	0.420	0.482	0.544	0.540	0.493	0.555	0.543	0.713	0.716	0.635	0.626	0.626	0.617
葡萄牙	0.212	0.231	0.233	0.226	0.189	0.188	0.222	0.209	0.207	0.189	0.231	0.258	0.290	0.283	0.319	0.269	0.275	0.158	0.165	0.165
斯洛伐克	0.022	0.046	0.071	0.114	0.079	0.038	0.022	0.099	0.079	0.102	0.081	0.087	0.084	0.084	0.083	0.108	0.099	0.103	0.062	0.062
斯洛文尼亚	0.022	0.022	0.025	0.025	0.025	0.024	0.022	0.022	0.020	0.023	0.022	0.021	0.021	0.023	0.024	0.022	0.021	0.020	0.020	0.020
西班牙	0.912	0.916	0.706	0.776	0.744	0.659	0.690	0.765	0.661	0.617	0.638	1.024	0.797	0.765	0.726	0.694	0.666	0.808	0.833	0.827
瑞典	0.051	0.059	0.059	0.058	0.050	0.050	0.044	0.038	0.038	0.042	0.040	0.039	0.037	0.042	0.041	0.041	0.047	0.036	0.041	0.044
瑞士	0.015	0.015	0.015	0.015	0.015	0.015	0.015	0.015	0.015	0.015	0.015	0.015	0.015	0.015	0.015	0.015	0.015	0.015	0.015	0.035
土耳其	0.402	0.486	0.496	0.510	0.516	0.591	0.614	0.640	0.761	0.635	0.660	0.752	0.850	0.980	0.990	0.985	0.995	1.050	1.060	1.075
英国	0.360	0.342	0.348	0.346	0.337	0.313	0.311	0.312	0.287	0.301	0.351	0.305	0.307	0.311	0.333	0.326	0.329	0.324	0.330	0.330
美国	0.661	0.660	0.624	0.632	0.649	0.635	0.639	0.696	0.659	0.585	0.646	0.622	0.629	0.633	0.646	0.695	0.697	0.715	0.733	0.754
阿根廷	0.008	0.007	0.005	0.005	0.005	0.006	0.009	0.010	0.049	0.096	0.100	0.105	0.124	0.124	0.130	0.385	0.385	0.385	0.407	0.234
巴西	4.181	4.181	4.181	4.181	4.181	4.181	4.181	4.181	4.181	4.181	4.181	4.181	4.181	4.181	4.181	4.181	4.181	4.181	4.181	4.181
中国	372.235	386.477	396.070	432.417	448.997	451.362	450.279	491.498	503.956	496.077	497.897	529.002	521.433	519.174	512.421	510.318	502.169	490.187	474.273	466.368
OECD	25.082	26.145	25.405	26.397	27.143	27.080	28.266	29.744	29.463	29.192	29.400	30.664	31.411	30.254	32.099	31.813	32.966	33.277	34.433	34.830

附表 9.6　各个国家及组织渔业加工部门（海洋和内陆）就业人员数情况

单位：万人

国家及组织	2000年	2001年	2002年	2003年	2004年	2005年	2006年	2007年	2008年	2009年	2010年	2011年	2012年	2013年	2014年	2015年	2016年	2017年	2018年	2019年
澳大利亚	0.022	0.022	0.022	0.023	0.024	0.027	0.027	0.016	0.014	0.013	0.013	0.014	0.013	0.013	0.013		0.015	0.015	0.015	0.015
加拿大	3.206	3.484	3.784	3.679	3.388	3.070	2.944	3.023	2.765	2.731	2.96	3.161	3.303	3.315	3.190	2.786	2.847	2.845	2.637	2.850
智利	3.909	3.909	3.909	3.764	4.149	3.943	7.049	6.084	7.430	5.217	4.275	4.663	4.487	4.916	4.809	4.998	5.132	5.575	6.179	4.150
哥伦比亚												7.200	7.200	7.200	7.200	7.200	7.200	7.200	7.200	
哥斯达黎加	0.235	0.158	0.126	0.305	0.182	0.197	0.249	0.196	0.292	0.125	0.166	0.239	0.123	0.370	0.149	0.133	0.111	0.125	0.206	0.206
捷克	0.013	0.013	0.013	0.013	0.013	0.013	0.013	0.013	0.013	0.014	0.014	0.014	0.014	0.014	0.014	0.015	0.017	0.017	0.019	0.020
丹麦	0.663	0.663	0.631	0.602	0.548	0.521	0.515	0.483	0.439	0.425	0.366	0.376	0.352	0.350	0.368	0.364	0.373	0.361	0.362	0.342
爱沙尼亚	0.251	0.251	0.251	0.251	0.251	0.251	0.251	0.251	0.209	0.183	0.177	0.192	0.185	0.184	0.183	0.193	0.158	0.164	0.138	0.131
芬兰	0.180	0.180	0.180	0.180	0.180	0.180	0.180	0.180	0.180	0.180	0.180	0.180	0.180	0.180	0.180	0.187	0.187	0.172	0.172	0.172
法国	1.567	1.567	1.567	1.567	1.567	1.567	1.567	1.567	1.567	1.559	1.563	1.596	1.618	1.647	1.682	1.752	1.576	1.400	1.400	1.400
德国						0.854	0.852	0.815	0.804	0.759	0.732	0.686	0.697	0.665	0.641	0.656	0.616			
希腊						0.265	0.292	0.260	0.260	0.232	0.241	0.242	0.222	0.221	0.218	0.206	0.202	0.202		
冰岛						0.490	0.390	0.300	0.300	0.330	0.350	0.380	0.440	0.510	0.480	0.380	0.380	0.290		
爱尔兰	0.453	0.421	0.421	0.397	0.374	0.351	0.287	0.287	0.287	0.287	0.287	0.320	0.333	0.353	0.369	0.380	0.395	0.408	0.421	0.432
意大利	0.543	0.543	0.543	0.543	0.543	0.543	0.543	0.543	0.543	0.529	0.595	0.611	0.620	0.629	0.563	0.593	0.572	0.608	0.593	0.593
韩国	3.746	3.746	3.746	3.746	3.746	3.746	3.746	3.746	3.746	3.746	3.746	3.746	3.746	3.746	3.746	3.746	3.746	3.700	3.806	3.792
拉脱维亚																		0.005		
立陶宛	0.397	0.405	0.400	0.350	0.440	0.455	0.504	0.463	0.501	0.452	0.438	0.455	0.460	0.462	0.529	0.567	0.536	0.505	0.519	0.527
墨西哥						1.875	1.940	1.946												

续表

国家及组织	2000年	2001年	2002年	2003年	2004年	2005年	2006年	2007年	2008年	2009年	2010年	2011年	2012年	2013年	2014年	2015年	2016年	2017年	2018年	2019年
荷兰	0.375	0.350	0.325	0.300	0.275	0.260	0.255	0.250	0.233	0.278	0.251	0.254	0.247	0.265	0.282	0.280	0.280	0.280	0.280	0.280
新西兰	0.689	0.690	0.736	0.731	0.662	0.679	0.678	0.652	0.586	0.569	0.565	0.554	0.577	0.548	0.541	0.496	0.530	0.510	0.515	0.515
挪威	1.434	1.421	1.328	1.253	1.134	1.077	1.044	1.041	1.009	1.034	1.059	1.046	1.093	1.141	1.168	1.121	1.117	1.138	1.160	1.214
波兰	1.265	1.265	1.265	1.265	1.265	1.265	1.265	1.540	1.672	1.700	1.697	1.929	1.762	1.944	1.858	1.916	2.015	2.129	2.097	1.867
葡萄牙	1.475	1.475	1.475	1.475	1.475	1.475	1.475	1.475	1.475	1.475	1.475	1.489	1.433	1.345	1.414	1.430	1.490	1.536	1.600	1.662
斯洛文尼亚	0.105	0.105	0.105	0.105	0.105	0.105	0.105	0.105	0.105	0.105	0.085	0.078	0.066	0.065	0.071	0.072	0.070	0.071	0.061	0.060
西班牙	0.025	0.025	0.025	0.025	0.025	0.025	0.025	0.025	0.025	0.022	0.027	0.038	0.035	0.035	0.022	0.021	0.021	0.021	0.021	0.021
瑞典	0.206	0.210	0.213	0.195	0.209	0.194	0.222	0.204	0.217	0.199	0.201	0.213	0.213	0.220	0.217	0.217	0.211	0.202	0.202	0.198
土耳其	0.350	0.320	0.320	0.287	0.295	0.499	0.678	0.974	1.146	0.567	0.583	0.601	0.610	0.650	0.600	0.620	0.625	0.650	0.640	0.645
美国	4.761	4.668	4.364	4.334	4.291	4.161	4.082	3.936	3.740	3.693	3.647	3.708	3.742	3.763	3.739	3.662	3.644	3.558	3.460	3.541
OECD	25.869	25.890	25.749	25.391	25.140	24.602	27.701	27.052	28.192	25.100	24.368	25.473	25.211	26.154	25.706	25.562	25.668	25.990	26.502	24.632

单位：艘

附表 9.7　各个国家及组织渔船总数情况

国家及组织	2000年	2001年	2002年	2003年	2004年	2005年	2006年	2007年	2008年	2009年	2010年	2011年	2012年	2013年	2014年	2015年	2016年	2017年	2018年
澳大利亚				571	612	590	477	374	332	332	318	325	318	306	309	298	290	315	285
奥地利	210	210	210	200	200	200	190	190	190	190	190	180	180	180	180	180	180	180	
比利时	129	130	132	126	121	120	107	102	100	89	89	86	83	80	79	76	72	71	68
加拿大	23 819	23 361	22 125	21 221	22 342	21 819	21 461	21 183	20 507	20 197	19 906	19 520	18 740	18 452	18 189	17 856	17 703	17 522	18 430
智利	15 629	0	0	0	0	14 403	14 878	15 238	15 497	15 547	16 095	12 948	9 603	8 644	7 154	9 391	9 540	13 935	
哥伦比亚					396	352	281	261	200	175	158	143	135	134	134	133	175	124	120
哥斯达黎加				3 628	3 892	4 051	4 408	4 426	4 618	4 736	5 035	3 771	1 345	1 552	1 703	1 912	1 574	2 644	3 155
丹麦	4 138	4 017	3 815	3 567	3 405	3 264	3 133	2 957	2 886	2 822	2 820	2 783	2 739	2 624	2 434	2 356	2 261	2 197	2 122
爱沙尼亚					1 050	1 044	992	963	965	945	934	923	1 360	1 445	1 515	1 538	1 557	1 595	1 663
芬兰	3 664	3 613	3 573	3 502	3 394	3 268	3 198	3 164	3 242	3 271	3 366	3 332	3 241	3 211	3 179	2 723	3 093	3 224	3 245
法国	8 229	8 030	8 198	8 332	8 206	8 239	8 139	8 109	7 373	7 269	7 216	7 205	7 138	7 120	7 062	6 904	6 833	6 510	6 379
德国	2 315	2 282	2 245	2 211	2 163	2 116	2 015	1 870	1 825	1 769	1 673	1 582	1 550	1 532	1 491	1 443	1 414	1 382	1 335
希腊	19 556	19 594	18 975	18 519	18 163	17 881	17 624	17 337	17 138	17 048	16 913	16 403	15 854	15 661	15 567	15 351	15 176	14 977	14 934
冰岛	1 740	1 718	1 769	1 666	1 570	1 449	1 344	1 333	1 166	1 205	1 375	1 421	1 449	1 427	1 370	1 312	1 279	1 216	1 148
爱尔兰	1 621	1 587	1 593	2 015	1 930	1 861	1 845	1 952	2 022	2 105	2 144	2 187	2 246	2 188	2 155	2 141	2 114	2 020	2 032
意大利	17 367	16 463	15 771	15 473	14 884	14 396	14 080	13 755	13 613	13 527	13 431	13 023	12 696	12 594	12 424	12 300	12 260	12 250	12 059
日本	358 687	350 444	343 411	337 368	330 807	325 450	321 017	313 397	306 581	298 581	292 822	268 679	269 736	262 742	257 045	250 817	244 569	237 503	230 504
韩国	95 890	94 935	94 388	93 257	91 608	90 735	86 113	85 627	80 766	77 713	76 974	75 629	75 031	71 287	68 417	67 226	66 970	66 736	65 906
拉脱维亚					942	928	897	879	841	794	786	731	715	703	700	686	686	680	676

续表

国家及组织	2000年	2001年	2002年	2003年	2004年	2005年	2006年	2007年	2008年	2009年	2010年	2011年	2012年	2013年	2014年	2015年	2016年	2017年	2018年
立陶宛					291	267	266	249	218	193	171	151	146	145	143	145	142	144	144
墨西哥	106 373	106 425	106 434	106 431	106 487	106 301	106 240	106 205	106 205	106 107	94 111	82 069	71 654	76 096	75 741	76 285	75 997	76 306	77 483
荷兰	1 101	994	878	867	862	825	829	838	822	836	846	841	848	845	829	829	844	849	833
新西兰	2 037	2 138	1 886	1 895	1 757	1 654	1 582	1 508	1 435	1 403	1 401	1 416	1 417	1 367	1 334	1 324	1 254	1 221	1 168
挪威	13 017	11 922	10 641	9 915	8 189	7 722	7 300	7 038	6 785	6 506	6 310	6 250	6 211	6 126	5 939	5 884	5 947	6 134	6 025
波兰					1 248	974	880	864	832	806	793	790	798	838	873	875	843	834	827
葡萄牙	10 677	10 434	10 278	10 165	10 007	9 105	8 696	8 610	8 571	8 514	8 425	8 333	8 245	8 199	8 155	8 035	7 955	7 913	7 851
斯洛文尼亚					175	175	175	179	181	185	182	182	174	170	180	168	170	170	134
西班牙	16 685	15 463	14 957	14 430	14 087	13 706	13 363	13 013	11 424	11 129	10 855	10 510	10 121	9 873	9 631	9 397	9 244	9 083	8 976
瑞典	2 019	1 902	1 820	1 733	1 605	1 599	1 565	1 508	1 471	1 415	1 360	1 369	1 389	1 368	1 359	1 318	1 277	1 232	1 215
土耳其	14 975	16 132	18 696	18 779	18 999	18 836	18 790	18 563	17 732	17 469	17 440	17 165	16 998	16 437	15 877	15 680	15 663	15 406	15 352
英国	7 739	7 635	7 488	7 186	7 067	6 784	6 777	6 800	6 628	6 548	6 460	6 389	6 360	6 303	6 276	6 232	6 197	6 151	6 046
美国						36 150				25 000	26 000	26 500	27 000					8 623	
中国				819 210	803 477	798 588			825 260	800 597	821 466	825 940	825 713	829 162	824 724	809 320	782 925	738 218	682 416
OECD	772 347	744 066	733 827	723 309	712 609	716 264	702 024	689 067	669 953	654 703	636 599	592 836	575 520	562 973	547 093	536 788	525 577	519 147	512 853

单位：亿美元

附表9.8　各个国家及组织渔业产品出口总额情况

国家及组织	2000年	2001年	2002年	2003年	2004年	2005年	2006年	2007年	2008年	2009年	2010年	2011年	2012年	2013年	2014年	2015年	2016年	2017年	2018年	2019年
澳大利亚	10.061 1	9.042 0	9.019 5	8.976 5	9.219 6	9.455 3	9.399 0	9.478 6	9.561 7	8.296 8	9.522 4	10.088 8	10.082 4	10.083 7	11.135 6	10.781 6	10.496 4	11.120 3	11.209 4	10.898 4
奥地利	0.093 7	0.086 5	0.204 8	0.334 7	0.442 5	0.202 3	0.186 2	0.295 7	0.403 4	0.460 6	0.525 8	0.819 6	0.935 8	1.003 5	0.886 6	0.764 6	0.806 0	0.816 0	0.933 1	0.963 3
比利时	4.785 8	5.255 3	5.763 7	7.713 1	8.829 1	9.751 0	11.581 4	12.135 9	12.846 8	10.798 4	11.406 4	12.987 0	10.757 6	11.063 5	12.053 2	10.690 0	11.485 4	12.853 4	11.814 9	10.903 7
加拿大	28.353 0	28.123 5	30.611 9	33.176 8	35.066 8	36.147 8	36.828 4	37.324 1	37.298 3	32.627 4	38.750 4	42.245 3	42.496 3	43.909 8	45.601 0	46.593 6	49.467 4	52.952 3	53.451 5	56.124 1
智利	18.583 1	20.067 1	19.220 6	21.947 6	25.645 4	30.427 5	36.389 1	37.744 0	40.268 1	37.026 0	35.107 8	46.309 1	44.899 3	51.733 0	60.475 4	49.639 8	52.924 5	61.613 0	66.751 8	
哥伦比亚	1.912 5	1.753 2	1.664 6	1.602 3	1.602 3	1.811 8	1.654 6	1.892 3	2.405 9	2.090 8	1.799 0	1.887 9	2.013 8	1.921 3	2.191 4	1.675 2	1.617 4	1.355 4	1.494 7	1.536 4
哥斯达黎加	1.178 9	1.337 5	1.385 0	1.335 7	1.164 3	1.222 2	1.059 8	1.079 1	1.278 6	1.168 7	1.066 8	1.323 7	1.823 5	1.571 5	1.458 8	1.390 7	1.182 1	1.314 4	1.348 9	1.252 8
捷克	0.263 6	0.317 9	0.363 5	0.450 0	0.553 7	0.643 1	0.712 4	0.890 6	1.081 0	0.866 7	1.015 7	1.310 1	1.272 5	1.504 2	1.716 5	1.595 9	1.878 5	2.085 5	1.919 8	1.958 3
丹麦	27.658 9	26.707 4	28.839 8	32.276 8	35.769 8	36.947 5	39.991 5	41.445 8	46.195 3	40.022 9	42.084 0	45.068 0	41.595 2	46.823 6	47.776 1	42.833 3	47.103 5	48.944 9	50.668 1	48.605 1
爱沙尼亚	0.791 3	1.282 8	1.307 0	1.429 8	1.173 0	1.290 6	1.329 4	1.377 4	1.491 9	1.407 7	1.846 9	2.155 2	2.472 6	2.555 8	2.446 6	1.908 7	1.514 1	1.594 1	1.758 8	2.244 0
芬兰	0.172 1	0.145 5	0.145 1	0.131 2	0.136 8	0.172 5	0.259 0	0.487 5	0.494 5	0.502 1	0.467 9	0.523 3	0.594 4	0.598 4	0.559 6	0.420 4	0.637 0	0.674 0	2.140 1	1.839 8
法国	11.086 0	10.320 4	11.038 0	13.457 1	15.437 1	16.011 0	16.915 4	19.532 3	22.037 8	16.235 4	16.391 4	17.530 8	17.769 9	18.518 9	17.849 9	16.423 3	17.236 5	17.927 1	19.123 8	17.985 7
德国	11.109 0	10.442 7	11.706 9	12.920 8	14.305 8	15.177 7	18.443 3	22.952 9	24.968 5	23.875 4	25.073 2	29.319 1	27.903 2	29.640 8	32.994 7	28.038 8	30.026 4	29.183 7	30.243 9	27.634 7
希腊	2.208 2	2.046 8	2.214 1	3.131 3	4.092 0	4.270 3	5.105 6	6.166 1	6.364 3	6.564 0	7.106 2	8.365 4	7.886 6	7.454 2	7.643 2	6.619 6	7.389 1	7.775 1	8.215 4	7.734 6
匈牙利	0.060 5	0.058 1	0.048 1	0.069 5	0.045 2	0.182 3	0.039 0	0.024 7	0.019 9	0.032 7	0.091 0	0.134 1	0.156 6	0.152 7	0.259 4	0.216 8	0.241 1	0.228 2	0.222 0	0.164 2
冰岛	12.366 3	12.805 0	14.383 1	15.211 6	17.827 6	17.935 8	18.226 7	20.348 9	22.076 0	18.158 0	18.493 4	22.174 4	22.044 7	23.001 7	21.568 8	20.752 4	20.258 6	20.188 8	23.794 0	23.744 8
爱尔兰	3.083 8	3.928 1	4.054 6	4.291 1	4.780 9	4.441 3	4.495 6	5.077 0	5.057 6	4.642 3	5.055 8	6.028 3	7.149 6	6.964 7	7.555 2	6.820 9	6.691 6	7.667 9	7.707 0	7.173 3
以色列	0.086 2	0.094 9	0.086 9	0.135 2	0.160 7	0.154 5	0.174 9	0.212 5	0.250 0	0.259 9	0.311 0	0.316 4	0.287 4	0.370 7	0.372 2	0.287 9	0.259 0	0.229 2	0.213 8	0.243 0
意大利	3.803 8	3.866 6	4.307 6	4.597 1	5.422 1	6.067 0	7.261 6	7.785 3	8.068 7	7.164 2	7.149 7	7.963 2	6.899 3	7.744 1	8.433 3	7.651 2	7.919 4	8.459 7	9.036 4	8.388 3
日本	8.320 9	7.949 0	8.175 9	9.524 2	11.116 3	12.905 1	14.566 0	17.043 0	17.450 0	16.294 1	20.140 0	19.391 9	18.973 7	20.598 6	19.503 6	19.864 5	21.138 5	21.123 9	23.927 5	22.940 6

续表

国家及组织	2000年	2001年	2002年	2003年	2004年	2005年	2006年	2007年	2008年	2009年	2010年	2011年	2012年	2013年	2014年	2015年	2016年	2017年	2018年	2019年
韩国	14.914 4	12.554 3	11.411 3	11.047 6	12.480 5	11.537 4	10.508 6	11.858 4	13.984 8	14.438 7	17.109 8	21.731 2	21.900 7	19.495 2	18.458 2	16.811 5	18.693	20.069 9	20.246 1	21.048 3
拉脱维亚	0.499 6	1.065 4	1.229 3	1.313 3	1.082 9	1.330 7	1.634 0	1.612 3	2.171 2	1.709 3	1.734 8	2.054 9	2.471 9	2.826 5	2.408 5	1.891 6	2.079 6	2.312 2	2.529 2	2.378 2
立陶宛	0.340 1	0.611 5	0.779 1	1.159 5	1.377 1	1.892 2	2.102 5	2.547 4	2.854 0	3.268 5	3.801 8	4.145 4	3.871 0	4.589 9	5.586 5	5.209 2	5.837 0	6.471 7	6.828 4	7.063 7
卢森堡	0.225 2	0.181 9	0.239 9	0.221 5	0.198 7	0.155 1	0.152 7	0.132 6	0.175 5	0.188 1	0.193 8	0.189 7	0.149 4	0.165 1	0.179 9	0.139 8	0.147 6	0.168 5	0.189 4	0.172 3
墨西哥	7.106 2	6.734 3	6.077 9	6.381 9	6.347 8	6.241 0	7.316 2	8.310 4	8.335 4	8.073 5	7.737 7	11.229 0	10.827 0	10.931 3	11.714 3	10.540 7	10.357 3	12.980 5	14.680 8	13.945 7
荷兰	13.518 3	14.272 5	18.125 8	21.964 1	24.683 3	28.375 3	28.271 8	33.000 9	34.143 8	31.620 8	32.314 6	35.792 3	34.812 9	34.930 4	40.625 9	36.479 4	42.191 5	53.062 7	56.697 3	57.237 9
新西兰	6.669 5	6.403 2	7.122 4	7.054 8	8.431 3	8.857 9	8.758 8	9.233 5	8.969 7	9.060 2	10.789 4	12.134 0	12.499 8	12.134 7	12.529 3	11.124 9	12.140 4	12.401 7	12.307 9	12.997 7
挪威	35.503 7	33.852 6	36.012 2	36.690 7	41.710 0	49.217 9	55.437 1	62.900 4	69.939 8	71.072 4	88.529 1	94.842 5	89.210 8	103.922 5	108.307 7	92.109 8	107.980 3	113.118 5	120.142 1	120.227 7
波兰	2.432 8	2.467 7	2.537 2	3.139 5	4.397 8	6.336 5	8.155 2	9.613 8	11.800 2	11.102 3	13.801 5	15.564 5	15.564 8	17.803 9	20.023 0	17.364 3	19.580 3	22.037 5	25.407 1	25.424 7
葡萄牙	2.862 4	2.761 7	3.039 2	3.490 0	4.352 3	4.525 4	5.698 5	6.512 0	7.348 9	6.310 6	9.181 2	10.879 8	10.233 1	10.841 6	11.933 4	11.175 9	10.623 8	11.900 2	13.012 1	11.967 4
斯洛伐克	0.018 0	0.016 3	0.023 4	0.032 7	0.054 7	0.047 0	0.056 1	0.065 3	0.077 4	0.051 4	0.100 5	0.128 1	0.097 0	0.166 6	0.259 0	0.116 5	0.101 1	0.119 4	0.194 0	0.180 2
斯洛文尼亚	0.062 5	0.058 6	0.061 3	0.074 4	0.109 8	0.330 5	0.203 7	0.191 1	0.258 9	0.266 4	0.248 8	0.280 1	0.261 1	0.280 1	0.321 0	0.285 5	0.395 4	0.393 3	0.445 1	0.454 1
西班牙	16.152 3	18.372 4	19.033 1	22.417 9	25.818 9	26.031 8	28.719 1	32.581 0	34.925 1	31.68 1	33.394 8	42.169 7	39.389 7	39.903 6	40.965 8	38.070 0	41.558 2	47.110 5	50.934 8	47.534 6
瑞典	4.762 6	4.728 3	5.283 1	7.090 9	9.269 9	11.850 9	15.608 8	16.667 1	19.146 4	20.459 2	26.707 0	28.654 6	28.779 8	35.883 3	38.850 2	36.805 1	44.280 9	41.430 6	48.394 5	45.006 2
瑞士	0.030 4	0.030 2	0.043 8	0.062 3	0.092 4	0.107 4	0.165 3	0.168 1	0.248 7	0.220 4	0.214 5	0.252 6	0.236 7	0.268 5	0.234 4	0.208 6	0.196 5	0.209 3	0.216 5	0.244 4
土耳其	0.923 6	0.748 4	1.174 4	1.506 7	2.140 7	2.455 1	2.065 2	2.238 9	4.397 1	3.462 6	3.612 4	4.372 7	4.481 8	5.754 2	6.955 8	6.989 1	8.065 9	8.621 3	9.763 5	10.470 7
英国	12.698 5	13.253 5	13.636 1	16.837 0	18.338 7	18.900 9	19.597 1	22.327 0	21.383 6	21.485 3	24.334 3	28.037 5	25.884 8	27.215 2	31.038 7	25.152 7	26.747 4	29.301 1	28.636 2	30.138 1
美国	31.188 4	33.797 5	33.185 2	34.579 1	36.930 8	42.868 9	41.901 1	44.991 2	45.334 4	42.250 0	47.748 9	59.006 2	54.837 6	56.846 2	58.511 9	56.703 9	55.881 2	62.460 3	57.875 5	54.230 4
中国	37.063 4	41.062 1	46.007 0	53.623 7	67.799 3	76.743 1	91.503 3	94.510 0	103.569 0	104.730 6	134.752 1	172.289 3	184.448 3	197.105 5	211.915 4	199.241 4	203.231 2	207.018 1	218.569 3	202.564 3
OECD	295.887 6	329.754 0	313.555 8	347.777 3	390.609 1	426.278 2	460.970 7	508.245 0	543.454 4	505.214 6	564.960 7	647.542 9	623.525 4	671.173 3	711.384 0	642.146 9	697.130 1	753.275 2	779.704 5	779.809 0

附表 9.9　各个国家及组织渔业产品进口总额情况

单位：亿美元

国家及组织	2000年	2001年	2002年	2003年	2004年	2005年	2006年	2007年	2008年	2009年	2010年	2011年	2012年	2013年	2014年	2015年	2016年	2017年	2018年	2019年
澳大利亚	5.6343	5.5723	5.9554	6.6666	7.3075	8.6209	9.3332	11.0879	11.3889	10.9005	12.7525	15.0642	16.0042	16.6783	17.7282	14.7038	15.1106	16.6569	16.3241	15.4751
奥地利	1.6221	1.8254	1.9577	2.4476	2.8922	2.7892	3.2659	4.3773	4.6650	4.4765	4.5748	5.4549	5.3158	5.9464	6.1946	5.7363	6.0315	6.0317	6.3297	6.2786
比利时	10.3852	10.0571	10.6931	13.9691	15.3091	16.6634	19.3594	21.2953	22.8482	19.5344	20.1943	23.1431	20.5333	21.6511	23.9402	21.9311	21.5941	23.3012	22.9189	21.4409
加拿大	14.0961	13.9347	13.7593	14.5037	15.6863	16.9184	18.4361	20.2611	20.8471	20.4711	22.9652	26.9211	27.3501	28.7083	30.2511	27.4003	28.6302	29.8466	30.7243	32.3491
智利	0.5853	0.6451	0.4703	0.8614	1.2781	0.9983	1.7638	2.0469	2.8420	1.3249	2.7869	3.9620	4.0249	4.3792	4.6165	4.5504	3.4553	4.0199	4.5144	4.0546
哥伦比亚	0.7597	0.7396	0.7786	0.8121	1.0233	1.3185	1.4467	1.7578	2.4211	2.3003	2.6133	3.1599	3.7248	4.6570	5.1809	4.3838	4.2481	4.0252	4.7798	4.7064
哥斯达黎加	0.1973	0.2318	0.3217	0.2827	0.3193	0.3164	0.3993	0.4519	0.6120	0.5490	0.4949	0.7357	0.8790	0.9512	1.3458	1.4315	1.5996	1.9923	1.8590	1.7273
捷克	0.7566	0.8877	0.9234	0.9943	1.1613	1.4040	1.5994	1.9091	2.3336	2.0538	2.1645	2.5773	2.5508	2.8592	3.1456	2.8859	3.2434	3.6611	3.8952	3.9025
丹麦	18.6008	17.8723	18.7933	21.8485	23.6885	26.2693	29.3890	30.2803	32.1890	28.1890	31.2170	33.4994	32.1640	35.8224	37.3173	32.6488	36.9333	37.9004	39.5294	40.1746
爱沙尼亚	0.3105	0.4472	0.6199	0.7838	0.5969	0.7426	0.8373	1.2128	1.3458	0.9566	1.0169	1.4358	1.6601	2.0308	1.9788	1.5728	1.2676	1.4057	1.4807	1.5623
芬兰	1.2130	1.3654	1.4668	1.7442	2.0782	2.1869	2.7042	3.3016	3.5057	3.4993	3.9994	4.6774	4.5113	5.3486	5.2318	4.1923	4.4491	5.7708	6.2210	5.4729
法国	30.1811	30.8770	32.3703	53.8032	42.1674	46.0455	51.0871	54.1488	58.9400	56.3910	60.1014	66.2774	60.9593	65.7091	66.7204	58.0281	62.4142	67.6623	70.7877	67.3395
德国	22.8246	23.7006	24.4032	26.5842	28.3091	32.6281	37.7862	43.2381	45.4471	46.1093	47.6251	55.6451	52.4103	54.7561	60.9542	51.8991	56.6152	57.8094	60.4831	58.8686
希腊	2.8830	3.1243	3.8647	4.4721	4.8396	5.2701	5.9781	7.6512	7.8951	7.0846	6.5496	7.0879	6.4221	6.4368	6.7839	5.6704	6.3150	7.0275	7.9015	7.8292
匈牙利	0.3999	0.4973	0.5685	0.5790	0.5130	0.7164	0.5870	0.6041	0.7605	0.6757	0.7710	0.8753	0.7984	0.8596	1.0293	0.9723	1.0332	1.0842	1.2530	1.1874
冰岛	0.7435	0.6527	0.8376	0.8764	1.1737	1.0288	0.9849	1.2057	1.3087	0.7847	1.0192	1.3701	1.0418	1.1184	1.2466	1.8479	1.2393	1.1132	1.4066	1.3855
爱尔兰	1.1341	1.2778	1.3291	1.2106	1.3758	1.7869	2.1149	2.7009	2.5790	2.3749	2.4641	3.0420	3.1336	3.2045	3.7340	3.4824	3.4942	3.8188	4.1283	4.0256
以色列	1.2935	1.4655	1.3522	1.4238	1.4848	1.6548	1.6549	1.9617	2.4795	2.2798	3.0670	3.8770	3.8580	4.5358	4.8495	4.4658	5.0860	6.2892	6.6569	6.7440
意大利	25.5549	27.3280	29.2243	35.7993	39.2815	42.5007	47.4561	51.7364	54.8324	50.8635	54.0363	62.5033	55.3724	57.7871	61.4601	55.7904	61.9721	65.8891	71.0820	66.1871
日本	157.4256	136.4923	138.6298	126.2364	148.3008	147.2871	142.5871	134.3965	145.4475	135.0915	151.7577	177.2806	183.5584	156.5475	152.0431	137.5206	142.1611	153.5235	157.1351	154.9256

续表

国家及组织	2000年	2001年	2002年	2003年	2004年	2005年	2006年	2007年	2008年	2009年	2010年	2011年	2012年	2013年	2014年	2015年	2016年	2017年	2018年	2019年
韩国	14.119 9	16.602 8	18.956 3	19.744 7	22.755 5	23.980 5	27.911 5	31.249 3	29.642 0	27.241 5	32.269 5	39.763 2	37.756 8	36.786 1	43.102 9	43.840 9	46.355 0	51.376 8	59.604 9	56.206 0
拉脱维亚	0.378 0	0.459 2	0.489 3	0.563 0	0.373 5	0.595 9	0.762 4	1.110 7	1.456 5	1.193 3	1.345 1	1.667 8	1.947 6	2.084 0	1.945 1	1.550 0	1.846 0	1.864 3	1.976 6	1.968 8
立陶宛	0.562 0	0.922 4	0.889 4	1.136 0	1.277 2	1.791 8	1.889 3	2.379 3	2.895 5	2.972 7	3.508 9	3.584 5	3.653 1	4.393 6	5.117 5	4.475 0	5.390 3	5.734 1	6.418 9	6.092 1
卢森堡	0.655 1	0.628 6	0.631 7	0.772 8	0.801 1	0.770 5	0.836 6	0.884 6	1.012 6	0.983 6	1.009 5	1.117 1	1.090 0	1.155 5	1.269 4	1.088 5	1.178 4	1.231 6	1.394 7	1.306 2
墨西哥	1.499 9	1.738 3	1.907 7	2.289 2	3.102 7	3.655 2	4.473 2	5.494 8	5.987 6	3.933 5	5.398 5	6.416 7	6.771 1	8.033 7	9.557 5	8.071 8	8.379 1	9.381 9	9.270 7	8.306 9
荷兰	11.722 3	12.388 2	13.437 2	17.127 4	18.501 7	20.935 6	22.968 8	26.292 0	29.406 7	27.926 7	28.102 0	33.054 5	31.992 0	32.084 8	36.987 9	30.712 7	33.410 4	43.109 7	45.359 4	45.199 9
新西兰	0.624 4	0.687 7	0.711 5	0.728 1	0.861 0	0.993 4	1.061 9	1.097 3	1.297 2	1.079 3	1.286 9	1.532 4	1.632 3	1.667 3	2.017 1	1.949 3	1.765 1	2.032 8	2.216 0	2.245 6
挪威	6.138 9	6.678 8	6.550 8	5.832 7	6.819 4	7.206 2	8.515 4	11.082 8	12.335 2	11.904 5	11.037 8	13.645 4	13.840 0	13.031 8	13.911 9	12.624 4	12.708 4	12.333 2	13.176 4	13.338 7
波兰	2.977 1	3.699 2	3.348 2	3.840 1	5.849 6	7.187 3	8.715 2	10.093 9	12.643 9	12.114 6	15.353 5	16.216 3	16.099 0	19.967 3	21.645 0	18.577 9	22.136 9	23.370 4	25.918 0	26.220 1
葡萄牙	8.634 1	9.373 3	9.494 2	11.038 2	12.648 6	13.396 3	15.432 8	18.481 6	18.886 5	15.846 5	17.979 6	20.303 8	18.777 4	19.336 7	20.858 3	19.479 9	21.196 6	23.966 1	25.784 9	24.341 3
斯洛伐克	0.304 8	0.326 6	0.376 1	0.374 7	0.440 3	0.506 7	0.700 9	0.624 1	0.728 0	0.692 2	0.803 8	0.926 8	0.898 6	0.977 7	1.234 6	1.047 5	1.043 6	1.105 5	1.247 2	1.265 9
斯洛文尼亚	0.270 3	0.283 8	0.319 5	0.378 2	0.503 2	0.722 6	0.665 1	0.740 6	0.891 3	0.835 9	0.806 6	0.958 0	0.871 5	0.921 6	0.988 7	0.923 8	1.122 4	1.166 2	1.290 1	1.336 4
西班牙	33.724 8	37.334 8	38.674 3	49.189 3	52.386 6	56.487 3	63.778 1	70.046 2	71.255 3	59.296 6	65.422 7	73.400 0	64.128 1	64.435 1	70.491 9	65.029 9	71.768 7	80.329 6	86.410 4	81.394 9
瑞典	7.116 9	7.336 2	8.068 7	10.499 0	13.036 5	16.002 9	20.296 7	25.340 7	27.693 3	26.207 7	32.981 8	36.373 7	36.229 4	44.901 0	47.876 6	44.298 0	51.917 9	49.347 5	56.302 4	52.705 1
瑞士	3.570 3	3.696 5	3.580 3	4.060 0	4.521 4	4.733 8	5.313 8	5.968 1	6.536 9	6.318 3	6.699 9	7.733 3	7.365 7	8.311 3	8.617 6	7.682 1	8.111 3	8.478 4	8.800 2	8.286 5
土耳其	0.525 3	0.306 8	0.296 7	0.465 9	0.938 3	1.052 9	1.516 9	1.811 7	2.050 3	1.915 1	2.450 4	2.798 1	3.215 5	3.813 7	3.843 1	4.377 8	3.990 8	4.567 5	4.619 8	5.099 5
英国	22.098 5	22.634 1	23.555 9	25.359 0	28.430 2	32.093 7	37.519 0	41.839 6	42.571 8	36.300 6	37.476 2	42.957 8	42.800 2	45.414 4	45.947 6	41.413 5	42.570 5	42.222 6	44.208 7	46.009 5
美国	105.704 2	104.011 8	107.474 7	117.743 0	120.948 3	129.089 6	142.203 1	145.985 7	151.273 8	140.162 6	156.674 8	176.606 6	177.678 4	192.032 9	215.437 1	200.851 9	207.996 9	218.739 5	239.774 8	235.205 2
中国	0.862 1	0.784 4	0.152 8	0.299 2	0.476 4	0.635 5	0.788 0	1.025 1	1.030 1	0.998 9	1.271 4	1.637 9	1.792 2	1.955 8	1.595 2	1.761 3	1.882 8	2.215 3	2.291 3	1.648 8
OECD	517.228 3	508.103 1	527.083 2	571.270 4	632.982 1	678.348 3	743.332 5	796.146 2	850.115 7	772.836 5	852.780 6	977.647 2	953.020 3	979.337 1	1 046.603 5	946.759 1	1 009.487 5	1 079.186 1	1 153.185 0	1 122.164

附表 9.10　OECD 国际海上客运收支情况

年份	国际海上客运支出/亿美元	国际海上客运支出占国际旅游总支出的比例	国际海上客运收入/亿美元	国际海上客运收入占国际旅游总收入的比例	收支差额/亿美元
2008	20.993 6	0.28%	36.894 3	0.49%	15.900 7
2009	19.071 8	0.29%	31.301 4	0.46%	12.229 6
2010	18.360 9	0.28%	36.244 6	0.51%	17.883 7
2011	20.886 9	0.29%	48.685 8	0.61%	27.798 9
2012	20.461 3	0.28%	42.814 1	0.53%	22.352 8
2013	21.455 8	0.28%	54.651 2	0.63%	33.195 4
2014	20.104 8	0.26%	53.739 2	0.58%	33.634 4
2015	18.427 8	0.26%	53.005 2	0.60%	34.577 4
2016	17.453 8	0.24%	55.935 2	0.62%	38.481 4
2017	18.141 8	0.23%	59.868 2	0.63%	41.726 4
2018	19.261 8	0.23%	60.477 2	0.59%	41.215 4
2019	22.353 3	0.26%	59.590 2	0.58%	37.236 9
2020	18.876 8	0.52%	47.944 2	1.02%	29.067 4

附表 9.11　OECD 与海洋相关的环境技术发明情况

年份	与海洋相关的环境技术发明/项	与海洋相关的环境技术发明占总发明的比例	海洋可再生能源发明/项	减少海洋污染的发明/项	海洋运输中减缓气候变化的发明/项	海洋捕鱼和水产养殖中减缓气候变化的发明/项	沿海适应发明/项	海水淡化发明/项
2000	701.67	0.17%	143	167.17	72.33	148.17	92	87
2001	747.17	0.17%	164	184.33	81	153.33	87	86.5
2002	746.33	0.19%	153.5	171.83	81.83	166.83	72.5	115.5
2003	860.08	0.21%	191	212.08	106	171	94	118
2004	954.83	0.20%	254.33	188.33	117	182.58	92.67	138.92
2005	1 066.17	0.21%	328.17	206.5	125.83	183.17	105.5	138.5
2006	1 242.07	0.24%	404	207.67	122.5	234.5	134	175.9
2007	1 474.43	0.28%	524.1	259.83	164.5	232.5	141.67	203.83
2008	1 850.92	0.36%	765.17	299.67	194.67	265.58	119	251.83
2009	2 262.1	0.46%	930.33	387.27	222.5	321.67	163	296.33

续表

年份	与海洋相关的环境技术发明/项	与海洋相关的环境技术发明占总发明的比例	海洋可再生能源发明/项	减少海洋污染的发明/项	海洋运输中减缓气候变化的发明/项	海洋捕鱼和水产养殖中减缓气候变化的发明/项	沿海适应发明/项	海水淡化发明/项
2010	2 852.88	0.55%	1 038.38	804.25	323.67	323.33	125	238.25
2011	2 572.75	0.48%	923.67	621	333	385.25	141.83	234
2012	2 727.25	0.48%	903.08	648	437	426.33	160	221.83
2013	2 467	0.43%	742	591.67	390.5	405	164.5	232.33
2014	2 565.47	0.45%	759.17	588	417.17	414.8	181.33	205
2015	2 335.25	0.41%	605	477	356.5	508.5	189	252.75
2016	2 302.33	0.40%	587.83	493	332.67	519.5	195	235.33
2017	1 995.17	0.36%	599.17	349.67	255.5	522.83	151	171.5
2018	1 615.35	0.32%	504	257	137.33	424.25	116.83	175.93
2019	1 270.42	0.26%	392.67	212.5	111	364.5	98	122.75

附表 9.12　2019 年各个国家及组织与海洋相关的环境技术发明情况　单位：项

国家及组织	海洋可再生能源发明	减少海洋污染的发明	海洋运输中减缓气候变化的发明	海洋捕鱼和水产养殖中减缓气候变化的发明	沿海适应发明	海水淡化发明
爱沙尼亚						
拉脱维亚						
立陶宛						
斯洛伐克						
哥斯达黎加	0.5					
捷克		1				
卢森堡	0.5	0.5				
墨西哥				1		
斯洛文尼亚	1					
匈牙利	1			1		
希腊			1	0.5		1
冰岛				3		
奥地利	1		1	1		1
葡萄牙	2					2
比利时	1	1.5		2		

续表

国家及组织	海洋可再生能源发明	减少海洋污染的发明	海洋运输中减缓气候变化的发明	海洋捕鱼和水产养殖中减缓气候变化的发明	沿海适应发明	海水淡化发明
瑞士	1.5	0.5	1.5	3		
哥伦比亚	4	2		1		
爱尔兰	1	1	2	1.5		1.5
芬兰	1.5	4	1	1		
土耳其	2	3		2		0.83
波兰	4	1		1	1	1
新西兰	5	0.5	0.5	2.5		
澳大利亚	2.5	1	1	3.5	1	1.08
以色列	4			2.5	1	5.83
瑞典	4	3	1.5	2.5	2	1
智利	4.5			9	1	1
西班牙	9.83	4		1.5		4
加拿大	5	4.5	3	2	1	4.5
意大利	9	5.5	0.5	3	1	1.5
荷兰	9.5	2	5	3	2	
丹麦	27	1	0.75	3		1
英国	23.33	4	3.25	7	3	3
法国	20.33	19.5	2	8.5	1	2
德国	38	5.5	15.25	4	1	4
挪威	28.5	4.5	1.5	41.5	1	1
日本	19	11	12.5	22	13	15.5
美国	85.67	57.5	29.25	39.5	16	51.75
韩国	77	74.5	28.5	191.5	53	18.25
中国	51.33	26.5	6.5	58.5	27	35.33
OECD	392.67	212.5	111	364.5	98	122.75

附表 9.13 海洋环境技术搜索策略

一级分类	二级分类	三级分类
海洋可再生能源	海上风能	海上风力发电塔
		风力发电机的桅杆或塔,特别适用于海上安装
		风力涡轮机的近海结构

续表

一级分类	二级分类	三级分类
海洋可再生能源	海上风能	将风能转化为电能的浮动结构
	海上太阳能	用于将太阳能转换为电能的浮动结构
	潮汐、波浪、海流等海洋能源	潮汐或波浪发电厂
		利用波浪或潮汐能的发电站或集合体
		将水能转换为电能的浮动结构，如潮汐、波浪或海流
		潮汐流或无坝水力发电，如海潮退潮
		振荡水柱，海洋热能转换，盐度梯度，波浪能量或潮汐膨胀
海洋污染治理	压载水处理	处理来自海上船只和小艇的废水，如舱底水或压舱水
		处理压舱水、废水、污水、污泥、垃圾或防止船舶污染环境的设施
		用于排空或压实的导管；自动泄水设备；下水道
	石油泄漏（和其他漂浮碎片）的预防和清理	尽量减少油舱意外污染（如漏油）
		尽量减少因油箱或类似装置不形成掩体而造成的意外污染的安排
		船舶装卸设备的安排，用于在海上船舶之间或船舶与使用管道的近海建筑之间的转移
		适合从公开水域收集污染的船只或类似漂浮结构物
		吸收液体以去除污染的材料，如油、汽油、脂
		从浸没式泄漏中收集油或类似物
		通过分离或清除浮物来清洁或清除公开水面上的油或浮物的装置
		防止公开水面溢油的水污染控制技术
海上运输中减缓气候变化	改善船舶设计	①关于船舶船体设计或建造的措施，如改善船体的流体动力、减少表面摩擦（空气润滑、空气腔系统、船体涂层）、降低波阻（船首形状）、改善尾流模式（减少船体和螺旋桨之间的相互作用）、改变船体结构（如使用超轻钢、复合材料等）；②与船体制造或装配有关的节能措施
	节能推进或燃料替代：减少与推进系统有关的温室气体排放的措施	推进发电厂：①碳密集度较低的燃料（如天然气、生物燃料）；②非常规燃料（如核能）；③可再生或混合电力解决方案（如太阳能、风能）；④提高发电厂效率的其他措施：发动机监测和控制；⑤废热回收；⑥减少辅助动力，螺旋桨（改进的螺旋桨设计）；⑦旋转能量的回收；⑧尾流平衡装置、喷气式飞机、直接利用风力推进，涉及风帆的节能技术；⑨风筝，减少温室气体排放的其他推进概念，如波能驱动的
		燃料电池在水上运输中的应用
		在水上运输中作为燃料的氢

续表

一级分类	二级分类	三级分类
海上运输中减缓气候变化	改进船舶操作、维护和拆卸	①特别针对减少温室气体排放的维护或修理阶段的措施，水面或水箱的清洗和处理操作，化石燃料转移的改进操作；②未另行规定的水上船舶更有效运行的技术，如与加热、通风、空调或制冷系统有关的技术；③综合海上航行控制，如减速，航道优化，水船回收、改造或拆除措施，减少温室气体排放的港口设备或系统
渔业和水产养殖中减缓气候变化		渔业、水产养殖和水产养殖中的CC缓解技术
		水产养殖中的CC适应技术，即水生动物的养殖：①鱼类（预防或治疗鱼类疾病、孵化、鱼类水产养殖的替代饲料）、贝类、浮动养殖装置（如木筏或浮动养鱼场）；②人工渔堤或鱼礁；③喂养设备
		海藻养殖中的CC适应技术；海草床的管理
海水淡化		以可再生能源（如风能、太阳能热或波浪能）为动力的海水淡化技术（如蒸发法、蒸馏、反渗透、冷冻、电渗析）
		海水脱盐
沿海地区适应气候变化		在海岸带或河流流域适应气候变化的技术：①硬结构（堤防、堤坝、海堤、码头）、软结构（海滩营养、湿地恢复、沙丘或珊瑚礁、泥沙管理）、防洪；②洪水和暴雨管理、沿海监测；③洪水预报
		沿海水资源：盐水入侵屏障
		沿海基础设施：①抵御极端天气的电力供应系统、抗洪电力设备、浮动或高架建筑、抗风暴船只；②港口的主动运动阻尼系统
		沿海农业：利用微咸水灌溉农业为农业管理含盐土壤
		沿海定居点：极端天气事件的早期预警系统，风暴庇护所

第十章 欧盟海洋经济发展主要指标

第一节 欧盟蓝色经济介绍

蓝色经济[1]对于帮助欧洲实现其绿色目标有很大的作用，为持续改进蓝色经济社会经济绩效，实现对蓝色经济的监测，欧盟定期发布《欧盟蓝色经济报告》。本章基于欧盟 2022 年度发布的《欧盟蓝色经济报告》，对欧盟蓝色经济发展情况进行介绍，2022 年的《欧盟蓝色经济报告》已经是该系列的第五版，第五版以先前版本为基础，旨在继续为海事和海洋相关部门的活动提供准确可靠的数据。

《欧盟蓝色经济报告》所覆盖范围为除了英国以外的欧盟 27 国。就地理范围而言，侧重于欧盟领土，尽可能包括欧盟外缘地区，即受陆地限制的成员国。对于蓝色经济传统部门的分析，是基于欧盟委员会从欧盟成员国和欧洲统计系统收集的数据，渔业和水产养殖数据是根据 DCF 收集的，所有其他传统部门的分析均基于欧盟统计局的 SBS、PRODCOM、国民账户和旅游统计数据。

DCF 是欧盟联合数据研究中心渔业数据收集网站发布的数据收集框架，自 2000 年开始存在。成员国根据国家工作计划收集数据，并每年报告执行情况，成员国将收集到的部分数据上传至欧盟联合数据研究中心数据库，并由渔业科学、技术和经济委员会的专家进行分析。DCF 的变量包括收入（营业额、补贴和其他收入）、人员成本（工作人员工资及薪金和无偿劳动的估算价值）、能源成本、原材料成本（牲畜成本和饲养成本）、修理和维护成本、其他操作成本、资本成本（资本折旧和净财务成本）、附加成本、资本价值（资产总价值）、投资（净投资）、负债、原材料体积（牲畜和鱼饲料）、总销量、就业（就业人数）、企业（企业数量）。

欧盟统计局的 SBS 描述了欧盟各成员国企业的活动结构，涵盖了商业经济

---

① 欧盟官方使用 blue economy（直译为蓝色经济）来代指海洋经济，故本章使用了蓝色经济一词。

中市场生产者的经济活动，SBS 一般是由企业间的国家统计研究所收集，通过统计调查、商业登记册或行政来源收集，提供最全面的欧洲经济图景，可以细分为非常详细的部门级别。SBS 一般要求提供年度数据（自 1995 年起，欧盟成员国根据法律义务每年传送），有些数据是关于某一特定部门的专家资料，由于收集过程麻烦，是多年一次。SBS 中的主要变量表示为货币价值或计数，如被雇用的人员数量。其内容如下：按就业规模划分，包括非金融企业经济中的企业数量、营业额、增加值和就业人数；按经济活动划分，包括营业额、增加值、就业人数、表观劳动生产率、工资调整后的劳动生产率、平均人员成本和总营业率。SBS 编制方法包括：仅根据统计调查编制；仅基于管理数据编制；基于调查和管理数据的组合编制。就统计调查而言，大型企业是完全列举，小型企业是通过抽样完成的。欧盟每年的第一季度会公布前一年的数据，如 2021年第一季度会公布 2019 年的数据，欧盟统计局有一些 2008 年的数据，但只有2009 年才有完整的数据集，因此，蓝色指标数据是从 2009 年开始的。本章内容基于欧盟 2022 年度发布的《欧盟蓝色经济报告》，因此数据时间范围为2009~2019 年。

　　本章首先介绍了欧盟蓝色经济传统部门和新兴部门的大概情况，然后对每个传统部门进行了详尽的介绍，其次对欧盟各成员国蓝色经济情况进行了大致介绍，最后分析了中国与欧盟海洋经济之间的区别。其中，欧盟蓝色经济传统部门是指对欧盟经济增长有长期贡献的部门，欧盟蓝色经济新兴部门是指有很大发展潜力的部门。

第二节　欧盟蓝色经济传统部门

一、总体情况

　　欧盟蓝色经济 7 个传统部门在 2019 年产生了 1 839 亿欧元的总增加值（gross value added，GVA），总营业盈余为 729 亿欧元，比 2009 年增长了 22%，总营业额为 6 672 亿欧元，比 2009 年增长了 15%（2009 年为 5 780 亿欧元）[①]。

　　2019 年，这些传统部门（包括涵盖的子部门及其活动）直接雇用了近 445 万人。虽然这一数字仅比 2009 年增加 0.5%，但这意味着欧盟蓝色经济中的工作岗位数量比经济危机前要多（图 10.1）。海洋可再生能源（生产和传输）部门是一

---

① https://blue-economy-observatory.ec.europa.eu/blue-economy-indicators_en.

个相对年轻的行业，仍处于强劲的扩张阶段，2009~2019 年就业人数约增长了 26 倍，从 2009 年的 384 人增至 2019 年的 10 500 多人。

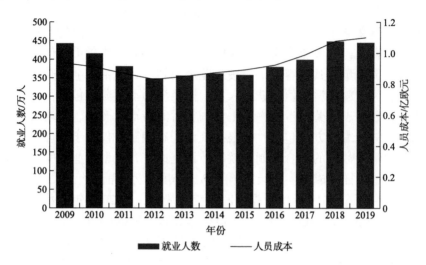

图 10.1   2009~2019 年欧盟蓝色经济传统部门就业人数和人员成本

2009~2019 年，欧盟蓝色经济传统部门的每位员工总薪酬呈增长趋势，2015 年达到顶峰（24 925 欧元/人），之后略有下降，2019 年的就业薪酬比 2009 年高 17%。平均就业薪酬的下降在很大程度上可归因于海洋非生物资源部门就业的大幅下降（与 2009 年相比下降 71%）。2015~2019 年，滨海旅游业的就业人数有所增加（与 2015 年相比增加了 43%），但这是一个低报酬行业。

如图 10.2 所示，有形商品投资总额从 2009 年的 297.936 亿欧元降至 2019 年的 256.352 亿欧元，降幅为 14.0%，这主要是由于海洋运输、非生物资源和港口活动等部门的投资减少。2019 年，投资总额最大的部门是海洋运输部门（119 亿欧元），但其投资总额与 2009 年相比下降了近 32%；造船及修理部门投资总额呈现上升趋势，总投资比 2009 年增长 8.6%；生物资源总投资增长了 12.6%。然而与投资减少的部门相比，这些部门对蓝色经济的贡献仍然很小[1]。

有形商品净投资额在 2019 年估计为 61 亿欧元，与 2009 年的 76 亿欧元相比下降了 19.7%左右，与 2015 年的 101 亿欧元相比下降了 39.6%左右（图 10.3）。尽管如此，净投资仍为正值，这预示着资本的置换和扩张。净投资比率（净投资与总增加值之比）下降，从 2009 年的 5%降至 2019 年的 3.3%，2015 年达到峰值 6.6%。

---

[1] https://blue-economy-observatory.ec.europa.eu/blue-economy-indicators_en.

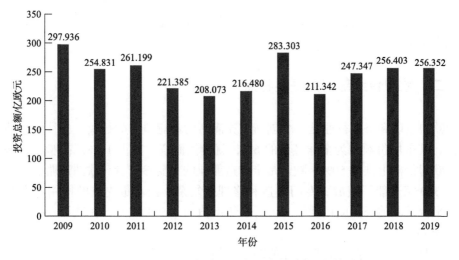

图 10.2　2009~2019 年欧盟蓝色经济有形商品投资总额

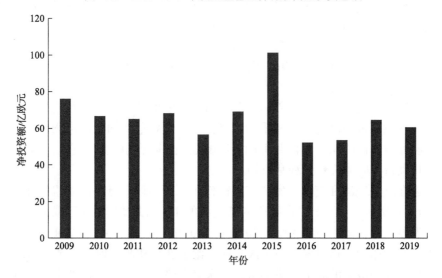

图 10.3　2009~2019 年欧盟蓝色经济中有形商品净投资额

2020 年 2 月暴发的新冠疫情对全球经济造成了重大冲击。初步估计，滨海旅游业是受新冠疫情影响最大的行业，其营业额减少了近一半，是整个经济中受打击较为严重的经济活动之一。鉴于滨海旅游业在欧盟蓝色经济中的重要性（其贡献了欧盟蓝色经济总增加值的 44% 和就业的 63%[①]），欧盟蓝色经济比整个欧盟经济更易受危机影响。另外，高油价可能会严重影响海上运输和渔业等燃料密集型行业，但也可能会刺激其他部门，如非生物资源和海洋可再生能源的石油和天

———————————

① https://blue-economy-observatory.ec.europa.eu/blue-economy-indicators_en.

然气开采。此外，2009~2019 年按部门划分的欧盟蓝色经济就业人员数和总增加值见附表 10.1 和附表 10.2[①]。

二、欧盟传统部门的主要特点

欧盟造船和修理行业是一个创新、充满活力和竞争力的行业。就补偿总吨位而言，其市场份额约为全球订单的 6%，就价值而言，其占 19%；在船舶设备方面，欧盟份额上升至 50%，欧盟是全球造船业的主要参与者。欧洲造船业目前由大约 300 家造船厂组成，专门建造和修理最复杂、技术最先进的民用和海军船舶、平台及其他海上应用硬件。该行业年产值约 429 亿欧元，在欧洲直接雇用约 30 万名员工[②]。

欧盟专注于高技术和高附加值的造船领域，如游轮、近海支援船、渔船、渡轮、研究船、挖泥船、巨型游艇、拖船和其他非货运船舶等。欧盟也是高科技生产的全球领导者，从推进系统、大型柴油机、环境和安全系统到货物装卸和电子设备，在先进的海事设备和系统方面处于领先地位。欧盟在这一行业的领导地位及专业化是欧盟对该行业在研究、创新及高技能劳动力方面持续投资的结果。

2008 年的全球金融危机对全球行业产生了巨大影响，此后商业模式发生了变化，部分劳动力转移到了部分外包商和供应商。欧盟造船厂一直在通过调整生产计划和优化供应链来降低成本和重组产能。由于金融危机和货运市场供应过剩，欧盟造船业继续面临来自中国和韩国等国的激烈国际竞争，因为它们试图进入欧洲专业化高科技船舶天然气利基市场。

海运在欧盟经济和贸易中发挥着关键作用，据估计，海运占欧盟对外贸易的 75%~90%（取决于来源），占欧盟内部贸易的 1/3。欧盟客轮可运载 130 万名乘客，占世界海洋客运能力的 40%。2019 年，欧盟几乎一半的海上交通来自专门从事国内航线的船舶，这主要是由于滚装船、滚装客船和渡轮频繁穿越。2020 年，意大利仍是欧洲最大的海上客运国家，其次是希腊。2020 年，欧盟港口的海上客运受到新冠疫情的严重影响，与 2019 年相比下降了 45%。2020 年，比利时、爱尔兰、荷兰和法国在欧盟以外的海上客运（不包括邮轮乘客）中所占份额最高，这是因为其与英国有轮渡联系。欧盟港口处理近 40 亿吨货物，约占欧盟 27 国与世界其他国家之间贸易的所有货物的一半（按重量计）。因此，海运是欧盟蓝色

---

① https://blue-economy-observatory.ec.europa.eu/blue-economy-indicators_en.

② 欧盟蓝色经济报告 2022. https://op.europa.eu/en/publication-detail/-/publication/156eecbd-d7eb-11ec-a95f-01aa75ed71a1.

经济及整个欧盟经济的重要支柱①。

另外还有海运对环境造成的压力,虽然海运是最具碳效率的运输方式,但由于海运规模过大且其具有全球运输性质,有必要继续减少海运行业对环境的影响,特别是在欧洲绿色协议的背景下。近年来海上运输的主要发展与所有航段(如油轮和集装箱船,但也包括邮轮)的船舶尺寸不断增加有关,这对造船、修理和港口活动产生了重大影响。该行业尤其受到 2008 年全球金融危机的影响,但自 2017 年以来,海运总增加值和就业率已恢复到危机前的水平。

港口活动在贸易、经济发展和创造就业机会方面发挥着关键作用;没有它们,就不会有海运。此外,海港作为多活动运输和物流节点,在海运部门的发展中起着至关重要的作用。许多欧洲港口是重要的能源和工业集群;换句话说,港口促进了附近能源和工业公司的集聚。欧盟各国的许多港口正在减少对港口城市和沿海地区的环境影响,同时也启用了绿色船队。这些活动将在实现欧洲绿色协议的目标方面发挥重要作用。船舶大型化趋势导致平均运输成本降低;然而,它们还需要新的港口基础设施,并影响港口当局和港口运营商之间的竞争。

开发欧洲海洋的海洋非生物资源在提供欧洲经济所需的能源和原材料方面发挥了关键作用。尽管其部分子行业现已成熟并处于衰退期,但预计该行业将继续在向可持续的蓝色经济过渡中发挥关键作用,无论是在提高低碳技术发展所需关键材料的可用性方面,还是通过采用气候中立、循环、负责任和资源高效的方法,都是为了将其对海洋环境和气候变化缓解的影响降至最低。

海上石油和天然气行业的产量多年来一直在下降,目前欧洲大部分石油和天然气产自近海,主要在北海,其次是在地中海和黑海,这在很大程度上是由于对可再生能源开发和脱碳的倡议。2020 年初,由于对市场的担忧和新冠疫情后经济活动的下降,油价暴跌。

海洋可再生能源(生产和传输)部门是绿色能源的重要来源,可以为欧盟2050 年能源战略做出重大贡献。尽管仍面临挑战,但该部门正呈指数增长。例如,陆上风电场的发展速度比海上风电场更快,因为它们的安装和维护成本更低。陆上风能生产成本低使得开发海上活动的竞争更加激烈,特别是在能源价格低廉的情况下。缺乏电气连接(电缆/电网)也是海上风力发电场发展的一大障碍,这一缺点增加了海上风力发电的投资成本。欧洲拥有全球 90%以上的海上风电装机容量,并将在未来几年继续主导海上风电市场。

欧洲仍然是游客最多的地区,接待了世界一半的国际游客。滨海旅游业在许多欧盟成员国经济中发挥着重要作用,对经济增长、就业和社会发展产生了广泛

---

① 欧盟蓝色经济报告 2022. https://op.europa.eu/en/publication-detail/-/publication/156eecbd-d7eb-11ec-a95f-01aa75ed71a1.

影响。滨海旅游业是最大的蓝色经济部门，占欧盟蓝色经济总增加值的44%，占欧盟蓝色经济总就业人数的63%[1]。欧盟一半以上的旅游住宿设施位于沿海地区，欧盟南部成员国沿海地区的游客数量普遍较高。

虽然预测旅游业本应在2020年继续增长，但2020年的新冠疫情给旅游业带来了前所未有的压力。由于成员国实施了旅行限制，几乎没有新的旅游服务预订，同时，旅游业因取消和不履行服务而出现大规模退款。虽然欧盟委员会和各国政府采取措施减轻影响，但滨海旅游业的商业活动几乎减少了一半。

海洋生物资源部门包括可再生生物资源的采集、加工和分配（初级部门）。捕捞渔业产量增加，并可能有能力进一步增加，部分原因是鱼类种群状况改善，捕鱼机会增加，平均市场价格提高，经营成本降低。随着鱼类种群的恢复和能力的不断适应，预计未来经济将继续改善，然而，地中海盆地大多数渔业尚未达到可持续捕捞的条件。

欧盟水产养殖产量在过去几十年中一直停滞不前，即使其价值有所增加。成员国层面的海洋空间计划的制订以及欧盟水产养殖可持续发展战略指导方针的修订为促进欧盟水产养殖生产提供了机会。

欧盟捕捞渔业和水产养殖产量约占欧盟鱼类产品加工总原料需求的30%。因此，欧盟鱼产品加工依赖于全球鱼类市场。鱼产品的分销越来越集中在少数人手中。提升价格可以使生产者收回产品的部分价值，这通常是在链条的下游产生的。

（一）海洋生物资源部门

1. 海洋生物资源部门基本情况[1]

2019年，海洋生物资源部门对欧盟蓝色经济的贡献如下：12%的工作岗位、11%的总增加值和10%的利润。具体来说，2019年海洋生物资源部门创造了约193亿欧元的总增加值，与2009年相比增长了31%；营业额近1 211亿欧元，与2009年相比增长了29%；有形商品净投资额为25亿欧元；直接就业人数约53.87万人，占欧盟蓝色经济传统行业的12%。其中，西班牙以占据海洋生物资源行业22%的就业人数和19%的总增加值在海洋生物资源方面领先于欧盟其他国家。

在就业方面，2019年初级生产、鱼类产品加工和鱼类产品分配部门分别贡献了37%、24%和39%的工作岗位（图10.4）。其中，欧盟各成员国对海洋生物资源行业人员就业贡献度从高到低依次如下：西班牙（22%）、意大利（14%）、法国（11%）和德国（10%）。

---

[1] https://blue-economy-observatory.ec.europa.eu/blue-economy-indicators_en.

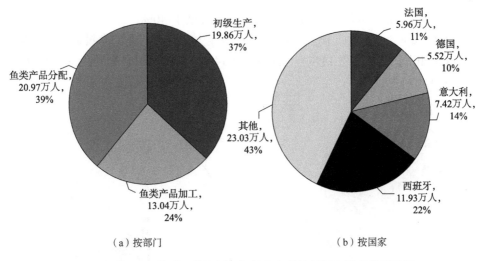

（a）按部门　　　　　　　　　　　　（b）按国家

图10.4 2019年海洋生物资源部门就业人数按部门和国家分列结果

2019年初级生产、鱼类产品加工和鱼类产品分配部门分别贡献了25%、28%和46%的总增加值［图10.5（a）］。其中，欧盟各成员国对海洋生物资源行业总增加值贡献度从高到低依次如下：西班牙（19%）、德国（16%）、法国（15%）和意大利（14%）［图10.5（b）］。

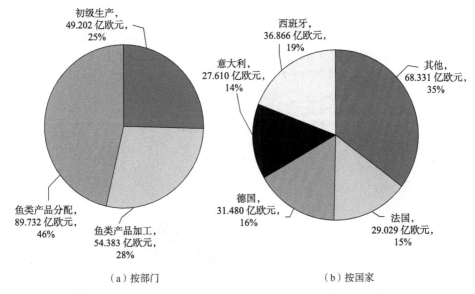

（a）按部门　　　　　　　　　　　　（b）按国家

图10.5 2019年海洋生物资源部门总增加值按部门和国家分列结果

数据经过四舍五入，故总和不为100%

在有形商品净投资方面，2019年净投资总额较2009年下降了17%，初级生

产、鱼类产品加工和鱼类产品分配部门分别占据了40%、28%和32%的净投资
［图10.6（a）］。其中，欧盟各成员国在海洋生物资源行业的净投资额占比从高
到低依次如下：意大利（14%）、西班牙（14%）、德国（13%）、法国（10%）
［图10.6（b）］。

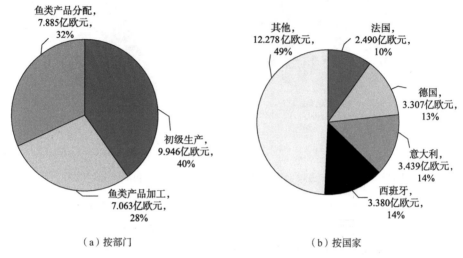

（a）按部门 （b）按国家

图10.6 2019年海洋生物资源部门有形商品净投资按部门和国家分列结果

2019年初级生产、鱼类产品加工和鱼类产品分配部门分别贡献了9%、28%
和63%的营业额［图10.7（a）］。其中，欧盟各成员国对海洋生物资源行业总营
业额贡献度从高到低依次如下：西班牙（19%）、德国（18%）、意大利
（15%）和法国（12%）［图10.7（b）］。

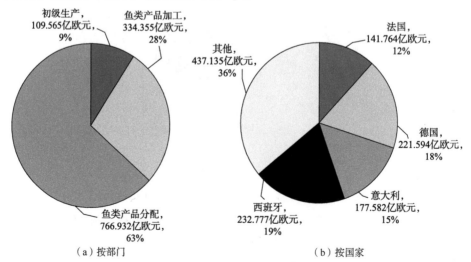

（a）按部门 （b）按国家

图10.7 2019年海洋生物资源部门营业额按部门和国家分列结果

2. 海洋生物资源部门发展趋势和驱动力

2019 年初级生产中，捕鱼业约占欧盟生产的 80%，欧盟捕鱼船队创造的总增加值为 34 亿欧元[1]。近年来，野生捕捞产量有所增加，特别是在鱼群储量尚未恢复的地中海。在过去几年里，利润增加的部分原因是鱼类资源改善，捕鱼机会增加，以及鱼类市场价格上升和燃料等经营成本降低。2019 年底的新冠疫情虽然对欧盟渔船队产生了重大影响，主要表现为捕鱼作业减少，但其营利能力总体上没有受到严重影响，尽管捕捞量减少，但总体仍然盈利。2020 年欧盟渔船船队经济表现受以下因素影响：产品需求下降、新鲜鱼类和贝类第一销售价格下降、价格变化后的价格稳定、鱼类作业减少和燃油成本降低。

除了新冠疫情和油价上涨，英国脱欧也对行业产生重大影响。尤其是根据 2021 年生效的脱欧后贸易协定，欧盟渔船队在英国水域的捕鱼权也将在 5 年内减少 25%。

（二）海洋非生物资源部门

1. 海洋非生物资源部门基本情况[2]

2019 年，海洋非生物资源部门为欧盟蓝色经济带来了 0.2% 的就业、2.5% 的总增加值和 5% 的利润。由于海上石油产量下降，海洋非生物资源部门一直处于衰退状态。具体来说，2019 年海洋非生物资源部门产生的总增加值接近 47 亿欧元，与 2009 年相比下降了 58%；总利润为 37 亿欧元，较 2009 年减少了 61%；营业额为 131 亿欧元，较 2009 年下降了 80%；有形商品净投资缩减至 3 亿欧元，比 2009 年减少了 86%。其中，丹麦以占据海洋非生物资源部门 27% 的工作岗位和 49% 的总增加值在海洋非生物资源方面领先，其次是意大利，工作岗位和总增加值比例分别为 22% 和 16%。

如图 10.8 所示，在就业方面，2019 年各部门贡献如下：石油和天然气为 86%[3]、其他矿产资源为 14%。其中，欧盟各成员国对海洋非生物资源行业人员就业贡献度从高到低依次如下：丹麦（27%）、意大利（22%）、荷兰（20%）和罗马尼亚（16%）。

如图 10.9 所示，2019 年石油和天然气、其他矿产资源分别贡献了 97% 和 3% 的总增加值[3]。其中，欧盟各成员国对海洋非生物资源部门总增加值的贡献从高到低依次是丹麦（49%）、荷兰（31%）和意大利（16%）。

---

① 资料来源：https://stecf.ec.europa.eu/data-dissemination/aer_en.

② 资料来源：https://blue-economy-observatory.ec.europa.eu/blue-economy-indicators_en.

③ 其他服务活动主要是为石油和天然气的提取提供服务，在此暂归为石油和天然气部门。石油和天然气对总增加值贡献率为 66%，其他服务活动为 34%。

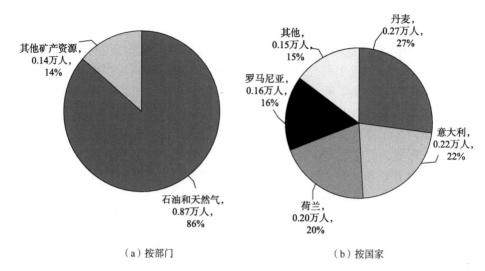

（a）按部门 　　　　　　　　　（b）按国家

图 10.8　2019 年海洋非生物资源部门就业人数按部门和国家分列结果

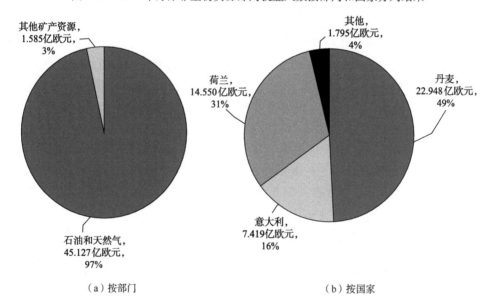

（a）按部门 　　　　　　　　　（b）按国家

图 10.9　2019 年海洋非生物资源部门总增加值按部门和国家分列结果

如图 10.10 所示，在有形商品净投资方面，2019 年净投资总额相较 2009 年总体下降 86%，主要是受石油和天然气及其他服务活动的影响。石油和天然气与其他矿产资源部门分别占据了 93% 和 7% 的净投资。

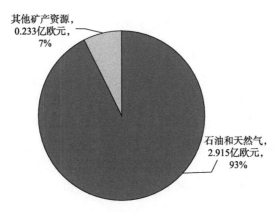

图 10.10 2019 年海洋非生物资源部门有形商品净投资按部门分列结果

2019 年石油和天然气占整个海洋非生物资源部门营业额的 97%，其他矿产资源占 3%（图 10.11）。

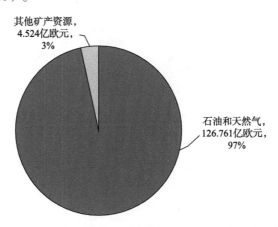

图 10.11 2019 年海洋非生物资源部门营业额按部门分列结果

2. 海洋非生物资源行业发展趋势和驱动力

没有任何一个欧盟成员国可以在能源需求方面自给自足，一些较小的成员国几乎完全依赖外部供应。欧盟每年消耗的化石燃料有一半以上依赖进口，其中对原油和天然气的依赖程度特别高。2019 年，欧盟的能源依赖率达到 61%，这意味着欧盟一半以上的能源需求是通过净进口来满足的，其中进口的主要能源产品是石油，其次是天然气和固体化石燃料。

2020 年初，欧盟国家采取措施应对新冠疫情，油价暴跌。

（三）海洋可再生能源（海上风能）部门

1. 海洋可再生能源部门基本情况①

2019 年，海上风能为整个欧盟蓝色经济贡献了 0.2% 的就业岗位、1% 的总增加值和 1.7% 的利润。2019 年海上风能生产和传输产生的总增加值超过 19 亿欧元，是 2009 年的 55 倍；营业额约为 131 亿欧元，是 2009 年的 69 倍；有形商品净投资达到 9.18 亿欧元，是 2009 年的 10 倍。净投资占总增加值的比例估计为48%，就业人数达到 10 563 人，人员成本总计为 4.96 亿欧元。德国目前在海上风能方面领先于其他欧盟国家，占据 81% 的工作岗位和 64% 的增加值，丹麦紧随其后，拥有 31% 的增加值。

如图 10.12 所示，2019 年欧盟各成员国对海洋可再生能源（海上风能）部门人员就业贡献度从高到低依次是德国（81%）、丹麦（10%）、荷兰（6%）和比利时（4%）。

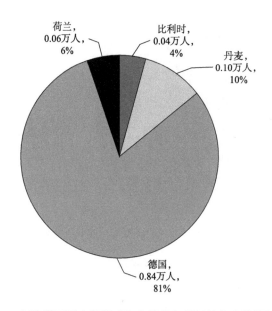

图 10.12　2019 年海洋可再生能源（海上风能）部门就业人数按国家分列结果

数据经过四舍五入，故总和不为 100%

如图 10.13 所示，2019 年欧盟各成员国对海洋可再生能源（海上风能）部门总增加值贡献度从高到低依次是德国（64%）、丹麦（31%）和比利时（6%）。

---

① 资料来源：https://blue-economy-observatory.ec.europa.eu/blue-economy-indicators_en.

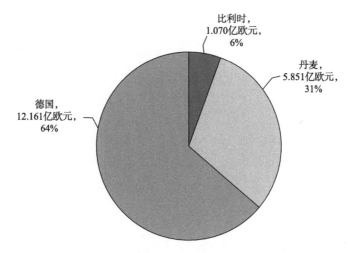

图 10.13　2019 年海洋可再生能源（海上风能）部门总增加值按国家分列结果

数据经过四舍五入，故总和不为 100%

如图 10.14 所示，2019 年欧盟各成员国对海洋可再生能源（海上风能）部门有形商品净投资贡献度从高到低依次是德国（39%）、丹麦（30%）、比利时（20%）和荷兰（12%）。

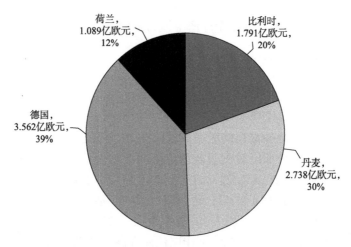

图 10.14　2019 年海洋可再生能源（海上风能）部门有形商品净投资按国家分列结果

数据经过四舍五入，故总和不为 100%

如图 10.15 所示，2019 年欧盟各成员国对海洋可再生能源（海上风能）部门营业额贡献度从高到低依次是德国（84%）、丹麦（11%）和比利时（5%）。

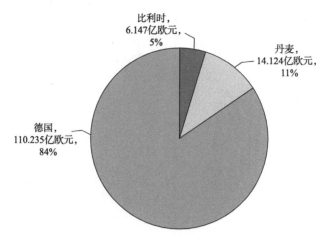

比利时，
6.147亿欧元，
5%

丹麦，
14.124亿欧元，
11%

德国，
110.235亿欧元，
84%

图 10.15　2019 年海洋可再生能源（海上风能）部门营业额按国家分列结果

2. 海洋可再生能源（海上风能）行业发展趋势和驱动力

在过去十年，由于可以实现更高的容量、更大的可用场地和显著的成本降低，以及风能相关的技术进步，风能行业见证了海上风力技术的增长，海上风能借鉴陆上风能发展经验不断发展，有望在实现欧洲碳中和目标方面发挥重要作用。就欧洲的市场份额而言，欧盟公司在提供所有功率范围的海上发电机方面领先于其他竞争对手。欧盟目前是全球海上风力发电制造业的领导者。

（四）港口活动部门

1. 港口活动部门基本情况[①]

2019 年，欧盟港口处理了 36 亿吨货物，2020 年，由于新冠疫情，这一数字下降到 33 亿吨，停靠欧盟港口的船舶数量比 2019 年有了大幅减少。

2019 年，港口活动部门对欧盟蓝色经济的贡献为 9% 的工作岗位、15% 的总增加值和 16% 的利润。具体来说，2019 年港口活动部门创造了 279 亿欧元的总增加值，与 2009 年相比增加了 21%；营业额达到 685 亿欧元，与 2009 年相比增长了 24%；直接雇用了 38.3 万人，人员成本增加了 21%。其中，德国以占据港口活动部门 22% 的总增加值和 23% 的工作岗位而在港口活动部门领先于其他欧盟国家，荷兰紧随其后（9% 的工作岗位和 17% 的总增加值），其次是西班牙和法国，工作岗位和总增加值西班牙为 11% 和 13%，法国为 10% 和 12%。

如图 10.16 所示，2019 年港口活动部门大部分劳动力（54%）受雇于货物和仓储，港口和水利工程从业人员占比为 46%。其中，欧盟各成员国对港口活动部

---

① 资料来源：https://blue-economy-observatory.ec.europa.eu/blue-economy-indicators_en.

门人员就业贡献度从高到低依次是德国（23%）、西班牙（11%）、法国（10%）、意大利（9%）和荷兰（9%）。

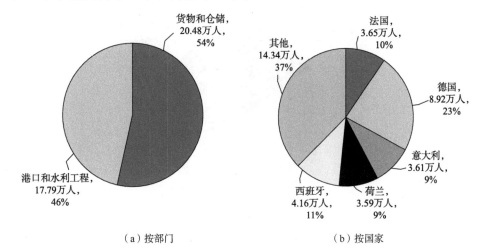

（a）按部门 　　　　　（b）按国家

图 10.16　2019 年港口活动部门就业人数按部门和国家分列结果

数据经过四舍五入，故总和不为 100%

如图 10.17 所示，2019 年货物和仓储占整个港口活动总增加值的 44%，港口和水利工程占 56%。其中，欧盟各成员国对港口活动行业总增加值贡献度从高到低依次为德国（22%）、荷兰（17%）、西班牙（13%）和法国（12%）。

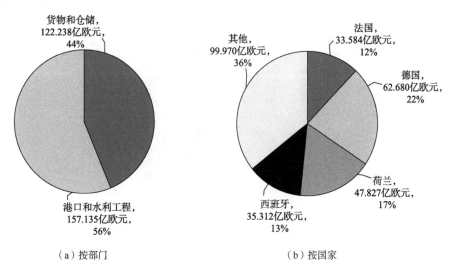

（a）按部门 　　　　　（b）按国家

图 10.17　2019 年港口活动部门总增加值按部门和国家分列结果

如图 10.18 所示，在有形商品净投资方面，2019 年大部分投资流向了港口和水利工程。其中，欧盟各成员国对港口活动行业有形商品净投资贡献度从高到低依次为比利时（38%）、西班牙（36%）和荷兰（11%）。

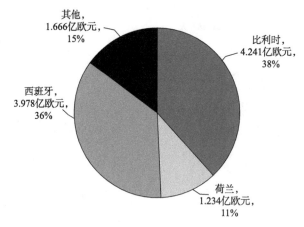

图 10.18　2019 年港口活动部门有形商品净投资按国家分列结果

如图 10.19 所示，2019 年货物和仓储营业额达到约 323 亿欧元（占港口活动的 47%），港口和水利工程约达到 362 亿欧元（占港口活动的 53%）。其中，欧盟各成员国对港口活动行业总营业额贡献度从高到低依次是德国（21%）、荷兰（17%）和法国（12%）。

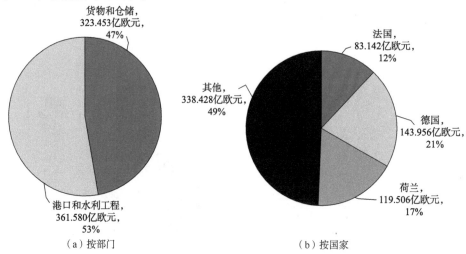

（a）按部门　　　　　　　　　　　（b）按国家

图 10.19　2019 年港口活动部门营业额按部门和国家分列结果

数据经过四舍五入，故总和不为 100%

2. 港口活动行业发展趋势和驱动力

欧洲港口活动市场在过去几年发生了很大的变化，并且由于若干因素的影响仍在不断发生变化，影响因素包括环境（气候变化、资源和能源）、技术（数字化、物流技术、自动化等）、地缘政治（国际贸易发展、外国投资、竞争）、人口统计学（全球人口增长、城市化）。

2020年1月31日英国退出欧盟对一些欧洲港口产生了影响。2019年新冠疫情也对港口活动产生了重要影响，特别是在2020年上半年，由于欧盟和世界各地实施的限制措施，在几个月的时间里，大多数渔业、航运和运输活动都停止了，港口遭受了重大损失，而一旦活动及市场重新开放，就会出现反弹，集装箱流量激增。

（五）造船及修理部门

1. 造船及修理部门基本情况[①]

2019年，造船及修理部门对欧盟蓝色经济的贡献为7%的工作岗位、9%的总增加值和5%的利润。具体来说，该部门的总增加值约为156亿欧元，与2009年相比增长了39%；营业额为579亿欧元，比2009年增长23%。其中，德国以17%的工作岗位和25%的总增加值在造船及修理部门处于领先地位，紧随其后的是法国（14%的工作岗位和21%的总增加值）和意大利（14%的工作岗位和19%的总增加值）。

如图10.20所示，在就业方面，2019年该部门直接雇用的近30万人中，约85%在造船部门工作，15%在设备和机械部门工作。其中，造船及修理部门雇用人数最多的是德国（17%），紧随其后的是意大利和法国，占比都为14%。

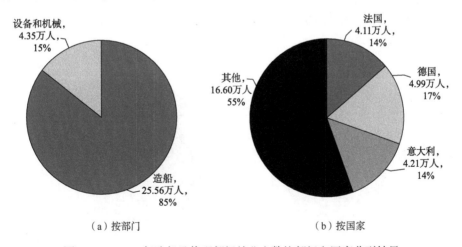

（a）按部门　　　　　　　　（b）按国家

图10.20　2019年造船及修理部门就业人数按部门和国家分列结果

如图10.21所示，该部门的大部分增加值来自造船部门。与2009年相比，

---

① 资料来源：https://blue-economy-observatory.ec.europa.eu/blue-economy-indicators_en.

2019 年两个子部门的总增加值都有所增长：造船部门增长 43%，设备和机械部门增长 21%。其中，德国对总增加值的贡献最大，占比为 25%，其次是法国（21%）和意大利（19%）。

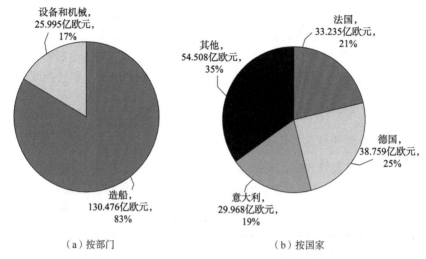

（a）按部门　　　　　　　　　　　　（b）按国家

图 10.21　2019 年造船及修理部门总增加值按部门和国家分列结果

在有形商品净投资方面，与 2009 年相比，2019 年净投资额减少了 18%，这是因为造船业投资减少了 25%，而设备和机械投资增加了 24%。如图 10.22 所示，2019 年造船、设备和机械分别占据了净投资额的 79% 和 21%。其中，德国对净投资额的贡献最大，占比为 30%，其次是荷兰（19%）和法国（17%）。

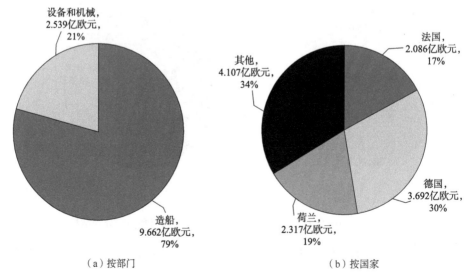

（a）按部门　　　　　　　　　　　　（b）按国家

图 10.22　2019 年造船及修理部门有形商品净投资按部门和国家分列结果

如图 10.23 所示，2019 年该行业报告的营业额中，造船业约为 490 亿欧元，设备和机械约为 89 亿欧元，分别占据该行业总营业额的 85% 和 15%。其中，德国对营业额的贡献最大，占比为 26%，其次是法国（18%）、意大利（16%）和荷兰（10%）。

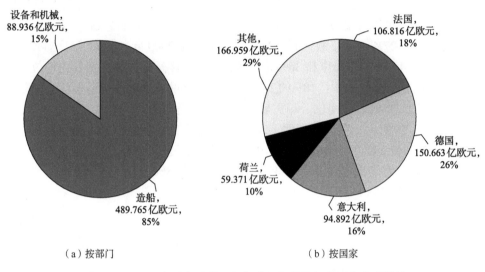

（a）按部门　　　　　　　　　　　　　　　　　（b）按国家

图 10.23　2019 年造船及修理部门营业额按部门和国家分列结果

数据经过四舍五入，故总和不为 100%

2. 造船及修理部门发展趋势和驱动力

在新冠疫情之前，欧洲造船行业的情况在全球中是较好的。在过去几十年里，亚洲造船业夺走了货运市场的份额，欧洲造船厂将定位转向了高端细分市场。新冠疫情对欧洲造船厂的需求和生产都造成了严重冲击，2020 年上半年，按补偿总吨位计算，订单量与 2019 年相比下降了 64%，按价值计算，较 2019 年下降了 72%[①]。造船厂产量减少，导致整个供应链显著收缩，对欧洲海上设备制造部门也产生了严重影响。

虽然该行业国际竞争激烈，但其前景依然看好，所有蓝色经济部门在未来对新船舶、设备和技术的需求都将增加，而新船舶、设备和技术的复杂性也将增加，从而需要专门知识、高技能人员，欧洲造船厂目前在这方面表现突出。为了提供更经济、更安全、更有竞争力和更环保的船舶及其他海事设备，造船业预计将采用广泛的技术创新，如在轻量化材料、数字化、自动化、先进的设计和生产技术等领域进行创新。

---

① https://www.usweproject.eu/images/D24_Forecast_for_Shjipbuilding_40_Report_copy_copy.pdf.

（六）海洋运输部门

1. 海洋运输部门基本情况①

2019 年，海洋运输行业对欧盟蓝色经济的贡献为 9% 的工作岗位、19% 的总增加值和 25% 的利润。具体来说，2019 年海洋运输部门直接就业人数约为 40.3 万人，与 2009 年相比增加了 13%；创造了 343 亿欧元的总增加值，与 2009 年相比增长了 27%；营业额达到 1 634 亿欧元，与 2009 年相比增长了 34%。其中，德国以 34% 的工作岗位和 36% 的总增加值在海洋运输方面占据领先地位，紧随其后的是意大利，占据了 18% 的工作岗位和 14% 的总增加值，值得注意的是，丹麦只贡献了 7% 的就业岗位，却贡献了 18% 的总增加值。

如图 10.24 所示，在就业方面，2019 年运输服务、客运和货运部门分别贡献了 46%、30% 和 24% 的工作岗位。其中，欧盟各成员国对海洋运输行业人员就业贡献度从高到低依次是德国（34%）、意大利（18%）、法国（8%）、荷兰（7%）和丹麦（7%）。

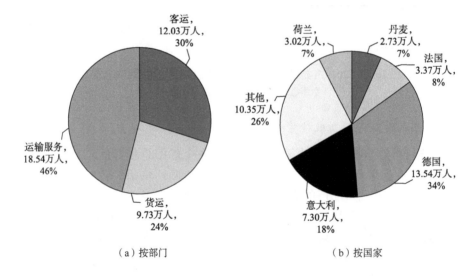

（a）按部门　　　　　　　　　　　（b）按国家

图 10.24　2019 年海洋运输部门就业人数按部门和国家分列结果

如图 10.25 所示，2019 年货运、运输服务和客运部门分别贡献了 43%、32% 和 25% 的总增加值。其中，欧盟各成员国对海洋运输部门总增加值贡献度从高到低依次是德国（36%）、丹麦（18%）、意大利（14%）和荷兰（6%）。

_____

① https://blue-economy-observatory.ec.europa.eu/blue-economy-indicators_en.

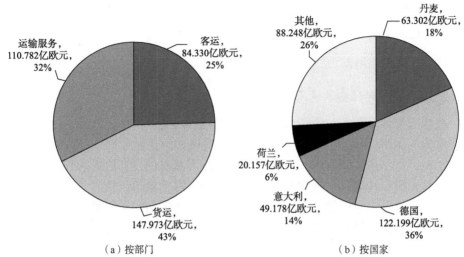

图 10.25　2019 年海洋运输部门总增加值按部门和国家分列结果

如图 10.26 所示，2019 年货运、运输服务和客运部门分别贡献了 59%、27% 和 14% 的营业额。其中，德国对营业额的贡献最大，为 35%。

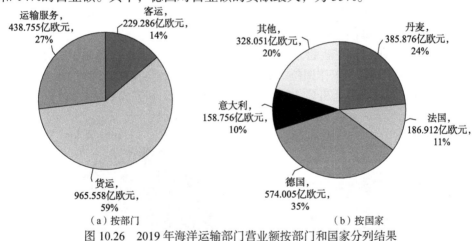

图 10.26　2019 年海洋运输部门营业额按部门和国家分列结果

2. 海洋运输行业发展趋势和驱动力

与大多数行业一样，海洋运输也受到了新冠疫情的影响，经济冲击和不断加剧的国际贸易争端加剧了国际贸易和港口货运量的波动。新冠疫情期间，影响海洋客运的因素包括：港口关闭、检疫要求、航员换班和遣返、海员的认证及许可和供应、修理、船舶检验和认证。

近年来，由于船舶尺寸的增加，加上多次提高船舶效率和回收效率较低的船舶，该行业的二氧化碳排放量的增长有限。未来，依旧需要对发动机和燃料技术进行更多的改进。信息技术、数字化和自动化的使用将为该行业带来机遇和挑战，并促进海上运输的可持续发展。

（七）滨海旅游部门

1. 滨海旅游部门基本情况①

在新冠疫情暴发前，欧盟每年的旅游总增加值近 7 870 亿欧元，占整个欧盟生产总值的 10%，旅游业提供了 2 300 万个直接和间接就业岗位，占欧盟就业人数的 12%。严格来说，滨海旅游业包括以海滩为基础的所有旅游和娱乐活动，如游泳、日光浴和其他以靠近大海为优势的活动。海上旅游包括海上活动和海上运动，如航海、潜水和巡航。为沿海和海上旅游生产用品和提供服务的所有活动也应该被视为直接或间接促进该部门的社会经济业绩（由于数据限制，《欧盟蓝色经济报告》并未包含此部分内容）

2019 年，滨海旅游行业对欧盟蓝色经济的贡献为 63% 的就业岗位、44% 的总增加值和 38% 的利润。具体来说，2019 年滨海旅游行业总增加值约为 800 亿欧元，与 2009 年相比增加了 21%；营业额约为 2 300 亿欧元，与 2009 年相比增加了 20%；超过 280 万人直接就业于该行业。其中，西班牙以 25% 的就业和 29% 的总增加值在滨海旅游部门中领先于其他国家。

如图 10.27 所示，在就业方面，2019 年其他支出、居住和交通部门分别贡献了 46%、39% 和 15% 的工作岗位。其中，欧盟各成员国对滨海旅游行业人员就业贡献度从高到低依次是西班牙（25%）、希腊（17%）和意大利（11%）。

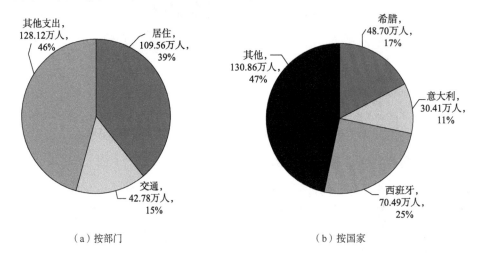

（a）按部门　　　　　　　　　　（b）按国家

图 10.27　2019 年滨海旅游部门就业人数按部门和国家分列结果

如图 10.28 所示，2019 年滨海旅游行业大部分增加值是由居住部门产生的，占总增加值的 46%，其次为其他支出部门，占 31%。其中，西班牙对增加值的贡献最大，占 29%。

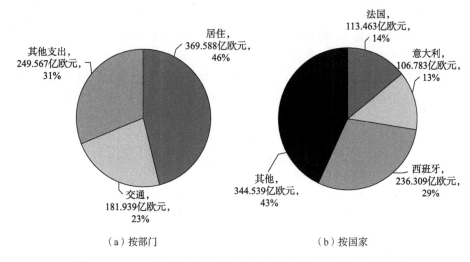

（a）按部门　　　　　　　　　（b）按国家

图 10.28　2019 年滨海旅游部门总增加值按部门和国家分列结果

数据经过四舍五入，故总和不为 100%

2019 年，其他支出部门产生了约 865 亿欧元的营业额，其次是居住部门，接近 776 亿欧元，然后是交通部门，约为 660 亿欧元（图 10.29）。其中，西班牙对营业额的贡献最大，占 27%。

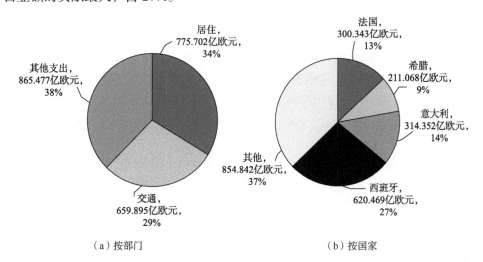

（a）按部门　　　　　　　　　（b）按国家

图 10.29　2019 年滨海旅游部门营业额按部门和国家分列结果

数据经过四舍五入，故总和不为 100%

2. 滨海旅游行业发展趋势和驱动力

欧盟的政策旨在保持欧洲作为主要旅游目的地的地位，同时将旅游业对经济增长和就业的贡献率最大化。虽然旅游业极大地促进了欧洲的发展，但游客数量增加也带来了巨大挑战，沿海地区和小岛屿也在努力寻找可持续的方式来应对旅游的高强度发展。此外，旅游还受到战争冲突、恐怖主义袭击、传染病暴发、货币不稳定、自然灾害和气候变化等因素的影响。

新冠疫情导致旅游需求变化，沿海地区受此影响，失业率上升幅度极大。英国脱欧对滨海旅游业的影响尚不能确定。但可以预见的是，滨海旅游业将继续扩大。

第三节　欧盟蓝色经济新兴部门

欧盟蓝色经济部门是指与海洋环境相关的经济部门和活动，但这些部门要么不成熟，要么在公共领域没有数据。

一、海洋能源

2020年11月，欧盟委员会发布了《海上可再生能源战略》，其中概述了海洋可再生能源对于欧盟2050年实现净零排放目标的预期贡献，该战略建议2030年将欧洲海上风电容量从目前的12 GW增加到至少60 GW，到2050年底增加到300 GW。海洋能源在很大程度上是一种尚未开发的可再生能源，它有很大潜力进一步实现欧盟能源体系的脱碳。潮汐能和波浪能技术是海洋能源技术中最先进的技术，在不同的成员国和区域都具有巨大的潜力，对于潮汐能，法国、爱尔兰和西班牙具有巨大潜力，其他成员国也具有本地化潜力，对于波浪能，大西洋具有较高的潜力，北海、波罗的海、地中海和黑海具有局部潜力。

（一）海上浮式风力发电

海上浮式风力发电（floating offshore wind power）是一个不断发展的行业，正在加强欧洲在可再生能源领域的领导地位，在深水和恶劣环境中海上浮式风力发电技术正朝着商业可行性的方向稳步发展。对于拥有深水（深度为50~1 000米）海域的欧盟国家来说，海上浮力的应用也是一种可行选择，并可能开拓大西洋、地中海和黑海等新市场，因此，海上浮式风力发电是欧盟的研发重点之一。

最新公布的海上浮式风力发电目标（尤其是欧洲和亚洲）表明，中期部署容量大幅增加。预计到2030年，浮式海上风能总量将达到12.2~16.5 GW，除欧洲市场（法国、挪威、意大利、希腊、西班牙、英国）外，一些亚洲国家（韩国和日本）的容量总量也将很大。随着韩国、日本加入已建立的欧洲市场（挪威、英国和法国），预计欧洲国家目前在海上浮式风力发电部署方面的领导地位将发生变化。因此，欧洲国家（包括英国和挪威）在海上浮式风力发电领域的市场份额预计将从2021~2025年的71%下降到2026~2030年的44%左右。届时，亚洲（37%）和北美（19%）预计将占据相当大的市场份额[①]。

（二）潮汐和波浪能

潮汐能和波浪能技术是海洋能源技术中最先进的技术，在不同的成员国和区域都具有巨大的潜力。受益于设计融合、大量发电（自2016年以来超过 60 GWh[②]）以及在欧洲和世界各地部署的许多项目和原型，潮汐能技术处在商业化阶段，而大多数波浪能技术处于研发阶段，正在进行的一些项目在波浪能利用方面取得了许多积极成果。

2007~2021 年，欧盟在波浪能和潮汐能方面的研发支出总额为 38.4 亿欧元，其中大部分（27.4 亿欧元）来自私人。同期，国家研发计划为波浪能和潮汐能的开发贡献了 4.63 亿欧元。

海洋能源技术的发展仍主要处于研发阶段，但一些技术已经朝着一流的示范和商业化前期项目发展。41%的潮汐能技术开发商位于欧盟 27 国，18%位于英国，开发人员最多的成员国是荷兰和法国（JRC，2020）。对于波浪能，活跃的波浪能技术开发商 52%位于欧盟，其中，英国（14%）的技术开发商数量最多，其次是美国、丹麦、意大利和瑞典。

鉴于欧盟现有的资源和技术的进步，预计在中短期内（到2030年），欧盟的海洋能源开发将在很大程度上依赖于潮汐能和波浪能的利用。在欧盟，大西洋沿岸的海洋能源资源潜力最大，波罗的海和地中海及海外地区（如留尼汪岛、库拉索岛）的可开发潜力更大。欧洲波浪能的理论潜力每年约为 2 800 TWh，而潮汐能的潜力每年约为 50 TWh。

（三）浮动太阳能光伏

浮动太阳能光伏发电（floating solar photovoltaic energy，FPV）装置为使用传统光伏装置开辟了新的机会，同时减少了对土地的影响。迄今为止，大多数 FPV 结构已经安装在湖泊和水力发电水库上。全球装机容量已从 2007 年的不到 1 MW

[①] JRC analysis based on 4C Offshore Wind Database；https://energycentral.com/system/files/ece/nodes/434433/gwec-offshore-wind-2020-5.pdf.

[②] Ocean Energy Key Trends and Statistics 2020.

增加到 2018 年的 1 314 MW。虽然大部分现有容量和增长预计在亚洲，但据估计，除了减少蒸发方面的能源收益之外，欧洲水电水库的 FPV 装置可产生高达 729 GW 的能量（Quaranta et al.，2021）。

（四）海上制氢

海上电力生产面临着许多与电网稳定性相关的挑战，以及由于供应（当风力涡轮机发电时）和需求（当需要电力时）之间的时间不匹配而引发的可变性问题。通过电解生产可再生氢可以减少这些问题，并为储存海上产生的多余电力提供替代方案。生产出的氢气可以用作能源载体（在燃料电池中）或作为燃料运输。海上制氢具有许多优点，如氢气运输和储存都可以大规模进行，成本相对较低。此外，海上石油和天然气平台可用于可再生氢生产。

2020 年，欧盟委员会发布《欧洲氢能战略》，提出到 2030 年建造 40 GW 绿色氢电解槽的目标。据估计，需要 80~120 GW 的可再生能源来为绿色氢电解槽供电[1]。《欧洲氢能战略》和海上可再生能源战略共同创建了与海上风电场相结合的海上氢能发电发展框架，甚至是结合海上风能、海洋能和 FPV 的混合可再生能源项目。根据《欧洲氢能战略》，到 2030 年，电解槽的投资可能在 240 亿~420 亿欧元。

二、蓝色生物技术部门

蓝色生物技术部门考虑非传统商业开发的海洋生物群体及其生物量应用，包括与使用可再生水生生物量相关的任何经济活动，如食品添加剂、动物饲料、药物、化妆品、能源等。

（一）藻类产业

欧盟蓝色生物经济中最引人注目的部门是藻类部门，它被认为是欧盟蓝色经济极有潜力的一个创新部门，正在逐步发展和壮大，为欧盟提供新的可持续产品和创造就业机会，同时促进海洋再生。根据 FAO 的数据，欧盟水产养殖业在 2019 年生产了 260 吨以上的大型海藻，价值约 400 万欧元，主要在法国、西班牙、爱尔兰和葡萄牙；2019 年欧盟水产养殖业生产了 5 吨微藻，价值超过 2.5 万欧元，主要在法国和保加利亚；2019 年欧盟水产养殖业生产了近 350 吨螺旋藻，价值约 850 万欧元，主要在法国和希腊。更有超过 86 000 吨的大型藻类主要是从法国、

---

[1] https://eur-lex.europa.eu/homepage.html?locale=en.

爱尔兰和西班牙的野生资源中获得的①。

据统计，海藻水产养殖产量占欧洲海藻生物量总产量的比例不到1%。大多数生产位于海上（近海或沿海水域），有24%的公司从事陆上活动。德国、法国和西班牙是欧洲微藻产量最多的几个国家，法国产量占欧洲地区总产量的65%，占据主导地位，16个欧洲国家有微藻生产厂，15个国家有螺旋藻生产厂①。

欧洲大多数海藻公司将其生物质生产用于食品（36%）、食品相关用途（15%），即食品补充剂、营养制品和水胶体生产，以及饲料（10%）。化妆品和健康产品也占生物质使用量的很大份额（17%），而其他应用（如肥料和生物刺激剂）在总份额中的占比不到11%。微藻的主要用途是食品补充剂和营养剂（24%）、化妆品（24%）和饲料（19%），总共占总用途的67%。螺旋藻的生产主要针对食品和食品补充剂及营养药品，占总用途的75%①。

（二）蓝色生物经济和生物技术的其他活动

藻类生物炼油厂（或藻类生物工厂）目前正在探索一种提高现有传统工业流程的环境可持续性（通过优化资源和最小化废物）和经济可行性（通过最大化利润）的方法。

近海水产养殖生产的大型藻类生物量相当于欧洲的少数水产养殖场生产的生物量。这种生产方法的升级依赖于克服技术限制和知识限制，以降低基础设施和物流成本，提高生物质产量。

新兴的细胞海产养殖技术被定义为从细胞培养物而不是从整个植物或动物中生产海洋产品，由于其解决公共卫生、环境和动物福利挑战的潜力，受到越来越多的关注。

（三）海水淡化

世界人口的1/4生活在严重缺水的国家。预计到2030年，全球缺水率将达到40%，到2025年，多达35亿人面临缺水风险，预计到2050年，水需求将增长30%②。海水淡化可以增加家庭、工业和农业用淡水的供应。

在欧盟成员国中，波兰、捷克、塞浦路斯和马耳他的水资源量最低，人均164立方米③。新冠疫情和气候变化等全球性挑战加剧了这种困境。预计南欧国家将面临水资源供应减少的问题，尤其是西班牙、葡萄牙、希腊、塞浦路斯、马耳他和意大利。到 2050 年，欧盟许多地区将面临严重缺水①，包括地中海沿岸地区，以及法国、德国、匈牙利、意大利、罗马尼亚和保加利亚的其他地区②。

瑞典、荷兰和法国从非淡水来源（如海水、微咸水等）提取的水量最高。在马耳他，非淡水提取量几乎是淡水提取量的 5 倍（2019 年数据），其中大部分是海水。海水淡化是一种替代供水方式，可以缓解淡水资源紧张的压力。

欧洲的海水淡化能力估计为 870 万立方米/天，约占全球装机容量的 9%。在 21 世纪的第一个十年，欧洲的海水淡化产能显著增长，2000~2009 年新增产能 458 万立方米/天，工程、采购和建设总投资 40 亿欧元。2010~2019 年，新投产产能仅为 84 万立方米/天。自 2010 年以来，大多数新增产能都是中小型工厂的形式。2000~2010 年投产的大部分大型和超大型电厂都是为西班牙的巴塞罗那和阿利坎特等大型沿海城市服务的。截至 2021 年 1 月，欧盟有 2 309 个运行的海水淡化厂，每天约生产 920 万立方米的淡水，主要来自海水和苦咸水，约占全球装机容量的 9%③。

第四节　欧盟各成员国情况④

欧洲根据其地理位置及政治因素分为东欧、西欧、北欧、南欧和中欧，以下部分将按照欧洲五大区域划分来分析欧盟各成员国蓝色经济的具体情况。

一、东欧

（一）保加利亚

保加利亚蓝色经济（传统部门）雇用了 93 330 人，创造了约 10.3 亿欧元的总增加值。就就业来说，2019 年，蓝色经济对国民经济的贡献为 3.2%，总增加值为 1.9%，与 2009 年（分别为 9.2% 和 4.7%）相比大幅下降。这主要是由于滨海旅游业的减少。与 2009 年相比，2019 年蓝色经济总增加值下降了 33%，低于国民经济的 64%。

滨海旅游业是保加利亚蓝色经济的最大贡献者。2019 年，该行业占蓝色经济

---

① https://ec.europa.eu/jrc/en/publication/impact-changing-climate-land-use-and-water-usage-europe-s-water-resources-model-simulation-study.

② https://ec.europa.eu/jrc/en/publication/water-energy-nexus-europe.

③ https://op.europa.eu/en/publication-detail/-/publication/0b0c5bfd-c737-11eb-a925-01aa75ed71a1.

④ https://blue-economy-observatory.ec.europa.eu/blue-economy-indicators_en.

工作岗位的 79%，占总增加值的 68%。即使已经相当可观，这些数字也远低于 2009~2011 年：就业率约为 90%，总增加值为 80%。

（二）捷克

捷克是一个内陆国家，蓝色经济（传统部门）不是其整体经济的主要贡献者（约 0.2%）。从绝对值来看，2009~2019 年，蓝色经济的就业增长了 35%，总增加值增长了 30%。就就业而言，2009~2019 年，蓝色经济的份额增加了 29%。港口活动是蓝色经济中最重要的部门，占就业人数的 52%，占总增加值的 61%。海洋生物资源紧随其后，达到 26% 的工作岗位和 22% 的总增加值；而造船和维修占 17% 的工作岗位和 14% 的总增加值。自 14 世纪以来，汉堡港一直是该地区最重要的贸易伙伴之一，也是捷克和斯洛伐克对外贸易的重要转运港。2019 年，汉堡港和捷克集装箱码头之间的内陆服务运输了 50 多万个集装箱。

（三）匈牙利

由于匈牙利是一个内陆国家，蓝色经济不是其整体经济的主要贡献者。就总增加值而言，2019 年其份额约为 0.4%，与 2009 年的份额相同。就绝对值而言，2019 年蓝色经济总增加值比 2009 年增加了 51%。2019 年蓝色经济传统部门占就业岗位的 0.4%，自 2009 年以来增加了 34%。值得一提的是，与 2009 年相比，蓝色经济就业岗位表现优于全国水平——蓝色经济就业增长 59%，而全国就业增长 1.8%，蓝色经济总增加值和国内总增加值均增长 51%。

匈牙利的蓝色经济以港口活动为主，贡献了 47% 的蓝色经济工作岗位和 53% 的总增加值。汉堡港是德国最大的海港，作为匈牙利海上对外贸易的转运、储存和配送中心发挥着重要作用。腹地交通的良好连接和完善的物流链使匈牙利汉堡港成为一个有吸引力的市场合作伙伴。匈牙利是欧洲境内国际货物流通的中心枢纽。往返匈牙利最重要的交通方式是火车，每周往返布达佩斯有 24 班火车。汉堡港超过 85% 的货物通过铁路运输，集装箱货物的比例几乎为 100%。

（四）波兰

2019 年，波兰蓝色经济（传统部门）雇用了约 146 540 人，创造了超过 33 亿欧元的总增加值。滨海旅游业占主导地位，2018 年，滨海旅游业为蓝色经济就业岗位贡献了 32%，为总增加值贡献了 28%。2009~2018 年波兰的国家总增加值增长率一直在上升（65%），蓝色经济总增加值也在增长（46%）。2019 年，蓝色经济总增加值占全国总增加值的份额比 2009 年下降了 12%。2009~2018 年，全国就业增长了 5.8%，蓝色经济就业机会增长了 19%。港口活动、海洋生物资源及造船和修理也是蓝色经济的重要贡献者，2018 年分别提供 19%、28%和 18%的就业机会，以及 23%、24%和 20%的总增加值。

（五）罗马尼亚

2019 年，罗马尼亚蓝色经济（传统部门）雇用约 63 440 人，创造了近 11 亿欧元的总增加值。2009~2019 年，国家总增加值显著增加（77%），蓝色经济增加值增加也较为显著（17.6%）。在全国范围内，2009~2019 年，总的就业略有增长（3.4%），而蓝色经济就业方面下降了 24%。2019 年，蓝色经济在全国就业和总增加值中所占的份额不太显著，不到 1%，并且在 2009~2019 年，有所下降（分别下降了 34%和 26%）。造船和修理以及滨海旅游业是最大的贡献者，蓝色经济工作岗位分别占 35%和 32%，产生的总增加值分别为 37%和 28%。

（六）斯洛伐克

作为一个内陆国家，蓝色经济并不是斯洛伐克整个国民经济的主要贡献者。2009~2019 年，斯洛伐克总增加值稳步增长（46%），而蓝色经济总增加值增长了 442%。在就业方面，2009~2019 年，蓝色经济就业岗位（传统行业）的增长（103%）也超过了全国就业岗位的增长（8%），主要原因是港口活动在这一时期大幅增长，总增加值增长超过 1 090%，工作岗位增加 335%。

（七）克罗地亚

克罗地亚蓝色经济（传统部门）雇用了 162 260 人，创造了约 36 亿欧元的总增加值。就总增加值而言，蓝色经济对国民经济的贡献率为 8%；就就业而言，其贡献率为 9.9%。总体而言，与 2009 年相比，蓝色经济总增加值增长了 29%，这完全归功于滨海旅游和海洋生物资源。与 2009 年相比，造船和修理、港口活动及海洋非生物资源都有所减少。蓝色经济工作岗位与 2009 年相比减少了 10%，仅在海洋生物资源和海洋运输方面有所增加。与 2009 年相比，海洋非生物资源和造船业失去了大量工作岗位（分别为 98%和 54%）。克罗地亚的蓝色经济明显以滨海旅游业为主，2019 年，滨海旅游业贡献了 79%的就业机会和 81%的总增加值。海洋生物资源（7%）、海上运输（5%）、造船与修理（5%）也是蓝色经济就业机会的重要贡献者。造船业虽然在下降，但仍然是克罗地亚最重要的工业部门之一。就全球造船业而言，克罗地亚目前的造船业几乎可以忽略不计，然而，它在克罗地亚国民经济中具有重要作用。产品组合包括各种规模的新建筑、维修、改造和海上建筑。

二、西欧

（一）爱尔兰

根据数据，爱尔兰蓝色经济（传统部门）雇用了约 69 750 人，创造了超过 28 亿欧元的总增加值。蓝色经济在爱尔兰全国总增加值中的份额相对较低（报告期内约为 1%），与 2009 年相比总体下降了 21%。从绝对值来看，蓝色经济总增加值增加了 72%，而全国总增加值增加了 118%。就就业而言，蓝色经济工作岗位所占比例仍处于分析期间的最高水平（占所有就业岗位的 3.1%）。从绝对值来看，与 2009 年相比，蓝色经济工作岗位增加了 78%，而全国就业岗位增加了 13%。总体而言，除港口活动外，所有蓝色行业的总增加值都有所增加，下降了 13%。同样，总工作岗位增加，但海洋生物资源（15%）和海洋运输（6%）的工作岗位在减少。滨海旅游业的就业岗位大幅增加，与 2009 年相比增加了 136%。爱尔兰的蓝色经济以滨海旅游业为主，2019 年，滨海旅游业创造了 80% 的就业岗位，创造了 58% 的总增加值，其次是海洋生物资源，创造了 14% 的蓝色经济就业岗位，贡献了 18% 的总增加值。

（二）荷兰

根据数据，2019 年荷兰蓝色经济（传统部门）直接雇用了约 177 000 多人，创造了超过 123 亿欧元的总增加值。2009~2019 年，荷兰蓝色经济总增加值增长了 9.7%，对国家总增加值的贡献下降了 15%。就就业而言，2009~2019 年，国家就业保持相对稳定（增长 5.6%），而蓝色经济就业增长了 32%，在 2019 年达到顶峰。此外，2009~2019 年，蓝色经济就业岗位的份额增加了 25%。港口活动、海洋运输和滨海旅游业是蓝色经济的主要贡献者，分别占总增加值的 39%、16% 和 18%。除了海洋非生物资源和海洋可再生能源，就业在各部门中的分布更加平均，这两个部门分别只提供了 1.1% 和 0.3% 的蓝色就业机会。

（三）比利时

2019 年，比利时的蓝色经济（传统部门）提供了约 35 850 个就业岗位，创造了近 45 亿欧元的总增加值，对比利时经济的贡献率为 1%。2009~2019 年，蓝色经济总增加值增速超过了国民经济，蓝色经济总增加值增长了 49%，而国民经济增长了 38%。就就业而言，2009~2019 年蓝色经济的份额从 0.7% 增加到 0.8%。就绝对值而言，蓝色经济工作岗位增加了 18%。2019 年，港口活动占所有蓝色经济就业的 42%，占总增加值的 40%，欧盟第二繁忙的（集装箱）港口为比利时的安特卫普港。海洋生物资源（20%）和滨海旅游（22%）是比利时就业的重要来源，而海运是比利时总增加值的主要贡献者（32%）。

（四）法国

2019 年，法国蓝色经济（传统部门）雇用了约 374 460 人，创造了 224 亿欧元的总增加值。总体而言，2009~2019 年，蓝色经济的总增加值百分比有所下降，事实上，它在 2015~2019 年处于最低水平（仅占 1%的份额）。虽然就绝对值而言，蓝色经济总增加值在 2009~2019 年波动很大，增长了近 22%。

2009~2019 年造船和维修的总增加值显著增长（增长 128%），抵消了港口活动（下降 27%）。相比之下，法国的国家总增加值在 2009~2019 年增长了 22%，但仅比蓝色经济总增加值多了一个百分点（增加了 23%）。至于就业，在 2009~2019 年，从国家层面来看，就业保持相对稳定，与 2009 年相比仅增长 3%，而蓝色经济就业下降 7%。这一减少主要是由于港口活动的工作岗位数量减少了 38%，海洋生物资源减少了 16%。法国的蓝色经济以滨海旅游业为主，2019 年，滨海旅游业贡献了 54%的蓝色经济工作岗位和 51%的总增加值。海洋生物资源、港口活动及造船和修理也是重要贡献者。

（五）卢森堡

卢森堡作为一个内陆国家，没有直接的海上通道，2019 年，卢森堡的蓝色经济（传统部门）仅雇用了 420 人，但产生了约 3 300 万欧元的总增加值，主要原因是海上运输，其次是港口活动。正如预期的那样，蓝色经济对国民经济的直接贡献在总增加值和就业方面是最低的。据卢森堡贸易投资局（Luxembourg Trade & Invest）的报道，卢森堡在航运领域的投资是一个了不起的成功案例。2019 年，卢森堡约有 1 000 个工作岗位与海事部门直接或间接相关。在卢森堡成立的船东为约 400 名高技能的岸上员工和约 4 000 名海上员工提供工作；此外，保险公司、银行、律师事务所、咨询集团和海运物流运营商还有约 600 个与海运相关的工作岗位。卢森堡海事集群（The Luxembourg Maritime Cluster，LMC）是一个非营利组织，旨在促进和维护其成员公司的利益。卢森堡海事集群是全球海事利益相关者的联络中心，这些利益相关者希望与 50 多家专业从事海运、疏浚、物流、金融、法律、保险、咨询、安全与安保及海事设备的成员公司进行合作。该集群通过在卢森堡与国外实施和促进通信战略，为卢森堡海事部门和海事相关服务的发展做出了贡献。

三、北欧

（一）丹麦

丹麦是世界领先的海运国家之一，蓝色经济是丹麦的工业强项之一。丹麦海运业凭借高科技和专业化的产品和解决方案在世界市场上拥有稳固的地位。丹麦是世界第五大海运国，仅次于希腊、新加坡、中国和日本。2009~2019 年，蓝色经济在丹麦国家总增加值中的份额在 2011 年达到最高（6.3%）。之后，这一比例有所下降，2019 年略高于 5.2%。从绝对值来看，2009~2019 年，丹麦的蓝色经济总增加值增长了 28%，这主要归功于海洋运输。就业也出现了类似的趋势。2009~2019 年，蓝色经济提供的就业份额增长了 30%（绝对值增长了 35%），2019 年约为 4.4%；这意味着超过 4% 的丹麦工作直接来源于蓝色工作。2019 年蓝色经济（传统部门）雇用了约 122 750 人，产生了 140 亿欧元的总增加值。就就业机会而言，它以滨海旅游业为主，2019 年占蓝色经济总量的 61%。2019 年，就总增加值而言，2019 年海运业是最大的贡献者（45%），其次是滨海旅游业（22%），然后是海洋非生物资源（16%）。

（二）爱沙尼亚

2019 年，爱沙尼亚蓝色经济（传统部门）雇用了 40 540 多人，创造了 11 亿欧元的总增加值。蓝色经济对爱沙尼亚国内总增加值的贡献约为 4.3%，与 2009 年相比下降了 33%。就绝对值而言，2009~2019 年，蓝色经济总增加值增长 33%。爱沙尼亚总体国民经济增长（总增加值）优于蓝色经济，增加 97%。就就业而言，蓝色经济份额下降 38%，从 10.3% 下降至 6.4%。2019 年，蓝色经济继续以滨海旅游业为主，贡献了 69% 的就业岗位，占蓝色经济总价值的 50%，而港口活动贡献了 22% 的总增加值和 9% 的就业机会。

（三）芬兰

2019 年，芬兰蓝色经济传统部门雇用了 54 000 多名员工，创造了超过 28 亿欧元的总增加值。2009~2019 年，芬兰的蓝色经济对其国家总增加值的贡献率略有下降：从约 1.6% 降至 1.4%。芬兰的国家总增加值增长了 31%，而蓝色经济总增加值仅增长了 9%。同样，蓝色经济工作在全国就业中所占的份额也有所下降。2009~2019 年，虽然全国就业岗位增加了 2.5%，但蓝色经济岗位保持稳定。芬兰的蓝色经济以滨海旅游业为主，2019 年，滨海旅游业为蓝色经济岗位贡献了 44%，为总增加值贡献了 36%。大多数就业岗位也集中在滨海旅游业，事实上，2009~2019 年，它是唯一一个就业人数增加的蓝色经济部门（增加 31%），就总增加值而言，其也是增长最快的行业（增长 36%）。

（四）拉脱维亚

2019 年，拉脱维亚蓝色经济（传统部门）雇用约 38 235 人，产生 6.74 亿欧元的总增加值。总体而言，2009~2019 年，蓝色经济总增加值增长了 75%，就业岗位增长了 15%；港口活动部门（38%）、滨海旅游部门（42%）和海上运输部门（10%）的工作岗位增加，而其他的蓝色经济部门的工作岗位减少。2009~2019 年，蓝色经济占全国总增加值的份额增加了 11%，就业方面也出现了同样的趋势，增加了 15%，在此期间，蓝色经济就业占总就业水平的百分比增加了 16%。拉脱维亚的蓝色经济以滨海旅游业为主，2019 年，滨海旅游业创造了 61%的就业机会，以及 46%的蓝色经济总增加值，港口活动也是一个重要的贡献者，其创造了 16%的就业岗位，以及 32%的总增加值。拉脱维亚有 3 个主要海港和 7 个较小的港口。里加是拉脱维亚最大的港口，也是波罗的海国家第二大港口，2019 年货物周转量达到 3 260 万吨，2020 年达到 2 370 万吨。文茨皮尔斯港是欧盟波罗的海东海岸的主要深水港之一，全年为进入波罗的海的最大船舶提供服务，2019 年的年营业额约为 98.6 万吨，2020 年为 110 万吨。利帕加是拉脱维亚第三大城市，有古老的制造业传统，2019 年间的货物营业额为 255.6 万吨；2020 年为 297.5 万吨。造船和修理及海上运输也是值得注意的部门，但在所分析的时期内仍然停滞不前。拉脱维亚海事集群的发展有助于促进海事部门之间的合作和整合，有助于推动整个蓝色经济。

（五）立陶宛

2019 年，立陶宛蓝色经济（传统部门）雇用了约 26 450 人，创造了超过 7.5 亿欧元的总增加值。总体而言，2009~2019 年，蓝色经济总增加值增长了 80%，而其在国民经济中的份额增长了 11%。2019 年，蓝色经济总增加值对国民经济的贡献率为 1.7%（以总增加值衡量），略高于 2009 年的 1.6%。就就业而言，2009~2019 年，蓝色经济就业岗位的绝对值增长了 67%，而其在全国就业中的份额增长了 3.6%，从 1.9%增至 2%。也就是说，全国就业增长速度低于蓝色经济中的就业增长速度。立陶宛的蓝色经济以海洋生物资源为主，2019 年，海洋生物资源占蓝色经济就业岗位的 31%和总增加值的 27%；港口活动和造船与维修也是巨大的贡献者，分别创造了 25%和 27%的总增加值，同时提供了 13%和 30%的就业岗位。立陶宛渔船队（捕捞渔业）由波罗的海和远洋或公海渔船队组成，后者在就业和产生的总增加值方面更为重要。捕捞渔业产生的总增加值占初级生产的77%。水产养殖业以鲤鱼为主（欧洲鳗鱼和鲟鱼次之），占整个初级产业的23%。2019 年，约有 95 家鱼类加工公司产生了约 1.29 亿欧元的收入，加上批发

（3 900 万欧元），约占海洋生物资源总增加值的 85%。

（六）瑞典

2019 年，瑞典的蓝色经济传统部门雇用约 120 660 人，产生约 61 亿欧元的总增加值。2009~2019 年，瑞典的蓝色经济总增加值和国家总增加值均大幅增长，分别增长 45%和 53%；蓝色经济总增加值占全国总增加值的比例下降了 5.6%；就就业而言，全国就业岗位增加了 13%，而蓝色经济岗位则下降了 1.8%，导致蓝色经济工作岗位占瑞典全国总就业岗位的比例下降 13%。

瑞典的蓝色经济以滨海旅游业为主，2019 年，滨海旅游业为蓝色经济创造了69%的就业机会，为总增加值贡献了 56%。海洋运输业也是一个重要的贡献者，提供了近 15%的蓝色经济就业机会和 23%的总增加值。海洋生物资源位居第三，占蓝色经济工作岗位的 7%，占总增加值的 7%；造船业占蓝色经济工作岗位的6%，占总增加值的 8%。

四、南欧

（一）意大利

2019 年，意大利蓝色经济（传统部门）雇用了约 531 750 人，创造了超过 244亿欧元的总增加值。2019 年，蓝色经济为国家工作岗位贡献了 2.4%，为国家总增加值贡献了 1.5%。意大利蓝色经济总增加值的份额在 2011~2015 年经历了一段较低的时期，但已恢复到 2009 年的数字。从绝对值来看，2009~2019 年，蓝色工作岗位减少了 13%，而总增加值增加了 14%，略高于全国总增加值的增长（13%）；除了海上运输和海洋生物资源外，所有其他行业的就业人数都大幅下降；海洋非生物资源的总增加值下降了 64%。

意大利的蓝色经济主要由滨海旅游业主导，2019 年，海洋生物资源和海上运输对蓝色经济的贡献率分别为 57%和 44%，都创造了 14%的就业机会，以及 11%和 20%的总增加值。事实上，除了海洋非生物资源和海洋可再生能源外，所有蓝色经济传统部门都是意大利经济的重要贡献者。在欧盟层面上，就总增加值而言，2019 年，意大利在滨海旅游、海上运输、海洋非生物资源、造船和修理方面排名第三，分别占欧盟总量的 13%、14%、16%和 19%；海洋生物资源排名第四（14%），港口活动排名第五（8%）。由于意大利政府及保加利亚、克罗地亚、塞浦路斯、丹麦、德国、希腊、爱尔兰、意大利、马耳他、荷兰、波兰、葡萄牙、罗马尼亚和西班牙仍未禁止其海岸外的油气勘探及开采，预计当地海洋非生物资源将进一步恶化。

（二）西班牙

2009~2019 年，西班牙蓝色经济总增加值在国民经济中的份额增加了 8%，在 2018 年达到最高点（3%），并且增长速度快于全国总增加值（21%）。在就业方面，则出现了相反的趋势，蓝色经济就业岗位占全国就业岗位的比例下降了 1%。

西班牙蓝色经济以滨海旅游业为主，2019 年滨海旅游业为蓝色经济岗位贡献了 78%，为总增加值贡献了 72%；海洋生物资源部门也是一个重要的贡献者，带来了 13% 的蓝色经济工作岗位和 11% 的总增加值；港口活动也为蓝色经济总增加值贡献了 11%。就滨海旅游和海洋生物资源的总增加值而言，西班牙在欧盟排名第一，分别占欧盟总量的 29% 和 19%。航运、海洋生物资源和滨海旅游业是西班牙国民经济的重要贡献者。西班牙是欧元区第四大经济体，占欧盟 GDP 的 8.95%，仅次于意大利（12.8%）、法国（17.4%）和德国（24.7%）。2009~2016 年，西班牙是世界上第二大受欢迎的旅游目的地，2016 年的国际游客达 8 400 万人次。西班牙蓝色经济传统部门雇用了大约 905 650 人，创造了近 328 亿欧元的总增加值。蓝色经济对西班牙经济和就业率产生了积极影响。同时，西班牙是欧盟最大的捕捞渔业生产国，2019 年，欧盟十大最繁忙的集装箱港口中有三个位于西班牙，均位于地中海地区：巴伦西亚港（第四）、阿尔赫西拉斯港（第六）和巴塞罗那港（第九）。地中海以外，拉斯帕尔马斯港和毕尔巴鄂港的繁忙程度跻身前 20。西班牙 80% 的进口来自海港，50% 以上的出口通过海港。

（三）葡萄牙

2019 年，葡萄牙蓝色经济（传统部门）雇用了约 254 450 人，创造了超过 58 亿欧元的总增加值。2009~2019 年，蓝色经济总增加值增长了 74%，而就业岗位增长了 52%；蓝色经济总增加值占全国总增加值的比例也大幅增加，增加了 47%；蓝色经济工作岗位占全国的比例增加了 46%。相比之下全国总增加值增加了 18%，而全国就业人数增加了 4.2%。葡萄牙的蓝色经济主要由滨海旅游业主导，2019 年，滨海旅游业为蓝色经济工作岗位贡献了 82%，为总增加值贡献了 76%；海洋生物资源也是一个重要的贡献者，提供了 14% 的工作岗位和 13% 的总增加值；港口活动带来了 6.3% 的蓝色总增加值，以及 1.9% 的就业岗位。葡萄牙拥有欧洲最大的专属经济区，并且是第一个编制海洋卫星账户的欧盟成员国。

（四）斯洛文尼亚

斯洛文尼亚虽然是一个沿海国家，但海岸线只有 47 千米。2019 年，斯洛文尼亚蓝色经济（传统部门）雇用约 8 350 人，产生近 3.2 亿欧元的总增加值；蓝色经济占国民经济的 0.8%，占就业的 0.9%。就绝对值而言，2009~2019 年，蓝色经济总增加值增长了 38%，而蓝色工作岗位增长了 1.3%。虽然在 2009~2013 年，斯洛文尼亚总增加值保持相对稳定，但在 2016~2019 年，增长了 33%，导致 2019 年的增长。就就业而言，2009~2019 年，国家工作岗位增长了 1.5%。斯洛文尼亚的蓝色经济在就业方面以滨海旅游业为主，在总增加值方面以港口活动为主。2019 年，滨海旅游业创造了 45% 的蓝色就业机会和 32% 的总增加值，而港口活动为蓝色经济创造了 32% 的就业机会和 48% 的总增加值。

（五）希腊

希腊是世界上最大的船舶拥有国。2019 年，希腊船队约占全球总吨位的 20.7%，占欧盟的 54%。悬挂希腊国旗的商船队在国际上排名第八，在欧盟中排名第二（载重吨），仅次于马耳他。2019 年，希腊船东控制着 32.6% 的世界油轮船队、15.2% 的世界化学品和产品油轮、16.3% 的全球液化天然气（液化石油气）船队、21.7% 的世界散货船和 8.9% 的世界集装箱船。2020 年，希腊拥有的船队增长了 4% 以上，达到约 3.64 亿载重吨。2019 年，希腊蓝色经济传统部门雇用了约 570 017 人，创造了超过 83 亿欧元的总增加值。总体而言，2009~2019 年，蓝色经济工作岗位增加了 4%，总增加值下降了 37%。尽管如此，蓝色经济在国民经济中的份额仍然很大。就工作岗位而言，2019 年，希腊蓝色经济贡献了 15% 的全国工作岗位，是欧盟中份额最高的。就总增加值而言，2019 年希腊在欧盟中排名第四，蓝色经济贡献率为 5.1%。

希腊的蓝色经济以滨海旅游业为主，2019 年，滨海旅游业为蓝色经济创造了 85% 的就业机会，创造了 66% 的总增加值；海洋运输也是一个很大的贡献者，占总增加值的 17% 和就业岗位的 5%；海洋生物资源创造了约 6% 的就业机会和 6% 的总增加值。

（六）马耳他

2019 年，马耳他蓝色经济（传统部门）雇用了 29 000 多人，创造了近 8.6 亿欧元的总增加值。马耳他以滨海旅游业为主，2019 年，滨海旅游业为蓝色经济工作岗位贡献了 85%，为总增加值贡献了 66%；海洋生物资源也是蓝色经济工作岗位（6%）和总增加值（5%）的贡献者；港口活动和海上运输分别占总增加值的 14% 和 10%。2009~2019 年，蓝色经济对国家总增加值的贡献率增长了 7%，蓝色经济总增加值增长了 137%；此外，马耳他的国家总增加值急剧上升（121%）；就业方面也出现了类似的趋势，总体而言，全国就业人数增加了 58%，蓝色经济就业人数增加了 88%。

（七）塞浦路斯

2019 年，塞浦路斯蓝色经济传统部门雇用了约 40 400 人，创造了近 12 亿欧元的总增加值，占国民经济总增加值的 5.9% 和就业岗位的 10%。2009~2019 年，蓝色经济对国民总增加值和就业的贡献保持相对稳定；蓝色经济总增加值（绝对值）增长了 12%，但其份额下降了 5.7%，国民经济增长超过蓝色经济。作为一个岛国，塞浦路斯的蓝色经济以滨海旅游业为主，2019 年，滨海旅游业占蓝色就业岗位的 85%，占总增加值的 78%；港口活动及造船和修理业分别占总增加值 7% 和 8%。2010 年，欧盟委员会根据欧盟国家援助规则，批准延长塞浦路斯的吨位税计划，该计划适用于船舶所有权、船舶管理和租船活动。塞浦路斯是第一个获得欧盟批准的吨位税系统的开放注册国，该系统于 2019 年又延长了十年。该系统的延长为塞浦路斯航运提供了一个长期稳定的财政环境。该系统有助于提高欧盟海运部门的竞争力，同时支持欧洲的高环境标准和安全标准。

五、中欧

（一）德国

2019 年，德国蓝色经济（传统部门）提供了约 527 350 个工作岗位，创造了约 322 亿欧元的总增加值。2009~2019 年，国家总增加值一直在上升，增长了42%。然而，蓝色经济总增加值却并非如此，在同一时期，蓝色经济的总增加值对国家总增加值的贡献在 2014~2016 年处于最低水平。从绝对值来看，2009~2019 年，蓝色经济总增加值增长了 29%，而其占全国总增加值的份额下降了 9%；蓝色经济的就业份额稳定在 1.1%~1.3%。就绝对值而言，2009~2019 年，蓝色工作岗位增加了 17%，超过了全国就业率（增长 9%），表明蓝色工作岗位的份额有所增加。

德国的蓝色经济以海运为主，2019 年，海运占蓝色经济总增加值的 38%。事实上，德国在海运总增加值方面在欧盟排名第一，2019 年占欧盟海运总增加值的36%。港口活动和滨海旅游业也是重要的贡献者。就就业而言，2019 年，滨海旅游业创造了 36% 的蓝色就业机会，依次是海洋运输业（26%）、港口活动（17%）。汉堡港是欧洲第三繁忙的港口，德国的港口是重要的高科技枢纽，也是海上风力发电行业的服务提供商。

（二）奥地利

2019 年，奥地利蓝色经济（传统部门）雇用了约 6 590 人，创造了近 4.67 亿欧元的总增加值；蓝色经济仅占全国总增加值的 0.1%，其份额比 2009 年增加了

1.5%；蓝色经济总增加值比2009年增长了41%，而国民经济的增长率为39%。就就业而言，2019年蓝色经济工作岗位占全国的比例为0.2%，与2009年相比增加了14%。2009~2019年，蓝色经济工作岗位增加了25%，全国工作岗位总体增长了9%。奥地利的主要蓝色经济部门是海洋生物资源、港口活动和造船。2019年，海洋生物资源创造了1.68亿欧元的总增加值，提供了近2 900个就业岗位；港口活动创造了近1 740个就业机会，创造了1.65亿欧元的总增加值；造船和修理业创造了1 270个工作岗位，总增加值为8 500万欧元。尽管奥地利是一个内陆国家，但它与汉堡港之间的良好贸易关系可以追溯到几百年前。特别是自20世纪50年代以来，汉堡港对奥地利经济的重要性日益增加。自20世纪70年代以来，汉堡港一直是一个重要的转运中心，其一直是奥地利集装箱运输量最高的城市。

第五节　欧盟与中国主要海洋产业对比

《中国海洋经济统计年鉴》收录了全国和沿海地区开发、利用和保护海洋的各类产业活动，并包含了与之相关的活动的统计数据和社会经济概况数据。《欧盟蓝色经济报告》提供了对欧盟蓝色经济活动的社会经济评估。本节资料来源还包括《2011年中国海洋经济统计公报》。

一、中国与欧盟海洋经济产业划分

与欧盟不同，中国将主要海洋产业分为海洋渔业、海洋油气业、海洋矿业、海洋盐业、海洋船舶工业、海洋化工业、海洋生物医药业、海洋工程建筑业、海洋电力业、海水利用业、海洋交通运输业和滨海旅游业。其中，与欧盟蓝色经济传统行业较为类似的主要海洋产业为海洋渔业、海洋油气业、海洋矿业、海洋盐业、海洋船舶工业、海洋电力业、海洋交通运输业和滨海旅游业。欧盟与中国海洋经济部门对照表见表10.1。

表10.1　欧盟与中国海洋经济部门对照表

欧盟	中国
海洋生物资源部门	海洋渔业
海洋非生物资源部门	海洋油气业、海洋矿业及海洋盐业
海洋可再生能源部门	海洋电力业
造船及修理部门	海洋船舶工业
海洋运输部门	海洋交通运输业
滨海旅游部门	滨海旅游业

欧盟海洋生物资源部门包括：捕捞渔业（小型沿海、大型和工业船队）和水产养殖（海洋、淡水和贝类）；鱼类、甲壳类动物及软体动物的加工和保存；预制菜肴、油脂及其他食品的制造；鱼类、甲壳类动物及软体动物在零售店的销售和其他食品的批发。中国海洋渔业部门主要包括海水养殖、海洋捕捞、海洋渔业服务业和海洋水产品加工等。

欧盟海洋非生物资源部门包括：原油和天然气的提取；砾石和沙坑的经营；黏土和高岭土的开采；盐的提取；为石油和天然气开采准备的活动和其他采石、采矿活动。中国将这些活动区分开来，具体分为海洋油气业（在海洋中勘探、开采、输送、加工原油和天然气的生产活动）、海洋矿业（海滨砂矿、海滨土砂石与煤矿及深海矿物等的采选活动）和海洋盐业（利用海水生产以氯化钠为主要成分的盐产品的活动，包括采盐和盐加工）。

由于数据可用性限制，欧盟将海上风能部门命名为海洋可再生能源，并作为蓝色经济传统部门之一，而中国海洋经济统计中的海洋电力业范围更广，包括在沿海地区利用海洋能、海洋风能进行的电力生产活动（不包括沿海地区的火力发电和核力发电）。

欧盟蓝色经济的造船及修理部门包括：船舶及浮动构筑物的建造；游艇和运动艇的建造；船舶和小艇的修理和保养；麻绳和网的制造；服装以外的纺织品制造；体育用品的制造；发动机和涡轮机的制造（飞机除外）；测量、测试和航海用仪器的制造。中国海洋经济统计的海洋船舶工业仅包括：以金属或非金属为主要材料，制造海洋船舶、海上固定及浮动装置的活动，以及对海洋船舶的修理及拆卸活动。

欧盟海洋运输部门包括：海运、沿海客运和内陆客运；海上及沿海货运水运和内陆货运水运；水上运输设备租赁。中国海洋交通运输业是指以船舶为主要工具从事海洋运输以及为海洋运输提供服务的活动，具体包括：远洋旅客运输、沿海旅客运输、远洋货物运输、沿海货物运输、水上运输辅助活动、管道运输业、装卸搬运及其他运输服务活动。

欧盟滨海旅游部门包括住宿、交通和其他支出活动，而中国滨海旅游业的划分更加详细，是指以海岸带、海岛及海洋各种自然景观、人文景观为依托的旅游经营、服务活动，主要包括：海洋观光游览、休闲娱乐、度假住宿、体育活动等活动。

二、中国与欧盟海洋经济产业分析

就指标而言，欧盟对蓝色经济传统部门的分析指标包括总增加值、就业人数、人员成本、营业额等，而《中国海洋经济统计年鉴》中仅分析了主要海洋产业的增加值，以下就 2015~2019 年欧盟蓝色经济传统部门和中国主要海洋产业增加值进行对比分析①。

在对比分析时，按照欧盟蓝色经济传统部门和中国主要海洋产业包含活动的相似性，将对比分为以下几个方面：欧盟海洋生物资源部门，中国海洋渔业；欧盟海洋非生物资源部门，中国海洋油气业、海洋矿业及海洋盐业；欧盟海洋可再生能源部门，中国海洋电力业；欧盟造船及修理部门，中国海洋船舶工业；欧盟海洋运输部门，中国海洋交通运输业；欧盟滨海旅游部门，中国滨海旅游业。各图中都使用欧盟产业部门划分名称，为保障数据可比性，将欧盟各传统行业增加值的单位（欧元）按 1 : 7.14 的汇率转化为人民币。

（一）海洋生物资源部门

如图 10.30 所示，欧盟海洋生物资源部门 2015 年总增加值为 1 209 亿元，而2019 年总增加值达到了 1 380 亿元，一直保持上升态势，其中 2016 年增速最高，达到了 7.4%；中国海洋渔业 2015 年总增加值为 4 318 亿元，2019 年总增加值为4 635 亿元，其中 2016 年增速最高，为 6.9%，但之后增速都比较低，甚至在 2018年出现负增速。

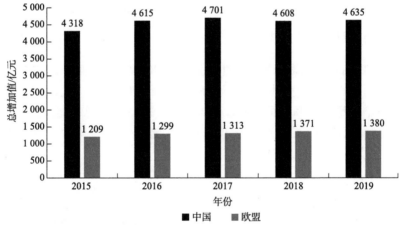

图 10.30 中国②—欧盟③海洋生物资源部门 2015~2019 年总增加值对比

（二）海洋非生物资源部门

如图 10.31 所示，欧盟海洋非生物资源部门 2015 年总增加值为 601 亿元，

---

① 资料来源：欧盟蓝色经济指标（https://blueindicators.ec.europa.eu/.）和中国海洋统计年鉴.

② 本小节中国海洋生物资源包括海水养殖、海洋捕捞、海洋渔业服务业和海洋水产品加工等活动。

③ 本小节欧盟海洋生物资源包括捕捞渔业（小型沿海、大型和工业船队）和水产养殖（海洋、淡水和贝类）；鱼类、甲壳类动物及软体动物的加工和保存；预制菜肴、油脂和其他食品的制造；鱼类、甲壳类动物及软体动物在零售店的销售和其他食品的批发。

2019年总增加值降到了334亿元，总增加值呈现先下降后上升的趋势，2016年增速为-44.3%，2018年才开始缓慢增长；而中国海洋油气业、海洋矿业及海洋盐业三个主要海洋产业在2015年的总增加值合计达到1 087亿元，2019年这三个产业总增加值合计达到了1 756亿元，总体呈现上升趋势，2018年增速最高，达到34.3%。

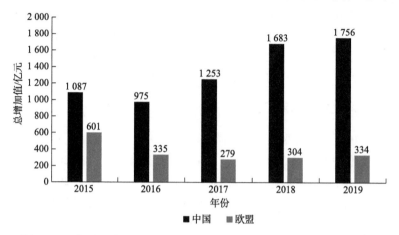

图10.31　中国—欧盟海洋非生物资源部门2015~2019年总增加值对比

（三）海洋可再生能源部门

如图10.32所示，欧盟海洋可再生能源部门2015年总增加值为57亿元，2019年总增加值为136亿元，整体呈上升趋势，2016年增速最高，达到38.60%，这几年中有三年增速超过25%；而中国海洋电力业在2015年的总增加值为120亿元，2019年总增加值达到了208亿元，也呈现上升趋势，但整体增速较欧盟偏低，2018年增速最高，达到21.71%。

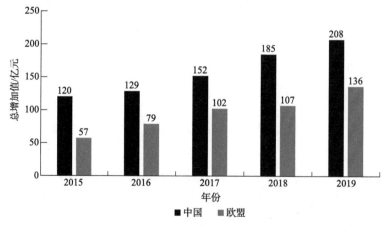

图10.32　中国—欧盟海洋可再生能源部门2015~2019年总增加值对比

（四）造船及修理部门

如图 10.33 所示，欧盟造船及修理部门 2015 年总增加值为 803 亿元，而 2019 年总增加值达到了 1 117 亿元，呈现上涨趋势，增速趋于平稳；中国海洋船舶工业 2015 年总增加值为 1 446 亿元，2019 年总增加值为 1 128 亿元，总增加值呈下降趋势，其中 2017 年出现大幅下降，增速为-26.81%。

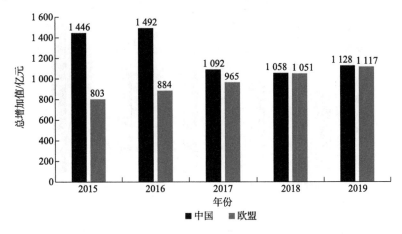

图 10.33　中国—欧盟造船及修理部门 2015~2019 年总增加值对比

（五）海洋运输部门

如图 10.34 所示，欧盟海洋运输部门 2015 年总增加值为 2 320 亿元，2019 年总增加值为 2 450 亿元，有所波动但整体还是稳定的；中国海洋交通运输业 2015 年总增加值为 5 641 亿元，2019 年总增加值达到 5 589 亿元，其中最高时为 2017 年，达到了 6 081 亿元。

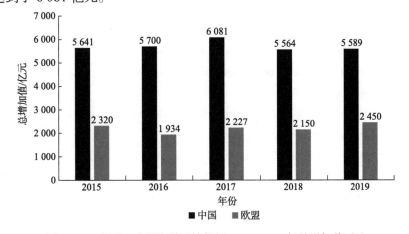

图 10.34　中国—欧盟海洋运输部门 2015~2019 年总增加值对比

（六）滨海旅游部门

如图 10.35 所示，欧盟滨海旅游部门 2015 年总增加值为 4 001 亿元，2019 年总增加值为 5 720 亿元，增加值平缓增长；中国滨海旅游业 2015 年总增加值为 10 881 亿元，2019 年总增加值为 17 996 亿元，呈持续上升趋势，2017 年增速最高，达到了 17.21%。

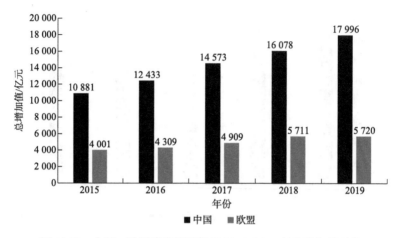

图 10.35　中国—欧盟滨海旅游部门 2015~2019 年总增加值对比

参 考 文 献

自然资源部. 2012. 2011 年中国海洋经济统计公报[R]. 北京：自然资源部.

自然资源部. 2021. 2020 年中国海洋经济统计公报[R]. 北京：自然资源部.

Carpenter, Criffin, et al. 2023. The economic performance of the EU fishing fleet during the COVID-19 pandemic[J]. Aquatic Living Resources，36：2.

Deloitte. 2021. Europe's ports at the crossroads of transitions：a study commissioned by the European Sea Ports Organisation（ESPO）[Z].

European Commission. 2020. Wind Energy Technology Development Report 2020[R]. Luxembourg：Publications Office of the European Union.

European Commission Directorate General for Maritime Affairs and Fisheries. 2022. The EU Blue Economy Report 2022 [R]. Luxembourg：Publications Office of the European Union.

European Environment Agency. 2021. European Maritime Transport Environmental Report[R]. Luxembourg：Publications Office of the European Union.

GWEC. 2020. Global Offshore Wind Report 2020[R]. Brussels：GWEC.

JRC. 2020. Facts and Figures on Offshore Renewable Energy Sources in Europe[Z]. JRC121366.

Post J, de Jong P, Mallory M, et al. 2021. Smart Specialisation in the Context of Blue Economy-Analysis of Desalination Sector[M]. Luxembourg: Publications Office of the European Union.

Quaranta E, Aggidis G, Boes R M, et al. 2021. Assessing the energy potential of modernizing the European hydropower fleet[J]. Energy Conversion and Management, 246: 114655.

UNCTAD. 2020. Review of Maritime Transport 2020[R]. New York, Geneva: United Nations Publication.

USWE. 2020. Forecasting Trends and Challenges for a 4.0 Shipbuilding Workforce in Europe[R].

附　表

附表 10.1　按部门分列的欧盟蓝色经济就业人员数

部门	2009 年	2010 年	2011 年	2012 年	2013 年	2014 年	2015 年	2016 年	2017 年	2018 年	2019 年
生物资源/万人	52.89	52.76	50.85	53.67	52.07	51.85	52.17	52.97	52.78	53.99	53.87
非生物资源/万人	3.44	3.16	2.98	3.04	2.77	2.81	2.75	1.79	1.25	1.11	1.01
海洋可再生能源/万人	0.04	0.06	0.09	0.10	0.12	0.17	0.40	0.51	0.70	0.83	1.06
港口活动/万人	38.16	37.25	35.95	36.74	36.36	40.39	41.40	41.81	41.49	38.51	38.26
造船及修理/万人	30.68	27.47	26.34	25.55	25.66	25.88	26.39	26.91	27.45	29.27	29.91
海洋运输/万人	35.75	35.45	36.31	35.63	35.64	37.59	38.31	36.75	38.45	39.81	40.30
滨海旅游/万人	281.82	259.70	228.67	194.05	203.66	203.24	196.55	219.23	237.16	284.58	280.46
蓝色经济就业人员数/万人	442.77	415.85	381.21	348.77	356.29	361.94	357.96	379.98	399.29	448.10	444.87
欧盟总就业人员数/万人	18 457.0	18 216.6	18 227.7	18 128.2	18 046.4	18 198.1	18 404.4	18 696.4	18 967.8	19 183.1	19 360.4
蓝色经济就业人员数占欧盟总就业人员数的比例	2.4%	2.3%	2.1%	1.9%	2.0%	2.0%	1.9%	2.0%	2.1%	2.3%	2.3%

注：由于四舍五入，数据或有偏差

附表 10.2　按部门分列的欧盟蓝色经济总增加值

部门	2009 年	2010 年	2011 年	2012 年	2013 年	2014 年	2015 年	2016 年	2017 年	2018 年	2019 年
生物资源/亿欧元	148.12	153.26	158.89	159.55	155.01	159.38	169.32	181.89	183.95	191.96	193.32
非生物资源/亿欧元	111.90	113.25	119.35	112.37	96.84	82.15	84.22	46.88	39.11	42.57	46.71
海洋可再生能源/亿欧元	0.41	1.15	1.68	1.91	2.98	3.97	7.23	9.91	13.00	13.98	19.25
港口活动/亿欧元	231.84	233.64	268.58	239.44	242.33	254.13	264.06	271.74	274.07	265.42	279.37

续表

部门	2009 年	2010 年	2011 年	2012 年	2013 年	2014 年	2015 年	2016 年	2017 年	2018 年	2019 年
造船及修理/亿欧元	112.63	118.14	117.47	109.11	110.60	116.06	112.51	123.85	135.15	147.27	156.47
海洋运输/亿欧元	269.30	300.20	271.23	274.35	290.65	287.48	324.86	270.94	311.84	301.09	343.09
滨海旅游/亿欧元	663.93	647.20	588.87	509.25	547.14	541.74	560.32	603.52	687.50	799.79	801.09
蓝色经济总增加值/亿欧元	1 538.13	1 566.83	1 526.07	1 405.99	1 445.54	1 444.91	1 522.53	1 508.73	1 644.62	1 762.07	1 839.30
欧盟总增加值/亿欧元	95 322.63	98 486.39	101 457.76	102 056.23	103 204.81	105 556.02	109 366.78	112 312.43	116 647.97	120 460.15	124 768.09
蓝色经济总增加值占欧盟总增加值的比例	1.6%	1.6%	1.5%	1.4%	1.4%	1.4%	1.4%	1.3%	1.4%	1.5%	1.5%

注：由于四舍五入，数据或有偏差

第十一章　美国海洋经济发展主要指标

美国海洋经济发展指标数据主要包括 NOAA、BEA 和 BLS 合作编制的国家海洋经济数据监测系统、海洋经济卫星账户、沿海地区经济数据，NOAA 和 BC 合作编制的针对自雇工作者的国家海洋经济数据监测系统，以及 NOAA 和 BLS 合作编制的沿海淹没区的就业统计五大海洋数据集数据。

第一节　NOAA、BEA 和 BLS 合作编制的国家海洋经济数据监测系统

ENOW 是美国最早发布的海洋经济数据统计系统之一，在此，使用 ENOW 海洋经济数据对美国海洋经济展开整体与分产业分析。

一、海洋经济整体情况分析

根据 ENOW，2019 年，海洋经济的 164 384 家企业雇用了约 350 万人，支付了 1 490 亿美元的工资，并产生了 3 510 亿美元的商品和服务，占美国全国就业人数的 2.4%左右，占总体 GDP 的 1.6%。ENOW 海洋经济就业和 GDP 分布如图 11.1 所示。

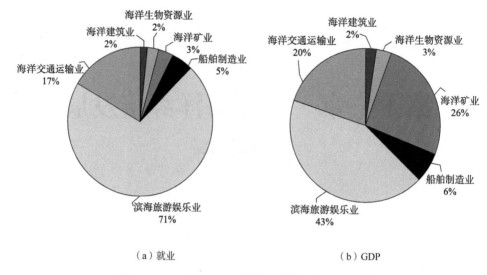

（a）就业　　　　　　　　　　（b）GDP

图 11.1　2019 年 ENOW 海洋经济就业和 GDP 分布
资料来源：NOAA

在海洋经济就业中，滨海旅游娱乐业的从业人数占比最大，为 71%，该产业是海洋经济就业的主要产业；从业人数占比第二大的产业为海洋交通运输业，为 17%；船舶制造业、海洋矿业、海洋生物资源业和海洋建筑业的就业人数占比较小，分别为 5%、3%、2% 和 2%，具体分布如图 11.1（a）所示。

在海洋经济增加值中，滨海旅游娱乐业的 GDP 占比最大，为 43%，该产业是海洋经济 GDP[①]产出的主要产业；GDP 占比第二大的产业是海洋矿业，为 26%；海洋交通运输业占比第三，为 20%；船舶制造业、海洋生物资源业和海洋建筑业的 GDP 占比较小，分别为 6%、3% 和 2%，具体分布如图 11.2（b）所示。

2018~2019 年，大部分海洋产业在就业和 GDP 水平上有一定增长。海洋经济就业整体增加了 87 554 名员工，GDP 增长了 2.6%，超过了美国经济总增长（2.3%）。如图 11.2 所示，在就业水平上，海洋交通运输业和海洋建筑业的增速相对较高，分别为 8.4% 和 7.7%，这两个产业在 2018~2019 年吸引了较多人员。海洋矿业和海洋生物资源业的就业水平变动较小，增速仅为 1.0%，说明这两个产业的就业水平相对来说已达到了饱和状态。在 GDP 水平上，海洋矿业增速最高，为 18.9%，该产业在 2018~2019 年发展态势良好，增长迅速。海洋生物资源业是唯一一个逆发展的产业，其 GDP 增速为-0.5%。

---

① 如非特别说明为美国总体 GDP，本章提及的 GDP 指标均指海洋生产总值。

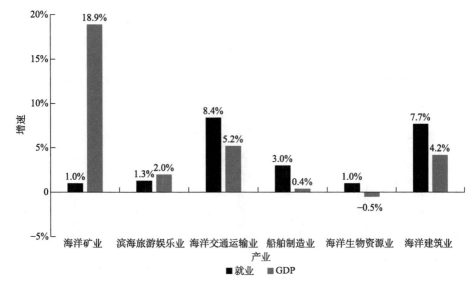

图 11.2 2018~2019 年 ENOW 海洋经济就业和 GDP 增速

资料来源：NOAA

如图 11.3 所示，从 2019 年总工资水平来看，滨海旅游娱乐业占比最高，为整个海洋经济的 47%；占比第二大的产业是海洋交通运输业，为 26%；海洋建筑业、海洋生物资源业的总工资水平占比较小，皆为 3%。

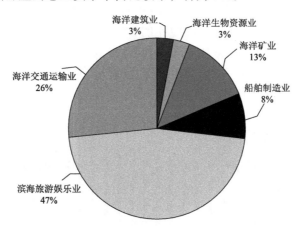

图 11.3 2019 年 ENOW 海洋产业总工资水平分布

资料来源：NOAA

如图 11.4 所示，从 2019 年平均工资水平来看，海洋矿业的平均工资最高，为 159 576.36 美元。该产业的职业范围囊括海上石油平台的工人到支持勘探活动的工程师、地质学家和测绘员，个体工资水平差异较大。在所有海洋产业中，滨海旅游娱乐业的平均工资最低，为 27 853.06 美元，该产业工资水平低是因为该产业内兼职工作的比例较大，通常由退休人员、学生和刚刚加入劳动力大军的人员担任。海洋生物资源业的平均工资（49 596.77 美元）低于全国平均水平（59 209 美元），与滨海旅游娱乐业相同，该产业也雇用了大量季节性工人和兼职工人。

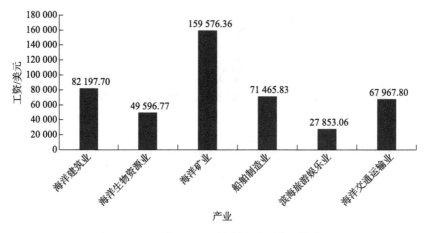

图 11.4　2019 年 ENOW 海洋产业平均工资水平

资料来源：NOAA

如图 11.5 所示，2005~2019 年，美国海洋经济稳步发展，呈上升趋势。就业人数由 2005 年的 2 697 782 人增长至 2019 年的 3 505 444 人，增长了 29.94%。GDP 由 2005 年的 2 383 亿美元增加至 2019 年的 3 512 亿美元，增长了 47.38%，这也进一步印证了海洋经济的发展潜力。同时分析就业人数于 2008 年经济大衰退后的变化可知，其波动幅度较小，并于 2010 年恢复增长，说明海洋经济就业在经济大衰退期间仍能保持较好的稳定性，并具有较强的恢复力。

图 11.5　2005~2019 年 ENOW 海洋经济整体就业与 GDP 发展情况

资料来源：NOAA

二、分产业分析

（一）海洋建筑业

海洋建筑业负责与疏浚航道和海滩重建相关的大量建筑活动。但由于该产业企业在所有地区的分布数量很少，为了保护这些企业的机密数据，对该产业的部分数据进行了加密处理。因此，ENOW 中缺少部分县级与州级数据。2005~2019年 ENOW 海洋建筑业就业与 GDP 发展情况如图 11.6 所示。

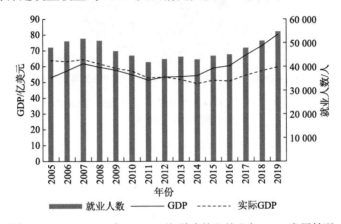

图 11.6　2005~2019 年 ENOW 海洋建筑业就业与 GDP 发展情况
资料来源：NOAA

海洋建筑业就业人数占美国海洋经济就业人数的 1.6%，海洋建筑业生产总值占美国海洋生产总值的 2.3%。虽然该产业占海洋经济的比例很小，但它仍是海洋经济的重要组成部分，该产业雇员平均工资为 82 198 美元，处于较高水平，远高于全国平均水平（59 209 美元）。2005~2019 年，海洋建筑业就业人数增加了6 720 人，GDP 增长了 51.5%（图 11.6）。该产业的规模在 2005~2019 年发生了较大的变化，得到了良好的发展。

（二）海洋生物资源业

海洋生物资源业包括商业捕鱼、水产养殖、海产品加工及批发和零售市场，占美国海洋经济就业人数的 2.5% 和海洋生产总值的 3.3%。该产业雇员的平均工资与其他海洋产业相比较低，为 49 596.77 美元。批发和零售市场是海洋生物资源业最大的产出，占海洋生物资源业生产总值的 42%；批发和零售市场也提供了较多的就业机会，占比为 47%（图 11.7）。

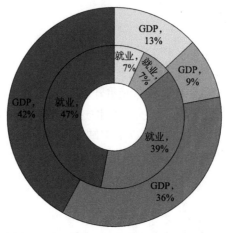

□商业捕鱼　■水产养殖　■海产品加工　■批发和零售市场

图 11.7　2019 年 ENOW 海洋生物资源业就业与 GDP 分布图

资料来源：NOAA

2005~2019 年，海洋生物资源业的就业人数增加了 23 694 人，GDP 增长了 106.69%。由图 11.8 可知，该产业的规模于 2016 年得到了较好的发展，就业人数与 GDP 水平都增长迅速。2017 年后，发展趋于平稳。同时，该产业内有较多的自雇工作者，这些人员的产出将在针对自雇工作者的国家海洋经济数据监测系统中体现。

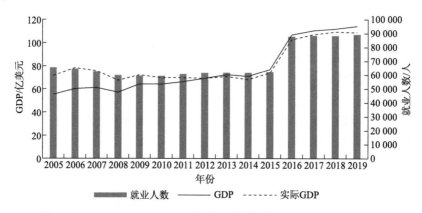

图 11.8　2005~2019 年 ENOW 海洋生物资源业就业与 GDP 发展情况

资料来源：NOAA

（三）海洋矿业

海洋矿业包括石油和天然气的勘探和生产，以及石灰石、砂石和砾石的开采。该产业的最大组成部分是石油和天然气的勘探和生产，如图 11.9 所示，该部分2019年提供了海洋矿业95%的就业和98%的GDP，主要集中在墨西哥湾地区。海洋矿业占海洋经济就业总量的3.4%，对海洋生产总值的贡献为25.5%。该产业雇员的平均工资为159 576美元，几乎为全国平均水平的3倍，这主要得益于石油和天然气勘探和生产产业的高工资水平。石灰石、砂石和砾石开采产业的平均工资约为74 251美元，也高于全国平均水平。

图11.9　2019年ENOW海洋矿业就业与GDP分布图

资料来源：NOAA

2005~2019年，海洋矿业就业人数减少了6 311人，GDP缩减了0.31%。由图11.10可知，该产业的就业规模在2014年之后有大幅缩减，该趋势在2017年开始略微有所缓解，但回升速度较慢。这部分就业人员可能选择退出企业，成为自雇工作者，或选择进入其他产业就业。GDP的变化趋势大致与就业人数变化趋势相吻合，于2014年开始有较大缩减，并在2016年后有所回升。实际GDP的发展趋势与就业人数的发展趋势有一定相似性。

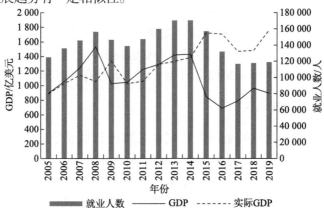

图11.10　2005~2019年ENOW海洋矿业就业与GDP发展情况

资料来源：NOAA

（四）船舶制造业

船舶制造业包括中小型船舶和大型船舶的制造与修理。大型造船厂集中在美国部分地区，小型造船厂在美国全国范围内分布得更为均匀，主要集中在商业捕鱼和休闲划船活动密集的地区。2019 年 ENOW 船舶制造业就业与 GDP 分布图如图 11.11 所示。

图 11.11　2019 年 ENOW 船舶制造业就业与 GDP 分布图
资料来源：NOAA

2019 年，船舶制造业为美国海洋经济提供了 4.8% 的就业和 6.3% 的海洋生产总值。该行业雇员的平均工资为 71 466 美元，高于全国平均水平（59 209 美元）。如图 11.11 所示，2019 年，该产业的大型船舶制造与修理提供了船舶制造业 82% 的就业岗位和 81% 的 GDP。

2005~2019 年，船舶制造业的就业人数增加了 2 515 人，GDP 增长了 58.03%。由图 11.12 可知，该产业受 2008 年经济大衰退的影响较大，就业规模大幅缩减，该趋势一直持续到 2011 年。2012 年开始，就业人数有所回升。

（五）滨海旅游娱乐业

滨海旅游娱乐业拥有的企业数和就业人数比其他五个行业的总和还要多。2019 年，以 GDP 衡量，滨海旅游娱乐业是最大的部门，约占海洋经济总量的 42.9%。这一产业包括了一系列吸引或支持海上旅游和娱乐的业务，如餐饮场所、酒店和住宿、水上观光、水族馆、公园、码头、休闲车辆停车场和露营地，以及相关的体育用品制造。

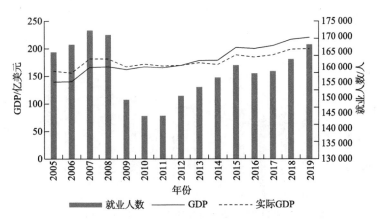

图 11.12 2005~2019 年 ENOW 船舶制造业就业与 GDP 发展情况
资料来源：NOAA

该产业大部分就业位于旅游景点所在近岸地区的酒店和餐馆。2019 年，酒店和住宿、饮食场所两个产业的就业人数和 GDP 分别占滨海旅游娱乐业总水平的 94% 和 92%。图 11.13 为 2019 年 ENOW 滨海旅游娱乐业就业与 GDP 分布图。

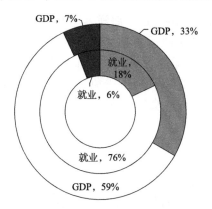

■ 酒店和住宿
□ 饮食场所
■ 其他（包括船商、休闲车辆停车场和露营地、体育用品制造、动物园和水族馆等）

图 11.13 2019 年 ENOW 滨海旅游娱乐业就业与 GDP 分布图
数据经过四舍五入，故总和不为 100%
资料来源：NOAA

2005~2019 年，滨海旅游娱乐业的就业人数增加了 638 389 人，GDP 增长了 107.14%。由图 11.14 可知，该产业受 2008 年经济大衰退的影响较小，就业规模仅有略微缩减，GDP 水平相较就业规模受影响幅度更为明显。可以看出，该产业的恢复力较强，2009 年开始，就业人数与 GDP 便恢复增长，并持续发展。加利福尼亚州和佛罗里达州是该产业最大的两个贡献者，在 2019 年占该产业总就业人数和

GDP 的 1/3 以上。

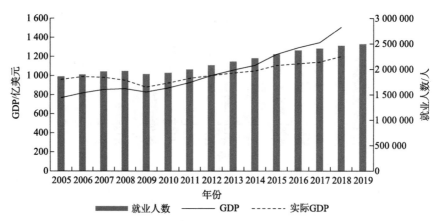

图 11.14 2005~2019 年 ENOW 滨海旅游娱乐业就业与 GDP 发展情况

资料来源：NOAA

（六）海洋交通运输业

海洋交通运输业包括深海货运、海洋客运服务、海上运输服务、仓储和导航设备制造等。2019 年海洋交通运输业贡献了 16.6%的就业和 19.8%的海洋生产总值。如图 11.15 所示，就就业水平而言，仓储业是海洋交通运输业中最大的组成部分，占该行业总就业的 57%。为了避免过高估计，ENOW 数据只包括位于沿海县的仓储活动。2019 年海洋交通运输业雇员的平均工资也相对较高，为 67 968美元。

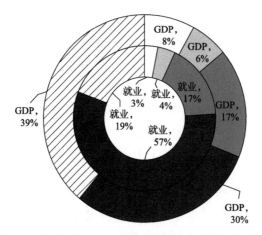

□ 深海货运 □ 海洋客运服务 ▨ 海上运输服务 ■ 仓储 ▨ 导航设备制造

图 11.15 2019 年 ENOW 海洋交通运输业就业与 GDP 分布图

资料来源：NOAA

2005~2019 年，海洋交通运输业就业人数增加了 142 657 人，GDP 增长了 47.94%。由图 11.16 可知，该产业在 2005~2019 年的发展趋势平稳，少有大幅波动。就业规模在 2010~2014 年发展较缓慢，2015 年起有了稳定增长趋势。海洋交通运输业约 20.5%的就业和 25.1%的 GDP 由加利福尼亚州提供，其余的分布在全国各地，主要集中在海港附近。

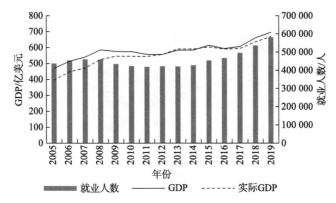

图 11.16 2005~2019 年 ENOW 海洋交通运输业就业与 GDP 发展情况

资料来源：NOAA

第二节 NOAA 和 BC 合作编制的针对自雇工作者的国家海洋经济数据监测系统

第一节所分析的 ENOW 仅包含企业雇员的产出情况，因此，本节对针对自雇工作者的 ENOW 数据进行分析，了解非企业雇员的海洋经济就业情况。

一、自雇工作者海洋经济整体分析

据 ENOW 针对自雇工作者的数据，2018 年海洋经济的自雇工作者约为 13.5 万人，占美国海洋经济就业人数的 3.8%；海洋经济自雇工作者总体收入为 84.5 亿美元，约占就业人员收入的 5.7%。如图 11.17 所示，就自雇工作者而言，就业人员大多来自海洋生物资源业、海洋交通运输业和滨海旅游娱乐业，分别占自雇工作者总数的 39%、24%和 24%，是海洋经济自雇工作者的主要组成成分。海洋矿业、海洋建筑业及船舶制造业中，自雇工作者的分布较少，说明在这几个产业中，企业雇员的占比相较于自雇工作者更高，该产业的人员更倾向进入企业就业。2018年ENOW自雇工作者海洋产业总收入的分布与就业分布十分相似，说明自雇工作者海洋产业总收入主要受就业规模影响，各海洋产业的平均收入可能没有较大差异。海洋生物资源业、滨海旅游娱乐业及海洋交通运输业是自雇工作者海洋经济总收入的最大贡献者，占自雇工作者海洋经济总收入的85%（图11.18）。

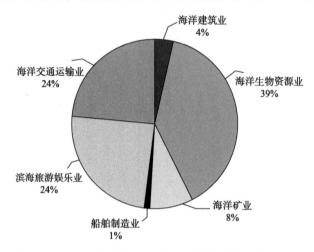

图 11.17　2018 年 ENOW 自雇工作者海洋产业就业分布
资料来源：NOAA

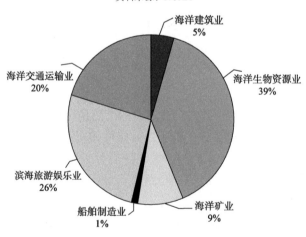

图 11.18　2018 年 ENOW 自雇工作者海洋产业总收入分布
资料来源：NOAA

2018年ENOW自雇工作者海洋产业平均收入为62 246.09美元，略高于雇员海洋经济平均收入（59 209美元）。图11.19中，海洋产业自雇工作者的平均收入分布较为平均，与雇员平均工资相比不存在平均收入极高或极低的产业。其中，海洋建筑业、船舶制造业、滨海旅游服务业、海洋矿业与海洋生物资源业均超过

了海洋产业自雇工作者的平均收入。平均收入最高的产业为海洋建筑业，为
77 576.36 美元。如图 11.19 所示，海洋交通运输业的平均工资最低，为 53 591.79 美
元，低于自雇工作者平均收入（62 246.09 美元）与雇员平均收入（59 209 美元）。

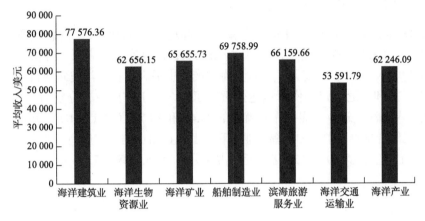

图 11.19　2018 年 ENOW 自雇工作者海洋产业平均收入分布

资料来源：NOAA

2005~2018 年，自雇工作者海洋经济就业人数从 124 675 人增加至 135 683
人，增长了 8.83%；总收入由 82.54 亿美元增加至 84.45 亿美元，增长了 2.31%。
与雇员海洋经济相比，自雇工作者海洋经济就业与总收入增长幅度相对较小，说
明自雇工作者海洋经济发展相对平缓，海洋经济总体的增长主要来源于雇员海洋
经济的发展。由图 11.20 可知，自雇工作者的就业人数在 2005~2018 年有一定起
伏，存在一定周期性，反映出相对于企业雇员的形式，自雇工作者的就业相对灵
活，其变化幅度相对较大。

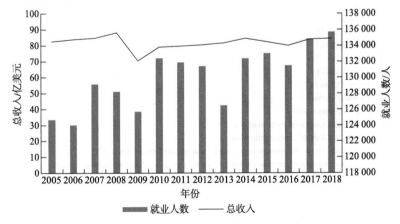

图 11.20　2005~2018 年 ENOW 自雇工作者海洋经济整体就业与总收入情况

资料来源：NOAA

二、自雇工作者海洋经济分产业分析

（一）海洋建筑业

2018 年，海洋建筑业自雇工作者的就业人数为 4 898 人，占总就业人数的 4%；收入为 3.799 69 亿美元，占总收入的 5%，占自雇工作者海洋经济的份额较小；平均收入为 77 576 美元，为六大海洋产业中最高。在海洋建筑业自雇工作者就业中，加利福尼亚州和佛罗里达州贡献了较多的工作岗位，分别为 1 148 人和 917 人，占海洋建筑业自雇工作者就业的 23.4% 和 18.7%（图 11.21）。在海洋建筑业自雇工作者总收入中，加利福尼亚州和佛罗里达州也是贡献最高的两个州，分别为 0.967 13 亿美元和 0.587 20 亿美元，占比分别为 25.5% 和 15.5%（图 11.22）。

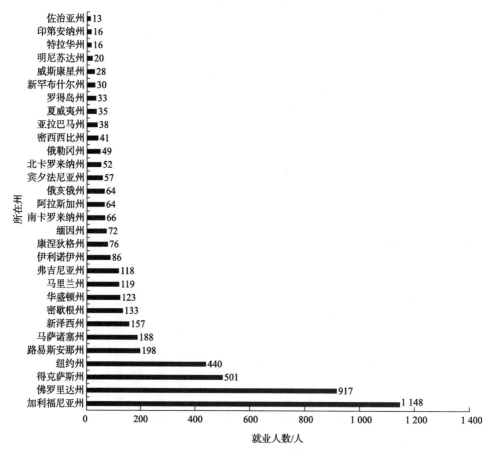

图 11.21　2018 年海洋建筑业自雇工作者就业州分布

资料来源：NOAA

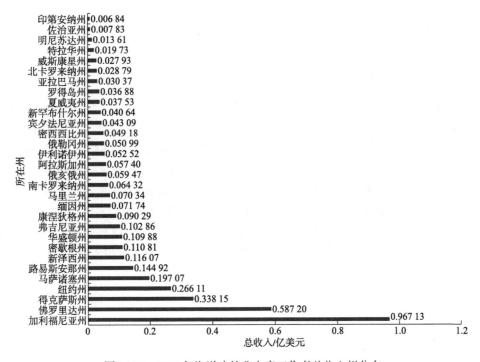

图 11.22　2018 年海洋建筑业自雇工作者总收入州分布

资料来源：NOAA

由图 11.23 可知，2005~2018 年，海洋建筑业自雇工作者的就业人数从 7 685 人减少至 4 898 人，缩减幅度为 36.27%；总收入由 598 468 000 美元减少至 379 969 000 美元，缩减幅度为 36.51%。

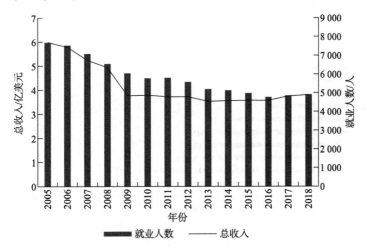

图 11.23　2005~2018 年海洋建筑业自雇工作者就业与总收入趋势

资料来源：NOAA

由图 11.23 可知，2005~2018 年，海洋建筑业自雇工作者就业规模呈减小趋势，这可能与分配不均或产业前景不佳有关。

（二）海洋生物资源业

2018 年，海洋生物资源业自雇工作者的就业人数为 52 813 人，占总就业的 39%；收入约 33 亿美元，占总收入的 39%，是自雇工作者海洋经济的主要组成部分；平均工资为 62 656 美元，略高于海洋产业自雇工作者平均收入（62 246 美元）与雇员平均收入（59 209 美元）。如图 11.24 和图 11.25 所示，在海洋生物资源业自雇工作者就业中，阿拉斯加州、佛罗里达州和缅因州的就业人数较多，分别为 7 775 人、6 844 人和 5 796 人，占海洋生物资源业自雇工作者就业的 14.7%、13.0% 和 11.0%。在海洋生物资源业自雇工作者总收入中，阿拉斯加州、缅因州和佛罗里达州也是占比最高的 3 个州，分别约为 4.86 亿美元、4.43 亿美元和 3.57 亿美元，占比分别约为 14.7%、13.4% 和 10.8%。

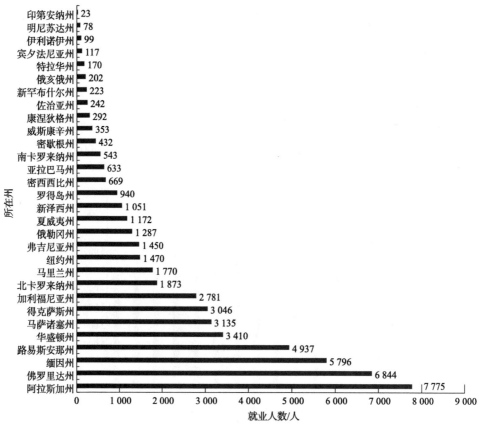

图 11.24　2018 年海洋生物资源业自雇工作者就业州分布

资料来源：NOAA

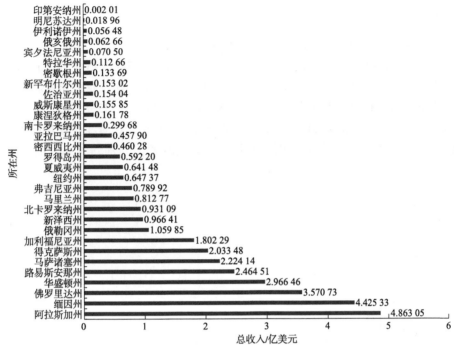

图 11.25 2018 年海洋生物资源业自雇工作者总收入州分布

资料来源：NOAA

2005~2018 年，海洋生物资源业自雇工作者的就业人数从 58 590 人减少至 52 813 人，缩减幅度为 9.86%；总收入由 27.8 亿美元增长至 33.0 亿美元，增长幅度为 18.71%。由图 11.26 可知，虽然海洋生物资源业自雇工作者的就业规模自 2005 年以来总体有所缩减，但较小的就业规模创造了较多的总收入。2005~2018 年，海洋生物资源业自雇工作者的总收入水平波动增长，意味着海洋生物资源业自雇工作者的平均收入在 2005~2018 年有所提高。

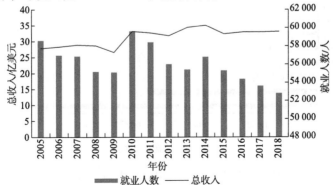

图 11.26 2005~2018 年海洋生物资源业自雇工作者就业与总收入趋势

资料来源：NOAA

（三）海洋矿业

2018 年，海洋矿业自雇工作者的就业人数为 11 372 人，占总就业人数的 8%；收入约 7.47 亿美元，占总收入的 9%；平均工资为 65 655.73 美元，在六大海洋产业中处于相对较高水平。如图 11.27 所示，在海洋矿业自雇工作者就业中，得克萨斯州和加利福尼亚州占总就业的绝大部分，分别为 5 112 人和 2 752 人，占海洋矿业自雇工作者的 45.0% 和 24.2%。如图 11.28 所示，在海洋矿业自雇工作者总收入中，得克萨斯州和加利福尼亚州是主要贡献者，分别约为 4.01 亿美元和 1.14 亿美元，占比分别约为 53.7% 和 15.3%。

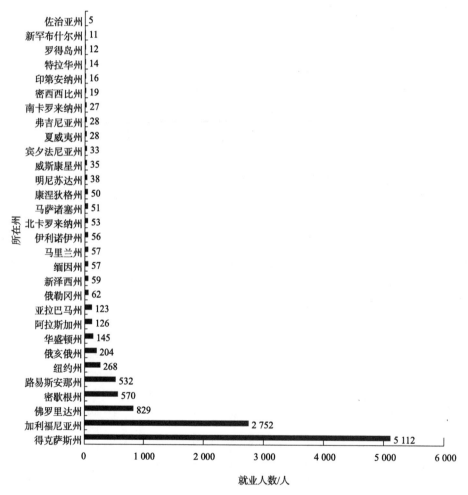

图 11.27　2018 年海洋矿业自雇工作者就业州分布

资料来源：NOAA

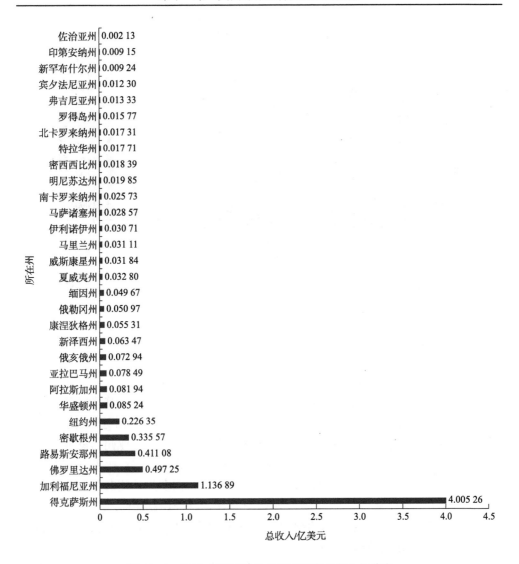

图 11.28　2018 年海洋矿业自雇工作者总收入州分布

资料来源：NOAA

　　如图 11.29 所示，2005~2018 年，海洋矿业自雇工作者的就业人数从 15 971 人减少至 11 372 人，缩减幅度为 28.80%；总收入由 13.1 亿美元缩减至 7.5 亿美元，缩减幅度为 42.75%。由该趋势可知，海洋矿业自雇工作者的就业规模在 2005~2018 年有较大变化，就业人数整体有所下降，部分自雇工作者可能选择进入企业或其他产业就业。同时，海洋矿业自雇工作者的总收入下降接近一半，产出大大减少，造成海洋矿业自雇工作者的平均工资在 2005~2016 年有一定减少。

2017 年开始，海洋矿业自雇工作者的就业人数与总收入有所回升。

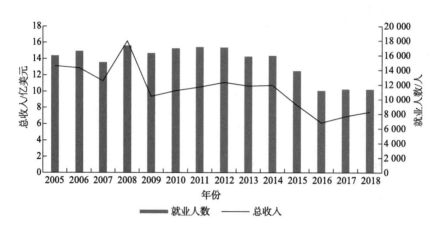

图 11.29　2005~2018 年海洋矿业自雇工作者就业与总收入趋势

资料来源：NOAA

（四）船舶制造业

2018 年，船舶制造业自雇工作者的就业人数为 1 500 人，占总就业人数的 1%；收入约 1.05 亿美元，占总收入的 1%，船舶制造业占自雇工作者海洋经济的份额较小；平均工资为 69 758.99 美元，在六大海洋产业中处于相对较高水平。如图 11.30 所示，在船舶制造业就业中，佛罗里达州和加利福尼亚州占就业比例较大，分别为 434 人和 213 人，占船舶制造业自雇工作者的 28.9% 和 14.2%。如图 11.31 所示，在船舶制造业自雇工作者总收入中，佛罗里达州和加利福尼亚州是总收入的主要贡献者，分别约为 0.32 亿美元和 0.14 亿美元，占比分别约为 30.5% 和 13.3%。另外，明尼苏达州和新罕布什尔州因无相关海洋经济活动而暂无数据，印第安纳州因数据噪声过高而不公布。

2005~2018 年，船舶制造业自雇工作者的就业人数从 719 人增加至 1 500 人，增长幅度为 108.62%；总收入由 0.64 亿美元增加至 1.05 亿美元，增长幅度为 64.06%。由图 11.32 可知，船舶制造业自雇工作者的就业规模和总收入在 2005~2018 年均有所增长，其中，就业人数增长超过一倍，增长趋势更为明显。船舶制造业自雇工作者的总收入波动较小，总体保持不断上升的发展趋势，说明船舶制造业有较好的发展前景。

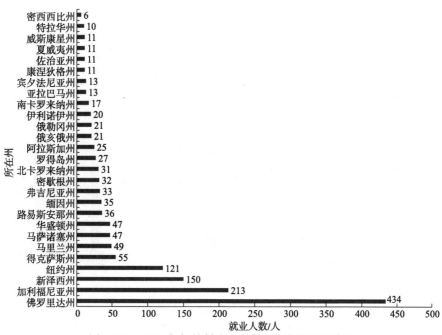

图 11.30　2018 年船舶制造业自雇工作者就业州分布

资料来源：NOAA

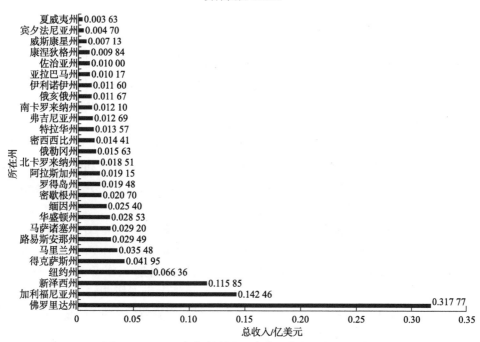

图 11.31　2018 年船舶制造业自雇工作者总收入州分布

资料来源：NOAA

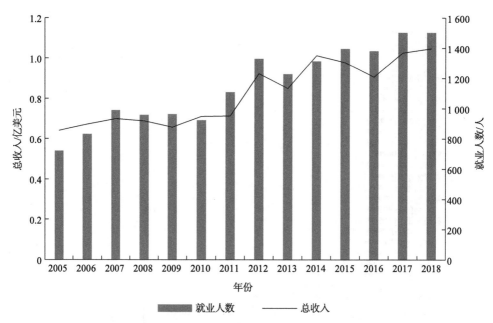

图 11.32　2005~2018 年船舶制造业自雇工作者就业与总收入趋势

资料来源：NOAA

（五）滨海旅游娱乐业

2018 年，滨海旅游娱乐业自雇工作者的就业人数为 33 146 人，占总就业人数的 24%；收入约 21.9 亿美元，占总收入的 26%，滨海旅游娱乐业是自雇工作者海洋经济的一大重要组成部分；平均工资为 66 159.66 美元，在六大海洋产业中处于相对较高水平。如图 11.33 所示，在滨海旅游娱乐业自雇工作者就业中，佛罗里达州、加利福尼亚州和纽约州占比较大，分别为 6 582 人、4 555 人和 4 351 人，占滨海旅游服务业自雇工作者的 19.9%、13.7% 和 13.1%。如图 11.34 所示，在滨海旅游服务业自雇工作者总收入中，佛罗里达州、加利福尼亚州和纽约州也是贡献最大的三个州，分别约为 5.54 亿美元、3.17 亿美元和 2.13 亿美元，占比分别约为 25.3%、14.5% 和 9.73%。

2005~2018 年，滨海旅游娱乐业自雇工作者的就业人数从 26 635 人增加至 33 146 人，增长幅度为 24.45%；总收入由 24.43 亿美元缩减至 21.90 亿美元，缩减幅度为 10.36%。由图 11.35 可知，滨海旅游娱乐业自雇工作者的就业规模在 2005~2018 年不断发展，但总收入受 2008 年的经济大衰退影响较大，有大幅降低，在之后几年中的回升较为缓慢，这也意味着滨海旅游娱乐业自雇工作者的平均工资有所下降，以及就业竞争较为激烈。

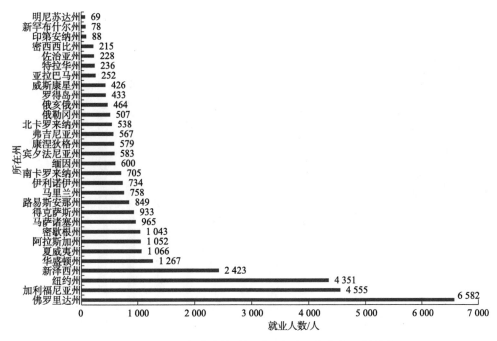

图 11.33　2018 年滨海旅游娱乐业自雇工作者就业州分布

资料来源：NOAA

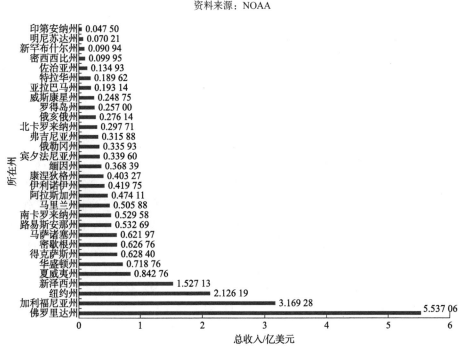

图 11.34　2018 年滨海旅游娱乐业自雇工作者总收入州分布

资料来源：NOAA

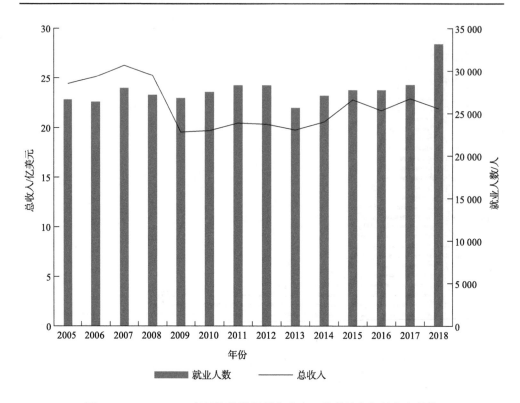

图 11.35　2005~2018 年滨海旅游娱乐业自雇工作者就业与总收入趋势

资料来源: NOAA

（六）海洋交通运输业

2018 年, 海洋交通运输业自雇工作者的就业人数为 31 952 人, 占总就业的 24%; 收入约 17.1 亿美元, 占总收入的 20%, 海洋交通运输业也是自雇工作者海洋经济的一大重要组成部分; 平均工资为 53 591.79 美元, 是六大海洋产业中平均工资最低的产业, 低于海洋产业自雇工作者平均收入（62 246 美元）与雇员平均收入（59 209 美元）。如图 11.36 所示, 在海洋交通运输业自雇工作者就业中, 佛罗里达州、加利福尼亚州和纽约州占比较大, 分别为 8 139 人、4 977 人和 3 927 人, 占海洋交通运输业自雇工作者的 25.5%、15.6% 和 12.3%。如图 11.37 所示, 在海洋交通运输业自雇工作者总收入中, 佛罗里达州、加利福尼亚州和纽约州也是贡献最大的三个州, 分别约为 3.97 亿美元、2.24 亿美元和 2.14 亿美元, 占比分别约为 23.2%、13.1% 和 12.5%。

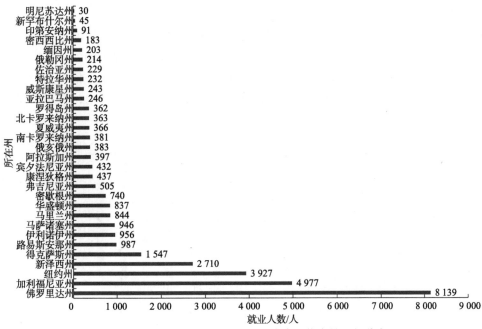

图 11.36 2018 年海洋交通运输业自雇工作者就业州分布

资料来源：NOAA

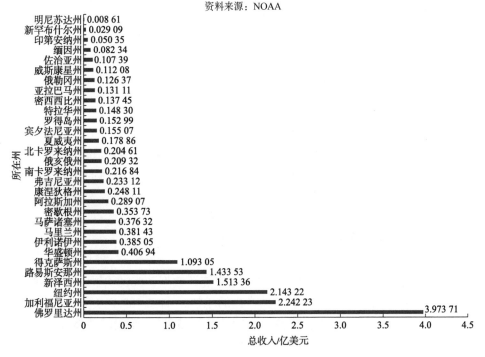

图 11.37 2018 年海洋交通运输业自雇工作者总收入州分布

资料来源：NOAA

　　2005~2018 年，海洋交通运输业自雇工作者的就业人数从 15 075 人增加至
31 952 人，增长幅度为 111.95%；总收入由 10.53 亿美元增加至 17.10 亿美元，增
长幅度为 62.39%。由图 11.38 可知，海洋交通运输业自雇工作者的就业规模与总
收入在 2005~2018 年得到了良好的发展，其中，就业规模扩大至一倍以上，总收
入增长超一半。由图 11.38 可知，海洋交通运输业的增长速度平稳，发展情况可
观，有较好的发展前景。

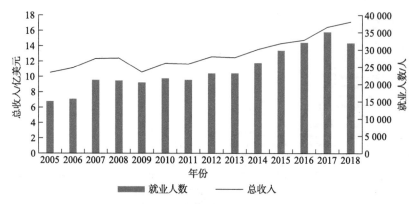

图 11.38　2005~2018 年海洋交通运输业自雇工作者就业与总收入趋势

资料来源：NOAA

第三节　NOAA、BEA 和 BLS 合作编制的海洋经济卫星账户

　　美国海洋经济卫星账户相较于 ENOW 是更新的海洋经济数据产品，且其分类
更符合国民经济统计框架，更便于看出海洋经济占国民经济总体的比重。在此，
对美国海洋经济卫星账户数据进行分析。

一、海洋经济整体分析

　　根据美国 BEA 发布的海洋经济卫星账户统计数据，2020 年海洋经济占美国
GDP 的 1.7%，即 3 614 亿美元；占总产出的 1.7%，即 6 103 亿美元。2019~2020
年，海洋经济的实际（经通胀调整）GDP 下降了 5.8%，而美国整体经济下降了
3.4%。海洋经济实际总产出下降 8.5%，海洋经济薪酬下降 1.2%，就业下降 10.8%
（图 11.39）。

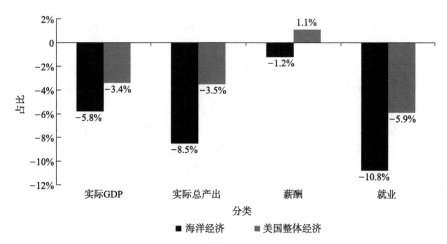

图 11.39　2019~2020 年海洋经济与美国整体经济占比对比

资料来源：BEA. https://www.bea.gov/data/special-topics/marine-economy

与 2019 年相比，2020 年海洋经济卫星账户实际总产出下降了 573 亿美元。如图 11.40 所示，从海洋经济活动分类的角度分析，沿海和近海旅游及娱乐从 2 376 亿美元下降至 1 909 亿美元，下降了 19.7%，是造成海洋经济实际总产出下降的主要原因。近海矿产下降了 12.0%，是实际总产出下降的第二大原因。海运运输和仓储下降了 16.1%。国防与公共管理增长 5.5%，抵消了一部分实际总产出的下降。

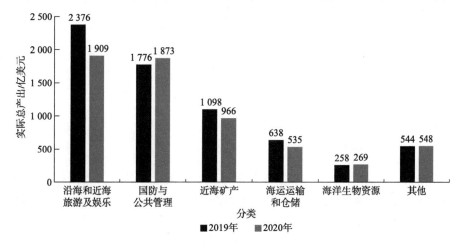

图 11.40　按活动分类的 2019~2020 年实际总产出

资料来源：BEA

海洋经济卫星账户还包括按产业划分的增加值、总产出、就业及薪酬数据，显示了不同产业对海洋经济的贡献。如图 11.41 所示，2020 年，政府是对海洋经济增加值贡献最大的部门，占当前价格水平下海洋经济增加值的 38.4%，即 1 388 亿美元；政府也是占海洋经济薪酬与就业份额最大的产业部门，分别为 893 亿美元和 704 000 个全职和兼职工作。房地产和租赁在海洋经济中占第二大份额，占当前价格水平下海洋经济增加值的 14.3%，即 517 亿美元。运输和仓储占海洋经济增加值的 8.4%，即 304 亿美元。该部门也是占海洋经济薪酬份额第二大的部门，约 227 亿美元。其中，薪酬水平的一半来自其他运输和支持活动，包括风景和观光运输以及运输支持活动。住宿和食品服务占海洋经济增加值的 5.5%，即 199 亿美元；该部门也是占海洋经济就业份额第二大的部门，约 353 000 个全职和兼职工作。

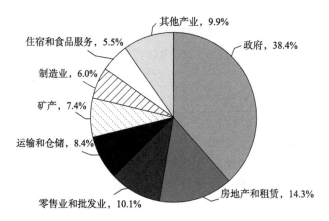

图 11.41　2020 年海洋经济增加值的产业占比

资料来源：BEA

二、分海洋经济活动的分析

（一）海洋生物资源

2020 年，海洋生物资源的增加值为 150.66 亿美元，分别占美国总体 GDP 的 0.1% 和海洋经济增加值的 4.2%；总产出为 292.98 亿美元。海洋生物资源大致可分为三类，分别为商业捕捞、海产品市场和加工，以鱼为基础的动物食品和以海洋为基础的药品。其中，商业捕捞、海产品市场和加工的增加值为 122.81 亿美元，总产出为 246.14 亿美元，是海洋生物资源的主要组成部分；以鱼为基础的动物食品的增加值为 0.73 亿美元，总产出为 1.69 亿美元；以海洋为基础的药品增加值为 27.12 亿美元，总产出为 45.15 亿美元。2020 年海洋生物资源的增加值与总产出构成占比如图 11.42 所示。

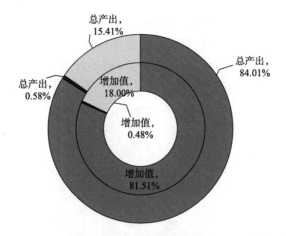

图 11.42 2020 年海洋生物资源的增加值与总产出构成占比
资料来源：BEA

如图 11.43 所示，2014~2020 年，海洋生物资源的增加值由 116.35 亿美元增长至 150.66 亿美元，增长幅度为 29.49%。海洋生物资源的总产出由 227.19 亿美元增长至 292.98 亿美元，增长幅度为 28.96%。这代表海洋生物资源的增加值与总产出都处于稳步增长状态，发展良好。

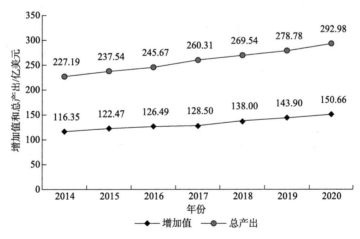

图 11.43 2014~2020 年海洋生物资源的增加值与总产出趋势变化
资料来源：BEA

（二）沿海和海洋建筑

2020 年，沿海和海洋建筑的增加值为 52.22 亿美元，占海洋经济增加值的 1.4%；总产出为 80.47 亿美元。沿海和海洋建筑可分为三类，分别为维护活动、疏浚活动及娱乐设施建设。其中，维护活动的增加值为 29.68 亿美元，总产出为 46.89 亿美元，是沿海和海洋建筑的主要组成部分。疏浚活动的增加值为 4.43 亿美元，总产出为 7.31 亿美元；娱乐设施建设的增加值为 18.11 亿美元，总产出为 26.27 亿美元。2020 年沿海和海洋建筑的增加值与总产出构成占比如图 11.44 所示。

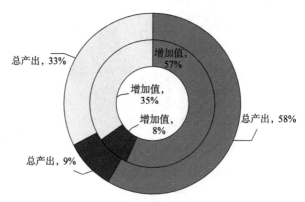

图 11.44　2020 年沿海和海洋建筑的增加值与总产出构成占比

资料来源：BEA

如图 11.45 所示，2014~2020 年，沿海和海洋建筑的增加值由 31.61 亿美元增长至 52.22 亿美元，增长幅度为 65.20%。沿海和海洋建筑的总产出由 52.67 亿美元增长至 80.47 亿美元，增长幅度为 52.78%。沿海和海洋建筑在 2014~2020 年的增长速度相对较快，增加值和总产出都有超一半的增长幅度，特别是在 2018~2019 年得到了良好的发展，有大幅进步。

图 11.45　2014~2020 年沿海和海洋建筑的增加值与总产出趋势变化

资料来源：BEA

（三）海洋研究和教育

2020 年，海洋研究和教育的增加值为 83.30 亿美元，占海洋经济增加值的 2.3%；总产出为 120.10 亿美元。海洋研究和教育可进一步细分为科学研究、教育计划和课程、职业培训和实验室活动。其中，科学研究的增加值为 56.13[①]亿美元，总产出为 85.39 亿美元，其是海洋研究和教育的主要组成部分。科学研究可进一步分为国防研发、联邦非国防研发、州和地方研发和非学术性研发，其增加值分别为 1.12 亿美元、15.07 亿美元、16.07 亿美元和 23.88 亿美元；总产出分别为 1.60 亿美元、21.62 亿美元、23.07 亿美元和 39.10 亿美元。教育计划和课程的增加值为 25.05 亿美元，总产出为 31.26 亿美元；职业培训的增加值为 1.61 亿美元，总产出为 2.90 亿美元；实验室活动的增加值为 0.51 亿美元，总产出为 0.55 亿美元，占比相对较小。2020 年海洋研究和教育的增加值与总产出构成占比如图 11.46 所示。

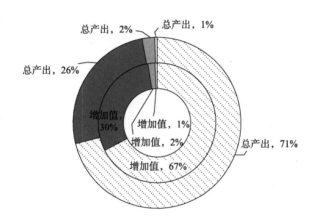

图 11.46 2020 年海洋研究和教育的增加值与总产出构成占比
资料来源：BEA

如图 11.47 所示，2014~2020 年，海洋研究和教育的增加值由 60.84 亿美元增长至 83.30 亿美元，增长幅度为 36.92%。海洋研究和教育的总产出由 84.26 亿美元增长至 120.10 亿美元，增长幅度为 42.54%。海洋研究和教育在 2014~2016 年增长较为平稳，自 2017 年起发展速度稍有提升。

_____

① 因为四舍五入，合计不完全对应，余同。

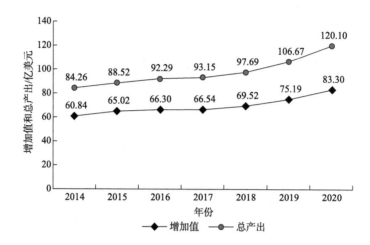

图 11.47　2014~2020 年海洋研究和教育的增加值与总产出趋势变化

资料来源：BEA

（四）海运运输和仓储

2020 年，海运运输和仓储的增加值为 239.08 亿美元，分别占美国总体 GDP 的 0.1%和海洋经济总体的 6.6%；总产出为 575.14 亿美元。海运运输和仓储可进一步细分为货物运输、客运、仓库和存储。其中，货物运输的增加值为 177.75 亿美元，总产出为 396.80 亿美元，是海运运输和仓储的主要贡献者；客运的增加值为 35.48 亿美元，总产出为 140.42 亿美元；仓库和存储的增加值为 25.85 亿美元，总产出为 37.92 亿美元，占比相对较小。2020 年海运运输和仓储的增加值与总产出构成占比如图 11.48 所示。

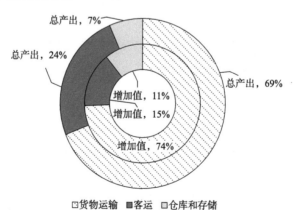

图 11.48　2020 年海运运输和仓储的增加值与总产出构成占比

资料来源：BEA

如图 11.49 所示，2014~2020 年，海运运输和仓储的增加值由 248.35 亿美元缩减至 239.08 亿美元，缩减幅度为 3.73%。海运运输和仓储的总产出由 599.66 亿美元缩减至 575.14 亿美元，缩减幅度为 4.09%。由图 11.49 可知，海运运输和仓储在 2014~2015 年的发展较为平缓，没有太大波动；2016~2019 年，海运运输和仓储的增加值与总产出开始缓缓上升，总产出的增长速度要大于增加值的增长速度；2020 年，受疫情影响，海运运输与仓储活动受到限制，增加值与总产出都有所下降，但相较于 2014 年的水平，其下降幅度较小。

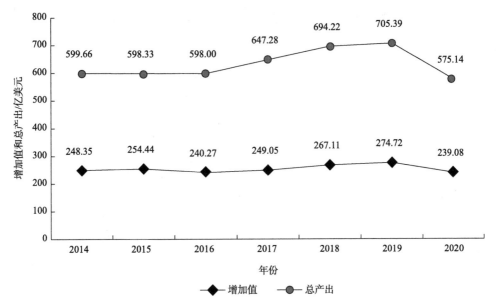

图 11.49　2014~2020 年海运运输和仓储的增加值与总产出趋势变化

资料来源：BEA

（五）专业技术服务

2020 年，专业技术服务的增加值为 34.40 亿美元，占海洋经济总体的 1.0%；总产出为 70.58 亿美元，该经济活动没有细分小项。如图 11.50 所示，2014~2020 年，专业技术服务的增加值由 31.97 亿美元增加至 34.40 亿美元，增长幅度为 7.60%；总产出由 59.57 亿美元增长至 70.58 亿美元，增长幅度为 18.48%。由图 11.50 可知，2014~2016 年，专业技术服务的增加值与总产出增长速度较快。2017~2018 年，其增加值和总产出都有小幅下降，但该趋势自 2018 年得到缓解。总体来说，2014~2020 年，专业技术服务的增加值与总产出大致呈平稳发展趋势。

图 11.50　2014~2020 年专业技术服务的增加值与总产出趋势变化

资料来源：BEA

（六）近海矿产

2020 年，近海矿产的增加值为 349.70 亿美元，分别占美国总体 GDP 的 0.2% 和海洋经济总体的 9.7%；总产出为 673.34 亿美元。近海矿产可进一步细分为石油和天然气、沙子和砾石及支持服务。其中，石油和天然气的增加值为 333.16 亿美元，总产出为 643.62 亿美元，是近海矿产的主要贡献者；沙子和砾石的增加值为 13.80 亿美元，总产出为 25.04 亿美元；支持服务的增加值为 2.74 亿美元，总产出为 4.68 亿美元，占比相对较小。2020 年近海矿产的增加值与总产出构成占比如图 11.51 所示。

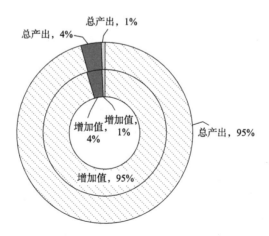

图 11.51　2020 年近海矿产的增加值与总产出构成占比

资料来源：BEA

如图 11.52 所示，2014~2020 年，近海矿产的增加值由 808.19 亿美元缩减至
349.70 亿美元，缩减幅度为 56.73%。近海矿产的总产出由 1 342.96 亿美元缩减至
673.34 亿美元，缩减幅度为 49.86%。由图 11.52 可知，近海矿产增加值与总产出
在 2014~2016 年有大幅下降，发展受到限制；2017~2019 年，近海矿产的增加
值和总产出的缩减情况有所缓解，并出现小幅回升；2020 年，疫情同样影响
了近海矿产的开采，并造成其增加值和总产出的大幅下降。总体来看，近海矿
产的增加值和总产出在 2014~2020 年缩减了一半左右，该经济活动的开展受到
限制。

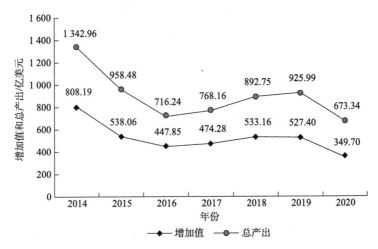

图 11.52　2014~2020 年近海矿产的增加值与总产出趋势变化

资料来源：BEA

（七）沿海公用事业

2020 年，沿海公用事业的增加值为 82.11 亿美元，占海洋经济总体的 2.3%；
总产出为 129.94 亿美元；该经济活动仅包含传统发电一项细分经济活动。如
图 11.53 所示，2014~2020 年，沿海公用事业的增加值由 76.31 亿美元增加至 82.11
亿美元，增长幅度为 7.60%；总产出由 137.52 亿美元缩减至 129.94 亿美元，缩减
幅度为 5.51%。由图 11.53 可知，2016 年，沿海公用事业的增加值和总产出都有小
幅缩减；2017~2019 年，其增加值和总产出缓慢回升；2020 年，沿海公用事业的
增加值和总产出再一次回落，总产出的下降速度明显高于增加值的下降速度。
总体来说，沿海公用事业的增加值在 2014~2020 年发展平稳，并有小幅提升；
而总产出水平相较于 2014 年有所下降，这一情况可能与该经济活动中间消耗的上
升有关。

图 11.53　2014~2020 年沿海公用事业的增加值与总产出趋势变化

资料来源：BEA

（八）非娱乐用途的船舶制造

2020 年，非娱乐用途的船舶制造的增加值为 77.61 亿美元，占海洋经济总体的 2.1%；总产出为 164.47 亿美元。非娱乐用途的船舶制造可进一步细分为大型船舶制造和中小型船只制造。其中，大型船舶制造可细化为驳船和其他非推进式船舶、军用船舶和其他船舶，其增加值分别为 0.50 亿美元、63.32 亿美元和 2.28 亿美元，总产出分别为 1.06 亿美元、133.48 亿美元和 4.81 亿美元，是非娱乐用途船舶制造的主要组成成分。中小型船只制造可细化为渔船、拖船和牵引船、舷外摩托艇、内燃机船和其他船只，其增加值分别为 0.23 亿美元、1.98 亿美元、0.68 亿美元、4.21 亿美元和 4.39 亿美元，总产出分别为 0.49 亿美元、4.18 亿美元、1.53 亿美元、9.50 亿美元和 9.42 亿美元。2020 年非娱乐用途的船舶制造的增加值与总产出构成占比如图 11.54 所示。

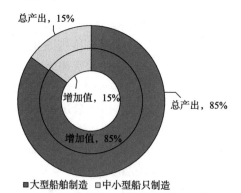

图 11.54　2020 年非娱乐用途的船舶制造的增加值与总产出构成占比

资料来源：BEA

如图 11.55 所示，2014~2020 年，非娱乐用途的船舶制造的增加值由 64.14 亿美元增加至 77.61 亿美元，增长幅度为 21.00%；总产出由 134.75 亿美元增加至 164.47 亿美元，增长幅度为 22.06%。由图 11.55 可知，非娱乐用途的船舶制造在 2014~2015 年得到了良好的发展，增加值和总产出增长速度快；2016~2017 年有略微下降；2018~2020 年，增加值和总产出恢复稳步上涨。总体来看，非娱乐用途的船舶制造的增加值和总产出在 2014~2020 年的发展较为平稳，有小幅波动，但总体呈上升趋势。

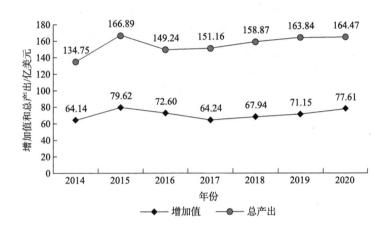

图 11.55　2014~2020 年非娱乐用途的船舶制造的增加值与总产出趋势变化

资料来源：BEA

（九）沿海和近海旅游及娱乐

2020 年，沿海和近海旅游及娱乐的增加值为 1 252.46 亿美元，分别占美国总体 GDP 的 0.6% 和海洋经济总体的 34.7%；总产出为 1 956.50 亿美元。沿海和近海旅游及娱乐是海洋经济中占比第二大的经济活动，就业规模大，其分类较为复杂，可进一步细分为导游服务、近海休闲钓鱼、近海划船、其他水上活动、其他沿海娱乐活动和沿海旅游。

其中，导游服务可细化为水上导览和其他风景导览，其增加值分别为 23.05 亿美元和 19.96 亿美元，总产出分别为 63.43 亿美元和 51.34 亿美元。近海休闲钓鱼无细化项，其增加值为 24.62 亿美元，总产出为 49.18 亿美元。

近海划船可细化为帆船、摩托艇、独木舟、皮划艇和其他划船活动，其增加值分别为 10.34 亿美元、144.57 亿美元、0.49 亿美元、1.91 亿美元和 50.97 亿美元，总产出分别为 18.52 亿美元、268.83 亿美元、0.83 亿美元、3.14 亿美元和 96.74 亿美元。其他水上活动无细化项，其增加值为 25.63 亿美元，总产出为 44.62

亿美元。

其他沿海娱乐活动可细化为海事博物馆和文化机构、海滩娱乐、游乐场、徒步旅行和露营、自驾游、摄影和其他一般支出，其增加值分别为 9.66 亿美元、1.33 亿美元、11.72 亿美元、10.44 亿美元、51.65 亿美元、1.90 亿美元和 63.29 亿美元，总产出分别为 16.35 亿美元、2.63 亿美元、19.34 亿美元、18.74 亿美元、83.48 亿美元、2.71 亿美元和 121.89 亿美元。

沿海旅游可细化为饮食场所、酒店和住宿场所、旅游管理服务和交通服务，其增加值分别为 112.30 亿美元、579.71 亿美元、6.61 亿美元和 102.30 亿美元，总产出分别为 190.02 亿美元、689.60 亿美元、21.68 亿美元和 193.42 亿美元。

2020 年沿海和近海旅游及娱乐的增加值与总产出构成占比如图 11.56 所示。

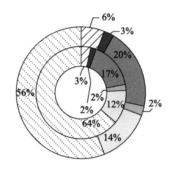

图 11.56 2020 年沿海和近海旅游及娱乐增加值与总产出构成占比
内圆环表示增加值，外圆环表示总产出；数据经过四舍五入，故总和不为 100%
资料来源：BEA

如图 11.57 所示，2014~2020 年，沿海和近海旅游及娱乐的增加值由 1 254.35 亿美元缩减至 1 252.46 亿美元，缩减幅度为 0.15%；总产出由 2 170.15 亿美元缩减至 1 956.50 亿美元，缩减幅度为 9.84%。由图 11.57 可知，沿海和近海旅游及娱乐的增加值与总产出在 2014~2019 年的发展十分稳定，因经济体量大，上升幅度较小，但实际的增长量十分可观；2020 年，疫情对沿海和近海的旅游业造成了较大的冲击，造成增加值和总产出的迅速下降，甚至低于 2014 年的水平。总体来看，沿海和近海旅游及娱乐的增加值和总产出原本的平稳发展趋势在 2020 年有了较大变化，形成 2020 年增加值和总产出水平下降的局面。

图 11.57　2014~2020 年沿海和近海旅游及娱乐的增加值与总产出趋势变化

资料来源：BEA

（十）国防与公共管理

2020 年，国防与公共管理的增加值为 1 292.07 亿美元，分别占美国总体 GDP 的 0.6%和海洋经济总体的 35.8%；总产出为 2 039.42 亿美元，是海洋经济中占比最大的经济活动。国防与公共管理可进一步细分为国防和海岸警卫队、联邦公共行政、州和地方公共行政。其中，国防和海岸警卫队的增加值为 1 210.56 亿美元，总产出为 1 915.29 亿美元，是国防与公共管理的主要组成成分；联邦公共行政的增加值为 76.97 亿美元，总产出为 111.93 亿美元；州和地方公共行政的增加值为 4.54 亿美元，总产出为 12.20 亿美元，其占比相对较小。

2020 年国防与公共管理的增加值与总产出构成占比如图 11.58 所示。

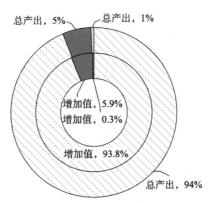

图 11.58　2020 年国防与公共管理的增加值与总产出构成占比

资料来源：BEA

如图 11.59 所示，2014~2020 年，国防与公共管理的增加值由 1 134.74 亿美元增加至 1 292.07 亿美元，增长幅度为 13.86%。国防与公共管理的总产出由 1 729.59 亿美元增加至 2 039.42 亿美元，增长幅度为 17.91%。由图 11.59 可知，国防与公共管理的增加值与总产出在 2014~2018 年的发展较为稳定，增长幅度较小；2019~2020 年，增长速度较前几年有较大提升，发展明显加快。总体来看，2014~2020 年国防与公共管理的增加值和总产出都有一定提升。

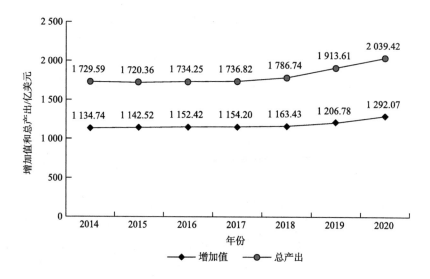

图 11.59　2014~2020 年国防与公共管理的增加值与总产出趋势变化

资料来源：BEA

三、分产业的海洋经济分析

（一）农林牧渔业

2020 年，农林牧渔业①的增加值为 46.74 亿美元，占海洋经济总体的 1.3%；总产出为 58.87 亿美元，农林牧渔业中的海洋成分占海洋经济整体的比例较小。农林牧渔业可进一步细分为农业和林业、渔业及相关活动。其中，农业的增加值为 4.10 亿美元，总产出为 6.40 亿美元。林业、渔业及相关活动的增加值为 42.65 亿美元，总产出为 52.47 亿美元，是农林牧渔业的主要组成成分。2020 年农林牧渔业的增加值与总产出构成占比如图 11.60 所示。

---

① 指的是农林牧渔业中的海洋成分。

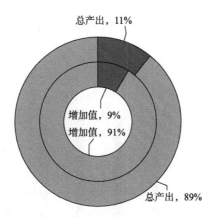

图 11.60　2020 年农林牧渔业的增加值与总产出构成占比
资料来源：BEA

　　2020 年，共有 1.4 万人在农林牧渔业进行全职或兼职就业，薪酬总额为 10.77 亿美元。其中，农业的就业人数约为 0.2 万人，薪酬总额为 0.83 亿美元。林业、渔业及相关活动的就业人数约为 1.3 万人，薪酬总额为 9.94 亿美元。2020 年农林牧渔业的就业人数和薪酬构成占比如图 11.61 所示。

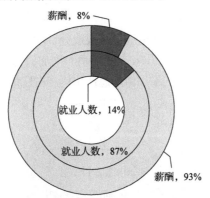

图 11.61　2020 年农林牧渔业的就业人数和薪酬构成占比
数据经过四舍五入，故总和不为 100%
资料来源：BEA

　　如图 11.62 所示，2014~2020 年，农林牧渔业的增加值由 47.97 亿美元缩减至 46.74 亿美元，缩减幅度为 2.56%；总产出由 66.76 亿美元缩减至 58.87 亿美元，缩减幅度为 11.82%；就业人数维持不变；而薪酬总额由 8.17 亿美元增长至 10.77 亿美元，增长幅度为 31.82%。由图 11.62 可知，农林牧渔业在 2014~2020 年的发展有一定起伏，但变化幅度较小。虽从结果而言，其增加值和总产出都有略微缩减，但从业人员的薪酬总额有所提高。总体而言，农林牧渔业中海洋经济成分的产出较为稳定。

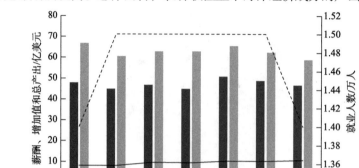

图 11.62　2014~2020 年农林牧渔业的增加值、总产出、薪酬与就业人数的趋势变化
资料来源：BEA

（二）采矿业

2020 年，采矿业的增加值为 268.28 亿美元，占美国总体 GDP 的 0.1%，占海洋经济总体的 7.4%；总产出为 547.15 亿美元。采矿业可进一步细分为石油和天然气开采、除油气外开采及开采支持活动。其中，石油和天然气开采的增加值为 216.90 亿美元，总产出为 405.17 亿美元，是采矿业的主要组成成分。除油气外开采的增加值为 6.81 亿美元，总产出为 13.56 亿美元。开采支持活动的增加值 44.57 亿美元，总产出为 128.41 亿美元。2020 年采矿业的增加值与总产出构成占比如图 11.63 所示。

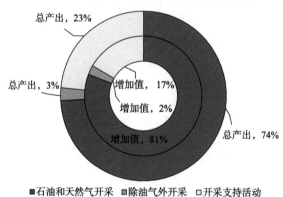

图 11.63　2020 年采矿业的增加值与总产出构成占比
资料来源：BEA

2020 年，共有 6.5 万人在采矿业进行全职或兼职就业，薪酬总额为 85.58 亿美元。其中，石油和天然气开采的就业人数约为 0.5 万人，薪酬总额 48.42 亿美

元。除油气外开采的就业人数约为 0.4 万人,薪酬总额为 3.07 亿美元。开采支持活动的就业人数约为 5.7 万人,薪酬总额为 34.09 亿美元。2020 年采矿业的就业人数和薪酬构成占比如图 11.64 所示。

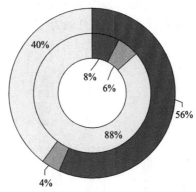

图 11.64 2020 年采矿业的就业人数和薪酬构成占比

内圆环为就业人数,外圆环为薪酬;数据经过四舍五入,故总和不为 100%

资料来源:BEA

如图 11.65 所示,2014~2020 年,采矿业的增加值由 704.66 亿美元缩减至 268.28 亿美元,缩减幅度为 61.93%。采矿业的总产出由 1 174.54 亿美元缩减至 547.15 亿美元,缩减幅度为 53.42%。就业人数由 14.8 万人缩减至 6.5 万人,缩减幅度为 56.08%,而薪酬总额由 176.28 亿美元缩减至 85.58 亿美元,缩减幅度为 51.45%。由图 11.65 可知,采矿业在 2014~2020 年的发展受到了较大打击,增加值、总产出、就业人数及薪酬的缩减幅度都达到了一半以上,特别是 2014~2016 年,各指标的下降速度较快。该情况在 2017~2019 年有略微缓解,各指标都有小幅回升,但总体来看,随着环境保护和资源可持续利用的价值导向作用越来越明显,采矿业的发展受影响较大,产业扩张受到限制。

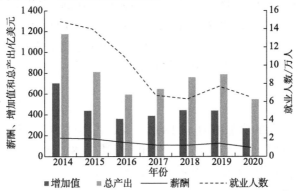

图 11.65 2014~2020 年采矿业的增加值、总产出、薪酬与就业人数的趋势变化

资料来源:BEA

（三）公用事业

如图 11.66 所示，2020 年，公用事业的增加值为 61.36 亿美元，占海洋经济总体的 1.7%；总产出为 93.15 亿美元。公用事业无细分小项，2020 年，共有 0.9 万人在公用事业进行全职或兼职就业，薪酬总额为 12.96 亿美元。

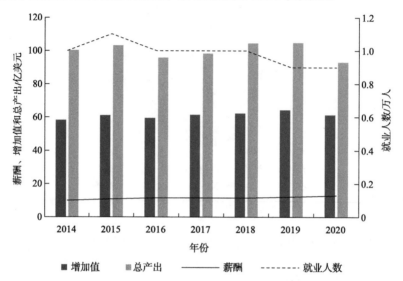

图 11.66　2014~2020 年公用事业的增加值、总产出、薪酬与就业人数的趋势变化

资料来源：BEA

2014~2020 年，公用事业的增加值由 58.33 亿美元增加至 61.36 亿美元，增长幅度为 5.19%。公用事业的总产出由 100.34 亿美元缩减至 93.15 亿美元，缩减幅度为 7.17%。就业人数由 1.0 万人缩减至 0.9 万人，缩减幅度为 10.00%，而薪酬总额由 10.01 亿美元增加至 12.96 亿美元，增长幅度为 29.47%。由图 11.66 可知，公用事业的增加值和薪酬处于稳定发展状态，而公用事业的总产出和就业人数的波动相对较大。公用事业的总产出在 2017~2019 年有一定增加，在 2020 年大幅下降，甚至低于 2016 年的总产出水平；就业人数在 2015 年得到小幅提升，但在之后的 2016~2020 年有所下降，就业规模逐渐缩小。

（四）建筑业

2020 年，建筑业的增加值为 47.18 亿美元，占海洋经济总体的 1.3%；总产出为 75.36 亿美元。建筑业无细分小项，2020 年，共有 8.1 万人在建筑业进行全职或兼职就业，薪酬总额为 29.08 亿美元（图 11.67）。

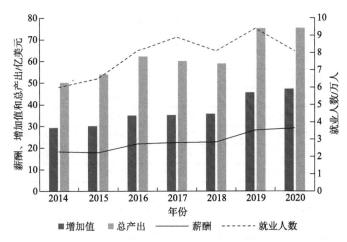

图 11.67　2014~2020 年建筑业的增加值、总产出、薪酬与就业人数的趋势变化

资料来源：BEA

如图 11.67 所示，2014~2020 年，建筑业的增加值由 29.32 亿美元增加至 47.18 亿美元，增长幅度为 60.91%；总产出由 50.15 亿美元增加至 75.36 亿美元，增长幅度为 50.27%；就业人数由 6.0 万人增加至 8.1 万人，增长幅度为 35.00%；薪酬总额由 18.29 亿美元增加至 29.08 亿美元，增长幅度为 58.99%。由图 11.67 可知，建筑业的各指标在 2014~2020 年都有较大幅度的提高，增长幅度大多超过 50%。建筑业的增加值和薪酬发展较为平稳，波动较小，而总产出和就业人数相对而言变动幅度较大。2014~2017 年，建筑业的就业人数以较高的速度增长，就业规模快速扩大，2018 年出现下降，2019 年得到改善，就业人数水平回升，但 2020 年就业人数又下降至 2018 年的水平。对于总产出水平而言，2014~2016 年建筑业总产出稳定增长，2017~2018 年出现小幅缩减，但在 2019 年得到良好发展，飞速回升并创造了 2014~2019 年的最高水平。

（五）制造业

2020 年，制造业的增加值为 217.35 亿美元，分别占美国总体 GDP 的 0.1%和海洋经济总体的 6.0%；总产出为 531.45 亿美元。制造业的分类较为复杂，可进一步细分为耐用物品和非耐用物品。其中，耐用物品的增加值为 124.20 亿美元；总产出为 270.63 亿美元，其是制造业的主要成分；其薪酬总额为 87.82 亿美元；就业人数为 20.2 万人。非耐用物品的增加值 93.15 亿美元，总产出为 260.82 亿美元，薪酬总额为 19.50 亿美元，就业人数为 3.0 万人。耐用物品和非耐用物品又可以进一步细分，其分类及增加值、总产出、薪酬和就业人数如表 11.1 所示。

表 11.1　2020 年制造业具体分类及其增加值、总产出、薪酬和就业人数

一级分类	二级分类	增加值/亿美元	总产出/亿美元	薪酬/亿美元	就业人数/万人
耐用物品	木材产品	0.05	0.05	0.01	10.3
	非金属矿物产品	0.45	0.75	0.18	0
	初级金属	0.01	0.03	0.01	0
	金属制成品	0.76	1.29	0.37	0
	机械产品	23.44	44.28	14.17	0.1
	计算机和电子产品	1.22	1.34	0.65	1.1
	电气设备、电器和部件	1.55	3.01	1.06	0
	机动车、车体和拖车及零部件	1.29	3.21	0.56	0.1
	其他运输设备	88.33	203.68	67.30	0.1
	家具及相关产品	0.12	0.31	0.07	8.5
	杂项制造业	6.98	12.68	3.44	0
非耐用物品	食品、饮料和烟草制品	19.54	85.80	6.29	2.1
	纺织厂和纺织产品厂	1.11	2.28	0.69	0.1
	服装和皮革及相关产品	3.82	6.17	2.61	0.3
	纸制品	0.01	0.04	0	0
	印刷及相关支持活动	0.08	0.14	0.04	0
	石油和煤炭产品	54.81	146.46	6.51	0.3
	化学产品	13.33	19.17	3.19	0.2
	塑料和橡胶产品	0.45	0.76	0.17	0

资料来源：BEA

　　如图 11.68 所示，2014~2020 年，制造业的增加值由 245.59 亿美元缩减至 217.36 亿美元，缩减幅度为 11.49%。制造业的总产出由 737.25 亿美元缩减至 531.45 亿美元，缩减幅度为 27.91%。就业人数由 13.3 万人增加至 13.4 万人，增长幅度为 0.75%，而薪酬总额由 103.87 亿美元增加至 107.32 亿美元，增长幅度为 3.32%。由图 11.68 可知，制造业在 2014~2020 年的发展较为曲折，4 项指标中仅就业人数和薪酬有所增长，但就业人数在 2016~2017 年也有大幅下降，后在 2018~2020 年逐渐恢复。制造业的增加值、薪酬水平相对来说波动较小，但总产出水平在 2014~2016 年以较快速度下降，该趋势在 2017~2018 年得到缓解并有所回升，于 2019 年再一次下降。

　　（六）批发贸易业

　　2020 年，批发贸易业的增加值为 139.34 亿美元，分别占美国总体 GDP 的 0.1% 和海洋经济总体的 3.9%；总产出为 204.81 亿美元。批发贸易业无细分小项，2020 年，批发贸易业共有 4.3 万人进行全职或兼职就业，薪酬总额为 41.40 亿美元。

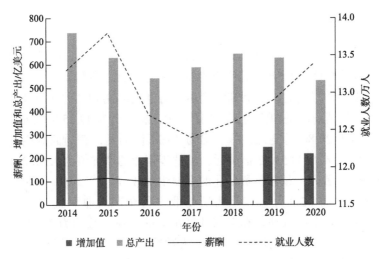

图 11.68　2014~2020 年制造业的增加值、总产出、薪酬与就业人数的趋势变化

资料来源：BEA

如图 11.69 所示，2014~2020 年，批发贸易业的增加值由 148.10 亿美元缩减至 139.34 亿美元，缩减幅度为 5.91%。批发贸易业的总产出由 220.03 亿美元缩减至 204.81 亿美元，缩减幅度为 6.92%。就业人数由 4.4 万人缩减至 4.3 万人，缩减幅度为 2.27%，而薪酬总额由 38.37 亿美元增加至 41.40 亿美元，增长幅度为 7.90%。由图 11.69 可知，批发贸易业的增加值、总产出和就业人数在 2014~2020 年都有一定程度的下降，但总体下降幅度较小。在增加值、总产出和就业人数都有所下降的情况下，薪酬是批发贸易业唯一上升的指标，说明批发贸易业的就业人员在产业发展欠佳的情况下，工资待遇仍有所提升。

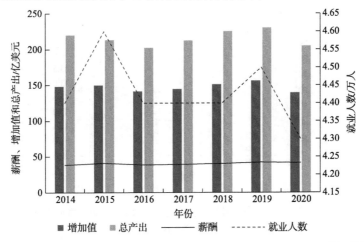

图 11.69　2014~2020 年批发贸易业的增加值、总产出、薪酬与就业人数的趋势变化

资料来源：BEA

（七）零售贸易业

2020 年，零售贸易业的增加值为 227.13 亿美元，分别占美国总体 GDP 的 0.1%和海洋经济总体的 6.3%；总产出为 402.10 亿美元。零售贸易业可进一步细分为机动车和零部件经销商、食品和饮料店、普通商品店和其他零售业。其中，机动车和零部件经销商的增加值为 32.82 亿美元，总产出为 49.35 亿美元；食品和饮料店的增加值为 29.86 亿美元，总产出为 46.21 亿美元；普通商品店的增加值为 34.92 亿美元，总产出为 53.73 亿美元；其他零售业的增加值为 129.52 亿美元，总产出为 252.82 亿美元，是零售贸易业的主要组成成分。

2020 年，共有 32.9 万人在零售贸易业进行全职或兼职就业，薪酬总额为 121.35 亿美元。其中，机动车和零部件经销商的就业人数约为 2.5 万人，薪酬总额为 11.22 亿美元。食品和饮料店的就业人数约为 5.2 万人，薪酬总额为 18.82 亿美元。普通商品店的就业人数约为 6.1 万人，薪酬总额为 22.37 亿美元。其他零售业的就业人数约为 19.1 万人，薪酬总额为 68.94 亿美元。

如图 11.70 所示，2014~2020 年，零售贸易业的增加值由 180.70 亿美元增加至 227.13 亿美元，增长幅度为 25.69%。零售贸易业的总产出由 307.99 亿美元增加至 402.10 亿美元，增长幅度为 30.56%。就业人数由 32.2 万人增长至 32.9 万人，增长幅度为 2.17%，而薪酬总额由 91.21 亿美元增长至 121.35 亿美元，增长幅度为 33.04%。由图 11.70 可知，零售贸易业在 2014~2020 年发展良好，增加值、总产出和薪酬都有所增加，增长幅度超四分之一。就业人数是唯一起伏较大的指标，其在 2014~2017 年发展较快，就业规模快速扩大；2018~2019 年保持相对稳定；2020 年有大幅下降，就业人数剧减，但仍高于 2014 年的就业水平。

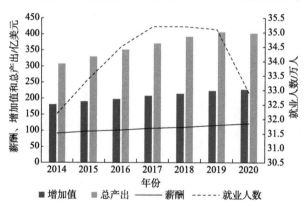

图 11.70　2014~2020 年零售贸易业的增加值、总产出、薪酬与就业人数的趋势变化

资料来源：BEA

（八）运输和仓储业

2020 年，运输和仓储业的增加值为 302.02 亿美元，分别占美国总体 GDP 的 0.1%和海洋经济总体的 8.4%；总产出为 694.12 亿美元。运输和仓储业可进一步细分为航空运输、铁路运输、水运、卡车运输、过境和地面旅客运输、管道运输、其他运输和支持活动及仓库和存储。其中，航空运输的增加值为 20.35 亿美元，总产出为 43.81 亿美元。铁路运输的增加值为 2.45 亿美元，总产出为 4.46 亿美元。水运的增加值为 80.14 亿美元，总产出为 307.76 亿美元。卡车运输的增加值为 31.63 亿美元，总产出为 62.93 亿美元。过境和地面旅客运输的增加值为 9.43 亿美元，总产出为 17.13 亿美元。管道运输的增加值为 29.10 亿美元，总产出为 44.60 亿美元。其他运输和支持活动的增加值为 109.20 亿美元，总产出为 181.89 亿美元，是运输和仓储业的主要组成成分。仓库和存储的增加值为 19.72 亿美元，总产出为 31.54 亿美元。

2020 年，共有 21.7 万人在运输和仓储业进行全职或兼职就业，薪酬总额为 226.77 亿美元。其中，航空运输的就业人数为 1.5 万人，薪酬总额为 20.12 亿美元。铁路运输的就业人数为 0.1 万人，薪酬总额为 1.33 亿美元。水运的就业人数为 4.5 万人，薪酬总额为 55.62 亿美元。卡车运输的就业人数为 2.4 万人，薪酬总额为 18.44 亿美元。过境和地面旅客运输的就业人数为 0.8 万人，薪酬总额为 4.52 亿美元。管道运输的就业人数为 0.4 万人，薪酬总额为 5.99 亿美元。其他运输和支持活动的就业人数为 8.4 万人，薪酬总额为 101.89 亿美元。仓库和存储的就业人数为 3.6 万人，薪酬总额为 18.86 亿美元。

如图 11.71 所示，2014~2020 年，运输和仓储业的增加值由 352.06 亿美元缩减至 302.01 亿美元，缩减幅度为 14.22%。运输和仓储业的总产出由 781.87 亿美元缩减至 694.12 亿美元，缩减幅度为 11.22%。薪酬总额由 182.41 亿美元增长至 226.76 亿美元，增长幅度为 24.31%。由图 11.71 可知，运输和仓储业在 2014~2019 年的发展良好，增加值、总产出和薪酬都以一定速度稳定上升，但在 2020 年该 3 项指标有略微下降。就业人数波动较大，其在 2014~2017 年快速发展，2018~2019 年略微下降，2020 年大幅下降。

（九）信息业

2020 年，信息业增加值为 5.90 亿美元，占海洋经济总体的 0.2%；总产出为 8.06 亿美元，其占海洋经济整体的份额较小。信息业可进一步细分为除互联网外出版业（包括软件），电影和录音行业，广播和电信，数据处理、互联网出版和其他信息服务。其中，除互联网外出版业（包括软件）的增加值为 1.09 亿美元，总产出为 1.65 亿美元。电影和录音行业的增加值为 0.43 亿美元，总产出为 0.64

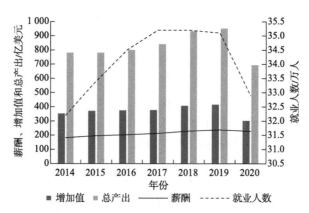

图 11.71　2014~2020 年运输和仓储业的增加值、总产出、薪酬与就业人数的趋势变化

资料来源：BEA

亿美元。广播和电信的增加值为 1.65 亿美元，总产出为 1.78 亿美元。数据处理、互联网出版和其他信息服务的增加值为 2.73 亿美元，总产出为 3.99 亿美元。

2020 年，共有 0.1 万人在信息业进行全职或兼职就业，薪酬总额为 1.72 亿美元。其中，除互联网外出版业（包括软件）的就业人数为 0.1 万人，薪酬总额为 0.51 亿美元。电影和录音行业，广播和电信，数据处理、互联网出版和其他信息服务的就业人数因过少而不显示，其薪酬总额分别为 0.18 亿美元、0.20 亿美元和 0.83 亿美元。

如图 11.72 所示，2014~2020 年，信息业的增加值由 3.95 亿美元增加至 5.89 亿美元，增长幅度为 49.11%。信息业的总产出由 5.26 亿美元增加至 8.05 亿美元，增长幅度为 53.04%。就业人数保持不变，而薪酬总额由 1.07 亿美元增长至 1.72 亿美元，增长幅度为 60.75%。由图 11.72 可知，信息业与其他产业相比，所含的海洋成分并不高，但其在 2014~2019 年发展良好，增加值、总产出和薪酬都以较快速度发展，增长幅度超一半以上；2020 年，信息业总产出有略微下降。该行业中从事海洋经济的人员较少，因统计位数的限制，其就业人数变动无法体现。

（十）金融、保险、房地产、出租和租赁业

2020 年，金融、保险、房地产、出租和租赁业的增加值为 562.80 亿美元，分别占美国总体 GDP 的 0.3% 和海洋经济总体的 15.6%；总产出为 694.11 亿美元。金融、保险、房地产、出租和租赁业的分类较为复杂，可进一步细分为金融和保险，房地产、出租和租赁。其中，金融和保险的增加值为 47.14 亿美元，总产出为 102.89 亿美元。其薪酬总额为 20.85 亿美元，就业人数为 1.5 万人。房地产、出租和租赁的增加值为 515.65 亿美元，总产出为 591.22 亿美元，薪酬总额为 8.61

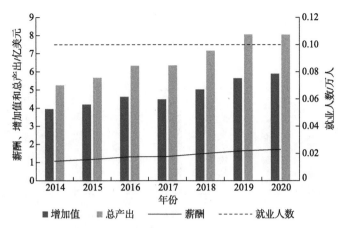

图 11.72　2014~2020 年信息业的增加值、总产出、薪酬与就业人数的趋势变化

资料来源：BEA

亿美元，就业人数为 1.5 万人，是金融、保险、房地产、出租和租赁业的主要成分。金融和保险，房地产、出租和租赁又可以进一步细分，其分类及增加值、总产出、薪酬和就业人数如表 11.2 所示。

表 11.2　2020 年金融、保险、房地产、出租和租赁业具体分类
及其增加值、总产出、薪酬和就业人数

一级分类	二级分类	三级分类	增加值/亿美元	总产出/亿美元	薪酬/亿美元	就业人数/万人
金融和保险	联邦储备银行、信贷中介和相关活动		1.25	1.63	0.44	0
	证券、商品合同和投资		0	0	0	0
	保险公司和相关活动		45.89	101.26	20.41	1.4
	基金、信托和其他金融工具		0	0	0	0
房地产、出租和租赁	房地产	房屋	502.95	571.19	5.36	0.9
		其他房地产	0.02	0.02	0.01	0
	无形资产的出租和租赁服务		12.68	20.01	3.24	0.6

注：因四舍五入，与正文中数据有差距

资料来源：BEA

　　如图 11.73 所示，2014~2020 年，金融、保险、房地产、出租和租赁业的增加值由 454.47 亿美元增加至 562.80 亿美元，增长幅度为 23.84%。金融、保险、房地产、出租和租赁业的总产出由 550.90 亿美元增加至 694.12 亿美元，增长幅度为 26.00%。就业人数由 3.2 万人缩减至 3.0 万人，缩减幅度为 6.25%，而薪酬总额由 25.55 亿美元增加至 29.46 亿美元，增长幅度为 15.30%。由图 11.73 可知，金融、

保险、房地产、出租和租赁业在 2014~2020 年的发展较为平稳，增加值、总产出和薪酬相对稳定，而就业人数有波动，并有一定下降。

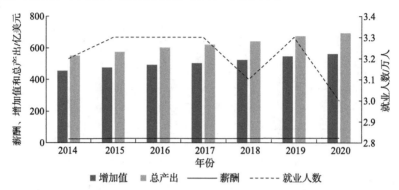

图 11.73　2014~2020 年金融、保险、房地产、出租和租赁业的增加值、总产出、薪酬与就业人数的趋势变化

资料来源：BEA

（十一）专业和商业服务

2020 年，专业和商业服务的增加值为 30.55 亿美元，占海洋经济总体的 0.8%；总产出为 78.54 亿美元。专业和商业服务的分类较为复杂，可进一步细分为专业、科学和技术服务，公司和企业的管理，以及行政和废物管理服务。其中，专业、科学和技术服务的增加值为 27.19 亿美元，总产出为 44.14 亿美元。其薪酬总额为 21.86 亿美元，就业人数为 1.3 万人，是专业和商业服务的主要成分。公司和企业的管理的增加值为 0.65 亿美元，总产出为 0.83 亿美元，薪酬总额为 0.43 亿美元，就业人数未公布。行政和废物管理服务的增加值为 2.70 亿美元，总产出为 33.56 亿美元，薪酬总额为 1.72 亿美元，就业人数为 2.3 万人。专业、科学和技术服务，行政和废物管理服务又可以进一步细分，其分类及增加值、总产出、薪酬和就业人数如表 11.3 所示。

表 11.3　2020 年专业和商业服务具体分类及其增加值、总产出、薪酬和就业人数

一级分类	二级分类	增加值/亿美元	总产出/亿美元	薪酬/亿美元	就业人数/万人
专业、科学和技术服务	法律服务	5.18	6.72	2.37	0.2
	计算机系统设计及相关服务	1.59	2.00	1.36	0.1
	其他专业、科学和技术服务	20.42	35.42	18.13	1.0
公司和企业的管理		0.65	0.83	0.43	0
行政和废物管理服务	行政和支持服务	2.67	33.50	1.70	2.3
	废物管理和补救服务	0.03	0.06	0.02	0

注：因四舍五入，与正文中数据有差距

资料来源：BEA

如图 11.74 所示，2014~2020 年，专业和商业服务的增加值由 46.22 亿美元缩减至 30.55 亿美元，缩减幅度为 33.90%。专业和商业服务的总产出由 94.13 亿美元缩减至 78.54 亿美元，缩减幅度为 16.56%。就业人数由 4.2 万人缩减至 3.5 万人，缩减幅度为 16.67%，而薪酬总额由 30.74 亿美元缩减至 24.01 亿美元，缩减幅度为 21.89%。由图 11.74 可知，2014~2020 年专业和商业服务的 4 项指标都有所下降，发展受限制。2014~2019 年，专业和商业服务的发展较为平稳，但在 2020 年，该产业的增加值、总产出、薪酬及就业人数都有大幅下降，甚至低于 2014 年的水平。

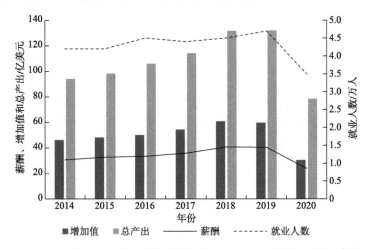

图 11.74　2014~2020 年专业和商业服务的增加值、总产出、薪酬与就业人数的趋势变化

资料来源：BEA

（十二）教育服务、卫生保健和社会援助

2020 年，教育服务、卫生保健和社会援助的增加值为 22.97 亿美元，占海洋经济总体的 0.6%；总产出为 30.08 亿美元。教育服务、卫生保健和社会援助可进一步细分为教育服务、卫生保健和社会援助。其中，教育服务的增加值为 21.30 亿美元，总产出为 28.20 亿美元，是教育服务、卫生保健和社会援助的主要组成成分。卫生保健和社会援助的增加值为 1.67 亿美元，总产出为 1.88 亿美元。卫生保健和社会援助还可以分为非住院医疗服务、医院、护理和住院护理设施及社会援助，其增加值分别为 0.65 亿美元、0.84 亿美元、0.09 亿美元和 0.09 亿美元，总产出分别为 0.79 亿美元、0.91 亿美元、0.09 亿美元和 0.09 亿美元。

2020 年，共有 2.2 万人在教育服务、卫生保健和社会援助行业进行全职或兼职就业，薪酬总额为 17.80 亿美元。其中，教育服务的就业人数为 2.0 万人，薪酬总额为 16.86 亿美元。卫生保健和社会援助的就业人数为 0.1 万人，薪酬总额为 0.93 亿美元。

如图 11.75 所示，2014~2020 年，教育服务、卫生保健和社会援助的增加值由 19.61 亿美元增加至 22.96 亿美元，增长幅度为 17.08%。教育服务、卫生保健和社会援助的总产出由 26.36 亿美元增加至 30.08 亿美元，增长幅度为 14.11%。就业人数由 2.1 万人增加至 2.2 万人，增长幅度为 4.76%。薪酬总额由 13.33 亿美元增长至 17.80 亿美元，增长幅度为 33.53%。由图 11.75 可知，教育服务、卫生保健和社会援助在 2014~2020 年发展良好，增加值、总产出和薪酬的增长都较为平稳，波动较小。就业人数是 4 个指标中变化相对较大的一个指标，但因其本身的就业规模不大，所以波动幅度较小。

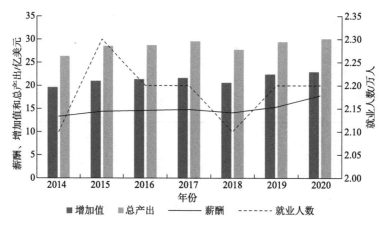

图 11.75　2014~2020 年教育服务、卫生保健和社会援助的增加值、总产出、薪酬与就业人数的趋势变化

资料来源：BEA

（十三）艺术、娱乐、休闲、住宿和餐饮服务

2020 年，艺术、娱乐、休闲、住宿和餐饮服务的增加值为 294.65 亿美元，分别占 GDP 的 0.1% 和海洋经济总体的 7.4%；总产出为 472.29 亿美元。该行业可进一步细分为艺术、娱乐、休闲服务，住宿和餐饮服务，其他除政府外服务三类。其中，艺术、娱乐、休闲服务的增加值为 68.64 亿美元，总产出为 114.85 亿美元。艺术、娱乐、休闲服务还可以分为表演艺术、观赏性体育、博物馆和相关活动及游乐、赌博和娱乐业两类，其增加值分别为 8.97 亿美元和 59.67 亿美元，总产出分别为 14.65 亿美元和 100.20 亿美元。

住宿和餐饮服务的增加值为 198.01 亿美元，总产出为 323.37 亿美元，是该产业的主要组成成分。住宿和餐饮服务还可以分为住宿及餐饮服务和饮酒场所，其增加值分别为 95.71 亿美元和 102.30 亿美元，总产出分别为 142.02 亿美元和 181.35 亿美元。其他除政府外服务的增加值为 28.00 亿美元，总产出为 34.07 亿美元。

2020 年，共有 53.7 万人在艺术、娱乐、休闲、住宿和餐饮服务领域进行全职或兼职就业，薪酬总额为 217.54 亿美元。其中，艺术、娱乐、休闲服务的就业人数为 16.0 万人，薪酬总额为 46.31 亿美元。住宿和餐饮服务的就业人数为 35.3 万人，薪酬总额为 110.24 亿美元。其他除政府外服务的就业人数为 2.4 万人，薪酬总额为 60.99 亿美元。

如图 11.76 所示，2014~2020 年，艺术、娱乐、休闲、住宿和餐饮服务的增加值由 299.86 亿美元缩减至 294.65 亿美元，缩减幅度为 1.74%。艺术、娱乐、休闲、住宿和餐饮服务的总产出由 520.00 亿美元缩减至 472.29 亿美元，缩减幅度为 9.18%。就业人数由 63.9 万人缩减至 53.7 万人，缩减幅度为 16.0%。薪酬总额由 166.39 亿美元增加至 217.54 亿美元，增加幅度为 30.74%。由图 11.76 可知，艺术、娱乐、休闲、住宿和餐饮服务在 2014~2019 年发展良好，各指标均稳定上升。但在 2020 年，多个指标均出现下降，说明疫情对于艺术、娱乐、休闲、住宿和餐饮服务行业的打击较大，造成了一定程度的影响。

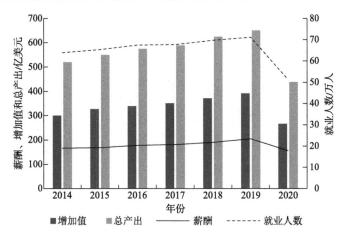

图 11.76　2014~2020 年艺术、娱乐、休闲、住宿和餐饮服务的增加值、总产出、薪酬与就业人数的趋势变化

资料来源：BEA

（十四）联邦政府

2020 年，联邦政府的增加值为 1 303.37 亿美元，分别占美国总体 GDP 的 0.6% 和海洋经济总体的 36.1%；总产出为 2 049.56 亿美元。可进一步细分为政府和政府企业两类。其中，政府的增加值为 1 302.83 亿美元，总产出为 2 048.68 亿美元。政府还可以分为国防和非国防两类，其增加值分别为 1 186.30 亿美元和 116.53 亿美元，总产出分别为 1 879.58 亿美元和 169.10 亿美元。政府企业的增加

值为 0.54 亿美元，总产出为 0.88 亿美元。

2020 年，共有 62.9 万人在联邦政府领域进行全职或兼职就业，薪酬总额为 823.63 亿美元。其中，政府的就业人数为 62.9 万人，薪酬总额为 823.16 亿美元。政府企业的就业人数因较小而不显示，薪酬总额为 0.47 亿美元。

如图 11.77 所示，2014~2020 年，联邦政府的增加值由 1 142.43 亿美元增加至 1 303.37 亿美元，增长幅度为 14.09%。联邦政府的总产出由 1 734.86 亿美元增加至 2 049.56 亿美元，增长幅度为 18.14%。就业人数由 62.2 万人增加至 62.9 万人，增长幅度为 1.13%。薪酬总额由 670.86 亿美元增加至 823.63 亿美元，增长幅度为 22.77%。由图 11.77 可知，联邦政府在 2014~2020 年发展良好，增加值、总产出和薪酬水平都有一定上涨。就业人数相对变化较大，其在 2014~2018 年持续下降，但在 2019~2020 年该趋势得到改善，就业规模不断扩大，并超过 2014 年的水平。

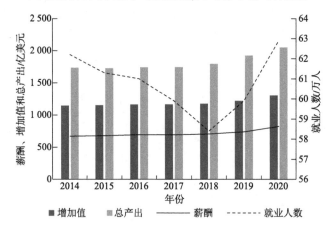

图 11.77　2014~2020 年联邦政府的增加值、总产出、薪酬与就业人数的趋势变化
资料来源：BEA

（十五）州和地方政府

2020 年，州和地方政府的增加值为 83.99 亿美元，占海洋经济总体的 2.3%；总产出为 163.30 亿美元。州和地方政府可进一步细分为政府和政府企业。其中，政府的增加值为 41.45 亿美元，总产出为 62.71 亿美元。政府企业的增加值为 42.54 亿美元，总产出为 100.59 亿美元。2020 年，共有 7.6 万人在州和地方政府领域进行全职或兼职就业，薪酬总额为 69.19 亿美元。其中，政府的就业人数为 4.1 万人，薪酬总额为 34.48 亿美元。政府企业的就业人数为 3.4 万人，薪酬总额为 34.71 亿美元。

如图 11.78 所示，2014~2020 年，州和地方政府的增加值由 66.24 亿美元增加至 83.99 亿美元，增长幅度为 26.80%。州和地方政府的总产出由 133.97 亿美元增加至 163.30 亿美元，增长幅度为 21.89%。就业人数由 7.0 万人增加至 7.6 万人，增长幅度为 8.57%。薪酬总额由 53.69 亿美元增长至 69.19 亿美元，增长幅度为 28.87%。由图 11.78 可知，州和地方政府在 2014~2020 年的发展良好，增加值、总产出和薪酬水平总体呈上升趋势，就业人数在 2014~2020 年有一定波动，但总体来看，2020 年的就业人数水平要高于 2014 年的就业人数水平。

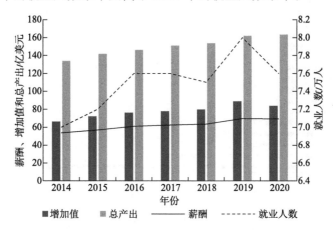

图 11.78　2014~2020 年州和地方政府的增加值、总产出、薪酬与就业人数的趋势变化

资料来源：BEA

第四节　NOAA 和 BLS 合作编制的沿海淹没区的就业统计

对于经常受海啸、飓风等恶劣天气影响的地区，应用沿海淹没区的就业统计来确定洪灾等淹没事件对这些地区经济的影响。在此，对沿海淹没区的就业统计展开分析。

一、联邦应急管理署特殊洪水危险区就业情况统计

该数据集显示，佛罗里达州、加利福尼亚州等 25 个地区都属于特殊洪水危险区。该地区内的企业数和就业人数分布如图 11.79 和图 11.80 所示。由图 11.79 和图 11.80 可知，佛罗里达州和加利福尼亚州是特殊洪水危险区内企业分布和就业规模最大的两个州。如发生洪水灾害，对这两州企业和就业造成的影响是 25 个特殊洪水危险区中最显著的，需额外注意。

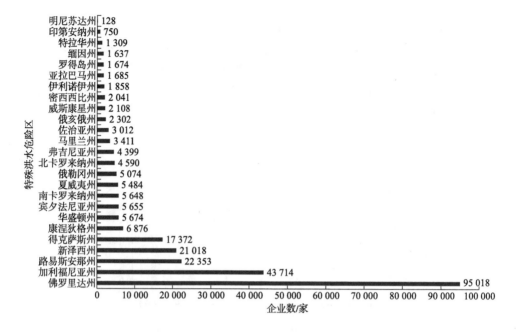

图 11.79　2019 年特殊洪水危险区企业数分布

资料来源：NOAA

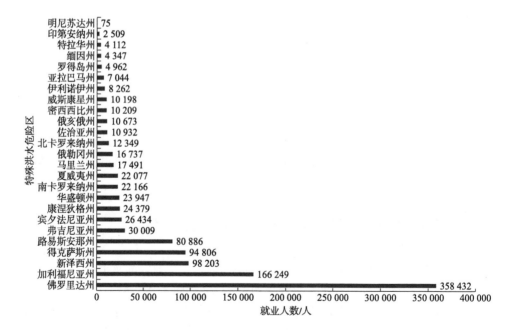

图 11.80　2019 年特殊洪水危险区就业人数分布

资料来源：NOAA

分行业的企业数和就业人数统计以亚拉巴马州为例，2019 年，亚拉巴马州的企业数为 1 685 家，就业人数为 7 044 人。分布企业最多的行业是零售业，而就业人数最多的行业是制造业。具体行业分布如图 11.81 所示。

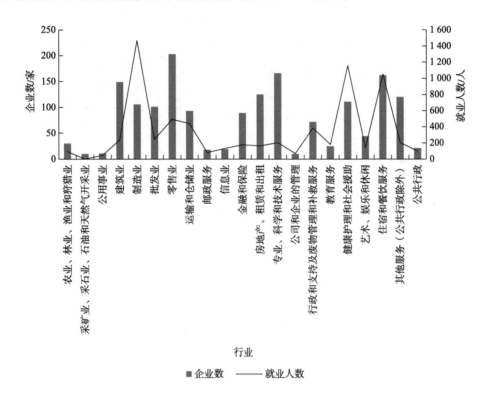

图 11.81　2019 年亚拉巴马州分行业企业与就业人数统计

资料来源：NOAA

二、NOAA 海洋、湖泊和陆上浪涌Ⅰ~Ⅳ类地区就业情况分析

该数据集统计了包括佛罗里达州、路易斯安那州在内的 17 个州的分行业就业数据。以佛罗里达州为例，2019 年，佛罗里达州Ⅰ类地区的企业数为 31 385 家，就业人数为 118 262 人；Ⅱ类地区的企业数为 57 247 家，就业人数为 206 549 人；Ⅲ类地区的企业数为 91 814 家，就业人数为 353 880 人；Ⅳ类地区的企业数为 137 305 家，就业人数为 517 365 人。具体行业分布如图 11.82 和图 11.83 所示。

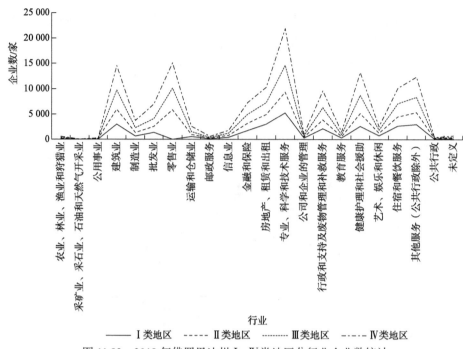

图 11.82　2019 年佛罗里达州 I~IV 类地区分行业企业数统计

资料来源：NOAA

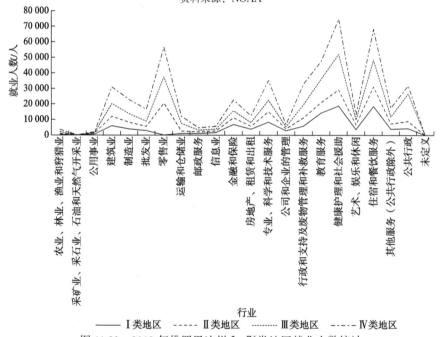

图 11.83　2019 年佛罗里达州 I~IV 类地区就业人数统计

资料来源：NOAA

三、NOAA 划定的海啸淹没区就业情况统计分析

NOAA 划定的海啸淹没区包含加利福尼亚州、夏威夷州、俄勒冈州及华盛顿州。其中，就业规模最大的是夏威夷州，企业数为 15 562 家，就业人数为 62 572 人（图 11.84）。

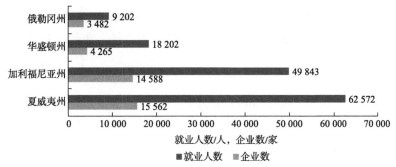

图 11.84　2019 年海啸淹没区企业数和就业人数分布

资料来源：NOAA

分行业的就业情况统计以加利福尼亚州为例，2019 年，加利福尼亚州的企业数为 14 588 家，就业人数为 49 843 人。分布企业最多的行业是健康护理和社会援助，而就业人数最多的行业是住宿和餐饮服务。具体行业分布如图 11.85 所示。

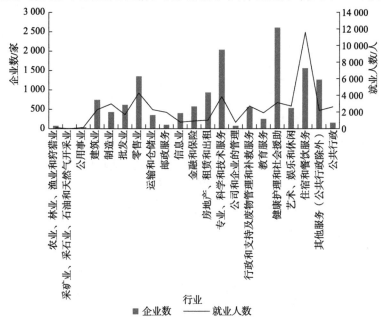

图 11.85　2019 年加利福尼亚州分行业企业与就业人数统计

资料来源：NOAA

第五节　NOAA、BEA 和 BLS 合作编制的沿海经济数据

沿海经济数据是对沿海地区所有经济活动的就业情况和 GDP 的统计，统计地区为美国全国范围内的沿海地区，反映沿海经济的总量。在此，对沿海经济数据展开分析。

一、美国沿海州和地区的经济分析

符合沿海定义的州和地区包含亚拉巴马州、哥伦比亚地区等，共有 33 个，在此以亚拉巴马州为例，2005~2019 年亚拉巴马州的企业数与就业人数变化如图 11.86 所示。

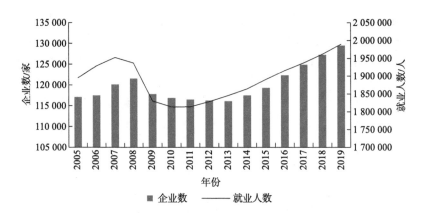

图 11.86　2005~2019 年亚拉巴马州的企业数与就业人数变化统计

资料来源：NOAA

由图 11.86 可知，受 2007 年底的经济大衰退影响，亚拉巴马州的企业数与就业人数在 2007~2010 年迅速下降，失业率攀升。该形势在 2011 年后有所好转。总体来说，亚拉巴马州 2005~2019 年的企业数与就业人数有一定波动，整体呈上升趋势。

由图 11.87 可知，2005~2019 年，亚拉巴马州的工资水平与 GDP 水平发展平稳，呈缓慢上升趋势。GDP 增速从 2011 年开始有明显提升，发展态势良好。

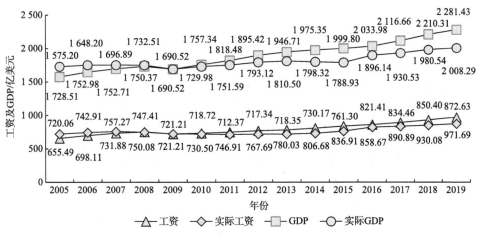

图 11.87　2005~2019 年亚拉巴马州的工资与 GDP 变化统计

资料来源：NOAA

由图 11.88 可知，2005~2019 年，亚拉巴马州的专业和商业服务、教育和卫生服务、休闲和酒店业、金融活动发展较为迅速，企业数与就业人数均有大幅提高，而 2019 年建筑业的企业数较 2005 年有所降低。信息业、制造业、自然资源和采矿业、公共管理的发展趋于稳定，变化较小。

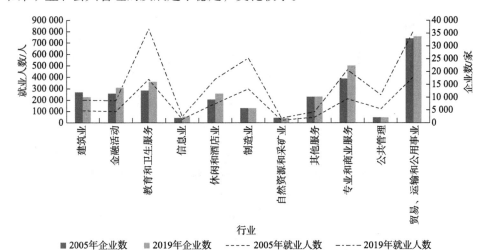

图 11.88　2005 年与 2019 年亚拉巴马州分行业的企业数和就业人数对比

资料来源：NOAA

由图 11.89 和图 11.90 可知，2019 年亚拉巴马州的工资与 GDP 水平较 2005 年皆有所提高。其中，金融活动，制造业，公共管理，贸易、运输和公用事业的 GDP 水平涨幅较为明显，说明这些行业在 2005~2019 年有较好的发展前景。

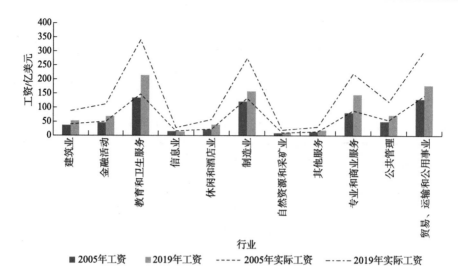

图 11.89　2005 年与 2019 年亚拉巴马州分行业的工资水平对比

资料来源：NOAA

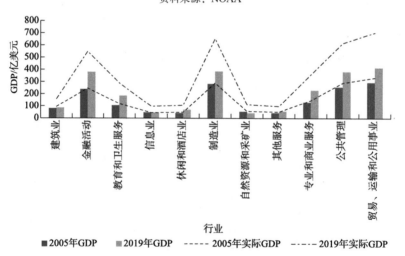

图 11.90　2005 年与 2019 年亚拉巴马州分行业的 GDP 水平对比

资料来源：NOAA

二、美国海岸线县经济统计

　　该数据集包含的美国海岸线县包含圣地亚哥县、洛杉矶县等，共有 476 个。在此以洛杉矶县为例。2005~2019 年洛杉矶县的企业数变化较为平稳，没有大幅波动，但就业人数的变化相较于企业数的变化要明显得多。由图 11.91 可知，洛杉矶县的就业受 2008 年经济大衰退的影响严重，有将近 40% 的人口失业，该情况在 2010 年才得到缓解。2010~2019 年，洛杉矶县的就业人数逐步上升，并超过 2008 年前的就业水平。

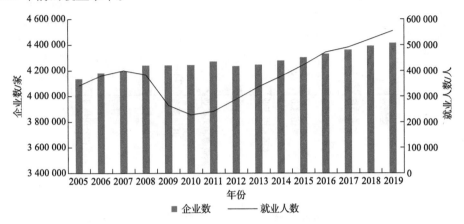

图 11.91　2005~2019 年洛杉矶县的企业数与就业人数变化统计

资料来源：NOAA

2005~2019 年洛杉矶县的工资与 GDP 水平变化统计如图 11.92 所示。由图 11.92 可知，洛杉矶县的工资水平和 GDP 水平在 2005~2019 年发展得较为平稳，整体处于上升状态，其工资与 GDP 增速自 2011 年起略微加快。

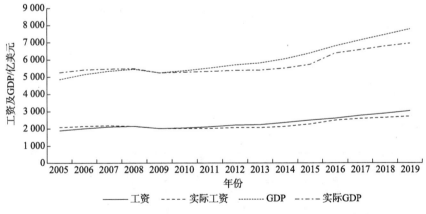

图 11.92　2005~2019 年洛杉矶县的工资与 GDP 水平变化统计

资料来源：NOAA

2005 年与 2019 年洛杉矶县分行业的企业数和就业人数对比如图 11.93 所示。由图 11.93 可知，与 2005 年相比，企业数与就业人数增加最多的行业是教育和卫生服务，代表这一行业在 2005~2019 年有更大的需求。

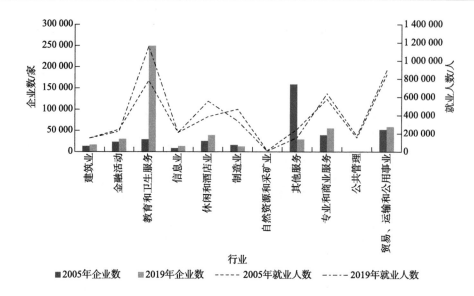

图 11.93 2005 年与 2019 年洛杉矶县分行业的企业数和就业人数对比

资料来源：NOAA

2005 年与 2019 年洛杉矶县分行业的工资水平对比如图 11.94 所示。由图 11.94 可知，工资增长较快的行业有教育和卫生服务，专业和商业服务，贸易、运输和公用事业，这三个行业就业人员的工资水平在 2005~2019 年得到了较大的提高，吸引了更多的劳动人口进入。

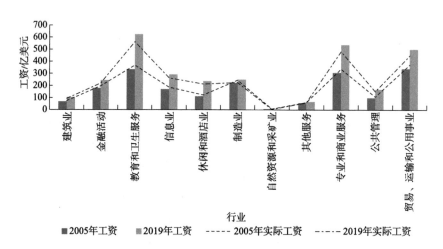

图 11.94 2005 年与 2019 年洛杉矶县分行业的工资水平对比

资料来源：NOAA

2005 年与 2019 年洛杉矶县分行业的 GDP 水平对比如图 11.95 所示。由图 11.95 可知，GDP 增长较快的行业有金融活动，信息业，公共管理，贸易、运输和公用事业，2019 年与 2005 年的差距显著，说明这几个行业有良好的发展前景。

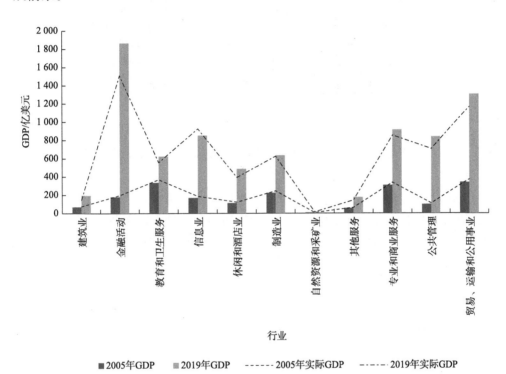

图 11.95　2005 年与 2019 年洛杉矶县分行业的 GDP 水平对比

资料来源：NOAA

三、美国沿海分水岭县统计

该数据集统计的美国分水岭县包含纽约县等，共有 787 个。在此以纽约县为例。2005~2019 年纽约县的企业数大致保持增长，仅在个别年份有所下降。就业人数与企业数相比波动较大。由图 11.96 可知，纽约县的就业人数在 2009 年、2015 年都有大幅下降，在之后的几年又缓慢上升，最终恢复到原来的就业水平或进一步增长。总体来看，纽约县就业人数呈上升趋势。

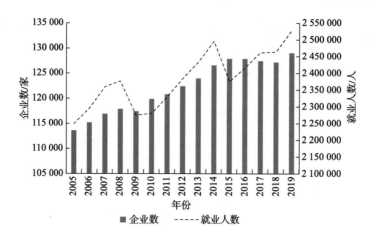

图 11.96　2005~2019 年纽约县的企业数与就业人数变化统计

资料来源：NOAA

2005~2019 年纽约县工资与 GDP 水平变化统计如图 11.97 所示。由图 11.97 可知，纽约县的工资水平和 GDP 水平在 2005~2019 年发展得较为平稳，处于稳步上升状态，在 2008~2009 年有小幅下降，但在 2010~2019 年恢复增长，并以更快的速度发展。

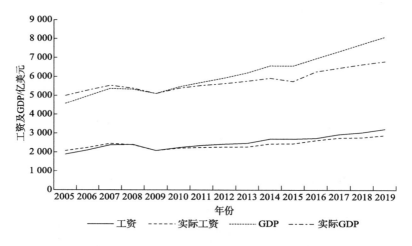

图 11.97　2005~2019 年纽约县工资与 GDP 水平变化统计

资料来源：NOAA

2005 年与 2019 年纽约县分行业的企业数和就业人数对比如图 11.98 所示。由图 11.98 可知，企业数与就业人数增加最多的行业是专业和商业服务，代表这一行业有更大的需求。贸易、运输和公用事业及制造业的企业数均有缩减。

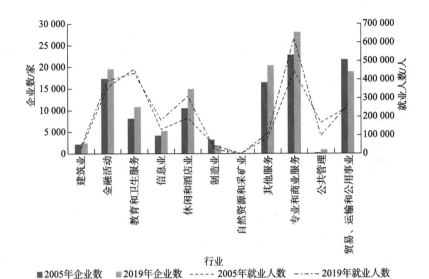

图 11.98　2005 年与 2019 年纽约县分行业的企业数和就业人数对比

资料来源：NOAA

2005 年与 2019 年纽约县分行业的工资水平对比如图 11.99 所示。由图 11.99 可知，大部分行业的工资水平均有所提高，工资增长较快的行业有金融活动、专业和商业服务，这两个行业就业人员的工资水平在 2005~2019 年得到较大的提高，吸引了更多的劳动人口进入。

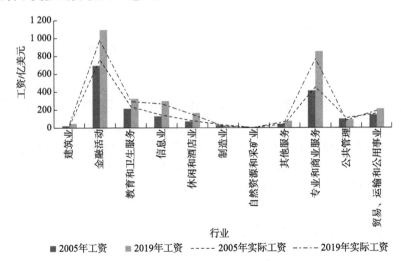

图 11.99　2005 年与 2019 年纽约县分行业的工资水平对比

资料来源：NOAA

2005 年与 2019 年纽约县分行业的 GDP 水平对比如图 11.100 所示。由图 11.100

可知，GDP 增长较快的行业有金融活动、信息业、专业和商业服务。这三个行业的 GDP 得到快速发展，2019 年与 2005 年的差距显著，说明这几个行业有良好的发展前景。

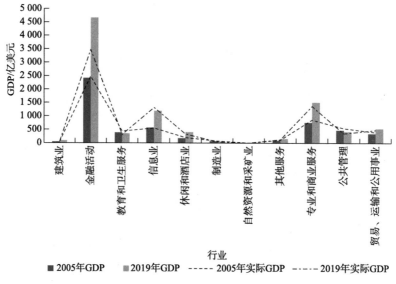

图 11.100　2005 年与 2019 年纽约县分行业的 GDP 水平对比

资料来源：NOAA

第六节　中美海洋经济对比

中国和美国是目前世界经济体量最大的两个国家，且都拥有广阔的海域和富有活力的海洋经济，为了更好地了解中美海洋经济发展现状与优势所在，有必要对两国目前的海洋经济进行对比。出于对于中美海洋经济统计口径不同的考虑，为了避免该差异对统计结果造成影响，本节就中美海洋经济的概念与范围进行讨论，并对含义相近的产业指标数据进行对比。

一、中美海洋经济概念与范围对比

（一）中国海洋经济的定义与分类

何广顺（2006）指出，为了规范海洋统计的基本定义和行业分类，国家海洋局于 1999 年发布了我国海洋统计领域的首个行业标准《海洋经济统计分类与代码》（HY/T 052—1999）。该标准以《国民经济行业分类与代码》（GB/T 4754—1994）为依据，以涉海性为原则，首次从整个国民经济体系中划分出与海洋有关的产业分类和产业活动的统计范围，其发布代表着我国规范海洋经济统计的重要起点。

随后，为了能够更加全面地统计海洋经济，首版国家标准《海洋及相关产业分类》（GB/T 20794—2006）于 2006 年 12 月正式发布。该标准首次将海洋经济划分为两类三层次：海洋产业（海洋核心层、海洋经济支持层）和海洋相关产业（海洋经济外围层），包括 2 个类别、29 个大类、107 个中类。

2021 年 12 月，由于海洋经济高速发展，新兴产业不断涌现，首版标准已不能准确地反映海洋经济的发展，国家市场监督管理总局和国家标准化管理委员会发布《海洋及相关产业分类》（GB/T 20794—2021），对《海洋及相关产业分类》（GB/T 20794—2006）进行了首次修订。该标准删除了海洋相关产业的定义，更改了海洋产业分类，并增加了新旧结构、类目对照。

在《海洋及相关产业分类》（GB/T 20794—2021）中，海洋经济的定义如下：开发、利用和保护海洋的各类产业活动，以及与之相关联活动的总和。海洋产业的含义为开发、利用和保护海洋所进行的生产和服务活动，主要包括以下几方面。

（1）直接从海洋中获取产品的生产和服务活动。

（2）直接从海洋中获取产品的加工生产和服务活动。

（3）直接应用于海洋和海洋开发活动的产品生产和服务活动。

（4）利用海水或海洋空间作为生产过程的基本要素所进行的生产和服务活动。

GB/T 20794—2021 按照 GB/T 4754—2017 的行业划分规定和海洋经济活动的同质性原则，将海洋经济活动划分为类别、大类、中类和小类四级。根据海洋经济活动的性质，将海洋经济分为海洋经济核心层、海洋经济支持层、海洋经济外围层，分别对应 5 个产业类别。海洋经济核心层包括海洋产业 1 个类别，海洋经济支持层包括海洋科研教育、海洋公共管理服务 2 个类别，海洋经济外围层包括海洋上游相关产业、海洋下游相关产业 2 个类别，其具体分类如图 7.2 所示。

（二）美国海洋经济的定义与分类

20 世纪 70 年代以来，美国政府意识到海洋经济的价值与重要性，逐步开展了海洋油气开采、海洋矿物开采、海水养殖等经济活动，逐渐发展为实力强劲的海洋强国。为了能够全面而规范地统计海洋经济，NOAA 于 2000 年启动了 NOEP，进行海洋与沿海经济研究。2008 年 ENOW 建立，并定期发布 NOEP

研发的数据产品和评估产品，代表着美国官方海洋经济统计体系的逐步完善。

根据 NOEP，海洋经济是指来自海洋（或五大湖），且其资源直接或间接投入经济活动中的产品或服务。一个机构是否纳入海洋经济统计需要从产业性质和地理位置两个角度综合考虑：①依据 NAICS，对于在产业范围内明确包含与海洋有关活动的产业，属于海洋经济；②对于与海洋部分关联的产业，依据地理位置来确定是否属于海洋经济活动范畴，若企业地点的邮政编码位于沿海县的邮政编码区内，则属于海洋经济（如位于海岸带的旅馆）。

按照 NAICS，NOEP 的经济统计主要包括海洋矿业、滨海旅游娱乐业、海洋交通运输业、船舶制造业、海洋生物资源业、海洋建筑业六大行业，但它们仅代表涉海产业的一部分，未能全面反映经济活动和海洋之间的关系。选择这些行业的原因是联邦数据可提供具有一致性的信息，从而可将这些涉海产业与其他产业相剥离。

在该分类基础上，为使海洋经济的统计更加符合国民经济统计框架，NOAA 与 BEA、BLS 合作，还推出了美国海洋经济卫星账户，从十项海洋经济活动出发反映海洋经济的构成与体量。同时，海洋经济卫星账户还能够按国民经济产业框架进行分类，更好地反映海洋经济在国民经济中的占比，具体分类如前文所述。中美海洋经济定义、范围与行业分类对比如表 11.4 所示。

表 11.4 中美海洋经济定义、范围与行业分类对比

类别		中国	美国	
定义		开发、利用和保护海洋的各类产业活动，以及与之相关联活动的总和	来自海洋（或五大湖），且其资源直接或间接投入经济活动中的产品或服务	
范围		1. 直接从海洋中获取产品的生产和服务活动 2. 直接从海洋中获取产品的加工生产和服务活动 3. 直接应用于海洋和海洋开发活动的产品生产和服务活动 4. 利用海水或海洋空间作为生产过程的基本要素所进行的生产和服务活动	1. 依据 NAICS，对于在产业范围明确包含与海洋有关活动的产业，属于海洋经济 2. 对于与海洋部分关联的产业，依据地理位置来确定是否属于海洋经济活动范畴，若企业地点的邮政编码位于沿海县的邮政编码区内，则属于海洋经济	
			ENOW 分类	海洋经济卫星账户分类
行业分类	相同	海洋渔业	海洋生物资源业	海洋生物资源
		海洋水产品加工业		
		涉海产品再加工		
		海洋产品批发与零售		
		海洋药物和生物制品业		海洋生物资源

续表

类别		中国	美国	
行业分类	相同	海洋矿业	海洋矿业	近海矿产
		海洋油气业		
		海洋船舶加工	船舶制造业	非娱乐用途的船舶制造
		海洋工程建筑业	海洋建筑业	沿海和海洋建筑
		海洋生态环境保护修复		
		海洋交通运输业	海洋交通运输业	海运运输和仓储
		海洋旅游业	滨海旅游娱乐业	沿海和近海旅游及娱乐
		涉海经营服务		
		海洋科学研究		海洋研究和教育
		海洋教育		
		海洋电力业		沿海公用事业
		海洋技术服务		专业技术服务
		海洋信息服务		
		海洋管理		国防与公共管理
		海洋社会团体、基金会与国际组织		
	不同	沿海滩涂种植业		
		海洋盐业		
		海洋工程装备制造业		
		海洋化工业		
		海水淡化与综合利用业		
		海洋地质勘查		
		涉海设备制造		
		涉海材料制造		

资料来源：《海洋及相关产业分类》（GB/T 20794—2021）、NOAA

二、中美海洋经济总量对比

《中国海洋经济统计公报》指出，海洋生产总值是海洋经济生产总值的简称，指按市场价格计算的沿海地区常住单位在一定时期内海洋经济活动的最终成果，是海洋产业和海洋相关产业增加值之和。中美两国都以海洋生产总值作为测度海洋经济总量的指标，在一定程度上具有可比性。2020 年中国与美国海洋生产总值对比如图 11.101 所示。

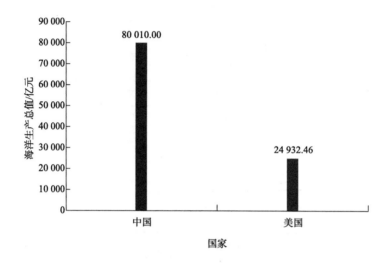

图 11.101　2020 年中国与美国海洋生产总值对比
资料来源：《中国海洋经济统计公报》、NOAA

三、中美海洋经济分产业对比

参照我国海洋经济分类与美国海洋经济卫星账户分类，选取相近的海洋产业进行增加值对比。由于产业的具体分类与统计口径不同，对比结果可能有一定偏差。部分产业因无法找到对应的产业分类，暂时不进行对比。

（一）海洋渔业

2020 年，我国海洋渔业的转型升级步伐加快，有效控制海洋捕捞，并进一步发展海洋养殖，缓解疫情带来的影响，实现增加值 4 712.00 亿元，比 2019 年增长 3.1%。参考美国海洋经济卫星账户数据，2020 年美国海洋生物资源的增加值为 150.66 亿美元，以当年平均汇率折合人民币为 1 039.49 亿元（图 11.102）。

从海洋捕捞产量来看，2020 年我国的海洋渔获量为 947.41 万吨，美国的海洋渔获量为 84 亿磅，即 381.00 万吨（图 11.103）。我国为捕捞大国，海洋渔获量约为美国的 2.5 倍。

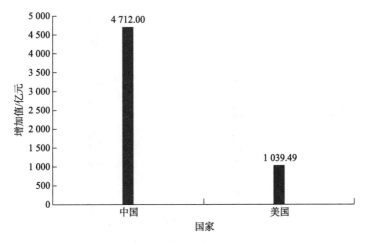

图 11.102 2020 年中国与美国海洋渔业增加值对比
资料来源：《中国海洋经济统计公报》、NOAA

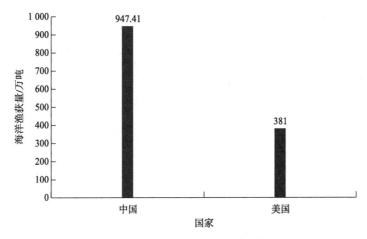

图 11.103 2020 年中国与美国海洋渔获量对比
资料来源：《中国渔业经济统计公报》、NOAA

（二）海洋油气业

2020 年，在国际油价持续走低，以及海洋油气企业经营效益受到冲击的情况下，我国海洋油气产量逆势增长，实现增加值 1 494.00 亿元，比 2019 年增长 7.2%。参考美国海洋经济卫星账户数据，2020 年美国海洋油气开采的增加值为 333.16 亿美元，以当年平均汇率折合人民币为 2 298.67 亿元（图 11.104）。就油气开采活动来说，我国的海洋油气业与美国还有一定差距。

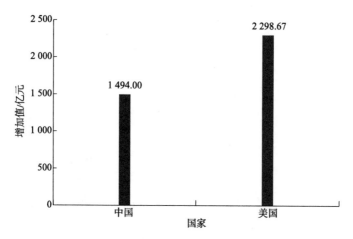

图 11.104　2020 年中国与美国海洋油气业增加值对比

资料来源：《中国海洋经济统计公报》、NOAA

从油气产量来看，2020 年我国的石油产量为 5 164 万吨，天然气产量为 186 亿立方米，美国的石油产量为 8 200 万吨，天然气产量为 9 146 亿立方米（图 11.105）。我国与美国在油气开采量上有较大的差距，其中天然气产量的差距十分明显。

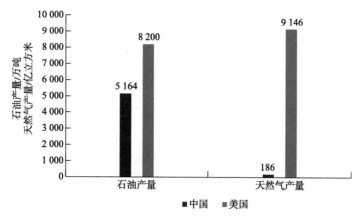

图 11.105　2020 年中国与美国海洋油气产量对比

资料来源：《中国海洋经济统计公报》、NOAA

（三）海洋矿业

2020 年，我国海洋矿业平稳发展，实现增加值 190.00 亿元，比 2019 年增长 0.9%。参考美国海洋经济卫星账户数据，2020 年除油气外海洋矿业的增加值为 16.55 亿美元，以当年平均汇率折合人民币为 114.19 亿元（图 11.106）。相比而言，我国海洋矿业的增加值略高于美国。

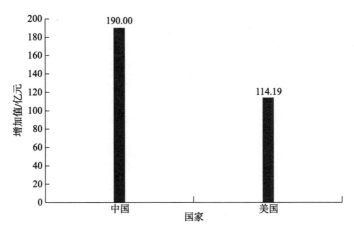

图 11.106 2020 年中国与美国海洋矿业增加值对比
资料来源：《中国海洋经济统计公报》、NOAA

（四）海洋生物医药业

2020 年，我国海洋生物医药研发力度不断加大，发展稳健，全年实现增加值 451.00 亿元，比 2019 年增长 8.0%。参考美国海洋经济卫星账户数据，2020 年美国海洋生物医药业的增加值为 27.12 亿美元，以当年平均汇率折合人民币为 187.12 亿元（图 11.107）。相比而言，我国海洋生物医药业的增加值总量要大于美国。

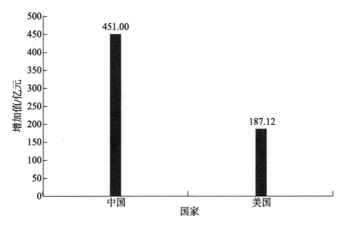

图 11.107 2020 年中国与美国海洋生物医药业增加值对比
资料来源：《中国海洋经济统计公报》、NOAA

（五）海洋电力业

如图 11.108 所示，2020 年，我国海洋电力业随着国家产业政策实施和技术装备水平提升，海上风电快速发展，全年实现增加值237.00亿元，比2019年增长16.2%。参考美国海洋经济卫星账户数据，2020年美国公用事业即传统发电业的增加值为82.11亿美元，以当年平均汇率折合人民币为566.53亿元。我国海洋电力业的增加值与美国相比差距较大。

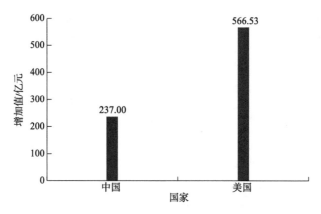

图11.108　2020年中国与美国海洋电力业增加值对比

资料来源：《中国海洋经济统计公报》、NOAA

（六）海洋船舶工业

如图11.109所示，2020年，我国完成船舶工业结构调整，国际船舶制造能力提升，实现恢复性增长，全年增加值为1 147.00亿元，比2019年增长0.9%。参考美国海洋经济卫星账户数据，2020年美国船舶制造业的增加值为77.61亿美元，以当年平均汇率折合人民币为535.48亿元。相比而言，我国海洋船舶工业的增加值总量要大于美国。

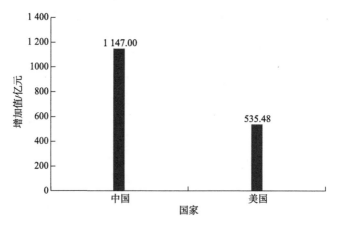

图11.109　2020年中国与美国海洋船舶工业增加值对比

资料来源：《中国海洋经济统计公报》、NOAA

（七）海洋工程建筑业

如图 11.110 所示，2020 年，我国海洋工程建筑业平稳增长，全年增加值为 1 190.00 亿元，比 2019 年增长 1.5%。参考美国海洋经济卫星账户数据，2020 年美国海洋建筑业的增加值为 52.22 亿美元，以当年平均汇率折合人民币为 360.30 亿元。相比而言，我国海洋工程建筑业的增加值总量要大于美国。

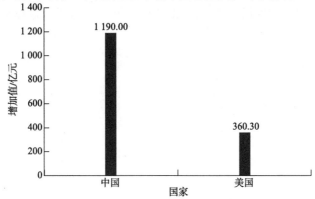

图 11.110　2020 年中国与美国海洋工程建筑业增加值对比
资料来源：《中国海洋经济统计公报》、NOAA

（八）海洋交通运输业

如图 11.111 所示，2020 年，随着国内外航运市场逐步复苏，我国海洋交通运输业总体呈现先降后升，逐步恢复的态势，实现全年增加值 5 711.00 亿元，比 2019 年增长 2.2%。参考美国海洋经济卫星账户数据，2020 年美国海洋交通运输业的增加值为 213.23 亿美元，以当年平均汇率折合人民币为 1 471.20 亿元。相比而言，我国海洋交通运输业的增加值总量要远大于美国。

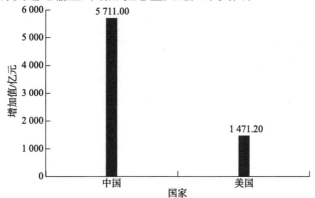

图 11.111　2020 年中国与美国海洋交通运输业增加值对比
资料来源：《中国海洋经济统计公报》、NOAA

（九）滨海旅游业

如图 11.112 所示，2020 年，受疫情影响，我国滨海旅游业受到前所未有的打击，滨海旅游人数锐减，旅游项目停滞，实现全年增加值 13 924.00 亿元，比 2019 年减少 24.5%。参考美国海洋经济卫星账户数据，2020 年美国滨海旅游业的增加值为 1 252.46 亿美元，以当年平均汇率折合人民币为 8 641.47 亿元。相比而言，在两国滨海旅游业均受到新冠疫情冲击的情况下，我国滨海旅游业增加值总量仍大于美国。

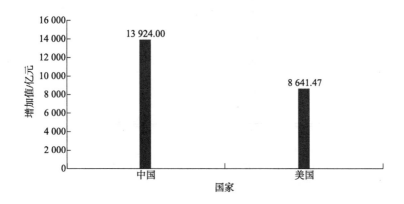

图 11.112　2020 年中国与美国滨海旅游业增加值对比

资料来源：《中国海洋经济统计公报》、NOAA

参 考 文 献

安海燕. 2022-01-11. 国家标准《海洋及相关产业分类》修订版发布[N]. 中国自然资源报（005）.

韩立民，李大海. 2013. 美国海洋经济统计体系及发展趋势：兼析金融危机对美国海洋经济的影响[J]. 经济研究参考，（51）：59-64.

何广顺. 2006. 海洋经济核算体系与核算方法研究[D]. 中国海洋大学硕士学位论文.

邢文秀，刘大海，朱玉雯，等. 2019. 美国海洋经济发展现状、产业分布与趋势判断[J]. 中国国土资源经济，32（8）：23-32, 38.

Center for the Blue Economy. 2014. State of the U.S. ocean and coastal economies 2014[EB/OL]. https://cbe.miis.edu/cgi/viewcontent.cgi?httpsredir=1&article=1000&content=noep_publications [2023-11-01].

Nicolls W, Franks C, Gilmore T, et al. 2020. Defining and measuring the U.S. ocean economy

[EB/OL]. https://www.bea.gov/system/files/2021-06/defining-and-measuring-the-united-states-ocean-economy.pdf[2023-11-01].

NOAA. 2023. NOAA report on the U.S. marine economy[EB/OL]. https://coast.noaa.gov/data/digitalcoast/pdf/econ-report.pdf[2023-11-01].

第十二章　加拿大海洋经济
发展主要指标

加拿大渔业和海洋部是一个联邦机构，负责保护水域、管理加拿大的渔业和海洋资源，并通过栖息地保护和健全的科学体系来维持健康和可持续的水生生态系统，支撑海洋和渔业部门的经济增长，以及保障水产养殖和生物技术等领域的创新。依赖海洋的一系列活动为加拿大经济做出重大贡献，加拿大的海洋产业是经济增长、创造就业和创新的重要源泉。迄今为止，加拿大已经保护和养护了795 000平方千米的海洋，保护了至少10%的沿海和海洋区域，超过了国际爱知生物多样性目标（Aichi Biodiversity Target）[1]。

第一节　加拿大海洋产业经济贡献的测度

2009年发布的《加拿大海洋相关活动经济影响》中指出，加拿大渔业和海洋部的工作重点是测度加拿大海洋产业经济贡献，用于政策制定和分析，并评估将覆盖范围扩大到加拿大北极地区海洋相关活动的可行性。加拿大采用了一种侧重于海洋自然资源的海洋经济定义（Colgan，2003）。因此，海洋产业的确定不是基于对海洋资源的使用或开发，以及与使用或开发海洋资源的产业之间的联系（海洋旅游和娱乐部门及高校部门被排除在外），包括对沿海的关注，认为沿海发生的一些活动与享受海洋带来的益处有关（如位于沿海的国家公园、游客到沿海城镇的访问）。沿海大学的海洋相关支出的估算基于两阶段方法。第一阶段是收集来自加拿大自然科学和工程研究委员会和加拿大创新基金会的所有与海洋相

---

① Canada's Oceans and the Economic Contribution of Marine Sectors. https://www150.statcan.gc.ca/n1/pub/16-002-x/2021001/article/00001-eng.htm，2021-07-19.

关的拨款。第二阶段涉及使用估算的沿海大学的年度支出总额。

此外，加拿大海洋资源范围在地理上划定于该国的专属经济区内，行业范围为在加拿大经营的企业。因此，国内工业或企业对非加拿大（外国）海洋资源的使用或开发则不在核算范围内。例如，加拿大拥有的 Cooke Aquaculture 公司在加拿大海洋经济中未包括在其他国家开展的水产养殖业务。同样，不在加拿大境内的外国企业对加拿大海洋资源的使用或开发也不在核算范围内。例如，在加拿大水域运营的外国游轮，但停靠港的乘客支出除外；在加拿大海底工作的外国海底电缆企业，这些企业可能会向政府支付许可证费用，但不会为该国带来收入。

第二节 数 据 来 源

（一）私营部门

1. 渔业和海鲜

（1）商业捕鱼：大西洋和太平洋地区的商业捕鱼数据来源于加拿大渔业和海洋部（海洋商业捕鱼—加拿大各省—产值[1]）。北极地区的商业捕鱼数据来源于太平洋地区综合渔业管理计划[2]和加拿大渔业和海洋部北极地区内部渔获量数据。

（2）水产养殖：数据来源于加拿大统计局的表 36-10-0488-01（产出—按部门和行业—省和地区—水产养殖[BS112500][3]）；2019 年数据由加拿大统计局 2018 年的表 32-10-0108-01（水产养殖经济统计—增值账户—总产出）推断得出[4]。

（3）鱼类加工：数据来源于加拿大统计局的表 36-10-0488-01（产出—按部门和行业—省和地区—海鲜制备和包装[BS311700][5]）；2019 年数据由加拿大统计局 2018 年的表 36-10-0402-01[6]推断得出，并使用加拿大统计局按产品分类的工业产品价格指数表 18-10-0030-01[7]进行调整。

2. 海上石油和天然气

海上石油和天然气开采数据来源于加拿大统计局的表 36-10-0488-01（产出—

---

[1] https://www.dfo-mpo.gc.ca/stats/commercial/sea-maritimes-eng.htm.

[2] http://www.pac.dfo-mpo.gc.ca/fm-gp/ifmp-eng.html.

[3] 编号 BS112500 为水产养殖的行业编码。

[4] https://www150.statcan.gc.ca/t1/tbl1/en/tv.action?pid=3210010801.

[5] 编号 BS311700 为海鲜制备和包装的行业编码。

[6] https://www150.statcan.gc.ca/t1/tbl1/en/tv.action?pid=3610040201.

[7] https://www150.statcan.gc.ca/t1/tbl1/en/tv.action?pid=1810003001.

按部门和行业—省和地区—石油和天然气开采[BS21100]①）；2019 年数据由加拿大统计局 2018 年的表 36-10-0402-01 推断得出，并使用加拿大统计局的原材料价格指数表 18-10-0268-01②进行调整。

3. 交通运输

（1）海上运输：数据来源于加拿大统计局的表 36-10-0488-01（产出—按部门和行业—省和地区—海上运输[BS483000]③）；2019 年数据由加拿大统计局 2018 年的表 36-10-0402-01 推断得出，并使用加拿大统计局的消费者价格指数表 18-10-0005-01④（年平均值—未经季节性调整—服务业）进行调整。

（2）海上运输支持活动：数据来源于加拿大统计局的表 36-10-0488-01（产出—按部门和行业—省和地区—运输支持活动[BS488000]⑤）；2019 年数据根据 2018 年的海运增长率推断得出。

4. 旅游和休闲

（1）休闲渔业：采用加拿大渔业和海洋部 2015 年休闲渔业调查支出数据⑥，仅针对咸水支出进行调整，并使用平均增长率推算得出。

（2）休闲划船：根据 2020 年国家海洋制造商协会（National Marine Manufacturers Association，NMMA）公布的 2016 年加拿大休闲划船统计摘要中按类型估算的支出，并使用新船销售进行价值预测和推断得出。

（3）游轮：2012 年和 2016 年数据来源于商业研究和经济顾问（Business Research and Economic Advisors，BREA）报告《加拿大国际游轮业的经济贡献》；2013~2015 年数据基于《加拿大国籍游轮业的经济贡献》数据使用插值法推出；2017~2019 年数据根据加拿大交通部年度报告和省政府旅游部提供的邮轮游客数量推断得出。

（4）沿海旅游：根据加拿大统计局表 24-10-0013-01⑦（2006~2010 年）、表 24-10-0027-01⑧（2011~2017 年）、表 24-10-0045-01⑨（2018 年）和表 36-10-0230-01⑩（2019 年）中按省或地区重新分配的支出推算而来。

---

① 编号 BS21100 为石油和天然气开采的行业编码。

② https://www150.statcan.gc.ca/t1/tbl1/en/tv.action?pid=1810026801.

③ 编号 BS483000 为海上运输的行业编码。

④ https://www150.statcan.gc.ca/t1/tbl1/en/tv.action?pid=1810000501.

⑤ 编号 BS488000 为运输支持活动的行业编码。

⑥ http://www.dfo-mpo.gc.ca/stats/recreational-eng.htm.

⑦ https://www150.statcan.gc.ca/t1/tbl1/en/tv.action?pid=2410001301.

⑧ https://www150.statcan.gc.ca/t1/tbl1/en/tv.action?pid=2410002701.

⑨ https://www150.statcan.gc.ca/t1/tbl1/en/tv.action?pid=2410004501.

⑩ https://www150.statcan.gc.ca/t1/tbl1/en/tv.action?pid=3610023001.

5. 制造和建筑

（1）船舶和造船：数据来源于加拿大统计局的表36-10-0488-01（产出—按部门和行业—省和地区—船舶和造船[BS336600][1]）；2019年数据由加拿大统计局2018年的表36-10-0402-01推断得出，并使用加拿大统计局的工业产品价格指数表18-10-0030-01进行调整。

（2）港口和港口建设：大西洋和太平洋地区的数据来源于加拿大运输部—加拿大运输—加拿大港务局财务状况—资本资产收购、国防部按选举区和省划分的预计支出—资本投资、大西洋资本投资[2]和卑诗渡轮的资本投资[3]。

北极地区的数据来源于加拿大统计局的表34-10-0063-01[4]的资本支出。各省海洋工程建设的平均比例适用于每个领土的总工程建设。

（二）公共部门

（1）国防部。沿海省份和地区的国防服务运营和维护及资本支出数据来自国防部。数据来源于按地区和省份划分的国防部估算支出。

（2）渔业和海洋部。数据来源于内部可用的财务规划系统的渔业和海洋部支出数据。

（3）其他联邦部门。加拿大食品检验局、加拿大环境与气候变化部、加拿大皇家土著关系与北方事务局、加拿大公园管理局、加拿大交通局的部门绩效报告和计划与优先事项报告中与海洋相关活动的总支出。

（4）省/地区政府部门。与海洋经济相关的省份和地区支出来自各省和地区的主要预算和公共账户，并排除国民账户中其他计入的数据，包括渡轮运输、水运服务和海洋相关建设。

（5）大学和非政府环境组织。大学海洋相关支出的估算采用两阶段法。第一阶段是汇编加拿大自然科学与工程研究委员会和联邦创新基金会的所有与海洋有关的拨款。第二阶段涉及估算沿海大学的年度支出总额。根据加拿大大学商业官员协会年度报告中提供的大学总预算增长率，将2006年加德纳-品富支出值进行扩展，从而计算出这些估计数。非政府环境组织数据由2008年支出（由Acton White计算）根据代表性非政府环境组织的财务数据增长率计算。

---

[1] 编号BS336600为船舶和造船的行业编码。

[2] https://www.marineatlantic.ca/en/about-us/corporate-information/Reports/.

[3] https://www.bcferries.com/our-company/investor-relations.

[4] https://www150.statcan.gc.ca/t1/tbl1/en/tv.action?pid=3410006301.

第三节　加拿大海洋经济贡献

（一）海洋部门经济贡献分析：整体

如图 12.1 所示（具体数据见附表 12.1），2015~2019 年加拿大海洋部门创造的经济总量稳步上升，增长 36.58%，由 288.49 亿美元上升至 394.02 亿美元，其中，2017 年海洋经济总量增幅最大，比 2016 年增长 44.3 亿美元。加拿大海洋部门创造的经济总量与加拿大经济总量的占比由 1.45% 上升至 1.70%。如图 12.2 所示（具体数据见附表 12.2），2015~2019 年加拿大海洋部门就业人数整体呈现上升趋势，就业人数增长 20.1%，由 267 418 人上升至 321 177 人，但 2018 年的就业人数比 2017 年减少了 1 216 人。加拿大海洋部门就业人数占比由 1.50% 上升至 1.69%。

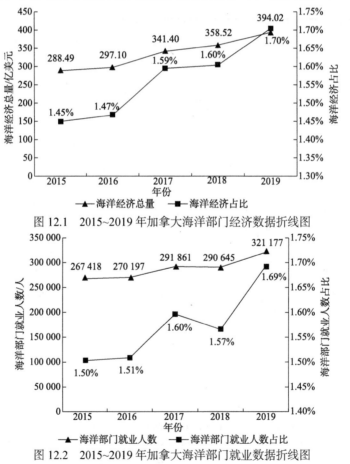

图 12.1　2015~2019 年加拿大海洋部门经济数据折线图

图 12.2　2015~2019 年加拿大海洋部门就业数据折线图

2019 年，加拿大海洋部门创造了 321 177 个工作岗位，为加拿大经济贡献了394.02 亿美元的 GDP。如图 12.3 和图 12.4 所示（具体数据见附表 12.3 和附表 12.4），就业和 GDP 的很大一部分是在直接致力于使用或开采加拿大海洋资源的行业中创造的（直接影响），分别为 161 308 个工作岗位和 223.07 亿美元的GDP；为直接参与使用和开采海洋资源的上游行业提供了额外的 88 000 个工作岗位和 91.28 亿美元的 GDP（间接影响）；与海洋工业产生的劳动收入/支出所引发的经济活动相对应的诱发影响创造了 71 869 个就业机会和 79.67 亿美元的 GDP（诱导影响）。

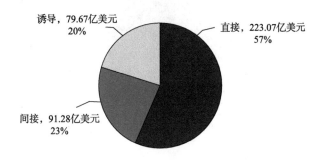

图 12.3　2019 年海洋部门直接、间接和诱导的 GDP

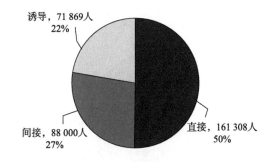

图 12.4　2019 年海洋部门直接、间接和诱导的就业人数

数据经过四舍五入，故总和不为 100%

（二）海洋部门经济贡献分析：按行业划分

2015~2019 年，就 GDP 而言，海上石油和天然气（76.39%）增长最为强劲，其次是制造和建筑（65.55%）、旅游和休闲（30.91%），在各行业中只有海上运输的 GDP 下降（-8.35%）。从海洋部门就业来看，制造和建筑及海上石油和天然气增长最为强劲，分别增长了 72.21% 和 17.98%。

图 12.5 和图 12.6 分别展示了 2019 年按行业划分的海洋部门 GDP 和就业人数。海洋部门的经济活动以私营部门行业为主导，贡献了 79% 的就业岗位（253 192 人）和 82% 的 GDP（324.90 亿美元）。创造就业较多的行业依次是渔业和海鲜（72 059 人）、交通运输（66 149 人）、旅游和休闲（63 390 人）。创造 GDP 较多的行业分别是海上石油和天然气（87.47 亿美元）、渔业和海鲜（83.16 亿美元）和交通运输（72.87 亿美元）。

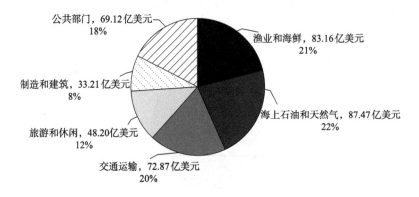

图 12.5　2019 年按行业划分的海洋部门 GDP

由于四舍五入，数据或有偏差

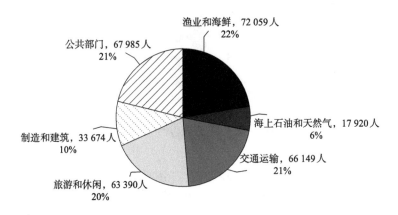

图 12.6　2019 年按行业划分的海洋部门就业人数

由于四舍五入，数据或有偏差

加拿大公共部门贡献了其余 21% 的就业岗位（67 985 人）和 18% 的 GDP（69.12 亿美元）。其中，国防部、渔业和海洋部（包括加拿大海岸警卫队）贡献了大部分就业岗位（分别为 34 464 人和 20 599 人）和 GDP（分别为 33.44 亿美元和 21.52 亿美元）（具体数据见附表 12.1 和附表 12.2）。

（三）海洋部门经济贡献分析：按省及地区划分

海洋部门对加拿大经济的总体贡献为 1.7%。海洋部门对沿海省及地区经济的影响和重要性要大得多，特别是在靠近大西洋地区。图 12.7 显示了加拿大各省及地区海洋就业人数占该省及地区总人数的百分比（就业贡献）。由图 12.7 可知，新斯科舍省的海洋就业贡献最高，为 13.54%，其次是纽芬兰和拉布拉多省、爱德华王子岛省，海洋就业贡献分别为 11.08% 和 6.54%。安大略省、曼尼托巴省和萨斯喀彻温省的海洋就业贡献低于 0.4%，分别为 0.38%、0.26%、0.22%（具体数据见附表 12.5）。

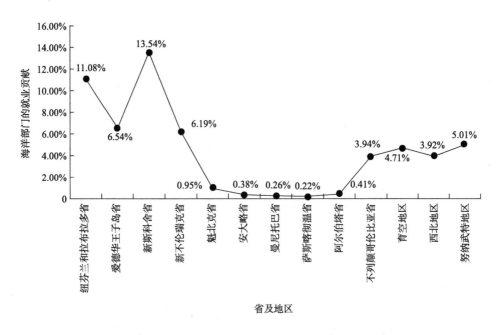

图 12.7　2019 年加拿大各省及地区海洋部门的就业贡献

图 12.8 显示了加拿大各省及地区海洋部门 GDP 占该省及地区 GDP 的百分比（GDP 贡献）。由图 12.8 可知，纽芬兰和拉布拉多省的 GDP 贡献最高，为 29.54%，其次是新斯科舍省和爱德华王子岛省，海洋部门 GDP 贡献分别为 14.20%、8.36%。安大略省、曼尼托巴省和萨斯喀彻温省的海洋部门 GDP 贡献较低，分别为 0.40%、0.28%、0.20%（具体数据见附表 12.6）。

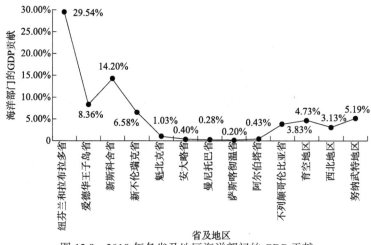

图 12.8　2019 年各省及地区海洋部门的 GDP 贡献

第四节　中国和加拿大海洋经济对比

2019 年我国海洋生产总值为 89 415 亿元，比 2018 年增长 6.2%，海洋生产总值占 GDP 的比重为 9.0%，占沿海地区生产总值的比重为 17.1%[①]。2019 年加拿大海洋部门创造的经济总量为 394 亿美元（折合当时汇率约为 2 717 亿元），加拿大海洋部门创造的经济总量占加拿大经济总量的 1.7%。

如图 12.9 所示，2015~2019 年，中国海洋生产总值远高于加拿大海洋生产总值，两国均呈现上升趋势，在 2019 年达到峰值，但中国海洋生产总值的上升趋势远快于加拿大。

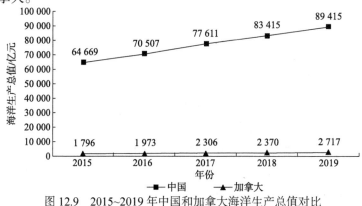

图 12.9　2015~2019 年中国和加拿大海洋生产总值对比

① 2019 年中国海洋经济统计公报. http://gi.mnr.gov.cn/202005/t20200509_2511614.html.

从图 12.10 可以看出，中国海洋经济占比远高于加拿大海洋经济占比，加拿大海洋经济占比有平缓上升趋势，中国海洋经济占比逐年递减。此外，关于中国海洋部门的就业人数尚未找到公开数据，因此未做对比分析。

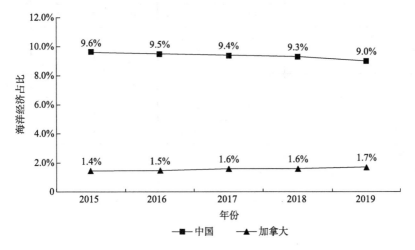

图 12.10　2015~2019 年中国和加拿大海洋经济占比对比

资料来源：Colgan C. 2003. Measurement of the Ocean and Coastal Economy：Theory and Methods[R]. National Ocean Economics Program.

附　　表

附表 12.1　2015~2019 年按部门和年份划分的 GDP　　　单位：亿美元

海洋部门	2015 年	2016 年	2017 年	2018 年	2019 年
私营部门	237.57	246.63	282.70	298.20	324.90
渔业和海鲜	65.21	72.19	79.13	75.60	83.16
商业捕鱼	29.65	30.88	35.87	34.71	36.91
水产养殖	8.80	12.89	13.91	14.23	12.66
鱼类加工	26.76	28.41	29.35	26.66	33.59
海上石油和天然气	49.59	52.55	60.33	81.03	87.47
交通运输	65.88	65.15	70.88	68.47	72.87
海上运输	36.05	33.30	34.84	30.55	33.04
海上运输支持活动	29.83	31.85	36.04	37.92	39.82
旅游和休闲	36.82	33.99	47.13	49.21	48.20

续表

海洋部门	2015 年	2016 年	2017 年	2018 年	2019 年
制造和建筑	20.06	22.76	25.22	23.89	33.21
船舶和造船	15.13	17.72	19.20	18.56	22.31
港口和港口建设	4.93	5.04	6.02	5.33	10.90
公共部门	50.92	50.48	58.70	60.32	69.12
国防部	21.67	21.74	22.86	28.28	33.44
渔业和海洋部	17.28	17.34	23.33	18.64	21.52
其他联邦部门	5.42	4.80	4.80	5.63	5.97
省/地区政府部门	2.32	2.12	2.72	2.57	3.19
大学和非政府环境组织	4.24	4.48	4.98	5.21	5.00
海洋经济总量	288.49	297.10	341.40	358.52	394.02
经济总量	19 904.41	20 255.35	21 406.41	22 356.75	23 112.94

注：由于四舍五入，数据或有偏差

资料来源：加拿大统计局

附表 12.2　2015~2019 年按部门和年份划分的就业人数　　单位：人

海洋部门	2015 年	2016 年	2017 年	2018 年	2019 年
私营部门	213 679	218 021	233 185	231 382	253 192
渔业和海鲜	66 468	69 081	67 674	63 519	72 059
商业捕鱼	24 795	25 359	24 384	23 996	25 911
水产养殖	9 266	9 781	10 654	10 918	10 149
鱼类加工	32 407	33 941	32 636	28 605	35 999
海上石油和天然气	15 189	18 081	13 065	17 379	17 920
交通运输	59 994	60 598	64 886	62 240	66 149
海上运输	30 476	29 290	30 413	27 152	29 340
海上运输支持活动	29 518	31 308	34 473	35 088	36 809
旅游和休闲	52 474	47 681	63 992	64 559	63 390
制造和建筑	19 554	22 580	23 568	23 685	33 674
船舶和造船	14 536	17 662	17 924	17 857	21 413
港口和港口建设	5 018	4 918	5 644	5 828	12 261
公共部门	53 739	52 176	58 676	59 263	67 985
国防部	23 505	22 885	22 744	29 128	34 464

续表

海洋部门	2015 年	2016 年	2017 年	2018 年	2019 年
渔业和海洋部	17 714	17 297	23 069	17 838	20 599
其他联邦部门	4 949	4 385	4 225	4 868	5 159
省/地区政府部门	2 197	1 980	2 537	2 330	2 870
大学和非政府环境组织	5 374	5 629	6 101	5 099	4 893
海洋部门就业人数	267 418	270 197	291 861	290 645	321 177
总就业人数	17 794 000	17 911 600	18 281 100	18 568 000	18 958 600

注：由于四舍五入，数据或有偏差

资料来源：加拿大统计局

附表 12.3　2019 年按部门划分的直接、间接和诱导的 GDP　　单位：亿美元

海洋部门	直接	间接	诱导	总计
私营部门	186.59	79.73	58.59	324.90
渔业和海鲜	48.12	20.60	14.44	83.16
商业捕鱼	24.44	7.52	4.95	36.91
水产养殖	5.74	4.86	2.05	12.66
鱼类加工	17.93	8.22	7.44	33.59
海上石油和天然气	67.43	14.15	5.89	87.47
交通运输	33.51	20.78	18.58	72.87
海上运输	15.66	8.53	8.85	33.04
海上运输支持活动	17.85	12.24	9.73	39.82
旅游和休闲	22.76	14.10	11.34	48.20
制造和建筑	14.77	10.10	8.34	33.21
船舶和造船	9.55	7.04	5.72	22.31
港口和港口建设	5.22	3.06	2.62	10.90
公共部门	36.48	11.55	21.09	69.12
国防部	18.89	3.45	11.10	33.44
渔业和海洋部	9.38	5.61	6.53	21.52
其他联邦部门	3.15	1.23	1.59	5.97
省/地区政府部门	1.74	0.70	0.75	3.19
大学和非政府环境组织	3.32	0.56	1.12	5.00
海洋经济总量	223.07	91.28	79.67	394.02

注：由于四舍五入，数据或有偏差

资料来源：加拿大渔业和海洋部

附表 12.4　2019 年按部门划分的直接、间接和诱导的就业人数　单位：人

海洋部门	直接	间接	诱导	总计
私营部门	125 520	74 888	52 784	253 192
渔业和海鲜	37 866	20 723	13 470	72 059
商业捕鱼	13 466	7 782	4 663	25 911
水产养殖	3 222	5 113	1 814	10 149
鱼类加工	21 178	7 828	6 993	35 999
海上石油和天然气	1 770	10 825	5 325	17 920
交通运输	30 176	19 526	16 447	66 149
海上运输	14 537	6 928	7 875	29 340
海上运输支持活动	15 639	12 598	8 572	36 809
旅游和休闲	39 340	14 080	9 970	63 390
制造和建筑	16 368	9 734	7 572	33 674
船舶和造船	9 300	6 923	5 190	21 413
港口和港口建设	7 068	2 811	2 382	12 261
公共部门	35 788	13 112	19 085	67 985
国防部	20 642	3 683	10 139	34 464
渔业和海洋部	8 150	6 605	5 844	20 599
其他联邦部门	2 322	1 428	1 409	5 159
省/地区政府部门	1 453	725	692	2 870
大学和非政府环境组织	3 221	671	1 001	4 893
海洋部门就业人数	161 308	88 000	71 869	321 177

注：由于四舍五入，数据或有偏差
资料来源：加拿大渔业和海洋部

附表 12.5　2019 年各省及地区海洋部门的就业贡献

省及地区	海洋就业人数/人	省级就业人数/人	占比
纽芬兰和拉布拉多省	28 507	257 300	11.08%
爱德华王子岛省	5 595	85 500	6.54%
新斯科舍省	68 015	502 300	13.54%
新不伦瑞克省	23 993	387 600	6.19%
魁北克省	43 348	4 571 700	0.95%
安大略省	29 679	7 890 600	0.38%

续表

省及地区	海洋就业人数/人	省级就业人数/人	占比
曼尼托巴省	1 818	690 000	0.26%
萨斯喀彻温省	1 325	613 700	0.22%
阿尔伯塔省	10 327	2 516 200	0.41%
不列颠哥伦比亚省	105 808	2 684 700	3.94%
育空地区	1 050	22 300	4.71%
西北地区	906	23 100	3.92%
努纳武特地区	806	16 100	5.01%
总计	321 177	20 261 100	1.59%

注：由于四舍五入，数据或有偏差

资料来源：加拿大统计局

附表 12.6　2019 年各省及地区海洋部门的 GDP 贡献

省及地区	海洋部门 GDP/亿美元	省级 GDP/亿美元	占比
纽芬兰和拉布拉多省	100.92	341.62	29.54%
爱德华王子岛省	5.49	65.70	8.36%
新斯科舍省	62.92	442.95	14.20%
新不伦瑞克省	22.26	338.44	6.58%
魁北克省	42.18	4 079.54	1.03%
安大略省	31.99	8 030.88	0.40%
曼尼托巴省	1.88	682.73	0.28%
萨斯喀彻温省	1.72	867.71	0.20%
阿尔伯塔省	14.88	3 471.86	0.43%
不列颠哥伦比亚省	105.47	2 750.34	3.83%
育空地区	1.25	26.45	4.73%
西北地区	1.45	46.37	3.13%
努纳武特地区	1.61	31.02	5.19%
总计	394.02	21 175.61	1.86%

注：由于四舍五入，数据或有偏差

资料来源：加拿大统计局

第十三章　葡萄牙海洋经济
发展主要指标

第一节　葡萄牙海洋经济整体分析

根据葡萄牙统计局发布的葡萄牙海洋卫星账户统计数据①，2018 年葡萄牙海洋经济增加值为 71.77 亿欧元，占葡萄牙国民账户总增加值的 4.04%；2016~2018年，海洋经济增加值从 60.59 亿欧元增长到 71.77 亿欧元，增长率为 18.45%，高于葡萄牙整体经济的增长率（9.55%）。如图 13.1 所示，2016~2018 年，海洋经济增加值占国民经济总增加值的比重不断增加，从 3.74% 增长到 4.04%，这也意味着海洋经济对国民经济的贡献不断提升。

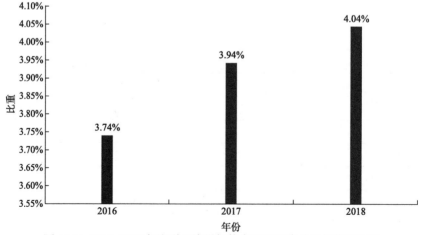

图 13.1　2016~2018 年海洋经济增加值占国民经济总增加值的比重

① 本章的分析数据均源自葡萄牙海洋卫星账户官方网站，里面包含了相关报告和数据，网址为 https://www.dgpm.mm.gov.pt/conta-satelite-do-mar。

　　本章用海洋经济增加值占国民经济总增加值的比重来衡量海洋经济对国民经济的重要程度。依照此方法，将海洋经济和葡萄牙国民账户中其他行业进行对比。结果显示，2016~2018 年，海洋经济增加值（取 3 年平均值）占国民经济总增加值（取 3 年平均值）的 3.9%，高于农业、林业和渔业（2.4%），能源、供水和污水处理（3.6%），接近建筑业（4.1%），见图 13.2。

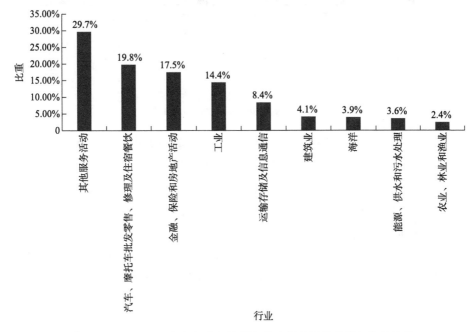

图 13.2　2016~2018 年各行业经济增加值占国民经济总增加值的比重

　　2017 年海洋经济就业人数为 189 236 人，占国民经济总就业人数的 4.13%；海洋劳动者报酬为 38.66 亿欧元，占国民劳动者报酬的 4.49%；海洋固定资本形成总额为 4.60 亿欧元，占国民固定资本形成总额的 1.40%；海洋产品进口总额为 25.55 亿欧元，占国民产品进口总额的 3.13%；海洋产品出口总额为 41.00 亿欧元，占国民产品出口总额的 4.90%（图 13.3）。

　　2016~2017 年，海洋经济就业人数增长了 8.29%，高于国民就业增长率（3.44%）；海洋劳动者报酬增长了 8.78%，高于国民劳动者报酬增长率（6.01%）。2016 年和 2017 年海洋人均劳动者报酬分别为 22 790 欧元、22 940 欧元，均高于国民劳动者报酬（21 130 欧元、21 570 欧元）。海洋固定资本形成总额从 4.12 亿欧元增长到 4.60 亿欧元，增长了 11.65%，低于国民经济固定资本形成总额增长率（13.82%）。如图 13.4 所示，2016~2018 年，海洋产品进口总额从 25.12 亿欧元增长到 26.88 亿欧元，增长率为 7.01%，低于葡萄牙国民产品进口总额的

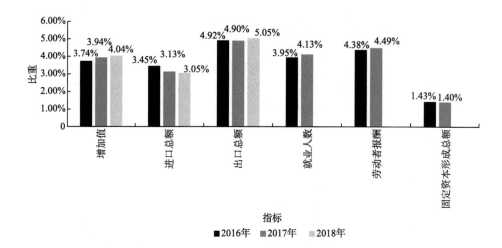

图 13.3 2016~2018 年葡萄牙海洋经济各项指标占国民经济的比重

2018 年数据部分缺失，故未标注

增长率（21.06%）；海洋产品出口总额从 36.93 亿欧元，增长到 44.98 亿欧元，增长率为 21.80%，高于国民产品出口总额增长率（18.87%）；海洋产品净出口总额从 11.80 亿欧元增长到 18.10 亿欧元，增长了 53.39%，高于国民产品净出口总额增长率（-55.65%）。2016~2018 年，海洋产品出口总额占国民产品出口总额的比率从 4.92% 增长到 5.05%；海洋产品进口总额占国民产品进口总额的比率从 3.45% 下降到 3.05%。

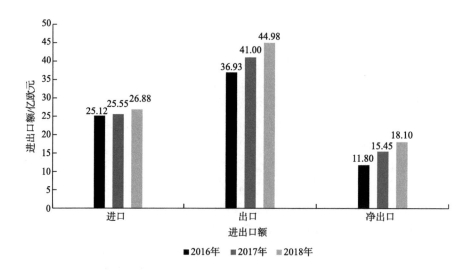

图 13.4 2016~2018 年葡萄牙海洋产品进出口额

第二节　依据 9 类海洋经济活动进行分析

一、海洋经济活动单位

如前文所述，海洋经济活动分为 9 类，分别为渔业、水产养殖、产品加工、批发和零售；非生物海洋资源；港口、运输和物流；娱乐、体育、文化和旅游；船舶制造、维护和修理；海洋设备；基础设施和海洋工程；海洋服务；海洋的新用途和资源。2016 年和 2017 年 9 类海洋经济活动单位数如表 13.1 所示。

表 13.1　2016 年和 2017 年 9 类海洋经济活动单位数

海洋经济活动类别	2016 年	2017 年	增长率
渔业、水产养殖、产品加工、批发和零售	7 828	9 233	17.95%
非生物海洋资源	100	129	29.00%
港口、运输和物流	929	1 175	26.48%
娱乐、体育、文化和旅游	36 208	42 765	18.11%
船舶制造、维护和修理	357	464	29.97%
海洋设备	446	398	-10.76%
基础设施和海洋工程	765	710	-7.19%
海洋服务	1 860	1 650	-11.29%
海洋的新用途和资源	72	89	23.61%
总计	48 565	56 613	16.57%

2017 年，海洋经济活动单位最多的类别为娱乐、体育、文化和旅游，占海洋经济活动单位总数的 75.54%；其次是渔业、水产养殖、产品加工、批发和零售，占海洋经济活动单位总数的 16.31%；海洋的新用途和资源所占比例最小，为 0.16%。

2016~2017 年，海洋经济活动单位由 48 565 增长到 56 613，增长率为 16.57%。其中共有 6 类海洋经济活动单位增长率为正，分别是渔业、水产养殖、产品加工、批发和零售；非生物海洋资源；港口、运输和物流；娱乐、体育、文化和旅游；船舶制造、维护和修理；海洋的新用途和资源。其中，船舶制造、维护和修理增长率最高，为 29.97%，其次是非生物海洋资源，增长率为 29.00%。共有 3 类海洋经济活动单位增长率为负，分别是海洋设备；基础设施和海洋工程；海洋服务。其中，海洋服务增长率最低，为-11.29%。

二、产出

2018年，海洋经济产出共计154.20亿欧元，相较于2016年（130.55亿欧元）增长了18.12%。为了方便后续作图，在此将葡萄牙9类海洋经济活动分别标记如下：①第一类，渔业、水产养殖、产品加工、批发和零售；②第二类，非生物海洋资源；③第三类，港口、运输和物流；④第四类，娱乐、体育、文化和旅游；⑤第五类，船舶制造、维护和修理；⑥第六类，海洋设备；⑦第七类，基础设施和海洋工程；⑧第八类，海洋服务；⑨第九类，海洋的新用途和资源。

如图13.5和图13.6所示，2018年，第四类（娱乐、体育、文化和旅游）的产出最高，为62.37亿欧元，占葡萄牙海洋经济产出的40.45%；其次是第一类（渔业、水产养殖、产品加工、批发和零售），其产出为41.22亿欧元，占海洋经济产出的26.73%。第九类（海洋的新用途和资源）产出最低，为0.30亿欧元，占海洋经济产出的0.19%，其次是第二类（非生物海洋资源），为1.54亿欧元，占海洋经济产出的1.00%。

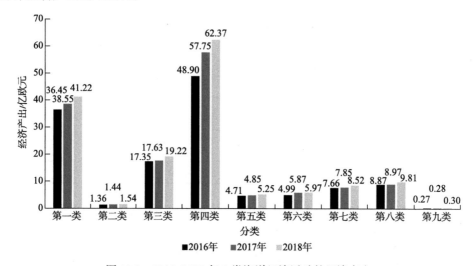

图13.5　2016~2018年9类海洋经济活动的经济产出

相较于2016年，2018年除第四类（娱乐、体育、文化和旅游）和第六类（海洋设备）外，其余类海洋经济活动占海洋经济产出的份额均有所下降，但是大部分类别下降幅度不大，相对而言较为稳定。下降幅度最大的为第一类（渔业、水产养殖、产品加工、批发和零售）。第四类海洋经济活动的产出连续3年均为最高，并且其产出所占份额增长得最快，从37.46%增长到40.45%。

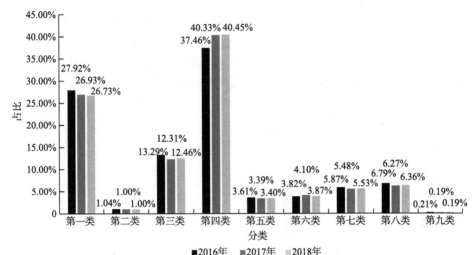

图 13.6　2016~2018 年 9 类海洋经济活动占海洋经济产出的份额

三、增加值

2018 年，海洋经济总增加值共计 71.77 亿欧元，相较于 2016 年（60.59 亿欧元）增长了 18.45%。其中，第四类（娱乐、体育、文化和旅游）的增加值最高，为 31.868 亿欧元，约占葡萄牙海洋经济总增加值的 44.40%；其次是第一类（渔业、水产养殖、产品加工、批发和零售），其增加值为 17.58 亿欧元，约占海洋经济总增加值的 24.50%。第九类（海洋的新用途和资源）增加值最低，为 810 万欧元，约占海洋经济增加值的 0.11%，其次是第二类（非生物海洋资源），约占海洋经济总增加值的 0.83%（图 13.7）。

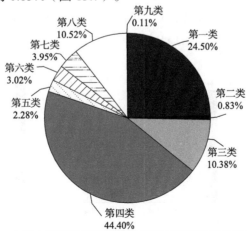

图 13.7　2018 年 9 类海洋经济活动增加值占海洋经济总增加值的比重

数据经过四舍五入，故总和不为 100%

　　总体来看，2016~2018 年，9 类海洋经济活动增加值均有所增长。其中，增长最快的是第四类（娱乐、体育、文化和旅游），从 24.422 亿欧元增长到 31.868 亿欧元，增长率为 30.49%；其次是第七类（基础设施和海洋工程），从 2.402 亿欧元增长到 2.835 亿欧元，增长率为 18.03%；增长最慢的是第九类（海洋的新用途和资源），增长率为 6.58%（图 13.8）。

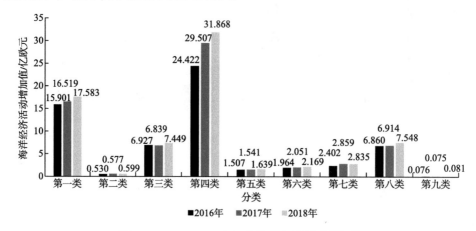

图 13.8　2016~2018 年 9 类海洋经济活动增加值

四、就业人数

　　海洋经济总就业人数由雇员和自雇工作者两个部分构成。2017 年，海洋经济总就业人数共计 189 236 人，相较于 2016 年（174 755 人）增长了 8.29%。其中，海洋经济雇员就业人数为 168 552 人，占海洋经济总就业人数的 89.07%；海洋经济自雇工作者就业人数为 20 684 人。2017 年相较于 2016 年，雇员和自雇工作者分别增加了 8.08%、9.96%（图 13.9）。

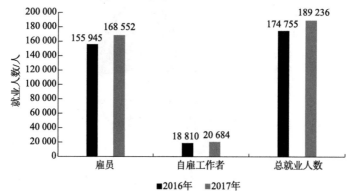

图 13.9　2016 年和 2017 年海洋经济就业人数

如图13.10和图13.11所示，从海洋经济就业总量的角度来考虑，2017年，第四类（娱乐、体育、文化和旅游）就业人数最多，为78 195人，约占海洋经济总就业人数的41.32%；其次是第一类（渔业、水产养殖、产品加工、批发和零售），约占总就业人数的32.90%。就业人数最少的是第九类（海洋的新用途和资源），仅为351人，约占总就业人数的0.19%。2016~2017年，除第三类（港口、运输和物流）和第八类（海洋服务）外，其他类的海洋经济活动就业人数均有所增加；其中增长最明显的是第四类，其次是第一类，其余的增长率较低，较为平稳。第三类和第八类海洋总就业人数有所下降，但是下降幅度都不大，第三类增长率最低。

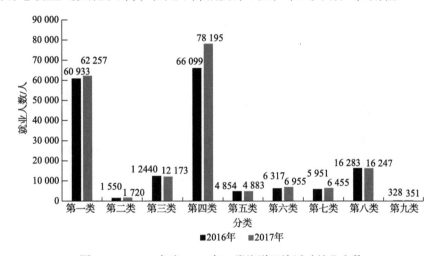

图13.10　2016年和2017年9类海洋经济活动就业人数

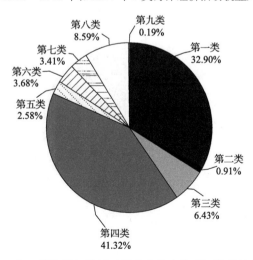

图13.11　2017年9类海洋经济活动就业人数占海洋经济总就业人数的比重
数据经过四舍五入，故总和不为100%

如图 13.12 和图 13.13 所示，从海洋经济雇员就业总量的角度来考虑，2017年，第四类（娱乐、体育、文化和旅游）雇员就业人数最多，为 66 034 人，约占海洋经济雇员就业人数的 39.18%；其次是第一类（渔业、水产养殖、产品加工、批发和零售），约占总就业人数的 33.24%；雇员就业人数最少的是第九类（海洋的新用途和资源），仅为 303 人，约占总就业人数的 0.18%。2016~2017年，除第八类（海洋服务）外，其他类的海洋经济活动就业人数均有所增加；其中增长最明显的是第四类，增长率为 17.79%，其次是第六类（10.22%），其余的增长率较低，较为平稳。第八类虽有所下降，但是下降幅度不大，仅为 0.19%。

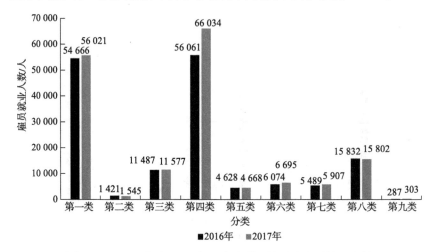

图 13.12　2016 年和 2017 年 9 类海洋经济活动雇员就业人数

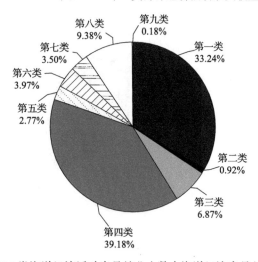

图 13.13　2017 年 9 类海洋经济活动雇员就业人数占海洋经济雇员总就业人数的比重
数据经过四舍五入，故总和不为 100%

　　如图 13.14 和图 13.15 所示，从海洋经济自雇工作者就业总量的角度来考虑，2017 年，第四类（娱乐、体育、文化和旅游）就业人数最多，为 12 161 人，约占海洋经济自雇工作者总就业人数的 58.79%；其次是第一类（渔业、水产养殖、产品加工、批发和零售），约占总就业人数的 30.15%；就业人数最少的是第九类（海洋的新用途和资源），仅为 48 人，约占总就业人数的 0.23%。2016~2017 年，第二类、第四类、第六类、第七类、第九类就业人数均有所增加；其中增长最明显的是第二类，增长率为 35.66%，其次是第四类（21.15%）；第一类、第三类、第五类和第八类均有所下降，第三类下降幅度最大，为 37.46%。

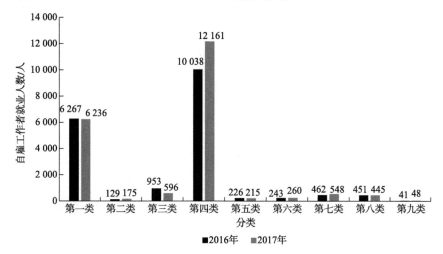

图 13.14　2016 年和 2017 年 9 类海洋经济活动自雇工作者就业人数

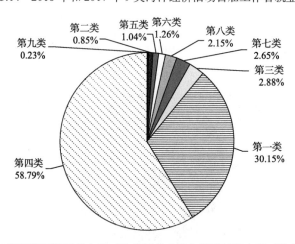

图 13.15　2017 年 9 类海洋经济活动自雇工作者就业人数与海洋经济自雇工作者总就业人数的比重

五、劳动者报酬

2017 年，海洋经济劳动者报酬共计 38.66 亿欧元，相较于 2016 年（35.54 亿欧元）增长了 8.78%。如图 13.16 和图 13.17 所示，第四类（娱乐、体育、文化和旅游）最高，为 16.281 5 亿欧元，约占海洋经济总劳动者报酬的 42.11%；其次是第一类（渔业、水产养殖、产品加工、批发和零售），为 9.186 3 亿欧元，约占海洋经济总劳动者报酬的 23.76%。第九类（海洋的新用途和资源）最低，为 0.109 2 亿欧元，约占海洋经济总劳动者报酬的 0.28%，其次是第二类（非生物海洋资源），约占海洋经济总劳动者报酬的 1.00%。

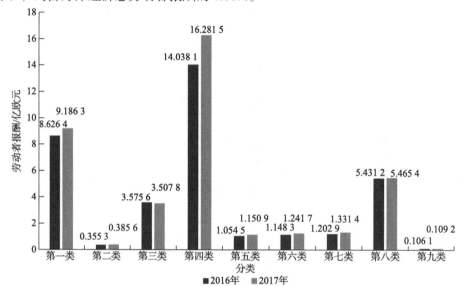

图 13.16　2016 年和 2017 年 9 类海洋经济劳动者报酬

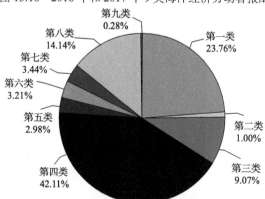

图 13.17　2017 年 9 类海洋经济劳动者报酬占海洋经济总劳动者报酬的比重

数据经过四舍五入，故总和不为 100%

2016~2017年，除第三类（港口、运输和物流）外，其余8类海洋经济劳动者报酬均有所增加，增长最快的是第四类（娱乐、体育、文化和旅游），从14.0381亿欧元增长到16.2815亿欧元，增长率为15.98%；其次是第二类（非生物海洋资源），从0.3553亿欧元增长到0.3856亿欧元，增长率为8.53%。2017年第三类海洋经济劳动者报酬较2016年有所下降，下降了1.90%。

六、人均劳动者报酬

如图13.18所示，2017年，海洋经济人均劳动者报酬最高的为第九类（海洋的新用途和资源），为36 041欧元；其次为第八类（海洋服务）、第三类（港口、运输和物流），分别为34 587欧元、30 300欧元。2017年，葡萄牙9类海洋经济人均劳动者报酬为22 940欧元。第二类、第三类、第四类、第五类、第八类、第九类均高于该水平。第一类（渔业、水产养殖、产品加工、批发和零售）海洋经济人均劳动者报酬最低，为16 398欧元。

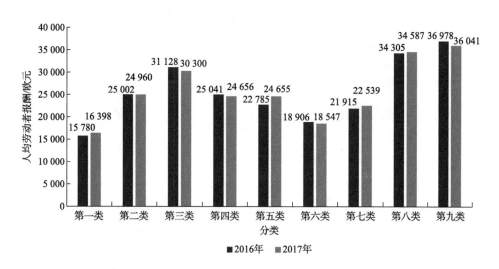

图13.18　2016年和2017年9类海洋经济人均劳动者报酬

总体来看，与2016年相比，2017年第一类、第五类、第七类、第八类海洋经济人均劳动者报酬有所增加，增长最快的是第五类，从22 785欧元增长到24 655欧元，增长率为8.21%，其次是第一类，增长率为3.92%；其余分类均有所降低，但是下降幅度不大，其中，第三类下降了2.66%。

第三节　依据观测水平的范围进行分析

葡萄牙海洋经济活动依据观测水平的范围可以分为特色活动、交叉活动和近海活动。2018 年海洋经济总增加值占国民经济增加值的 4.04%，其中特色活动、交叉活动及近海活动总增加值分别占葡萄牙海洋经济总增加值的 45.00%、13.54%、41.45%（图 13.19），占国民经济增加值的比重分别为 1.82%、0.55%、1.68%（图 13.20）。相较于 2016 年，2018 年特色活动和近海活动占国民经济增加值的比重显著提升，交叉活动所占比重几乎保持不变。

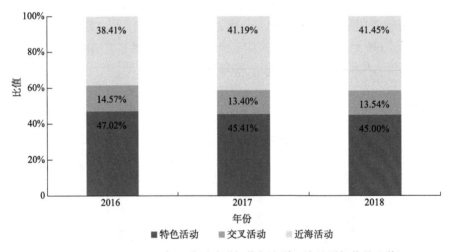

图 13.19　2016~2018 年三种活动增加值与海洋经济总增加值的比值

2016~2018 年，特色活动（包括渔业和水产养殖、盐提取、造船、港口活动、海上运输、海岸工程、娱乐和体育划船等）增加值从 28.49 亿欧元增加到 32.30 亿欧元，增长率为 13.37%；交叉活动，即海事设备和服务，其增加值从 8.83 亿欧元增加到 9.72 亿欧元，增长率为 10.08%；近海活动，即与沿海旅游相关的活动，其增加值从 23.27 亿欧元增加到 29.76 亿欧元，增长率为 27.89%。

2017 年，海洋经济就业人数占国民经济总就业人数的 4.13%，其中特色活动、交叉活动及近海活动就业人数分别占葡萄牙海洋经济总就业人数的 50.22%、12.26%、37.52%（图 13.21），占国民经济总就业人数的比重分别为 2.08%、0.51%、1.55%（图 13.22）。相较于 2016 年，2017 年特色活动和近海活动占国民经济总就业人数的比重增加，交叉活动所占比重保持不变。

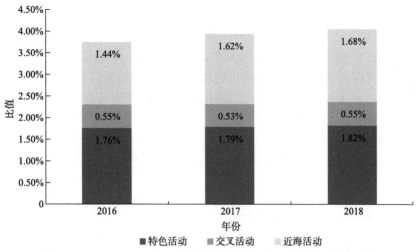

图 13.20　2016~2018 年三种活动增加值与国民经济增加值的比值

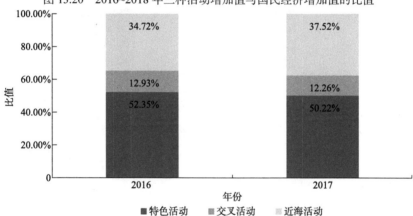

图 13.21　2016 年和 2017 年三种活动就业人数与海洋经济总就业人数比值

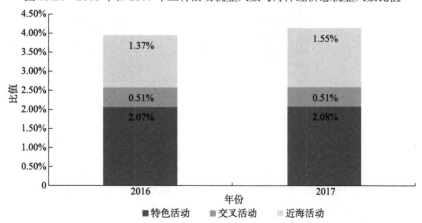

图 13.22　2016 年和 2017 年三种活动就业人数与国民经济总就业人数比值

2016~2017 年，特色活动就业人数从 91 484 人增长到 95 037 人，增长率为 3.88%；交叉活动就业人数从 22 600 人增长到 23 202 人，增长率为 2.66%；近海活动就业人数从 60 671 人增长到 70 997 人，增长率为 17.02%。

2017 年海洋经济劳动者报酬占国民经济总劳动者报酬的 4.49%，其中，特色活动、交叉活动及近海活动劳动者报酬分别占葡萄牙海洋经济总劳动者报酬的 44.41%、17.36%、38.23%（图 13.23），占国民经济总劳动者报酬的比重分别为 1.99%、0.78%、1.72%（图 13.24）。相较于 2016 年，2017 年特色活动、近海活动占国民经济总劳动者报酬的比重有所增加。

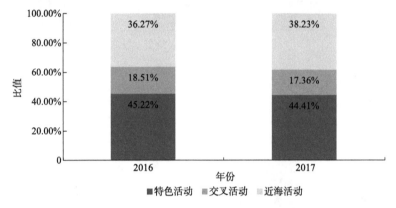

图 13.23　2016 年和 2017 年三种活动劳动者报酬与海洋经济总劳动者报酬的比值

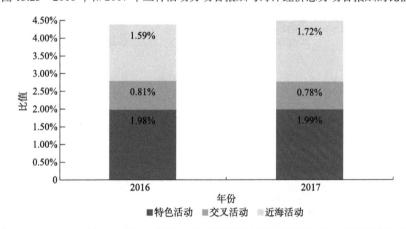

图 13.24　2016 年和 2017 年三种活动劳动者报酬与国民经济总劳动者报酬的比值

2016~2017 年，特色活动劳动者报酬从 16.07 亿欧元增长到 17.17 亿欧元，增长率为 6.85%；交叉活动劳动者报酬从 6.58 亿欧元增长到 6.71 亿欧元，增长率为 1.98%；近海活动劳动者报酬从 12.89 亿欧元增长到 14.78 亿欧元，增长率为 14.66%。

第四节　依据海洋经济产品分析

一、海洋经济产品产出分析

2018 年海洋经济产品产出共计 154.20 亿欧元，占国民经济产品产出的 4.2%。如图 13.25 所示，海洋经济产品产出排在前十位的分别如下：住宿服务；批发和零售贸易服务（机动车辆和摩托车除外）；餐饮服务；食品；仓储及运输支持服务；公共行政及国防部门（强制社会保障服务）；土木建筑工程；地产服务；鱼类和其他渔业产品、水产养殖产品及渔业支持服务；水路运输服务。其产出分别为 38.297 亿欧元、19.977 亿欧元、16.685 亿欧元、14.145 亿欧元、10.876 亿欧元、6.973 亿欧元、5.941 亿欧元、5.873 亿欧元、5.597 亿欧元、5.495 亿欧元，总计 129.859 亿欧元，占葡萄牙海洋经济产品总产出的 84.21%。

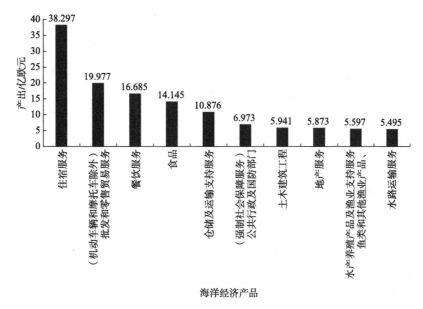

图 13.25　2018 年海洋经济前十类产品产出

二、海洋经济产品进口分析

2018 年海洋经济产品进口总额共计 26.88 亿欧元，占国民经济产品进口总额的 3.05%，较 2016 年（25.12 亿欧元）增长了 7.01%。如图 13.26 所示，海洋经济产品进口金额排在前五位的分别如下：食品；住宿服务；鱼类和其他渔业产品、水产养殖产品及渔业支持服务；餐饮服务；水路运输服务。其进口金额分别为 15.362 亿欧元、4.663 亿欧元、3.953 亿欧元、0.938 亿欧元、0.469 亿欧元，总计 25.385 亿欧元，占葡萄牙海洋经济产品总进口的 94.44%，其中食品的进口金额占比为 57.15%。

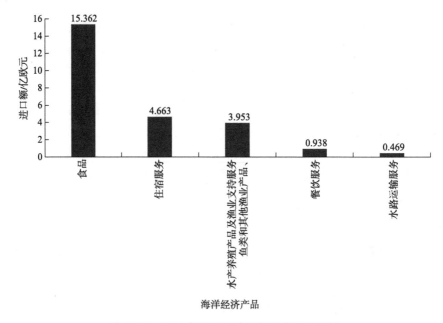

图 13.26　2018 年海洋经济前五类产品进口额

三、海洋经济产品出口分析

2018 年海洋经济产品出口总额共计 44.98 亿欧元，占国民经济产品出口总额的 5.05%。如图 13.27 所示，海洋经济产品出口金额排在前五位的分别如下：住宿服务；食品；餐饮服务；水路运输服务；鱼类和其他渔业产品、水产养殖产品及渔业支持服务。其出口金额分别为 23.733 亿欧元、6.449 亿欧元、6.020 亿欧元、3.567 亿欧元、2.035 亿欧元，总计 41.804 亿欧元，占葡萄牙海洋经济产品总进口的 92.94%，其中住宿服务的出口金额占比为 52.76%。相较于 2016 年，2017 年汽车、拖车和半挂车出口总额增加了 300%，其次是机器设备和餐饮服务，分别增加了 75.68%、66.02%。

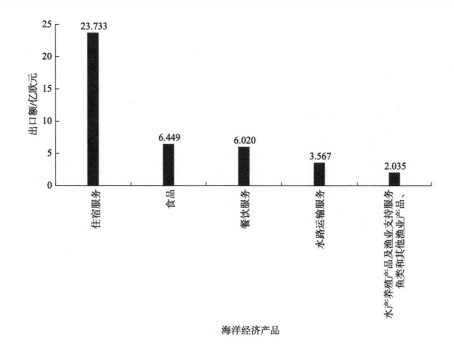

图 13.27　2018 年海洋经济前五类产品出口额

第五节　国　际　比　较

OSA 利用 2020 年《欧盟蓝色经济报告》中的数据进行了国际比较，该报告几乎包括了欧盟所有国家的数据。本章利用 2020 年葡萄牙海洋卫星账户的测算方法对 2017 年海洋经济增加值占国民经济增加值的比例和海洋经济就业人数占国民经济就业人数的比重进行计算[①]。

如图 13.28 所示，2018 年葡萄牙海洋经济增加值占国民经济增加值的比重在 27 国中排名第 7 位（4.0%），排在前 5 位的分别是克罗地亚（8.4%）、马耳他（6.6%）、塞浦路斯（6.0%）、希腊（5.2%）和丹麦（4.3%）；排在后五位的分别是奥地利（0.1%）、卢森堡（0.1%）、斯洛伐克（0.2%）、捷克（0.2%）和匈牙利（0.4%）。

① https://panorama.solutions/sites/default/files/16conta_sat._mar_2016_2018en.pdf.

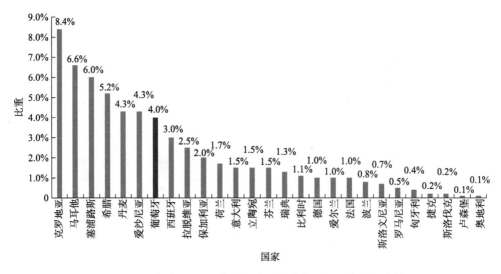

图 13.28　2018 年欧盟 27 国海洋经济增加值占国民经济增加值的比重
资料来源：2020 年《欧盟蓝色经济报告》和 2020 年葡萄牙海洋卫星账户

如图 13.29 所示，2017 年葡萄牙海洋经济就业人数占国民经济就业人数的比重在 27 国中排名第 9 位（4.1%），排在前 5 位的分别是希腊（12.0%）、克罗地亚（10.1%）、塞浦路斯（10.1%）、马耳他（9.5%）和爱沙尼亚（6.8%）；排在后 5 位的分别是卢森堡（0.1%）、奥地利（0.2%）、捷克（0.2%）、斯洛伐克（0.3%）和匈牙利（0.4%）。

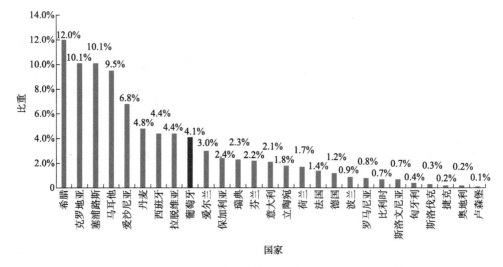

图 13.29　2017 年欧盟 27 国海洋经济就业人数占国民经济就业人数的比重
资料来源：2020 年《欧盟蓝色经济报告》（以 2017 年为基准年份）和 2020 年葡萄牙海洋卫星账户

参 考 文 献

Salvador R，Simões A，Soares C G. 2018. Evaluation of the Portuguese Ocean Economy Using the Satellite Account for the Sea[M]. Boca Raton：CRC Press.

Statistics Portugal. 2016. Satellite Account for the Sea 2010-2013 Methodological Report[R]. Instituto Nacional DE Estatistica.

【第三篇】

国际知名机构对海洋经济的研究

21 世纪，海洋经济蓬勃发展，成为世界各国开展合作、发展开放经济的重要领域。海洋经济相关指数和报告作为海洋经济发展的风向标，能够全面客观地反映各国海洋经济的发展水平。国际社会对海洋国家或海洋城市的评价，主要基于国家（或城市）发展及海洋经济发展两个维度，相关研究散见于海洋发展、蓝色经济、航运物流及生态环境等方面的评估报告中。基于此，本书系统整理了国内外发布的海洋指数或报告：①资源环境类，如海洋健康指数；②海洋科技创新类，如全球海洋科技创新指数；③海洋服务类，如世界领先海事之都、班轮运输连通性指数及波罗的海干散货指数等。

第十四章 全球海洋科技创新指数

《全球海洋科技创新指数报告》由青岛海洋科学与技术试点国家实验室[①]与新华（青岛）国际海洋资讯中心联合编制。该报告基于创新投入、创新产出、创新应用及创新环境4个维度（陈明义，2018），对包括美国、日本、英国在内的25个主要海洋国家的海洋科技创新能力进行综合评价。

第一节 全球海洋科技创新指数的基本情况

一、全球海洋科技创新指数的定义内涵

全球海洋科技创新指数以投入产出理论、国家竞争力理论、区域创新理论及海洋可持续发展理论为基础（刘志良，2020），构建海洋科技创新竞争力模型并运用指数化评价方法，分别从创新投入、创新产出、创新应用及创新环境4个维度构建全面可量化的评估框架，衡量一定时期内不同国家的海洋科技创新综合实力及应用能力，对全球范围内的海洋科技创新国家进行综合评估。

全球海洋科技创新指数作为度量全球主要国家海洋科技发展水平的参照系，能够客观反映主要海洋国家在创新价值链各环节的特点。编制该指数的目的在于挖掘海洋科技创新动力和汇聚全球海洋科技创新要素，同时推动海洋科技创新成果转化，进而推动海洋经济可持续发展和全球海洋科技创新的融合共生，为政府提供战略性参考依据，为企业提供前瞻性参照价值。

[①] 青岛海洋科学与技术试点国家实验室，简称海洋试点国家实验室，官网：http://www.qnlm.ac/page?a=1&b=1&p=detail.

二、全球海洋科技创新指数的评价指标体系

（一）评价架构

全球海洋科技创新指数的评价指标体系是一个涵盖创新投入、创新产出、创新应用及创新环境 4 个一级指标、11 个二级指标的综合反映国家海洋科技创新能力的评估框架。全球海洋科技创新指数指标体系包括三个层面的内容：第一个层面主要反映海洋科技创新的总体发展水平；第二个层面主要从创新投入、创新产出、创新应用和创新环境 4 个维度揭示海洋科技创新内在规律；第三个层面反映创新能力的具体发展情况。具体内容如图 14.1 所示。

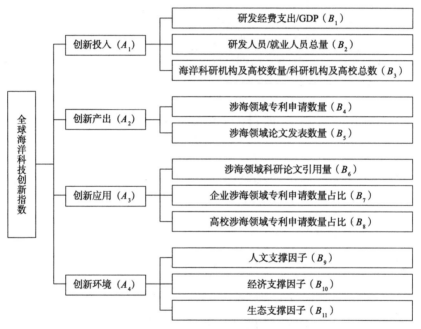

图 14.1　全球海洋科技创新指数的评价指标体系
资料来源：《全球海洋科技创新指数报告（2016）》

创新投入（A_1）主要指企业、高校及科研机构在人、财、物三方面的海洋科技创新投入情况，下设研发经费支出/GDP（B_1）、研发人员/就业人员总量（B_2）、海洋科研机构及高校数量/科研机构及高校总数（B_3）三个指标。

创新产出（A_2）主要指企业、高校及科研机构在海洋科技创新方面获得的专利及科研成果，下设涉海领域专利申请数量（B_4）和涉海领域论文发表数量（B_5）两个指标。

创新应用（A_3）主要指企业、高校及科研机构海洋科技的转移转化能力，以

及通过科技创新所产生的实际经济效益，下设涉海领域科研论文引用量（B_6）、企业涉海领域专利申请数量占比（B_7）和高校涉海领域专利申请数量占比（B_8）三个指标。

创新环境（A_4）主要指海洋科技创新的整体宏观背景，即社会、生态、经济环境对海洋科技创新的支撑情况，下设人文支撑因子（B_9）、经济支撑因子（B_{10}）和生态支撑因子（B_{11}）三个指标。

（二）二级指标解释及数据来源

研发经费支出/GDP（B_1），指一定时期内在一国境内实际产生的研发总经费支出占 GDP 的比重，一定程度上反映了一个国家或地区科技资金支持力度及综合竞争力。数据来源于联合国教育、科学及文化组织统计研究所数据库。

研发人员/就业人员总量（B_2），指一定时期内一个国家的研发人员数量占该国家总就业人数的比重，它是体现一个国家经济的增长水平、科技创新应用水平、科技产品研发能力的重要指标。数据来源于联合国教育、科学及文化组织统计研究所数据库。

海洋科研机构及高校数量/科研机构及高校总数（B_3），指一定时期内一个国家海洋研究机构和海洋研究领域大学的总数占该国科研机构及高校总数的比重。数据来源于基本科学指标（Essential Science Indicators，ESI）数据库。

涉海领域专利申请数量（B_4），指一定时期内一个国家涉海领域的专利申请数量占十亿购买力平价美元 GDP 的比重，反映一国技术创造活力。数据来源于德温特创新索引（Derwent Innovation Index，DII）。

涉海领域论文发表数量（B_5），指一定时期内一个国家涉海领域发表的论文数量，是海洋研究领域的直接产出成果形式之一。数据来源于 Web of Science 引文数据库。

涉海领域科研论文引用量（B_6），指截至报告期一个国家所有涉海领域科研论文的总引用量。该指标能够衡量各样本国家发表的海洋科技领域相关科研论文的质量，反映该国海洋科技产出的应用价值量。数据来源于 Web of Science 引文数据库。

企业涉海领域专利申请数量占比（B_7），指一定时期内一个国家所有企业的涉海领域专利申请数量占该国专利申请量的比重，主要衡量一国海洋科技创新产出在企业层面的应用情况。数据来源于德温特创新索引。

高校涉海领域专利申请数量占比（B_8），指一定时期内一个国家所有高校涉海领域专利申请数量占该国专利申请总数量的比重，主要衡量一国海洋科技创新产出在高校层面的应用情况。数据来源于德温特创新索引。

人文支撑因子（B_9）是海洋科技创新发展的重要保障。数据来源于美国政治服务集团的区域政治风险指数数据库（Regional Political Risk Index-PRS Group）（网址：

https://www.prsgroup.com/regional-political-risk-index/）。

经济支撑因子（B_{10}）主要由人均 GDP 来衡量，综合反映了一个国家的宏观经济运行状况及该城市居民生活水平。数据来源于世界银行数据库。

生态支撑因子（B_{11}）主要用海洋健康指数考量，是评估一个国家临海海域为人类提供福祉的能力及其可持续性的综合指标。数据来源于海洋健康指数。

三、全球海洋科技创新指数的评价对象

全球海洋科技创新指数遵循客观性、全面性、权威性等原则，既充分考虑样本国家核心科技指标数据标准，又征求了全球海洋学界知名专家的意见。

如图 14.2 所示，符合全球海洋科技创新指数样本客观筛选条件的国家如下所示：①全球顶尖海洋实验室所在国家，包括美国、英国、法国、俄罗斯、日本、中国 6 个国家；②汤森路透集团 2015 年基本科学指标数据库所发布的世界排名前30 的海洋学研究机构所在国家，包括美国、澳大利亚、加拿大、德国、新西兰、英国、比利时、日本、西班牙 9 个国家；③在 Web of Science 引文数据库中海洋课题数量排名前 20 的国家，主要包括南非、挪威、巴西、瑞典、韩国等。在客观筛选条件的基础上，本章借鉴全球海洋学界知名专家的建议，增加了马来西亚、印度尼西亚、新加坡、智利 4 个国家，最终得到 25 个样本国家（表 14.1）。

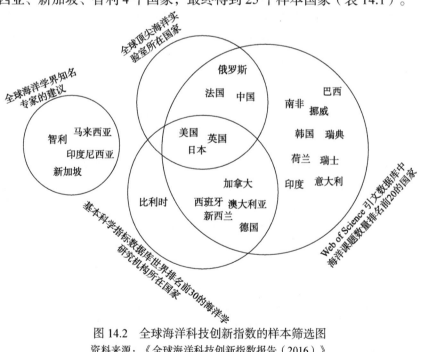

图 14.2 全球海洋科技创新指数的样本筛选图
资料来源：《全球海洋科技创新指数报告（2016）》

表 14.1　全球海洋科技创新指数的样本筛选国家

五大板块	样本国家
欧洲	英国、德国、法国、西班牙、瑞典、瑞士、荷兰、俄罗斯、挪威、比利时、意大利
亚洲	中国、日本、韩国、印度、马来西亚、印度尼西亚、新加坡
美洲	美国、加拿大、巴西、智利
其他	澳大利亚、南非、新西兰

资料来源：《全球海洋科技创新指数报告（2016）》

四、全球海洋科技创新指数的编制方法

（一）权数设定

全球海洋科技创新指数采用了熵权法和层次分析法进行主客观综合赋权。利用熵权法计算出权重，即通过计算熵值来判断某个指标的离散程度，指标的离散程度越大，该指标对综合评价的影响越大，其权重也就越大。在利用熵值法计算出权重的基础上，对一级指标的相对重要程度进行两两比较，使用层次分析法对所得权重进行修正。

（二）数据预处理

全球海洋科技创新指数采用无量纲化的方法，分别对 25 个样本国家的 11 个二级指标原始数据进行处理。该方法旨在消除多指标综合评价中计量单位上的差异及指标数值数量级的差别，以解决指标的可综合性问题。全球海洋科技创新指数采用直线型无量纲化方法，即

$$y_{ij} = 100 \times \frac{x_{ij}}{\max(\cdot_{ij})} \qquad (14.1)$$

其中，x_{ij} 表示第 i 个国家第 j 个二级指标的原始数值；y_{ij} 表示第 i 个国家第 j 个二级指标无量纲化后的数值；i 表示国家 $(i=1,2,\cdots,25)$；j 表示二级指标[①] $(j=1,2,\cdots,12)$。

（三）分指数合成

全球海洋科技创新指数由创新投入、创新产出、创新应用和创新环境四个一

---

① 全球海洋科技创新指数的评价指标体系中只有 11 个二级指标，如图 14.1 所示，但在《全球海洋科技创新指数报告（2016）》中，为了公式表述的方便和简洁，将创新产出维度的二级指标也记成了 3 个，但不影响指数最后的计算结果。

级指标构成。将某一类的所有指标无量纲化后的数值与其权重按照等权重计算出一级指标得分，即

$$Y_{ik} = \sum_{j=1}^{3} \beta_i y_{i(j+3k-3)} \qquad (14.2)$$

其中，Y_{ik} 表示第 i 个国家第 k 个一级指标值，$i = 1, 2, \cdots, 25$，$k = 1, 2, 3, 4$；β_i 表示权重（等权重为 1/3）。

（四）全球海洋科技创新指数的合成

为了对全球海洋科技创新指数进行综合评价，并比较其子系统，运用熵值法和层次分析法综合赋权确定权重，其主要步骤如下。

步骤 1：计算第 i 个待评价国家的第 k 个评价指标值的比重（z_{ik}），即

$$z_{ik} = \frac{Y_{ik}}{\sum_{i=1}^{25} Y_{ik}} \qquad (14.3)$$

步骤 2：计算第 k 个评价指标的信息熵（e_k），即

$$e_k = -\frac{1}{\ln 25} \sum_{i=1}^{25} z_{ik} \ln z_{ik} \qquad (14.4)$$

步骤 3：计算第 k 个评价指标的权重（ω_k），即

$$\omega_k = \frac{g_k}{\sum_{j=1}^{n} g_k} \qquad (14.5)$$

其中，g_k 表示第 k 个评价指标的信息熵冗余度，由公式 $g_k = 1 - e_k$ 计算可得。接着，使用层次分析法对 ω_k 值进行修正，得到综合权重 $\omega_{k'}$。

步骤 4：计算第 i 个待评价国家的海洋科技创新指数（Y_i），即

$$Y_i = \sum \omega_{k'} y_{ik} \qquad (14.6)$$

其中，$i = 1, 2, \cdots, 25$；$k = 1, 2, 3, 4$。

第二节　全球海洋科技创新指数的结果分析

一、全球海洋科技创新指数的对外发布情况

2016 年 9 月 26 日，由新华（青岛）国际海洋资讯中心、青岛海洋科学与技术

试点国家实验室、青岛蓝谷科学技术协会共同举办的2016中国·青岛海洋国际高峰论坛在青岛开幕，《全球海洋科技创新指数报告（2016）》在该论坛上发布。除此之外，2017~2020年的报告也均在青岛海洋科学与技术试点国家实验室学术年会上发布，具体如表14.2所示。

表14.2　全球海洋科技创新指数报告对外发布时间

时间	报告名称	发布地点
2016年9月26日至28日	《全球海洋科技创新指数报告（2016）》	2016中国·青岛海洋国际高峰论坛
2018年1月13日至14日	《全球海洋科技创新指数报告（2017）》	青岛海洋科学与技术试点国家实验室2017年学术年会
2019年1月10日至11日	《全球海洋科技创新指数报告（2018）》	青岛海洋科学与技术试点国家实验室2018年学术年会
2020年1月11日至12日	《全球海洋科技创新指数报告（2019）》	青岛海洋科学与技术试点国家实验室2019年学术年会
2020年12月18日至23日	《全球海洋科技创新指数报告（2020）》	青岛海洋科学与技术试点国家实验室2020年学术年会

二、全球海洋科技创新指数的基本情况

由于我们仅获得2016年（报告发布初始年份）的指标数值及2016~2020年所公布的国家排名信息，基于全球海洋科技创新指数（以下简称指数）的可获取性问题，以下主要以2016年的指标数据进行分析。

（一）总指数分析

《全球海洋科技创新指数报告》中根据指数得分将25个国家分为四个梯队，即第一梯队（80~100分）、第二梯队（60~80分）、第三梯队（40~60分）和第四梯队（40分以下）四个梯队。如图14.3所示，仅有美国进入第一梯队，以89.01分遥遥领先其他国家，在海洋科技创新领域占据领头羊的位置；德国、日本、挪威等8个国家进入第二梯队，这些国家在海洋科技创新投入、产出、应用及环境方面的优势较为明显，属于海洋科技创新的追随者；进入第三梯队的国家，如中国、加拿大、瑞典、瑞士等在海洋科技创新投入、产出、应用及环境方面处于快速发展阶段；而进入第四梯队的国家，其海洋科技创新发展水平较为落后，拿排名靠后的南非来说，其指数得分仅约为美国的五分之一。

如图14.4所示，2016~2020年，中国的海洋科技创新指数综合排名稳步提升，由2016年的第10位上升至2020年的第4位，跻身第二梯队。

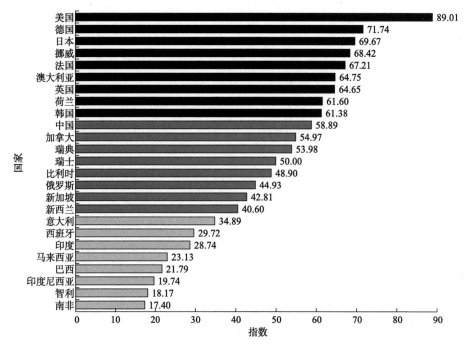

图 14.3　2016 年全球海洋科技创新指数部分国家得分值

资料来源：《全球海洋科技创新指数报告（2016）》

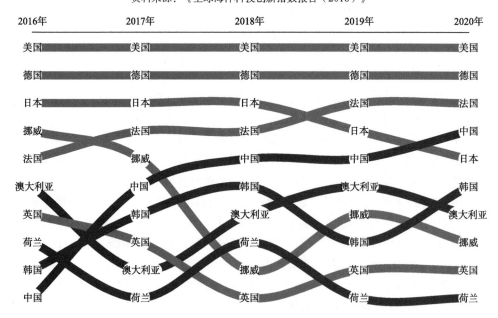

图 14.4　2016~2020 年全球海洋科技创新指数前十名的国家

资料来源：由 2016~2020 年的《全球海洋科技创新指数报告》整理得到

（二）分项指数分析

全球海洋科技创新指数由创新投入、创新产出、创新应用及创新环境4个一级指标构成，以下就4个维度对25个样本国家展开分析，该部分的分析数据均来源于《全球海洋科技创新指数报告（2016）》。

如图14.5所示，创新投入和创新环境得分最高的国家分别是韩国（98.20）和挪威（97.50），中国的创新产出得分（99.99）和创新应用得分（98.86）都位列第一，但美国的4个一级指标值差异较小且均处于较高水平，这也是其以明显优势进入第一梯队的关键因素。这也从侧面反映出各国在发展海洋科技创新方面存在失衡现象，制约了整体发展水平的提升。

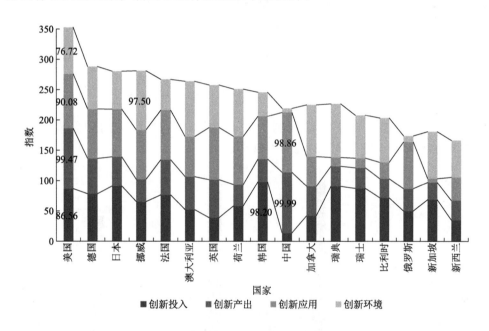

图14.5 2016年前三梯队国家的一级指标值对比
资料来源：《全球海洋科技创新指数报告（2016）》

图14.6为2016年总指数进入第二梯队国家（德国、日本、挪威、法国、澳大利亚、英国、荷兰、韩国）的一级指标对比图。如图14.6所示，8个国家的一级指标值均处于中等偏上水平，但发展不均衡，尤其是韩国、挪威和澳大利亚。

将第三梯队前三名国家（中国、加拿大、瑞典）与第四梯队前三名国家（意大利、西班牙、印度）的一级指标值进行对比可以发现，位列第三梯队的国家其一级指标值并不一定高于第四梯队。就拿创新产出来说，如图14.7所示，第四梯队的意大利（37.88）、西班牙（41.83）和印度（38.74）均大于第三梯队的瑞典

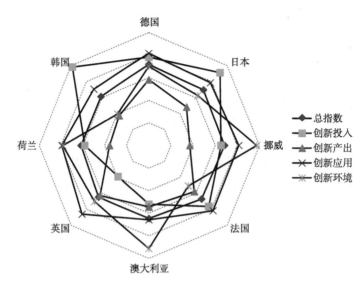

图 14.6　2016 年第一梯队国家的一级指标对比图

资料来源：《全球海洋科技创新指数报告（2016）》

（33.29）。同样地，创新应用得分也是如此，甚至印度的创新应用得分
（58.92）要远高于第三梯队的瑞典（14.53）。

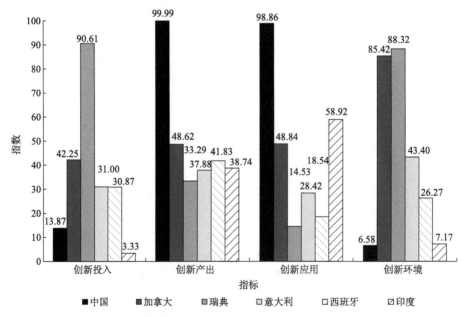

图 14.7　2016 年第三和第四梯队部分国家的一级指标对比图

资料来源：《全球海洋科技创新指数报告（2016）》

参 考 文 献

陈明义. 2018. 2017 年我国海洋科技取得可喜成就[J]. 炎黄纵横，（4）：4-5.

刘志良. 2020-12-25. 中国海洋科技创新跻身全球第二梯队[N]. 中国船舶报（002）.

青岛海洋科学与技术试点国家实验室，新华（青岛）国际海洋资讯中心. 2016. 全球海洋科技创
　　新指数报告（2016）[R]. 青岛：中国经济信息社.

青岛海洋科学与技术试点国家实验室，新华（青岛）国际海洋资讯中心. 2017. 全球海洋科技创
　　新指数报告（2017）[R]. 青岛：中国经济信息社.

青岛海洋科学与技术试点国家实验室，新华（青岛）国际海洋资讯中心. 2018. 全球海洋科技创
　　新指数报告（2018）[R]. 青岛：中国经济信息社.

青岛海洋科学与技术试点国家实验室，新华（青岛）国际海洋资讯中心. 2019. 全球海洋科技创
　　新指数报告（2019）[R]. 青岛：中国经济信息社.

青岛海洋科学与技术试点国家实验室，新华（青岛）国际海洋资讯中心. 2020. 全球海洋科技创
　　新指数报告（2020）[R]. 青岛：中国经济信息社.

第十五章　海洋健康指数

海洋约占地球表面积的 70%，是地球上最大的生态系统，为人类提供着各种资源与服务，是生命存在的基础（温泉，2019）。海洋也是世界上含金量最高的资产，Costanza 等（1997）估算全球所有生态系统服务的商业价值约为每年 33 万亿美元，其中海洋生态系统提供的价值每年高达 23 万亿美元，超过每年生态系统服务总价值的 2/3。然而，随着人类对海洋资源的过度开发，近年来海洋资源衰竭、海域污染、典型生态系统被破坏、海洋气候变化等问题越来越严重。为满足人类的延续与繁荣，2012 年保护国际（Conservation International，CI）基金会联合美国国家生态学分析与综合研究中心（National Center for Ecological Analysis and Synthesis，NCEAS）等多家科研机构，建立了一套指标体系，即海洋健康指数，从 10 个方面评估海洋健康状况，揭示海洋健康变化及趋势，促使公众、政府和企业共同努力来改善海洋生态系统。

第一节　海洋健康指数的基本情况

一、海洋健康指数的概念

海洋健康指数是评估海洋为人类提供福祉的能力及其可持续性的综合指标体系，是一套综合的、定量的、对人类-海洋耦合系统健康状况进行评估和监测的指标体系，用来评价海洋的健康状况，发现海洋健康中的薄弱环节并为改善海洋健康提供指引（温泉，2019）。2012 年海洋健康指数在《自然》杂志首次发布，公布了采用海洋健康指数指标体系计算的全球海洋生态系统的评价结果，此后每年进行一次计算（王启栋等，2021）。2012 年计算的全球海洋总分为 60 分，可见全球海洋健康状况还有较大的进步空间。2021 年海洋健康指数为 70 分，当年还对之前的分数进行了更新（如 2021 年计算的 2010 年全球海洋总分为 69 分）。

二、海洋健康指数的评估体系

（一）目标介绍

海洋健康指数从 10 个方面来评估海洋健康状况和生产力，即食物供给（food provision，FP）、传统渔民的捕捞机会（artisanal opportunities，AO）、自然产品（natural product，NP）、碳汇（carbon storage，CS）、海岸防护（coastal protection，CP）、海岸带生计与经济（coastal livelihoods and economies，CLE）、旅游与休闲（tourism and recreation，TR）、海洋归属感（sense of place，SP）、清洁水域（clean waters，CW）和生物多样性（bio divesity，BD），其中，食物供给、海岸带生计与经济、海洋归属感和生物多样性均包括两个子目标（温泉，2019；杨洋，2016；朱晓芬，2018；王启栋等，2021），如表 15.1 所示。这些目标代表了人们想要从海洋中获得的一整套利益，包括常见的商品（如捕捞的鱼类资源）和服务（如海岸保护），以及不太常见的利益（如文化价值和生物多样性）。

表 15.1 海洋健康指数评估体系的 10 个目标和子目标

指数	目标	子目标
海洋健康指数	食物供给	捕捞渔业
		海水养殖
	传统渔民的捕捞机会	
	自然产品	
	碳汇	
	海岸防护	
	海岸带生计与经济	生计
		经济
	旅游与休闲	
	海洋归属感	标志性物种
		人文价值区
	清洁水域	
	生物多样性	生境
		物种

1. 食物供给

食物供给是人类从海洋中获取的一项最基本的服务，该目标主要评估人类能从海洋可持续地获得海产品的量，获得海产品产量越多，得分越高。食物供给包括两个子目标：①捕捞渔业，从海洋和近岸水体中获得的可持续的商业捕捞量，分数越高，实际捕捞渔业产量与最大可持续产量越接近；②海水养殖业，从海洋和近岸养殖业中获得的海产品量，反映一个地区的当前养殖量与最大可能养殖产量的比值。

2. 传统渔民的捕捞机会

传统渔民的捕捞机会是通常所说的小规模捕捞，为沿海居民特别是发展中国家的沿海居民提供食物和生计，涉及家庭捕捞、合作社或小公司捕捞等。不同于商业捕捞，传统渔民的捕捞不参与全球的渔业贸易，通常投入相对较少的资金、精力，以及使用相对小的捕捞船进行捕捞，捕获的产品提供给当地进行消费或交换。该目标主要评估其捕捞行为是否合法，分数高意味着符合法律规定并且是一种可持续的行为。

3. 自然产品

自然产品是指观赏鱼、珊瑚制品、鱼油、海藻、多孔动物和贝壳制品等，在许多国家中这些自然产品对当地的经济贡献很大，并且还可用于国际贸易，故此自然产品的可持续收获也是海洋健康的重要组成部分。该目标主要评估一个区域能够最大化、可持续地从海洋获得非食物性海洋资源的能力，包括观赏鱼、珊瑚制品、鱼油、海藻、多孔动物和贝壳制品等，但不包括石油、天然气和矿产等不可再生资源。

4. 碳汇

碳汇是指滨海湿地（陆地生态系统和海洋生态系统的交错过渡地带）对空气中碳的吸收和储存能力，这些湿地的破坏会使得其中大量的碳释放到海洋大气中，因此分析海洋健康时必须将其纳入考虑范围。该目标主要关注红树林、海草床、盐沼三类海岸带是否得到有效管理，分数越高意味着得到了越好的管理和保护，进而滨海湿地储存碳的能力越强。

5. 海岸防护

海岸防护是指海洋和海岸带生境对沿海基础设施、房屋及海洋公园等区域的保护能力，具体评估内容包括珊瑚礁、海草床、红树林、盐沼和海冰对于洪水、岸滩侵蚀等的抵抗作用。该目标的分数越高，意味着海岸带生境越完好或恢复能力越强。

6. 海岸带生计与经济

海岸带生计与经济是指一个区域能提供稳定的涉海工作岗位的能力，以及该区域从事海洋工作人口的收入能力，该目标包括两个子目标：①生计，用于衡量涉海工作的就业率以及从事海洋工作的人均工资水平；②经济，用于衡量海洋相关产业对该区域生产总值的贡献率。

7. 旅游与休闲

旅游与休闲是沿海地区蓬勃发展的重要组成部分，表达了人们对游览这些海岸带和海洋地区的偏好，也是对海洋系统价值的一种衡量。该目标并不是指旅游带来的收入或生计，而是指人们从海洋中获得的体验和享受的价值。

8. 海洋归属感

海洋归属感是指一种文化价值，其包括两个子目标。第一，标志性物种。用于评估当地文化中具有重要意义的物种，包括传统活动，如钓鱼、捕猎或贸易；当地的民族或宗教活动；存在价值；当地公认的审美价值，如旅游景点。第二，人文价值区。用于评估海洋在美学、精神、文化和娱乐方面对人们产业重要影响的场所。

9. 清洁水域

清洁水域是指海洋水体受污染程度。油类、化学品、富营养化、病原体生物和垃圾均会对人类的健康、生活及海洋物种和生境产生影响。该目标分数越高，意味着海洋水体受到的影响程度越小，水体的清洁程度越高。

10. 生物多样性

生物多样性能够体现现存物种的价值，反映当前物种的保护状态，该目标包括两个子目标：①物种，用于评估海洋物种灭绝的风险，分数越高表示该地区受到威胁或濒临灭绝的物种越少；②生境，用于评估海洋物种赖以生存的生态环境状况，如珊瑚礁、海草床、红树林和盐沼等环境的质量状况。

（二）评估模型

海洋健康指数同时关注人类和自然系统，是由 10 个目标得分（ $I_1, I_2, \cdots, I_n$ ）和各目标权重（ $\alpha_1, \alpha_2, \cdots, \alpha_n$ ）共同组成的线性总和，目标是最大化其数值。公式如下：

$$I = \alpha_1 I_1 + \alpha_2 I_2 + \cdots + \alpha_{10} I_{10} = \sum_{i=1}^{N} \alpha_i I_i \tag{15.1}$$

其中，$\sum \alpha = 1$。目标得分 I_i 是当前状态 x_i 和近期发展趋势 $\hat{x}_{i,F}$ 的函数：

$$I_i = \frac{x_i + \hat{x}_{i,F}}{2} \tag{15.2}$$

目标 i 的当前状态 x_i 是其当前状况的分值 X_i 同一个参照点的比值，每个目标的分数为 0~100：

$$x_i = \frac{X_i}{X_{i,R}} \tag{15.3}$$

参照值 $X_{i,R}$ 可根据不同目标的数据情况，采用四种方法进行确定：①生产函数；②与其他区域的空间比较；③与过去某一基准值的时间比较（历史基准值可以是一个时间点确定的值，也可以是一个动态值）；④与某些已知值或公布值的比较。

近期发展趋势 $\hat{x}_{i,F}$ 包括四个维度，分别如下：①当前状态；②与参照值标准化后的近期发展趋势 T_i（至少过去五年）；③对目标的当前累计压力 p_i；④社会和生态系统对负面压力的恢复能力 r_i（评估当地政府管理和社会制度的有效性）。其中，$0 \leqslant r_i \leqslant 1$，$0 \leqslant p_i \leqslant 1$，$-1 \leqslant T_i \leqslant 1$，如果超出此范围，则采用最大值或最小值。因此近期发展趋势 $\hat{x}_{i,F}$ 定义为

$$\hat{x}_{i,F} = (1+\delta)^{-1}\left[1 + \beta T_i + (1-\beta)(r_i - p_i)\right]x_i \tag{15.4}$$

其中，折算率 δ 设定为 0；β 表示近期发展趋势的权重，在全球海洋健康指数的计算中，设定 $\beta = 0.67$，表明趋势 T_i 比压力 p_i 和恢复力 r_i 更重要。

对每个目标四个维度的评估，需要采用高分辨率的空间和时间数据。只有当前状态达到最大值时，近期发展趋势才可能趋近当前状态值，即近期发展趋势不可能超过最大值 1，而往往由于现实中数据的不完美，计算出的近期发展趋势有可能超过 1。基于此，设定两个约束条件：①当前状态为 1 时，如果出现趋势大于零，此状况是数据的不完全或不准确造成的，那么设定趋势为 0；②如果当前状况的最大值 $x_i^{\max}$ 在给定条件限制下等于最大可得到值，但数据质量差或者其他实际操作限制导致近期发展趋势最大值 $x_{i,F}$ 大于当前状况最大值 $x_i^{\max}$，则设定 $x_{i,F} = x_i^{\max}$。

最大可能值 U 是每个目标可能达到的最大值总和，因此最大值是当前状态值和近期发展趋势值可能达到的最大值，$r > p$，$T = 0$，如果达到最大值，那么最好的趋势则是趋于平稳状态，并且 $x_{i,F} = x_i^{\max}$，这里参照状态被归一化为 1，那么 U 表示为

$$U = \sum_{i=1}^{N} \alpha_i x_i^{\max} \qquad (15.5)$$

因此，计算海洋健康指数 I 为

$$I = \frac{\sum_{i=1}^{N} \alpha_i I_i}{U} \qquad (15.6)$$

第二节　海洋健康指数的结果分析

自 2012 年以来，海洋健康指数持续应用于全球海洋健康状况监测之中。每年年底，海洋健康指数官方网站会公布该年度海洋健康指数的得分情况，包括全球整体平均分数及 220 个国家的分数（梅宏，2022）。本节数据均来自 2021 年评估的海洋健康指数，全球海洋健康指数 2021 年为 70.22 分，区域海洋健康指数中得分最高的地区往往是无人居住或人口较少的岛屿，得分较低的地区往往位于非洲、拉丁美洲、加勒比地区及亚洲[①]。

一、全球海洋健康指数

全球海洋健康指数是衡量世界海洋状况的指数，它显示了 220 个沿海国家和地区的专属经济区（exclusive economic zone，EEZ）的结果。专属经济区通常从海岸向近海延伸 200 海里，并描述一个国家对资源勘探和使用拥有管辖权的海洋部分。全球海洋健康指数得分是各个国家得分的平均值，按其专属经济区的面积加权[②]。

全球海洋健康指数在 2012 年为 69.62 分，到了 2021 年略有提高，为 70.22 分。图 15.1 展示了 2012 年和 2021 年全球海洋健康指数各目标分值，其中每个"花瓣"代表独立的一项目标，即食物供给、传统渔民的捕捞机会、自然产品、碳汇、海岸防护、海岸带生计与经济、旅游与休闲、海洋归属感、清洁水域和生物多样性的得分。长度表示该目标的分值，长度越长，该目标距离实现目标越近。由基本目标得分可知，不论是 2012 年还是 2021 年，在可持续提供不同海洋效益的目标方面存在很大差异。

---

① 资料来源：https://oceanhealthindex.org/global-scores/data-download/.

② 资料来源：https://oceanhealthindex.org/global-scores/.

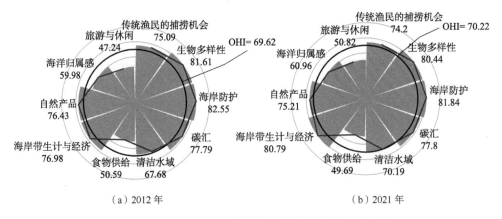

图 15.1　2012 年和 2021 年全球海洋健康指数各目标分值

表 15.2 反映了 2012~2021 年全球海洋健康指数各项指标的目标分值。从全球海洋健康指数历年对比结果看，海洋健康指数在 2012~2016 年有所提升，从 2017 年开始下降。其中，传统渔民的捕捞机会（AO）、海岸防护（CP）和生物多样性（BD）等方面的能力有些许下降；而食物供给（FP）、海洋归属感（SP）等方面的能力有所提高；碳汇（CS）的得分处于一个平稳的状态。

表 15.2　2012~2021 年全球海洋健康指数各项指标的目标分值

指标	2012 年	2013 年	2014 年	2015 年	2016 年	2017 年	2018 年	2019 年	2020 年	2021 年
总体	69.6	70.2	70.6	70.8	70.9	70.6	70.6	70.3	70.2	70.2
AO	50.6	51.1	51.4	51.1	50.5	50.2	49.9	49.9	49.8	49.7
BD	75.1	75.6	76.0	76.0	75.3	74.5	74.5	74.2	74.8	74.2
CP	76.4	76.4	77.7	78.4	78.3	77.6	76.4	75.3	76.0	75.2
CS	77.8	77.8	77.8	77.8	77.8	77.8	77.8	77.8	77.8	77.8
CW	82.6	82.5	82.6	82.8	82.7	82.2	81.9	81.6	81.7	81.8
FP	77.0	80.8	80.8	80.8	80.8	80.8	80.8	80.8	80.8	80.8
CLE	47.2	48.3	49.0	50.2	51.6	50.7	51.0	50.9	50.6	50.8
NP	60.0	60.4	60.9	61.2	61.2	62.1	63.1	62.1	60.9	61.0
SP	67.7	67.6	68.5	68.8	69.2	69.3	69.4	69.0	69.2	70.2
TR	81.6	81.5	81.3	81.3	81.3	81.1	80.9	80.7	80.4	80.4

二、区域海洋健康指数

海洋健康指数评估由独立团体进行，旨在衡量各地区、国家、州和社区的海洋健康状况。独立评估使用与全球评估相同的框架，但可以在制定政策和管理决策的较小尺度上探索影响海洋健康的变量。一个国家的指数得分是 10 个目标分数的平均值，这些分数代表了人们期望从健康海洋中获得的生态、社会和经济效益。每个目标的得分为 0~100 分，分数低则表明可以获得更多的收益，或者当前的方法正在损害未来收益的提供。本节一共选取了 15 个国家进行分析，这些国家 2021 年海洋健康指数的得分及全球排名按从高到低依次如下：新西兰 81.78 分（第 9 名）、葡萄牙 77.34 分（第 28 名）、法国 75.28 分（第 43 名）、德国 73.85 分（第 55 名）、澳大利亚 73.69 分（第 57 名）、美国 73.40 分（第 64 名）、巴西 72.02 分（第 74 名）、英国 71.65 分（第 81 名）、加拿大 69.96 分（第 104 名）、日本 68.86 分（第 118 名）、坦桑尼亚 68.29 分（第 125 名）、肯尼亚 67.22 分（第 134 名）、中国 64.74 分（第 168 名）、哥伦比亚 64.09 分（第 176 名）和新加坡 60.10 分（第 205 名）。

（一）亚洲

1. 中国

在 220 个国家和地区中，中国 2021 年的海洋健康指数为 64.74 分，在全球排名为 168；2012 年的海洋健康指数为 61.33 分，在全球排名为 201。由此可见，中国海洋健康指数虽然在这些年中有所提升，但是在全球仍处于较低的位置。如图 15.2 所示，中国在海洋带生计与经济、海岸防护和生物多样性等方面情况较好；在食物供给、碳汇和自然产品等方面还有待提高；在清洁水域、传统渔民的捕捞机会、旅游与休闲和海洋归属感等方面还需努力。

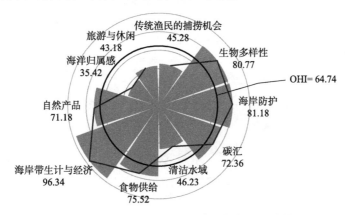

图 15.2　2021 年中国海洋健康指数各目标分值

此外，从表 15.3 的海洋健康指数 10 个目标得分情况来看，2012~2021 年大部分目标并未发生太大变化。其中，碳汇（CS）的分值未变，自然产品（NP）的分值变化最大，从 2012 年的 50.75 分上升至 2021 年的 71.18 分，其余目标分数存在小幅度增减。

表 15.3　2012~2021 年中国海洋健康指数目标分值变化情况

指标	2012 年	2013 年	2014 年	2015 年	2016 年	2017 年	2018 年	2019 年	2020 年	2021 年
总体	61.33	61.98	62.05	63.01	62.82	62.67	62.83	63.3	63.9	64.74
AO	40.15	40.98	40.99	41.76	42.21	42.84	43.56	43.89	45.01	45.28
BD	82.19	82.00	81.73	81.59	81.25	80.94	80.78	80.86	80.73	80.77
CP	80.50	80.50	80.50	81.41	80.55	79.78	79.67	80.56	81.06	81.18
CS	72.36	72.36	72.36	72.36	72.36	72.36	72.36	72.36	72.36	72.36
CW	39.04	39.64	36.92	38.36	38.32	38.23	38.97	44.11	45.48	46.23
FP	73.15	73.00	72.90	73.25	73.30	74.00	74.24	75.29	75.10	75.52
CLE	95.89	96.34	96.34	96.34	96.34	96.34	96.34	96.34	96.34	96.34
NP	50.75	54.25	58.41	64.72	64.02	62.62	61.37	58.90	64.10	71.18
SP	36.75	37.83	37.95	38.52	38.03	37.84	38.49	37.32	35.49	35.42
TR	42.48	42.85	42.37	41.82	41.83	41.78	42.55	43.35	43.37	43.18

2. 日本

在 220 个国家和地区中，日本 2021 年的海洋健康指数为 68.86 分，在全球排名为 118；2012 年的海洋健康指数为 64.09 分，在全球排名为 171。由此可见，日本海洋健康指数在得分和排名上均有所提升。如图 15.3 所示，日本在传统渔民的捕捞机会、自然产品、生物多样性等方面目标得分较高，发展较好；海岸防护、海洋归属感、海岸带生计与经济等目标得分处于一般水平，需要继续发展；而食物供给和旅游与休闲发展较差，需引起重视。

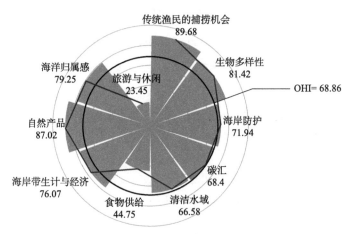

图 15.3　2021 年日本海洋健康指数各目标分值

此外，从表 15.4 的海洋健康指数 10 个目标得分情况来看，2012~2021 年大部分目标的得分有所提高。其中，传统渔民的捕捞机会（AO）发展迅猛，从 2012 年的 56.47 分迅速提高至 2021 年的 89.68 分；食物供给（FP）、海岸带生计与经济（CLE）、自然产品（NP）、海岸防护（CP）和旅游与休闲（TR）在此期间有少许提高；碳汇（CS）得分未发生变化；而海洋归属感（SP）、清洁水域（CW）和生物多样性（BD）得分略有下降。

表15.4　2012~2021年日本海洋健康指数目标分值变化情况

指标	2012年	2013年	2014年	2015年	2016年	2017年	2018年	2019年	2020年	2021年
总体	64.09	64.9	63.66	64.36	64.48	65.48	65.9	66.62	67.93	68.86
AO	56.47	58.17	60.13	60.8	61.91	65.33	69.64	73.51	84.21	89.68
BD	82.96	82.78	82.62	82.79	82.42	82.00	81.87	81.66	81.47	81.42
CP	70.54	71.13	71.83	73.12	73.08	72.5	71.88	71.99	72.02	71.94
CS	68.40	68.40	68.40	68.40	68.40	68.40	68.40	68.40	68.40	68.40
CW	67.23	66.93	61.47	61.81	61.72	61.54	61.06	66.51	66.71	66.58
FP	39.66	39.66	41.8	41.7	42.02	43.47	43.57	43.67	44.26	44.75
CLE	70.55	76.07	76.07	76.07	76.07	76.07	76.07	76.07	76.07	76.07
NP	84.49	84.50	74.17	74.84	74.52	80.58	80.23	79.86	83.25	87.02
SP	81.03	81.48	81.54	81.82	81.42	81.41	82.03	81.01	79.32	79.25
TR	19.59	19.91	18.59	22.3	23.28	23.51	24.27	23.49	23.54	23.45

3. 新加坡

在220个国家和地区中，新加坡2021年的海洋健康指数为60.1分，在全球排名为205；2012年的海洋健康指数为61.7分，在全球排名为198。由此可见，新加坡的海洋健康指数得分和在全球中的排名均有所下降，并且处于全球海洋健康的下位圈。如图15.4所示，新加坡在海岸带生计与经济和传统渔民的捕捞机会方面发展较好；在生物多样性、碳汇和海岸防护等方面的发展处于一般水平；在食物供给、清洁水域和旅游与休闲等方面还需要加强；而海洋归属感和自然产品则需要着重引起重视。

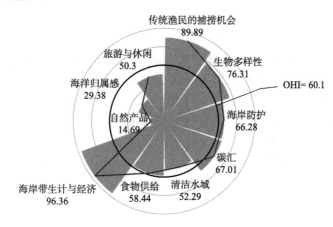

图15.4　2021年新加坡海洋健康指数各目标分值

此外，从表 15.5 的海洋健康指数 10 个目标得分情况来看，2012~2021 年，大部分指标均存在下降的趋势。其中，传统渔民的捕捞机会（AO）、自然产品（NP）和海洋归属感（SP）三个目标得分下降尤为严重；碳汇（CS）和海岸防护（CP）两个目标的得分并未发生改变；旅游与休闲（TR）、清洁水域（CW）和生物多样性（BD）得分略有下降；食物供给（FP）和海岸带生计与经济（CLE）两个目标得分有所提升。

表 15.5　2012~2021 年新加坡海洋健康指数目标分值变化情况

指标	2012 年	2013 年	2014 年	2015 年	2016 年	2017 年	2018 年	2019 年	2020 年	2021 年
总体	61.70	61.71	60.32	59.97	60.00	59.99	60.09	60.72	60.14	60.10
AO	97.54	97.05	96.63	95.89	94.71	92.81	91.15	90.27	89.69	89.89
BD	78.19	76.86	77.72	76.78	76.34	77.45	76.58	76.67	76.31	76.31
CP	66.28	66.28	66.28	66.28	66.28	66.28	66.28	66.28	66.28	66.28
CS	67.01	67.01	67.01	67.01	67.01	67.01	67.01	67.01	67.01	67.01
CW	54.15	52.87	40.74	40.70	40.68	40.65	40.57	52.43	52.36	52.29
FP	54.03	50.32	53.17	52.3	56.13	57.27	61.14	59.29	58.79	58.44
CLE	94.61	96.36	96.36	96.36	96.36	96.36	96.36	96.36	96.36	96.36
NP	18.74	20.51	21.42	21.14	18.81	16.65	15.21	14.45	14.11	14.69
SP	34.98	34.98	34.99	35.10	35.10	34.31	34.28	32.68	29.49	29.38
TR	51.50	54.89	48.89	48.12	48.61	51.13	52.33	51.78	51.02	50.30

（二）欧洲

1. 英国

在 220 个国家和地区中，英国 2021 年的海洋健康指数为 71.65 分，在全球排名为 81；2012 年的海洋健康指数为 71.92 分，在全球排名为 68。由此可见，英国海洋健康指数得分在全球的排名有所下降。如图 15.5 所示，海岸带生计与经济得分最高，为 88.59 分；自然产品、传统渔民的捕捞机会、海洋归属感、生物多样性、清洁水域和碳汇的得分处于一般水平，均在 70~80 分；海岸防护、旅游与休闲和食物供给得分相对较低，还有待提高。

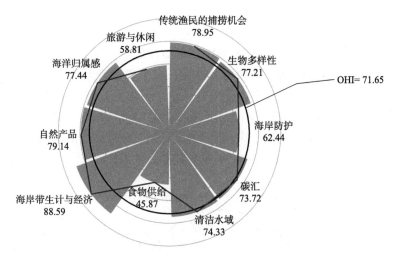

图 15.5　2021 年英国海洋健康指数各目标分值

此外，从表 15.6 的海洋健康指数 10 个目标得分情况来看，2012~2021 年总体变化较小。其中，海岸防护（CP）和碳汇（CS）得分未发生改变；生物多样性（BD）和旅游与休闲（TR）有涨有跌，总体呈现增长趋势；传统渔民的捕捞机会（AO）在 2012~2015 年有所改善，而在 2016~2021 年有所下降；自然产品（NP）有增有减，整体上有所降低；清洁水域（CW）和海洋归属感（SP）得分的变化较小。

表 15.6　2012~2021 年英国海洋健康指数目标分值变化情况

指标	2012 年	2013 年	2014 年	2015 年	2016 年	2017 年	2018 年	2019 年	2020 年	2021 年
总体	71.92	72.93	70.56	71.94	72.14	72.66	72.24	72.11	71.92	71.65
AO	80.68	83.61	85.40	85.68	85.08	84.04	82.86	81.67	81.05	78.95
BD	73.02	74.14	74.37	79.16	80.46	80.38	79.42	77.19	76.89	77.21
CP	62.44	62.44	62.44	62.44	62.44	62.44	62.44	62.44	62.44	62.44
CS	73.72	73.72	73.72	73.72	73.72	73.72	73.72	73.72	73.72	73.72
CW	74.58	74.1	62.39	62.66	62.76	62.69	62.71	74.30	74.39	74.33
FP	43.88	47.01	48.61	48.49	45.94	45.96	46.03	45.97	44.06	45.87
CLE	87.45	88.59	88.59	88.59	88.59	88.59	88.59	88.59	88.59	88.59
NP	88.92	86.20	79.94	86.58	89.59	92.21	85.91	78.71	80.88	79.14
SP	78.17	78.87	78.94	79.04	79.07	79.09	80.07	78.12	77.47	77.44
TR	56.30	60.64	51.15	53.03	53.73	57.53	60.63	60.34	59.72	58.81

2. 德国

在 220 个国家和地区中，德国 2021 年的海洋健康指数为 73.85 分，在全球排名为 55；2012 年的海洋健康指数为 72.57 分，在全球排名为 65。由此可见，德国海洋健康指数得分及排名均有小幅度提升，位于全球上位圈。如图 15.6 所示，海洋归属感、自然产品、海岸带生计与经济和旅游与休闲得分较高，均在 87 分以上；传统渔民的捕捞机会、生物多样性、海岸防护、碳汇和清洁水域等目标得分处于一般水平，均在 62~75 分；食物供给得分较低，仅为 35.12 分，需要引起重视。

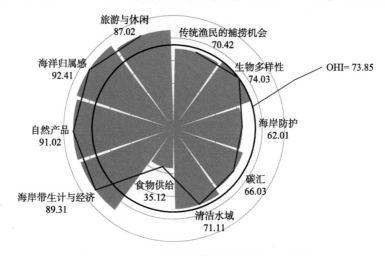

图 15.6　2021 年德国海洋健康指数各目标分值

此外，从表 15.7 的海洋健康指数 10 个目标得分情况来看，2012~2021 年食物供给（FP）有小幅度提升；海岸防护（CP）和碳汇（CS）的目标得分并未发生改变；清洁水域（CW）、海岸带生计与经济（CLE）、海洋归属感（SP）和旅游与休闲（TR）的目标得分有轻微上升；传统渔民的捕捞机会（AO）、生物多样性（BD）和自然产品（NP）的得分轻微下降。

表 15.7　2012~2021 年德国海洋健康指数目标分值变化情况

指标	2012 年	2013 年	2014 年	2015 年	2016 年	2017 年	2018 年	2019 年	2020 年	2021 年
总体	72.57	72.41	71.48	71.98	71.84	72.45	73.59	75.56	75.08	73.85
AO	70.47	69.21	68.84	74.54	74.13	77.24	80.41	75.38	72.59	70.42
BD	75.41	75.38	74.09	74.02	74.26	74.48	74.29	74.00	73.79	74.03
CP	62.01	62.01	62.01	62.01	62.01	62.01	62.01	62.01	62.01	62.01
CS	66.03	66.03	66.03	66.03	66.03	66.03	66.03	66.03	66.03	66.03

续表

指标	2012 年	2013 年	2014 年	2015 年	2016 年	2017 年	2018 年	2019 年	2020 年	2021 年
CW	70.92	70.49	54.32	54.31	54.21	53.85	54.16	70.73	71.15	71.11
FP	25.99	27.17	32.52	30.32	30.03	28.45	33.27	41.39	42.32	35.12
CLE	86.50	89.31	89.31	89.31	89.31	89.31	89.31	89.31	89.31	89.31
NP	92.08	91.19	91.26	91.32	91.09	94.93	97.89	97.29	93.86	91.02
SP	92.24	92.27	92.31	92.37	92.39	92.41	93.00	92.46	92.44	92.41
TR	84.01	81.02	84.09	85.57	84.99	85.81	85.56	86.98	87.33	87.02

3. 法国

在 220 个国家和地区中，法国 2021 年的海洋健康指数为 75.28 分，在全球排名为 43；2012 年的海洋健康指数为 75.52 分，在全球排名为 41。由此可见，法国海洋健康指数在得分和全球排名均变化不大，且排名靠前。如图 15.7 所示，海岸防护得分最高，为 98.75 分；自然产品、生物多样性和海洋归属感得分处于 80~85 分；海岸带生计与经济、传统渔民的捕捞机会、碳汇和清洁水域得分在 65~80 分，仍需加强；而旅游与休闲和食物供给相比而言得分较低，但在 55 分以上。

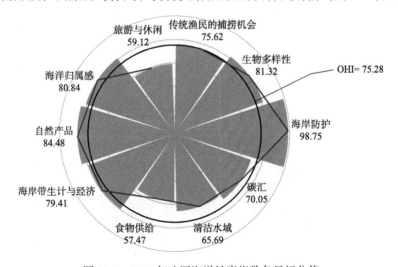

图 15.7 2021 年法国海洋健康指数各目标分值

此外，从表 15.8 的海洋健康指数 10 个目标得分情况来看，2012~2021 年总体上变化较小。其中，食物供给（FP）的得分下降较大；生物多样性（BD）和旅游与休闲（TR）有小幅度改善；碳汇（CS）未发生改变；除此之外的其他方面得分变化微乎其微。

表 15.8　2012~2021 年法国海洋健康指数目标分值变化情况

指标	2012 年	2013 年	2014 年	2015 年	2016 年	2017 年	2018 年	2019 年	2020 年	2021 年
总体	75.52	74.78	73.91	73.40	73.45	73.68	73.92	75.66	76.11	75.28
AO	78.73	79.97	81.06	79.33	78.67	77.49	77.53	78.14	78.62	75.62
BD	76.72	76.59	75.85	76.49	77.39	80.68	81.01	81.22	80.93	81.32
CP	97.58	97.94	97.94	98.21	98.03	98.57	98.57	98.75	98.57	98.75
CS	70.05	70.05	70.05	70.05	70.05	70.05	70.05	70.05	70.05	70.05
CW	66.67	66.09	51.83	51.64	52.74	52.13	51.31	65.57	65.56	65.69
FP	65.64	60.78	59.95	58.19	57.25	57.08	56.24	56.43	56.55	57.47
CLE	79.40	79.41	79.41	79.41	79.41	79.41	79.41	79.41	79.41	79.41
NP	84.02	80.68	86.54	81.50	82.50	81.81	82.97	86.14	90.80	84.48
SP	81.67	82.13	82.17	82.53	82.53	82.53	83.17	81.56	80.88	80.84
TR	54.69	54.19	54.32	56.62	55.98	57.02	58.95	59.34	59.68	59.12

4. 葡萄牙

在 220 个国家和地区中，葡萄牙 2021 年的海洋健康指数为 77.34 分，在全球排名为 28；2012 年的海洋健康指数为 77.06 分，在全球排名为 29。由此可见，葡萄牙海洋健康指数得分在全球范围内处于上位圈，且变化较小。如图 15.8 所示，海岸防护、旅游与休闲和海岸带生计与经济等目标得分很高，均在 90 分以上，特别是海岸防护，得分接近满分；生物多样性、碳汇、清洁水域、自然产品和海洋归属感等目标得分处于 70~80 分，存在上升空间；相比较而言，传统渔民的捕捞机会和食物供给两个方面还有待提高。

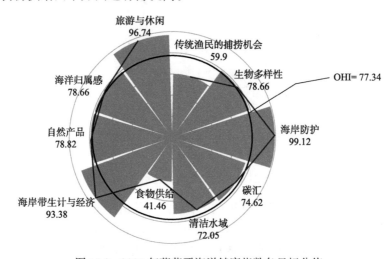

图 15.8　2021 年葡萄牙海洋健康指数各目标分值

此外，从表 15.9 的海洋健康指数 10 个目标得分情况来看，2012~2021 年，传统渔民的捕捞机会（AO）、自然产品（NP）有升有降，总体呈下降态势；清洁水域（CW）呈现先下降后上升趋势；海岸防护（CP）和碳汇（CS）未发生改变；旅游与休闲（TR）发展较好，从2012年的69.87分上升至2021年的96.74分。

表 15.9　2012~2021 年葡萄牙海洋健康指数目标分值变化情况

指标	2012 年	2013 年	2014 年	2015 年	2016 年	2017 年	2018 年	2019 年	2020 年	2021 年
总体	77.06	75.67	73.47	73.12	74.07	74.91	76.47	79.52	77.90	77.34
AO	74.90	66.75	62.39	57.53	60.08	59.19	64.03	69.81	63.41	59.90
BD	81.15	80.98	80.69	80.56	80.17	79.70	79.23	78.91	78.66	78.66
CP	99.12	99.12	99.12	99.12	99.12	99.12	99.12	99.12	99.12	99.12
CS	74.62	74.62	74.62	74.62	74.62	74.62	74.62	74.62	74.62	74.62
CW	71.58	73.80	54.11	54.31	52.93	54.38	52.67	71.94	72.25	72.05
FP	46.17	44.61	44.30	43.14	44.04	43.05	43.26	44.30	42.31	41.46
CLE	92.97	93.38	93.38	93.38	93.38	93.38	93.38	93.38	93.38	93.38
NP	80.46	67.73	61.16	60.13	66.49	71.93	82.31	87.20	79.76	78.82
SP	79.73	80.27	80.34	81.18	80.71	80.71	81.21	79.21	78.70	78.66
TR	69.87	75.43	84.60	87.26	89.21	93.04	94.92	96.74	96.74	96.74

（三）北美洲

1. 美国

在 220 个国家和地区中，美国 2021 年的海洋健康指数为 73.4 分，在全球排名为 64；2012 年的海洋健康指数为 74.65 分，在全球排名为 46。由此可见，美国海洋健康指数的得分和全球排名均有所下降。如图 15.9 所示，自然产品得分最高，为 96.99 分；其次是清洁水域和传统渔民的捕捞机会，得分为 80 分左右；海岸带生计与经济、生物多样性、碳汇、海岸防护、海洋归属感和食物供给等方面得分在 65~76 分，还需加强；旅游与休闲得分最低，为 45.29 分，需要引起重视。

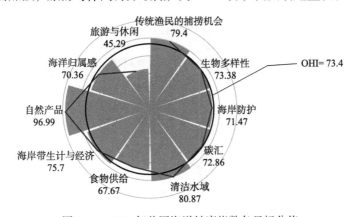

图 15.9　2021 年美国海洋健康指数各目标分值

此外，从表 15.10 的海洋健康指数 10 个目标得分情况来看，2012~2021 年大部分目标得分有所下降。其中，海岸防护（CP）和传统渔民的捕捞机会（AO）的得分较 2012 年下降较大；生物多样性（BD）、清洁水域（CW）、海岸带生计与经济（CLE）和海洋归属感（SP）的得分存在小幅度下降；碳汇（CS）得分未曾改变；食物供给（FP）、自然产品（NP）和旅游与休闲（TR）的得分小幅度上涨。

表 15.10　2012~2021 年美国海洋健康指数目标分值变化情况

指标	2012 年	2013 年	2014 年	2015 年	2016 年	2017 年	2018 年	2019 年	2020 年	2021 年
总体	74.65	74.67	74.87	75.58	75.40	74.54	74.04	73.97	73.40	73.40
AO	84.85	86.88	89.15	90.08	89.65	87.01	84.25	82.28	80.20	79.40
BD	76.07	75.87	75.60	75.16	75.19	74.85	74.68	74.10	73.37	73.38
CP	79.27	80.65	80.64	79.71	75.65	71.42	70.63	69.65	68.53	71.47
CS	72.86	72.86	72.86	72.86	72.86	72.86	72.86	72.86	72.86	72.86
CW	81.38	80.58	75.03	75.06	75.48	75.46	75.50	80.97	80.90	80.87
FP	65.91	69.53	73.02	74.38	73.51	71.33	69.87	69.05	68.13	67.67
CLE	77.17	75.70	75.70	75.70	75.70	75.70	75.70	75.70	75.70	75.70
NP	95.19	90.55	92.49	95.73	96.77	98.18	98.84	99.04	98.94	96.99
SP	70.49	71.99	72.18	72.28	71.69	71.36	71.91	70.78	70.39	70.36
TR	43.34	42.08	42.01	44.86	47.50	47.24	46.14	45.30	45.00	45.29

2. 加拿大

在 220 个国家和地区中，加拿大 2021 年的海洋健康指数为 69.96 分，在全球排名为 104；2012 年的海洋健康指数为 68.77 分，在全球排名为 111。由此可见，加拿大海洋健康指数的得分和全球排名均有所上升，位于全球的中间位置。如图 15.10 所示，海岸防护得分最高，为 95.46 分；清洁水域、海岸带生计与经济、自然产品和生物多样性等方面情况良好，得分在 80~90 分；而传统渔民的捕捞机会、旅游与休闲、海洋归属感和食物供给等得分均在 60 分以下，有待加强。

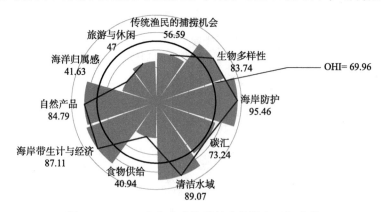

图 15.10　2021 年加拿大海洋健康指数各目标分值

此外，从表 15.11 的海洋健康指数 10 个目标得分情况来看，各目标得分波动情况较小。其中，传统渔民的捕捞机会（AO）、生物多样性（BD）、清洁水域（CW）、食物供给（FP）、自然产品（NP）、海洋归属感（SP）和旅游与休闲（TR）的得分小幅度有所提高；碳汇（CS）的得分不变；而海岸防护（CP）和海岸带生计与经济（CLE）较 2012 年有所下降。

表 15.11 2012~2021 年加拿大海洋健康指数目标分值变化情况

指标	2012 年	2013 年	2014 年	2015 年	2016 年	2017 年	2018 年	2019 年	2020 年	2021 年
总体	68.77	68.18	70.23	71.27	71.65	71.14	69.97	69.67	69.84	69.96
AO	53.98	53.84	59.75	64.26	63.28	61.51	60.02	57.72	57.80	56.59
BD	83.26	83.14	83.21	83.27	84.05	84.62	84.56	84.03	83.55	83.74
CP	95.80	94.88	96.16	95.74	98.24	97.81	95.98	95.58	95.46	95.46
CS	73.24	73.24	73.24	73.24	73.24	73.24	73.24	73.24	73.24	73.24
CW	88.89	88.80	88.39	88.47	88.87	89.26	89.44	89.19	89.06	89.07
FP	39.69	41.64	42.89	42.40	42.86	44.20	42.67	41.05	40.97	40.94
CLE	89.19	87.11	87.11	87.11	87.11	87.11	87.11	87.11	87.11	87.11
NP	80.92	75.56	87.55	93.78	92.95	87.14	79.60	79.36	82.45	84.79
SP	38.70	38.86	38.59	39.20	38.95	38.95	39.84	41.82	41.68	41.63
TR	44.01	44.78	45.39	45.2	46.95	47.58	47.28	47.56	47.08	47.00

（四）南美洲

1. 巴西

在 220 个国家和地区中，巴西 2021 年的海洋健康指数为 72.02 分，在全球排名为 74；2012 年的海洋健康指数为 70.84 分，在全球排名为 79。由此可见，巴西海洋健康指数的得分和全球排名均有小幅度提升，位于全球中上游水平。如图 15.11 所示，碳汇和海岸防护得分较高，在 90 分以上；自然产品、海洋归属感、生物多样性等方面情况良好，得分为 80~90 分；清洁水域和传统渔民的捕捞机会得分为 60~70 分，有待加强；而食物供给和旅游与休闲则需要引起重视，尤其是旅游与休闲，得分仅为 26.53 分。

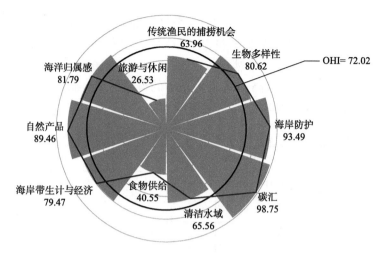

图 15.11　2021 年巴西海洋健康指数各目标分值

此外，从表 15.12 的海洋健康指数 10 个目标得分情况来看，总体变化不大。其中，海岸带生计与经济（CLE）2013 年有所上升，随后保持稳定；海岸防护（CP）2016 年有所上升，随后保持稳定；碳汇（CS）没有变化；传统渔民的捕捞机会（AO）、生物多样性（BD）、食物供给（FP）和海洋归属感（SP）的得分小幅度下降；清洁水域（CW）、自然产品（NP）和旅游与休闲（TR）的得分稍有增加。

表 15.12　2012~2021 年巴西海洋健康指数目标分值变化情况

指标	2012 年	2013 年	2014 年	2015 年	2016 年	2017 年	2018 年	2019 年	2020 年	2021 年
总体	70.84	71.67	72.04	71.85	71.95	71.72	71.67	71.92	71.82	72.02
AO	67.83	66.75	65.62	64.73	64.00	63.61	63.63	63.90	63.79	63.96
BD	81.66	81.52	81.36	81.19	81.15	81.04	80.93	80.78	80.62	80.62
CP	93.47	93.47	93.47	93.47	93.49	93.49	93.49	93.49	93.49	93.49
CS	98.75	98.75	98.75	98.75	98.75	98.75	98.75	98.75	98.75	98.75
CW	62.62	62.94	61.28	61.83	62.23	62.82	63.13	64.98	65.28	65.56
FP	40.79	39.69	39.35	38.53	39.53	39.53	39.18	40.58	39.98	40.55
CLE	67.28	79.47	79.47	79.47	79.47	79.47	79.47	79.47	79.47	79.47
NP	88.92	87.08	92.09	89.63	90.14	90.19	88.91	89.60	88.91	89.46
SP	81.86	82.24	82.50	82.75	82.47	82.42	83.42	81.84	81.82	81.79
TR	25.24	24.75	26.51	28.07	28.22	25.90	25.80	25.78	26.09	26.53

2. 哥伦比亚

在 220 个国家和地区中，哥伦比亚 2021 年的海洋健康指数为 64.09 分，在全球排名为 176；2012 年的海洋健康指数为 65.87 分，在全球排名为 148。由此可见，哥伦比亚海洋健康指数的得分及全球排名均有所下降，且处于下位圈。如图 15.12 所示，生物多样性、海岸防护和碳汇得分均在 80~90 分；海岸带生计与经济、海洋归属感、传统渔民的捕捞机会和清洁水域得分稍低，为 68~80 分；而自然产品、食物供给和旅游与休闲得分较低，尤其是旅游与休闲，得分仅为 19.31 分。

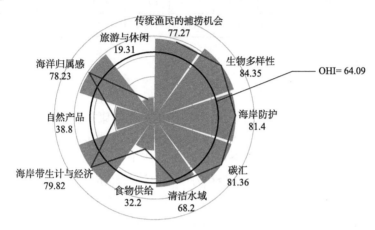

图 15.12　2021 年哥伦比亚海洋健康指数各目标分值

此外，从表 15.13 的海洋健康指数 10 个目标得分情况来看，得分增加与减少的情况不相上下。其中，传统渔民的捕捞机会（AO）、生物多样性（BD）和自然产品（NP）得分有所降低，特别是自然产品得分下降得尤为严重，2012 年为 77.79 分，而 2021 年仅为 38.80 分，需要引起重视；清洁水域（CW）、食物供给（FP）、海岸带生计与经济（CLE）、海洋归属感（SP）和旅游与休闲（TR）有所改善，特别是海洋归属感，从 2012 年的 64.23 分提升至 2021 年的 78.23 分；海岸防护（CP）和碳汇（CS）的变化较小。

表 15.13　哥伦比亚海洋健康指数目标分值变化情况

指标	2012 年	2013 年	2014 年	2015 年	2016 年	2017 年	2018 年	2019 年	2020 年	2021 年
总体	65.87	66.46	66.87	67.16	65.98	67.46	67.7	66.47	64.32	64.09
AO	83.78	82.56	81.42	80.41	79.65	79.35	79.12	79.24	78.88	77.27
BD	85.96	85.92	85.73	85.51	85.25	84.72	84.51	84.59	84.35	84.35
CP	81.41	81.41	81.41	81.41	81.40	81.40	81.40	81.40	81.40	81.40
CS	81.37	81.37	81.37	81.37	81.36	81.36	81.36	81.36	81.36	81.36
CW	64.20	64.16	64.20	64.32	64.72	65.28	65.92	66.69	67.40	68.20

指标	2012 年	2013 年	2014 年	2015 年	2016 年	2017 年	2018 年	2019 年	2020 年	2021 年
FP	26.74	29.80	29.22	28.72	29.64	32.12	33.65	33.48	30.61	32.20
CLE	77.14	79.82	79.82	79.82	79.82	79.82	79.82	79.82	79.82	79.82
NP	77.79	78.21	78.33	77.77	66.62	70.27	70.42	60.14	41.16	38.80
SP	64.23	65.05	69.92	70.88	70.23	80.47	81.35	79.21	79.15	78.23
TR	16.05	16.32	17.27	21.44	21.09	19.84	19.48	18.81	19.13	19.31

（五）非洲

1. 肯尼亚

在 220 个国家和地区中，肯尼亚 2021 年的海洋健康指数为 67.22 分，在全球排名为 134；2012 年的海洋健康指数为 64.87 分，在全球排名为 162。由此可见，肯尼亚海洋健康指数的得分及全球排名均有所上升，处于中等偏下水平。如图 15.13 所示，传统渔民的捕捞机会和海岸带生计与经济得分较高，分别为 99.48 分和 98.96 分；生物多样性、碳汇、自然产品和海岸防护等方面的得分处于 75~90 分；而清洁水域、食物供给、海洋归属感和旅游与休闲得分较低，均不足 50 分，需引起重视。

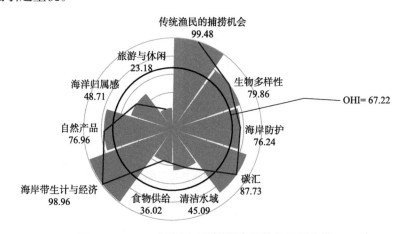

图 15.13　2021 年肯尼亚海洋健康指数各目标分值

此外，从表 15.14 的海洋健康指数 10 个目标得分情况来看，2012~2021 年总体情况有所改善。其中，自然产品（NP）和传统渔民的捕捞机会（AO）得分提升较大，特别是自然产品（NP），得分从 2012 年的 54.32 分增加至 2021 年的 76.96 分；食物供给（FP）得分小幅度增加；海岸防护（CP）和碳汇（CS）得分变化微小；生物多样性（BD）、清洁水域（CW）、海岸带生计与经济（CLE）和海洋归属感（SP）的得分小幅度降低。

表 15.14　2012~2021 年肯尼亚海洋健康指数目标分值变化情况

指标	2012 年	2013 年	2014 年	2015 年	2016 年	2017 年	2018 年	2019 年	2020 年	2021 年
总体	64.87	65.94	67.66	67.98	68.57	68.4	67.91	67.58	67.37	67.22
AO	87.04	100.0	100.0	99.37	99.28	96.99	97.17	98.69	99.38	99.48
BD	81.51	81.31	81.16	80.95	80.79	80.48	80.50	80.00	79.86	79.86
CP	76.21	76.21	76.21	76.21	76.24	76.24	76.24	76.24	76.24	76.24
CS	87.69	87.69	87.69	87.69	87.73	87.73	87.73	87.73	87.73	87.73
CW	45.52	45.52	49.61	49.93	49.85	49.93	49.82	45.46	45.32	45.09
FP	33.06	34.85	35.57	35.39	34.91	35.85	35.80	36.23	36.54	36.02
CLE	99.12	98.96	98.96	98.96	98.96	98.96	98.96	98.96	98.96	98.96
NP	54.32	54.70	70.85	76.56	85.11	84.92	79.69	79.54	77.86	76.96
SP	51.06	51.65	51.68	52.03	51.46	51.44	51.43	50.55	48.79	48.71
TR	33.18	28.47	24.83	22.72	21.38	21.45	21.78	22.45	23.00	23.18

2. 坦桑尼亚

在 220 个国家和地区中，坦桑尼亚 2021 年的海洋健康指数为 68.29 分，在全球排名为 125；2012 年的海洋健康指数为 68.96 分，在全球排名为 109。由此可见，坦桑尼亚海洋健康指数得分和全球排名均有所下降，位于全球中等位置。如图 15.14 所示，传统渔民的捕捞机会得分最高，为 100 分；其次海岸带生计与经济情况较为良好，得分在 90 分以上；海岸防护、碳汇、生物多样性、自然产品、海洋归属感、处于 60~85 分；清洁水域、食物供给和旅游与休闲处于 60 分以下，得分较低。

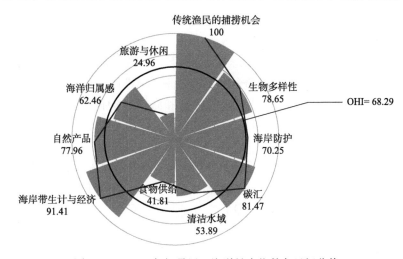

图 15.14　2021 年坦桑尼亚海洋健康指数各目标分值

此外，从表 15.15 的海洋健康指数 10 个目标得分情况来看，2012~2021 年总体变化不大，但得分较低。其中，海岸带生计与经济（CLE）得分为满分；食物供给（FP）、旅游与休闲（TR）和传统渔民的捕捞机会（AO）有所改善；而其余方面的目标得分有所下降。

表 15.15　2012~2021 年坦桑尼亚海洋健康指数目标分值变化情况

指标	2012 年	2013 年	2014 年	2015 年	2016 年	2017 年	2018 年	2019 年	2020 年	2021 年
总体	68.96	70.07	71.60	71.59	71.53	71.29	70.56	69.93	69.10	68.29
AO	91.28	94.12	97.33	97.5	96.66	94.31	92.87	92.60	92.00	91.41
BD	80.70	80.33	80.12	79.92	79.43	79.21	79.26	79.20	78.65	78.65
CP	70.29	70.29	70.29	70.29	70.25	70.25	70.25	70.25	70.25	70.25
CS	81.59	81.59	81.59	81.59	81.47	81.47	81.47	81.47	81.47	81.47
CW	43.29	43.14	49.00	49.01	49.06	48.96	48.87	42.47	42.41	41.81
FP	51.48	51.78	54.11	53.68	55.80	53.80	51.67	54.06	53.76	53.89
CLE	100.0	100.0	100.0	100.0	100.0	100.0	100.0	100.0	100.0	100.0
NP	69.59	74.02	77.32	77.52	76.26	78.39	74.28	73.38	69.21	62.46
SP	81.06	81.61	81.63	81.93	81.39	81.37	81.36	80.26	78.05	77.96
TR	20.29	23.79	24.59	24.41	25.01	25.12	25.58	25.6	25.17	24.96

（六）大洋洲

1. 澳大利亚

在 220 个国家和地区中，澳大利亚 2021 年的海洋健康指数为 73.69 分，在全球排名为 57；2012 年的海洋健康指数为 74.1 分，在全球排名为 49。由此可见，澳大利亚海洋健康指数得分和全球排名有轻微下降，但处于全球上位圈。如图 15.15 所示，海岸带生计与经济、自然产品和海洋归属感得分较高；生物多样性、清洁水域、碳汇、传统渔民的捕捞机会和海岸防护得分位于 70~85 分；旅游与休闲和食物供给得分低于 60 分，特别是食物供给得分略低，仅为 29.65 分，有待加强。

此外，从表 15.16 的海洋健康指数 10 个目标得分情况来看，2012~2021 年总体呈现下降趋势。其中海岸带生计与经济（CLE）、旅游与休闲（TR）得分小幅度上升；传统渔民的捕捞机会（AO）、海岸防护（CP）、碳汇（CS）、清洁水域（CW）和海洋归属感（SP）的变化不大或没有变化；食物供给（FP）和自然产品（NP）的得分略有下降。

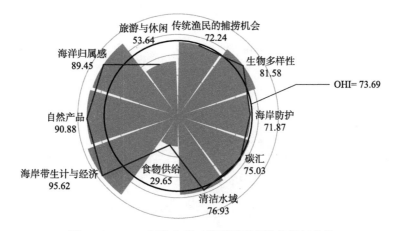

图 15.15　2021 年澳大利亚海洋健康指数各目标分值

表 15.16　2012~2021 年澳大利亚海洋健康指数目标分值变化情况

指标	2012 年	2013 年	2014 年	2015 年	2016 年	2017 年	2018 年	2019 年	2020 年	2021 年
总体	74.10	74.29	74.56	74.66	74.62	74.25	73.70	73.59	73.70	73.69
AO	71.90	72.55	72.85	73.46	73.01	73.00	72.08	72.52	72.90	72.24
BD	82.31	82.21	82.11	82.01	81.98	81.88	81.78	81.68	81.58	81.58
CP	71.87	71.87	71.87	71.87	71.87	71.87	71.87	71.87	71.87	71.87
CS	75.03	75.03	75.03	75.03	75.03	75.03	75.03	75.03	75.03	75.03
CW	76.99	76.28	76.62	76.67	76.67	76.78	76.76	76.60	76.83	76.93
FP	33.79	33.24	33.51	32.65	32.51	32.58	29.53	28.86	29.99	29.65
CLE	93.35	95.62	95.62	95.62	95.62	95.62	95.62	95.62	95.62	95.62
NP	93.41	93.73	93.23	93.39	93.06	92.33	91.52	91.10	90.73	90.88
SP	89.83	90.03	90.06	90.25	90.07	89.89	90.46	90.00	89.51	89.45
TR	52.54	52.34	54.68	55.64	56.39	53.48	52.32	52.63	52.91	53.64

2. 新西兰

在 220 个国家和地区中，新西兰 2021 年的海洋健康指数为 81.78 分，在全球排名为第 9；2012 年的海洋健康指数为 80.65 分，在全球排名为 12。如图 15.16 所示，旅游与休闲、海岸带生计与经济的得分均为满分；海岸防护得分也接近满分，为 99.89 分；自然产品、生物多样性和碳汇得分也处在较高水平，在 80~90 分；传统渔民的捕捞机会和清洁水域的得分稍稍略低些，但也在 70 分以上；最低得分是食物供给，仅有 45.93 分。总体而言，新西兰在海洋各方面的情况良好，海洋生态系统较为健康。

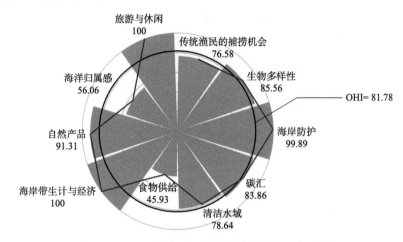

图 15.16　2021 年新西兰海洋健康指数各目标分值

　　此外，从表 15.17 的海洋健康指数 10 个目标得分情况来看，2012~2021 年总体情况较为良好。2013~2021 年海岸带生计与经济（CLE）均为满分；旅游与休闲（TR）自 2014 年以来不断改善，2019~2021 年均为满分；海岸防护（CP）并未发生变化，得分均为 99.89 分，接近满分；食物供给（FP）方面稍有不足，得分有所下降；其余目标得分变化不大。

表 15.17　2012~2021 年新西兰海洋健康指数目标分值变化情况

指标	2012 年	2013 年	2014 年	2015 年	2016 年	2017 年	2018 年	2019 年	2020 年	2021 年
总体	80.65	81.77	81.72	82.84	82.69	82.4	82.45	82.26	81.92	81.78
AO	76.88	81.25	81.46	80.78	79.57	79.22	78.72	78.44	77.68	76.58
BD	85.81	85.79	85.77	85.73	85.63	85.58	85.57	85.60	85.56	85.56
CP	99.89	99.89	99.89	99.89	99.89	99.89	99.89	99.89	99.89	99.89
CS	83.82	83.82	83.82	83.82	83.86	83.86	83.86	83.86	83.86	83.86
CW	79.03	78.28	76.77	76.29	76.60	76.40	76.46	78.52	78.58	78.64
FP	51.29	52.92	51.52	51.76	51.14	49.01	49.70	47.38	45.18	45.93
CLE	97.25	100.0	100.0	100.0	100.0	100.0	100.0	100.0	100.0	100.0
NP	92.62	95.55	97.38	97.36	94.23	94.25	93.69	92.80	92.38	91.31
SP	55.25	55.89	56.35	57.23	56.71	56.65	57.08	56.10	56.08	56.06
TR	84.66	84.32	84.20	95.50	99.25	99.20	99.56	100.0	100.0	100.0

参 考 文 献

梅宏. 2022. "百年未有之大变局"中21世纪"海上丝绸之路"建设理念与路径[J]. 浙江海洋大学学报（人文科学版），39（4）：1-8.

王启栋，宋金明，袁华茂，等. 2021. 基于近海健康评价现有体系的我国普适海洋健康评价"双核"新框架的构建[J]. 生态学报，41（10）：3988-3997.

温泉. 2019. 海洋健康指数中国适用性研究[M]. 北京：科学出版社.

杨洋. 2016. 中国海洋健康指数评估模型的构建与初步应用研究[D]. 上海海洋大学硕士学位论文.

朱晓芬. 2018. 海湾生态系统健康快速评价研究[D]. 国家海洋局第三海洋研究所硕士学位论文.

Costanza R，D'Arge R，de Groot R，et al. 1997. The value of the world's ecosystem services as a globally significant carbon stock [J]. Nature Geoscience，5：505-509.

Halpern B S，Longo C，Hardy D，et al. 2012. An index to assess the health and benefits of the global ocean [J]. Nature，488：615-620.

第十六章　波罗的海有关指数

第一节　波罗的海干散货指数

一、概念

波罗的海干散货指数（Baltic dry index，BDI）也称波罗的海综合指数，由波罗的海交易所于 1985 年开始发布，是航运业的经济指标，包含航运业的干散货交易量的转变，包括海岬型（Baltic capesize index，BCI）、巴拿马型（Baltic panamax index，BPI）及超灵便型（Baltic supersize index，BSI）三种船型运价，权重占比分别为 40%、30% 和 30%。它的前身是波罗的海货运指数（Baltic freight index，BFI），BFI 在 1999 年 11 月 1 日被废除后改以 BDI 代之（徐亚俊等，2018）。虽然指数名称有波罗的海，但负责管理该指数的波罗的海交易所位于英国伦敦（宋扬，2009）。

二、指标意义

国际货运市场主要分为干散货、液散货（主要指油品）和集装箱，其中干散货运输量占据 40% 以上的份额，是国际货运市场的重要部分。BDI 一向是散装原物料的运费指数。散装船运以运输钢材、纸浆、谷物、煤、矿砂、磷矿石、铝矾土等民生物资及工业原料为主。散装航运业营运状况与全球经济景气、原物料行情息息相关，因此波罗的海相关指数可视为国际大宗商品市场度量的领先指标（宋扬，2009）。BDI 是由几条主要航线的即期运价（spot rate）加权计算而成，为即期市场行情的反映，因此，运费价格的高低会影响到指数的涨跌。当一国经济活动扩张，汽车、重工业机械产量、修建道路及建造房子等数目都会大大增加，其对大宗商品的需求也会极大增加；而当其经济萎缩或增长放缓时，上述活动就会处在停滞状态，对大宗商品的需求就会大大下降，相应大宗商品运价也会下降（吴欢喜，2018）。

三、发展历史

波罗的海交易所于 1985 年 1 月 4 日开始日度发布 BFI。BFI 在设立之初由 13 条航线的运价构成，后经数次调整。同年，BFI 期货在波罗的海国际运价期货交易所（Baltic International Freight Futures Exchange，BIFFEX）开展交易。BIFFEX 期货也成为全球航运史上第一个金融衍生品。从此，运价衍生品市场正式步入了高速发展时期。

1999 年 9 月 1 日，波罗的海交易所将综合反映巴拿马型和好望角型的 BFI 拆解成 BPI 和 BCI 两个子指数，与已经设立的波罗的海灵便型指数（Baltic handymax index，BHMI）共同组成三大船型运价指数（宋扬，2009）。1999 年 11 月 1 日，以 BCI、BPI 和 BHSI 各取 1/3 权重进行加权平均，然后乘以一个固定的换算系数 0.998 007 990 计算而得的 BDI 正式取代 BFI。2005 年 7 月 1 日起，波罗的海交易所公布了 BSI，该指数反映了超大灵便型（5.245 4 万载重吨/10 年以下船龄/4×30 吨吊杆）的市场租金变化情况，以取代反映大灵便型（4.549 6 万载重吨/15 年以下船龄/4×25 吨吊杆）的 BHMI。2006 年 1 月 1 日 BSI 正式取代 BHMI。2018 年 3 月 1 日，波罗的海交易所将 BHSI 移除，改由 BCI（40%）、BPI（30%）和 BSI（30%）进行加权平均并计算[①]。

四、指数的组成

BDI 由三个部分组成[②]。

（1）BSI 主运货物包括：钢材、谷物、金属矿石、磷酸盐、水泥、原木、木屑等货物（吨位：通常为 5 万吨）。

（2）BPI 主运货物包括：铁矿石、煤炭和谷物等大宗商品（吨位：通常为 6.5 万~8 万吨）。

（3）BCI 主运货物包括：铁矿石、煤炭和铝土矿等工业原料（吨位：通常为 13 万~21 万吨）。

---

① 燃料油需求专题（二）：航线与运费. https://www.renrendoc.com/paper/218387989.html.
② 波罗的海交易所. https://www.balticexchange.com/en/data-services/routes.html.

五、指数结果分析

图 16.1 为 1999 年 1 月 1 日至 2022 年 10 月 31 日 BDI 图。从图 16.1 中可以看出，1999 年初至 2003 年初 BDI 处于一个较为平稳的状态，稳定在 2 000 点以下，在此期间大致呈现波动上升—波动下降—波动上升的趋势。2003 年下半年 BDI 开始迅速上涨，并于 2004 年 2 月 4 日涨至 5 681 点，达到第一个小高峰，而后开始回落，于 2004 年 6 月 22 日跌至 2 622 点，此后 BDI 开始回升并首次突破 6 000 点，于 2004 年 12 月 6 日涨至第二个小高峰 6 208 点。2005 年初，BDI 急剧下降，于 2005 年 8 月 3 日跌至最低点 1 747 点。在经历 2006 年的相对低点之后，BDI 急剧上涨，再创历史新高，于 2007 年 11 月 13 日涨至极大值点 11 039 点，而后 BDI 急剧下降，于 2008 年 1 月 29 日降至极小值点 5 615 点，而后再次急剧上涨，于 2008 年 5 月 20 日达到历史最高点 11 793 点。此后 BDI 出现急剧下跌态势，于 2008 年 12 月 5 日跌至 663 点。2009 年初 BDI 触底反弹，反弹至 4 000 点左右后开始下跌，长期在 3 000 点左右徘徊。2011~2020 年，BDI 长期处于低迷状态，2016 年更是长期在 1 000 点以下。2021 年 BDI 又开始反弹，于 2021 年 10 月 7 日反弹至极大值点 5 650 点，此后又迅速回落至 2 000 点左右。

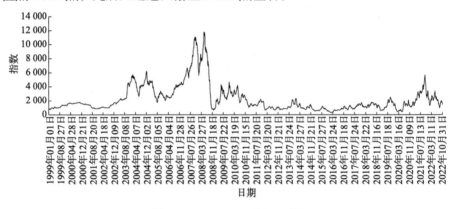

图 16.1　1999~2022 年 BDI 图
资料来源：同花顺 iFinD

第二节　油船运价指数

一、波罗的海成品油油船运价指数

波罗的海成品油油船运价指数（Baltic clean tanker index，BCTI）由波罗的海交易所于 2001 年 12 月 27 日开始对外公布，反映了亚洲、欧洲、北美、南美之间 6 条全球主要航线的成品油油船运价情况。波罗的海成品油油船运价指数由 TC1、TC2_37、TC5、TC6、TC9、TC16 各航线平均加权综合而来。

（1）TC1：中东海湾至日本（拉斯塔努拉至横滨，7.5 万吨轻油、石脑油、凝析油，指数制作日前 30~35 天内成交，船龄最大 15 年，3.75%佣金）×0.166 7。

（2）TC2_37：欧洲至北美东岸（鹿特丹至纽约，3.7 万吨 CPP/UNL，指数制作日前 10~14 天内成交，船龄最大 15 年，3.75%佣金）×0.166 7。

（3）TC5：中东海湾至日本（拉斯塔努拉至横滨，5.5 万吨 CPP/UNL[①]、石脑油、凝析油，指数制作日前 30~35 天内成交，船龄最大 15 年，3.75%佣金）×0.166 7。

（4）TC6：阿尔及利亚至欧洲地中海（斯基克达至拉瓦拉，3 万吨 CPP/UNL，指数制作日前 7~14 天内成交，船龄最大 15 年，3.75%佣金）×0.166 7。

（5）TC9：波罗的海至英国大陆（普里莫尔斯克至勒阿弗尔，3 万吨 CPP/UNL/ULSD 柴油中质馏分，指数制作日前 5~10 天内成交，船龄最大 15 年，3.75%佣金）×0.166 7。

（6）TC16：欧洲至西非（阿姆斯特丹至近海洛美，6 万吨，指数制作日前 10~14 天内成交，船龄最大 15 年，2.5%佣金）×0.166 7。

二、波罗的海原油油船运价指数

在油运板块中，原油的运输主要依靠 Panamax、Aframax、Suezmax、VLCC（very large crude carrier，超大型油轮）四种型号油轮。Panamax 以巴拿马运河通航条件为上限，船舶总长度不能超过 230 米，宽度不能超过 32.30 米，最大载重吨位为 8 万吨，适用于阿姆斯特丹—鹿特丹等航线；Aframax 的主要特点是船舶宽度超过 32.31 米，最大载重吨位为 12 万吨，但考虑到实际经营成本，运营中的阿芙拉型油轮载重吨位一般为 8 万~10 万吨（刘亚男，2014），适用于北海—欧洲大陆、科威特—新加坡等航线；Suezmax 以苏伊士运河通航条件为上限，最大载重吨位为 20 万吨，适用于黑海—地中海、西非—鹿特丹等航线；VLCC 是远距离原油运输的主力船型，相比于其他船型具有更高的性能，最大载重在 32 万吨左右，适用于中东—美湾、中东—新加坡、西非—中国等超长距离深海远洋航线[②]。

波罗的海原油油船运价指数（Baltic dirty tanker index，BDTI）是由波罗的海

---

① Clean Petroleum Product/Naphtha/Con den sate，简写 CPP/UNL。
② 来自同花顺 iFinD：2022 年 10 月 11 日财信证券研究报告。

交易所于 2001 年 12 月 27 日开始对外公布，由 13 条油运航线的承租价格加权得到，能较准确地反映油船运输市场的变化情况。

（1）TD1：中东海湾至美国海湾［拉斯塔努拉至路易斯安那近海石油港（Louisiana Offshore Oil Port，LOOP），28 万吨，指数制作日前 20~30 天内成交，船龄最大 15 年，2.5%佣金］×0.076 9。

（2）TD2：中东海湾至新加坡（拉斯塔努拉至新加坡，27 万吨，指数制作日前 20~30 天内成交，船龄最大 15 年，2.5%佣金）×0.076 9。

（3）TD3C：中东海湾至中国（拉斯塔努拉至宁波，27 万吨，指数制作日前 15~30 天内成交，船龄最大 15 年，3.75%佣金）×0.076 9。

（4）TD6：黑海至地中海（新罗西克至奥古斯塔，13.5 万吨，指数制作日前 10~15 天内成交，船龄最大 15 年，2.5%佣金）×0.076 9。

（5）TD7：北海至欧洲大陆（猎犬角至威廉港，8 万吨，指数制作日前 7~14 天内成交，船龄最大 15 年，2.5%佣金）×0.076 9。

（6）TD8：科威特至新加坡（米纳艾哈迈迪至新加坡，8 万吨原油或重油船，指数制作日前 20~25 天内成交，船龄最大 15 年，2.5%佣金）×0.076 9。

（7）TD9：加勒比海到美国海湾（科维纳斯至科珀斯克里斯蒂，7 万吨，指数制作日前 7~14 天内成交，船龄最大 15 年，2.5%佣金）×0.076 9。

（8）TD14：东南亚至澳大利亚东海岸（意甲至布里斯班，8 万吨，指数制作日前 21~25 天内成交，船龄最大 15 年，2.5%佣金）×0.076 9。

（9）TD15：西非至中国（喀麦隆浮式生产装置和尼日利亚邦尼至宁波，26 万吨，指数制作日前 20~30 天内成交，船龄最大 15 年，2.5%佣金）×0.076 9。

（10）TD17：波罗的海至欧洲大陆（普里莫尔斯克至威廉港，10 万吨，指数制作日前 10~20 天内成交，船龄最大 15 年，2.5%佣金）×0.076 9。

（11）TD18：油波罗的海至欧洲大陆（塔林至阿姆斯特丹，3 万吨，指数制作日前 10~20 天内成交，船龄最大 15 年，2.5%佣金）×0.076 9。

（12）TD19：地中海往返（杰伊汉至拉维拉，8 万吨，指数制作日前 10~15 天内成交，船龄最大 15 年，2.5%佣金）×0.076 9。

（13）TD20：西非至欧洲大陆（从博尼到底特丹的海上码头，13 万吨，指数制作日前 15~20 天内成交，船龄最大 15 年，2.5%佣金）×0.076 9。

三、指数结果分析

（一）BCTI 结果分析

图 16.2 为 2001 年 12 月 27 日至 2022 年 11 月 1 日 BCTI 图，BCTI 在此期

间的均值为 783.85 点。从图 16.2 中可以看出，2001 年 12 月至 2002 年 10 月 BCTI 较为稳定，在 700 点上下波动。2002 年 11 月至 2009 年 6 月，BCTI 极不稳定，经历了颇多大起大落，2005 年 10 月 24 日 BCTI 高达 1 929 点，2009 年 4 月 15 日 BCTI 低至 345 点。2009 年 7 月至 2020 年 2 月，BCTI 长期处于一个较为稳定的状态，在 700 点上下波动。2020 年 3 月，BCTI 急剧上升，首次突破 2 000 点，于 2020 年 4 月 27 日涨至历史最高点 2 190 点，而后急剧下降，10 天后降至 1 000 点以下。2020 年 5 月至 2021 年 12 月，BCTI 缓慢波动上升，2022 年 2 月开始大幅上升，于 2022 年 6 月 22 日达到极大值点 1 732 点，而后回落至 1 200 点左右。

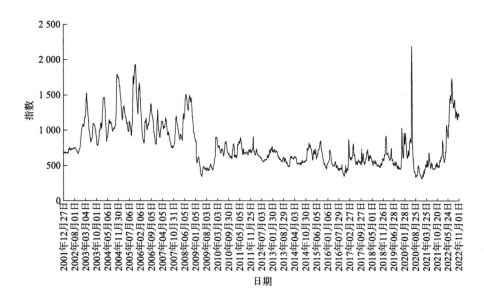

图 16.2　2001~2022 年 BCTI 图

资料来源：同花顺 iFinD

（二）BDTI 结果分析

图 16.3 为 2001 年 12 月 27 日至 2022 年 11 月 1 日 BDTI 图，在此期间的均值为 967.28 点。从图 16.3 中可以看出，2001 年 12 月至 2002 年 10 月 BDTI 较为稳定，在 750 点上下波动。2002 年 11 月至 2009 年 6 月，BDTI 极不稳定，经历了颇多大起大落并突破 3 000 点大关，于 2004 年 11 月 17 日达到历史最高点 3 194 点。2009 年 7 月至 2019 年 9 月，BDTI 长期处于一个较为稳定的状态，在合理范围内上下波动。2019 年 10 月至 2020 年 12 月期间，BDTI 整体偏高且波动较为剧烈。2021 年 1 月至 2022 年 1 月，BDTI 趋于稳定，而后开始大幅上升，于 2022 年 11

月 1 日涨至 1 811 点。

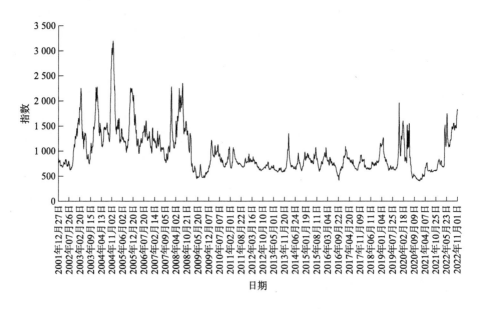

图 16.3　2001~2022 年 BDTI 图

资料来源：同花顺 iFinD

（三）对比分析

图 16.4 为 2001 年 12 月 27 日至 2022 年 11 月 1 日 BCTI 和 BDTI 对比图。从均值来看，BDTI 在此期间的均值为 967.28 点，BCTI 均值为 783.85 点，BDTI 高于 BCTI。从变化趋势来看，BDTI 和 BCTI 的趋势走向高度吻合。由此可以看出，2001~2022 年全球油船运价市场大致经历三波行情。第一波为 2002 年 11 月至 2008 年金融危机爆发前。在此期间以中国为首的新兴经济体开始快速发展，发达国家经济恢复繁荣，全球各国对成品油和原油的需求大幅上升，对油运的需求也大幅上升，油船运价长期处于高位震荡。金融危机爆发后，全球各国经济发展速度减慢，对油运的需求下降，油船运价长期在低位上下波动。第二波为 2020 年，由于新冠疫情的暴发和主要产油国未减产，油价大幅下跌，各国纷纷开始储油，因此油船运价在短期内大幅上涨。第三波为 2022 年，油运供需面逐渐发生反转，各国对油运的需求上升，因此油船运价大幅上涨。

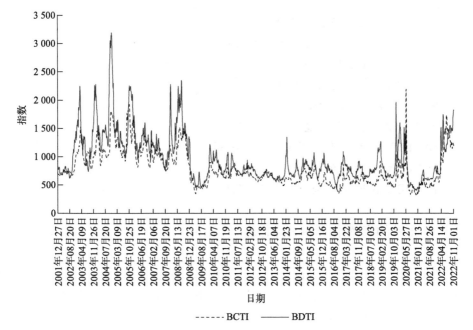

图 16.4　2001~2022 年 BCTI 和 BDTI 对比图

资料来源：同花顺 iFinD

第三节　其他有关指数

一、波罗的海货运指数

波罗的海运价指数（Freightos Baltic index，FBX）是由线上货运平台 Freightos、波罗的海交易所共同编制的指数，2016 年 10 月开始对外公布数据，反映亚洲、欧洲、北美、南美之间 12 条全球主要航线的 40 英尺（1 英尺≈0.304 8 米）集装箱现货运价，包括海运费及相关附加费（燃油附加费、旺季附加费、港口拥挤附加费、运河附加费等），但不含进口关税、出发港及目的港的港口费用。FBX 的特色在于其汇整国际货运承揽业商业资料库的实际价格点，是少数提供每日集装箱报价的综合指数。

波罗的海货运指数各航线权重主要是基于运货量占比，细节如下。

（1）FBX01　中国/东亚至北美西岸（20.30%）。

（2）FBX02　北美西岸至中国/东亚（9.76%）。

（3）FBX03　中国/东亚至北美东岸（10.46%）。

（4）FBX04 北美东岸至中国/东亚（5.03%）。

（5）FBX11 中国/东亚至北欧（17.26%）。

（6）FBX12 北欧至中国/东亚（10.16%）。

（7）FBX13 中国/东亚至地中海（9.02%）。

（8）FBX14 地中海至中国/东亚（5.31%）。

（9）FBX21 北美东岸至欧洲（2.67%）。

（10）FBX22 欧洲至北美东岸（5.50%）。

（11）FBX24 欧洲至南美东岸（1.77%）。

（12）FBX26 欧洲至南美西岸（2.76%）。

二、波罗的海液化石油气和天然气航线

波罗的海液化石油气（Baltic liquefied petroleum gas，BLPG）航线代表了液化石油气市场的主要贸易，液化石油气是一种由液态烃类气体组成的燃料。

波罗的海液化天然气（Baltic liquefied natural gas，BLNG）航线代表了液化天然气市场的主要贸易，液化天然气是一种天然气，为了运输方便和安全，已转化为液体形式。

波罗的海液化石油气船运价船规格：4.4 万吨（5%误差），1~2 种等级全冷冻液化石油气，指数制作日前 10~30 天内成交，中东波斯湾—日本（Ras Tanura-Chiba），装卸时间 96 小时，船龄不超过 20 年，1.25%佣金。

波罗的海液化天然气船运价船规格：9.15 万吨，电动助推系统，16 万立方米舱容，满载航速 17 节/油耗 100 吨（船用燃料），压载 95 吨，港口油耗靠泊 20 吨/天，装卸油耗 40 吨/天，船龄不超过 20 年。

BLNG1（Gladstone-Tokyo RV），Gladstone 装船，指数制作日前 25~40 天内成交，航期 22 天，Gladstone 交船，运费为日租包干，1.25%佣金。

BLNG2（Sabine-Isle of Grain），Sabine 装船，指数制作日前 25~40 天内成交，航期 28 天，Sabine 交船，运费为日租包干，1.25%佣金。

BLNG3（Sabine-Tokyo），Sabine 装船，指数制作日前 30~45 天内成交，航期 53 天（途经巴拿马运河），Sabine 交船，运费为日租包干，1.25%佣金。

参 考 文 献

李弘康. 2020. BDI 干散货指数与大宗商品价格的动态关联性研究[D]. 哈尔滨工程大学硕士学位

论文.

李清林. 2018. 近20年波罗的海干散货指数与世界经济增长率相关性分析[J]. 水运管理，40（4）：
　　1-2，13.

刘婷婷，林国龙，王直欢，等. 2016. 波罗的海原油和成品油油船运价指数多重分形特征[J]. 上
　　海海事大学学报，37（1）：70-74.

刘亚男. 2014. 油船期租价格与BDTI相关性研究[D]. 大连海事大学硕士学位论文.

宋扬. 2009. 金融危机下的国际干散货运价指数预测研究[D]. 大连海事大学硕士学位论文.

吴欢喜. 2018. 宏观经济周期与金融市场关联性：基于沪深300指数和波罗的海干散货指数的研
　　究[D]. 武汉大学硕士学位论文.

徐亚俊，方华. 2018. 基于VAR模型的美元指数与航运价格相关性研究[J]. 中国物价，（10）：
　　18-20.

佚名. 2021. 波罗的海干散货指数连续5周录得上涨[J]. 现代矿业，37（1）：254.

第十七章 班轮运输连通性指数

第一节 背景介绍

经济全球化的发展，使各国之间经济方面的合作、交流日渐加深，国际贸易市场越发繁荣。经济的增长离不开贸易，而海运是国际商品贸易的核心，国际海运业在世界贸易与经济发展中发挥着极其重要的作用（胡涵景等，2008）。世界上大约80%的货物交易量是通过海运运输的，对于大多数发展中国家来说，这一比例甚至更高。据 UNCTAD（2017a）统计，按重量计算，海运贸易量占全球贸易总量的 90%；按商品价值计，则占贸易额的 70%以上。当今国际经济形势复杂多变，但无论外部环境如何变化，海运作为全球贸易最主要的载体，它的地位和角色始终不会变，仍然是不可替代的（许立荣，2019b）。

中国对海洋运输业高度重视。2018 年习近平主席在上海考察时指出，经济强国必定是海洋强国、航运强国[1]，深刻阐明了海运与经济、海运与国家战略的关系（许立荣，2019a）。海运是强国不可或缺的经济要素，海运具有运量大、成本低的优势，它承担了我国90%以上的外贸货物运输量。特别是受2020年新冠疫情冲击，在全球经济萎缩的背景下，海运承担了我国约95%的外贸货物运输量，为我国实现货物贸易进出口总值增长贡献巨大[2]。

海洋运输作为对外贸易最重要的运输方式，对于全球的供应链和对外开放有着重要的促进作用。各国进入国际市场在很大程度上取决于其运输连接，特别是制成品进出口的定期运输服务。如今，大多数制成品和中间产品的贸易都是通过集装箱运输服务进行，就价值而言，集装箱化的杂货超过了所有杂货的90%。在此背景下，与集装箱贸易相关的班轮运输连通性尤其重要。

---

[1] https://m.news.cctv.com/2021/07/10/ARTIo1nJKyMtYhqG7IsCD6RY210710.shtml.

[2] 国务院联防联控机制举行提升国际货运通道能力工作情况发布会. http://www.scio.gov.cn/ztk/dtzt/42313/42976/42978/42982/42992/Document/1678772/1678772.htm，2020-04-18.

本章主要介绍的是 UNCTAD 编制的关于海洋班轮运输连通性的指数。连通性是指关于人、公司和国家之间相互联系的可能性。在贸易领域，物理连接能够向当地、区域和全球市场提供商品和服务，而海运连通性则决定了国家、市场、供应商、进口商、出口商、生产商和消费者能在多大程度上得到众多、多样、定期、频繁和可靠的海运服务。

UNCTAD 针对海运连通性的衡量分别从国家、港口、国家之间的双边联系层面进行了描述，生成了以下三个指数：班轮运输连通性指数（liner shipping connectivity index，LSCI）、港口班轮运输连通性指数（portliner shipping connectivity index，PLSCI）、双边班轮运输连通性指数（liner shipping bilateral connectivity index，LSBCI）。

第二节　各国的班轮运输连通性指数

一、LSCI 评价体系和对外发布情况

国家层面的 LSCI 能反映各国与全球班轮运输网络的连接程度。一个国家在全球集装箱运输网络中的位置，决定其在全球贸易方面的参与度，是影响其贸易成本的重要因素，班轮运输连通性的改善将十分有利于降低贸易成本和促进贸易量的增长。一个国家海运的连通性越高，说明该国在运力、运输方式和服务频次上更具竞争力，也就越容易进入全球海上货运系统，从而能更有效地参与国际贸易。因此也可以说，该指数既可以视为衡量海运连通性的指标，也可以用来衡量海运竞争力和贸易便利化水平（UNCTAD，2019）。

为了比较不同国家在全球海运连通性中的地位，UNCTAD 在 2004 年编制了 LSCI 并按年度发布指数结果。LSCI 是基于所有提供常规集装箱班轮服务的国家生成的，共涵盖了 178 个国家。

2004~2018 年，UNCTAD 根据《国际集装箱化》提供的数据编制的 LSCI 主要由以下五个指标构成：①该国家的每周计划船舶停靠次数；②该国的年部署运力；③往返该国的定期班轮运输服务数量；④提供往返该国航运服务的航运公司的数量；⑤计划停靠班轮船舶的平均尺寸。指数以 2004 年为基期，2004 年的平均指数最高的国家的指数定为 100。

2019 年，UNCTAD 联合 MDS 联运公司优化并更新了 LSCI。扩大国家覆盖范围，纳入小岛屿发展中国家；并覆盖了更多潜在的影响因素，把通过直接班轮运输服务连接到该国的其他国家的数量（直接服务的定义是两国之间的定期航班，

可在两国之间的其他港停靠，但无须转运）纳入衡量指标中。在纳入新的指标后，UNCTAD 对以往指数进行了重新计算，新的 LSCI 取代了此前自 2004 年起产生的数据。新指数以 2006 年第一季度为基期，2006 年第一季的平均指数最高的国家的指数定为 100。更新频率也从每年一发布更改为一季度一发布。目前所采用的国家一级 LSCI 由以下六个指标构成：①该国每周计划的船舶停靠次数；②该国年度部署运力（以 TEU[①]计）；③往返该国的定期班轮航班数量；④提供往返该国航运服务的班轮航运公司的数量；⑤计划停靠班轮船舶的平均尺寸（以TEU 计）；⑥通过直接班轮运输服务连通到该国的其他国家的数量。

二、各国的班轮运输连通性指数算法

（一）确定指数基数

对于六个指标的每一项，将某一国家 2006 年该项数据除以该项数据在 2006年的最大值得出一个数值，将这六个分别计算出来的数值进行平均，然后选择所有国家的平均值中最高的值作为指数计算的基数。

$$x_{j0} = \max_{i \in \{1,2,\cdots,n\}} \left(x_{ij0} \right) \tag{17.1}$$

其中，x_{ij0} 表示 2006 年第一季度（基期）第 i 个国家第 j 个指标的数值；x_{j0} 表示第 j 个指标的基期数值。

$$M_0 = \max_{i \in \{1,2,\cdots,n\}} \left(\frac{1}{6} \sum_{J=1}^{6} \frac{x_{ij0}}{x_{j0}} \right) \tag{17.2}$$

其中，M_0 表示 2006 年第一季度的所有国家平均值的最大值，为指数计算的基数。中国 2006 年第一季度的平均值最大，这表明中国在 2006 年第一季度的 LSCI 为 100。

（二）计算某国某一时期的 LSCI

同确定基数时一样，将某一国家某一时期六个指标数据分别除以这六个指标在 2006 年的最大值得出六个数值，然后将这六个计算出来的数值进行平均，将该平均值除以 2006 年第一季度基数再乘以 100，即得到该国家某一时期的 LSCI。

$$\text{LSCI}_{it} = \frac{1}{6} \sum_{j=1}^{6} \frac{x_{ijt}}{x_{j0}} \times 100, \quad i = 1,2,\cdots,n \tag{17.3}$$

其中，LSCI_{it} 表示第 i 个国家 t 时期的 LSCI，x_{ijt} 表示第 i 个国家 t 时期第 j 个指标的数值。

---

① TEU：twenty feet equivalent unit，是以长度为 20 英尺的集装箱为国际计量单位，也称国际标准。

三、各国 LSCI 结果分析

（一）连通性排名变动情况

2020年第二季度，全球班轮运输连通性程度最高的10个经济体中有6个位于亚洲（中国、新加坡、韩国、马来西亚、中国香港和日本），3个位于欧洲（西班牙、荷兰和英国），1个位于北美洲（美国）。如图17.1所示，2020年第二季度中国的LSCI领先于其他国家较多，是国际海运联系最领先的国家。

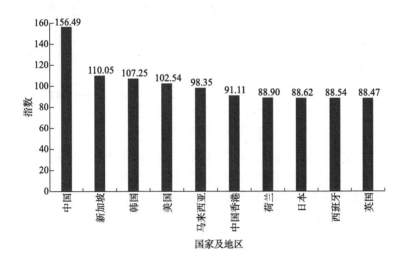

图 17.1　2020 年第二季度 LSCI 排名前 10 国家及地区
资料来源：联合国贸易和发展会议数据库

如图 17.2 所示，2006~2020 年，中国、新加坡、韩国、美国、马来西亚的 LSCI 都稳步上升，其中韩国增长最快，增长速度为 57.3%。其次是中国和马来西亚，增长速度分别为 56.5%、53.8 %，新加坡增长速度为 34.9%，美国增长较缓，为 29.6%。

（二）船舶规模更大，运输公司数量更少

LSCI 有助于分析各个国家和港口之间的趋势。通过分析构成该指数的六个指标，可以了解行业发展。2006~2020 年，船舶规模急剧增加，提供服务的公司数量却继续减少。直接航运的数量、每周计划船舶停靠次数都遵循类似的略微下降的趋势。2006~2020 年 LSCI 排名前 5 国家如图 17.2 所示。

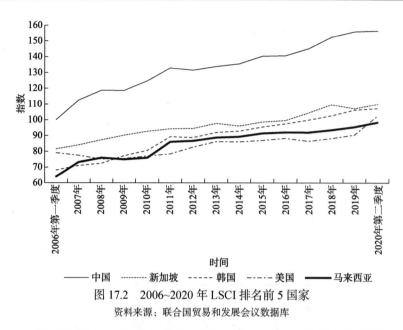

图 17.2　2006~2020 年 LSCI 排名前 5 国家

资料来源：联合国贸易和发展会议数据库

　　2020 年前两个季度，航运公司通过减少频率和服务数量来控制其部署的容量，已部署的最大集装箱船的平均规模继续增长。在 2020 年第一季度的部署能力仍高于 2019 年同期（存有大量空船航行）；在 2020 年第二季度，计划表进一步调整，总部署能力降至 2019 年以下，如图 17.3 所示。

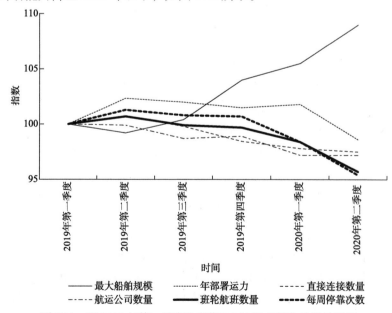

图 17.3　以 2019 年第一季度为基期 LSCI 组成部分的增长趋势

资料来源：Review of Maritime Transport 2020. https://unctad.org/system/files/official-document/rmt2020_en.pdf

（三）新冠疫情下的船舶部署

在大多数经济体中，2020年第一季度总部署量仍高于2019年第一季度，在第二季度，运营公司开始大幅减少部署量。如图17.4所示，中国在2020年第一季度同比增长2.1%，第二季度同比增长-4.7%，随后，第三季度的增长率反弹至1%以上。大多数欧洲国家的跌幅更大。例如，荷兰从第一季度的7.0%下降到第二季度的-10.5%和第三季度的-9.3%。摩洛哥在前两个季度实现了正增长，但在第三季度有所下滑，变为负增长。多哥在获得部署能力方面脱颖而出，因为洛美港正在成为西非贸易的区域枢纽（UNCTAD，2020）。

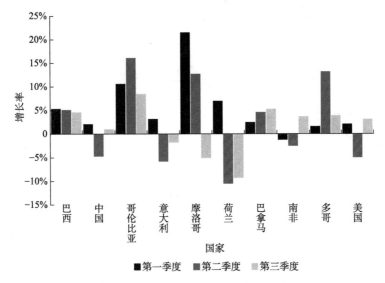

图 17.4　各个国家 2020 年各季度部署量同比增长（节选国家）

资料来源：Review of Maritime Transport 2020. https://unctad.org/system/files/official-document/rmt2020_en.pdf

（四）连通性的差距越来越大

国家及地区间的连通性鸿沟日益扩大，即连通性最高与最低的国家或地区之间的差异越来越明显。2006~2020年的LSCI表明连接程度最高和最低的国家或地区差距不断扩大。在此期间，中国的LSCI提高56.5%，而许多小岛屿发展中国家的LSCI停滞不前。

在已经产生LSCI的50个联系最少的经济体中，其中大多数是发展中国家，相当大一部分是发展中的小岛国。许多小岛屿发展中国家及地区的运输连通性差：一方面由于其地理位置偏僻，缺乏更广阔的腹地；另一方面这些国家及地区缺少提高港口的软硬条件和贸易便利基础设施的资源，也鲜有投资。因此，无法吸引更多常规的班轮运输航线在该国或地区聚集，进而影响了贸易往来。

在连通性最低的20个经济体中，除了朝鲜、摩尔多瓦和巴拉圭外，均为小岛屿发展中国家，摩尔多瓦和巴拉圭为内陆国家，LSCI低是因为其集装箱服务是由内河运输产生的。

在小岛屿发展中国家中，巴哈马、牙买加和毛里求斯是例外。相较其他小岛屿国家，它们的LSCI较高且呈增长趋势（图17.5）。它们将国家港口定位为转运中心，这些港口已经发展成为区域枢纽，吸引了集装箱贸易转运到其他国家。毛里求斯的LSCI较2006年增长超过100%，巴哈马增长59.7%，牙买加增长速度为35.7%，由转运而产生的额外船队部署也为该国进口商和出口商提供了更多进入海外市场的机会（UNCTAD，2017a；2020）。

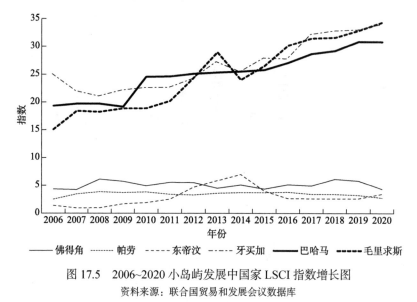

图17.5   2006~2020小岛屿发展中国家LSCI指数增长图
资料来源：联合国贸易和发展会议数据库

第三节   港口的班轮运输连通性指数

一、PLSCI评价体系和对外发布情况

集装箱被称为全球化"卑微英雄"，每年在全球集装箱港口都要处理数以亿计的集装箱。频繁和定期的航运服务使高效且连接良好的集装箱港口成为降低贸易成本（包括运输成本）、连接供应链和支持国际贸易的关键。因此，港口绩效是影响各国贸易竞争力的关键因素（唐云，2019）。船舶节省的每一小时港口时间都转化为港口基础设施支出、承运人的船舶资本成本及托运人的库存持有支出

的节省。

认识到衡量集装箱港口绩效的重要性，UNCTAD 采用与编制 LSCI 相同的办法，编制了 PLSCI。PLSCI 由以下六个指标组成，每一个指标都包括了连通性的一个主要方面，具体如下所示（UNCTAD，2019）。

（1）该港口每周计划的船舶停靠数量：计划靠泊次数多，可以提高进出口的服务频次，如 2019 年，上海每月计划安排 298 艘集装箱船靠泊，意味着每天将有约 10 艘船靠泊。世界港口平均每月接受 12 艘船靠泊，中位数为 5 艘，意味着一个典型的港口大约每六天就会有一艘集装箱船靠泊。

（2）港口年度部署运力：总部署运力高，可以使托运人进行大规模的进出口贸易。2019 年上海这一数值为 6 800 万标准箱，而全球平均每个港口的总部署运力为 160 万标准箱。

（3）往返港口的定期班轮航班数量：往返港口的定期航班多，意味着可以选择不同航线来抵达不同的海外市场。2019 年往返上海港口的航班为 265 个，而所有港口的全球平均水平为 10 个航班。

（4）提供往返该港口航运服务的班轮航运公司的数量：班轮航运公司数量是评估市场竞争水平的一个指标。2019 年有 68 家承运人提供往返上海的服务，所有港口的全球平均水平为 6 家，全球中位数是 3 家承运人，换句话说，全球一半的集装箱港口由三个或更少的承运人提供航运服务。

（5）拥有最大平均船舶规模的定期航班所部署船舶的平均规模：船舶规模大与实现海上规模经济以及潜在的较低运输成本相关。2019 年，有 10 个港口为平均 20 182 标准箱的船舶提供了服务，包括：比利时安特卫普、中国大连、德国汉堡、中国宁波、希腊比雷埃夫斯、中国青岛、荷兰鹿特丹、中国上海、新加坡的新加坡港，以及中国新港。在 UNCTAD 2019 年关于 960 个港口的数据库中，拥有最大型船只的航运公司的平均船舶规模为 3 836 个标准箱。

（6）通过直航班轮连通到该港口的其他港口的数量：无须转运就可抵达目的港的数量多，则表明该港口可以快速可靠地直接与国外市场连通。依靠直接的定期航运连通有助于降低贸易成本并增加贸易量（Hoffmann et al.，2019；Wilmsmeier and Hoffmann，2008）。2019 年，上海与 295 个伙伴港口有直接航线，这说明上海的出口商无需转运即可将商品销售给 295 个海外目的地港口的客户。全球平均每个港口有 28 条直达航线，而中位数是 14 条。

UNCTAD 对世界上 900 多个集装箱港口生成了 2006 年至今的 PLSCI，该指数按季度发布，将 2006 年第一季的平均指数最高的国家的指数定为 100。因 PLSCI 与 LSCI 的计算方法一致，在此不再赘述。

二、各港口班轮运输连通性指数结果分析

（一）全球港口班轮运输指数增长情况

2020 年第二季度，全球港口连通性排名前 20 的港口中，有 10 个位于中国（上海、宁波舟山、香港、青岛、厦门、蛇口、盐田、新港、南沙、台湾高雄），7 个位于其他亚洲国家（新加坡、釜山、巴生港、杰贝阿里、横滨、科伦坡、丹绒帕拉帕斯），还有 3 个位于欧洲（安特卫普、鹿特丹、汉堡），各港口具体得分及排名情况如表 17.1 所示。

表 17.1　2020 年第二季度港口班轮运输连通性指数前 20 位

国家或地区	2020 年第二季度排名	2020 年第二季度得分	2006 年第一季度得分	指数变化
中国，上海	1	134.51	80.42	54.09
新加坡，新加坡	2	125.52	96.56	28.96
中国，宁波舟山	3	117.87	54.95	62.92
韩国，釜山	4	116.39	77.93	38.46
中国，香港	5	103.45	100.00	3.45
中国，青岛	6	95.50	48.13	47.37
荷兰，鹿特丹	7	93.15	76.37	16.78
比利时，安特卫普	8	88.75	74.74	14.01
马来西亚，巴生港	9	88.38	60.24	28.15
中国，厦门	10	84.88	42.67	42.21
中国，蛇口	11	82.18	36.27	45.91
中国，台湾高雄	12	81.24	59.79	21.46
阿拉伯联合酋长国，杰贝阿里	13	79.19	37.40	41.79
德国，汉堡	14	79.05	73.44	5.60
中国，盐田	15	78.51	46.37	32.14
日本，横滨	16	78.15	55.90	22.25
中国，新港	17	78.12	39.15	38.97
中国，南沙	18	76.30	16.06	60.24
斯里兰卡，科伦坡	19	71.98	33.46	38.52
马来西亚，丹绒帕拉帕斯	20	69.68	32.97	36.71

资料来源：联合国贸易和发展会议数据库

2020年港口连通性前20位的地区分布同2006年一致，前20依旧由亚洲国家和欧洲国家所构成。但相比2006年，2020年有更多的亚洲国家港口进入前20，占比由70%变为85%，中国港口由7个增加到10个，马来西亚新增丹绒帕拉帕斯港。法国勒阿弗尔港、英国费利克斯托港、德国不来梅港，以及日本神户港、名古屋港和东京港跌出前20位。

自2006年以来，港口连通性前20的PLSCI均有所上升。但各个港口增速差异较大。如图17.6所示，宁波舟山港的连通性指数自2006年以来翻了一番，成为全球连通性前五大港口之一。香港港虽然增速只有3.5%，但香港港指数分数较高，连通性依旧在全球港口前5。上海港是目前世界上连通性最高的港口，超过了2006年排在第一的香港港。

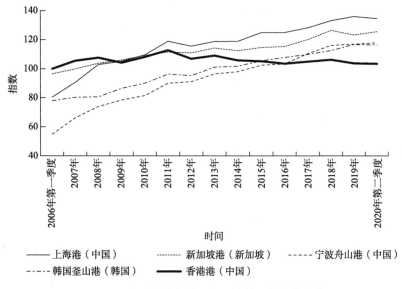

图 17.6　连通性排名前 5 港口班轮运输指数趋势
资料来源：联合国贸易和发展会议数据库

（二）港口数量变化

2020年第二季度，有939个港口通过常规集装箱运输服务连接到全球班轮运输网络。如果所有港口之间都具有直接连接，则将有440 391个港口对港口班轮运输服务。实际上，只有12 748个港口对港口的直接服务，即理论总数的2.9%。对于97.1%的港口对之间的贸易，集装箱需要在一个或多个其他港口转运。对于大多数港口对，必要的转运次数是一到两次。连接最少的港口对需要多达六次转运。例如，将集装箱从某个太平洋岛屿港口出口到某大西洋岛屿港口进行一次贸易交易，转运6次则需要7次航运服务和14次港口移动。

图 17.7 显示 2006~2020 年港口数量显著上升，在 2019 年达到了峰值。2020年第二季度最新的港口数量与 2019 年第一季度的峰值相比，下降了 3.6%，2019年第一季度全球班轮船运服务的时间表包括 975 个港口。下降主要发生在 2020年前两个季度，这很大程度上归因于疫情。

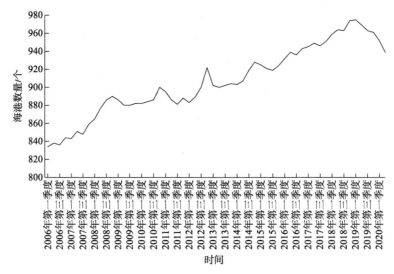

图 17.7　全球定期停靠集装箱船的海港数量

资料来源：联合国贸易和发展会议数据库

（三）不同地区港口连通与竞争

2019 年，北美洲西海岸连通性最佳的三个港口都位于美国，墨西哥的曼萨尼约位于第四，加拿大的温哥华位于第五。墨西哥港口是墨西哥进出口门户，还是中美洲与亚洲之间的贸易转运枢纽，其连通性在 2009~2019 年增长迅速。北美洲东海岸连通性最佳的 10 个港口均位于美国，加拿大哈利法克斯在该区域排名第 11 位。2017 年之前北美洲东海岸大部分港口的 PLSCI 都处于停滞状态。伴随巴拿马运河扩建的完成，东海岸港口的竞争力得到提高。扩建后相较于连接芝加哥、纽约、洛杉矶、长滩的铁路输送服务，从中国到北美洲东海岸的海上航线会更加便宜。

在中美洲和加勒比海地区，2019 年连通性最佳的三大港口是巴拿马巴尔博亚、墨西哥曼萨尼约及哥伦比亚卡塔赫纳。因为巴拿马运河的扩建，大型船舶得以穿行无须绕道，很多港口的连通性得到增强。中美洲和加勒比海地区排名前十的港口中有五个位于巴拿马，包括 2018 年才作为集装箱港口投入运营的罗德曼港，以及在 2017 年呈指数增长的科隆港。

2019 年南美洲西海岸地区连通性最佳的三大港口是秘鲁卡亚俄、厄瓜多尔瓜亚基尔以及智利圣安东尼奥。智利有七个港口位于该地区前十行列中，其中包括在2010年后才开始接受定期集装箱运输船次的科罗内尔港和利尔奎港。由于智利港口较多，共同承担智利的集装箱运输服务，因此各个港口单独指数是低于卡亚俄或瓜亚基尔（这两地在国家一级港口间竞争较小）的。卡亚俄港经过港口改革且获得私营部门投资，加之秘鲁国内市场和转运服务的增长，其PLSCI自2006年以来几乎翻了一番。

南美洲东海岸地区连通性最佳的十大港口中，有八个港口位于巴西。如图17.8显示，巴西桑托斯排第一，阿根廷布宜诺斯艾利斯和乌拉圭蒙得维的亚分别位列第二和第三。相较于阿根廷和巴西，蒙得维的亚港的国内市场贸易量小得多，但其承接了很大一部分转运货物以及运往玻利维亚和巴拉圭的过境货物的运输服务。并且因为该地区的沿海运输限制也使得蒙得维的亚港可以与阿根廷和巴西的港口一较高下，蒙得维的亚港成为转运枢纽的前景也更为明朗。例如，要在阿根廷的两个港口之间运输集装箱，通常是由挂阿根廷船旗的船舶运输，而从蒙得维的亚港，则可以通过由挂国际船旗的船只向阿根廷的二级港口提供此类服务，更加自由便捷（UNCTAD，2017b）。

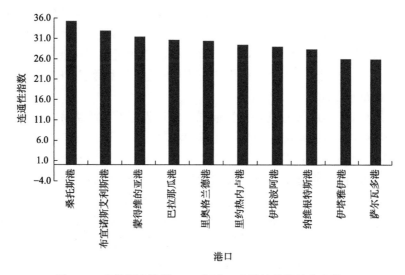

图 17.8 南美洲东海岸 2019 年港口连通性最佳的十大港口

资料来源：联合国贸易和发展会议数据库

在北欧，比利时安特卫普港和荷兰鹿特丹港一直在争夺该地区第一，难分上下。2015~2017年，安特卫普港渐渐占据上风，位居第一。德国汉堡港排名第三，位于波罗的海的丹麦奥胡斯港和波兰格但斯克港也跻身该地区前十之列。英国伦敦的盖特威新港在短短几年连通性得到了极大加强，2019年跃至英国的港口第二位。超过南安普敦、蒂尔伯里等港口。

在地中海地区，2019年连通性最佳的港口是希腊比雷埃夫斯，西班牙巴伦西亚、阿尔赫西拉斯和巴塞罗那位列其后。中远集团拥有比雷埃夫斯港的 51% 的控股权，该集团的转运服务越来越多地安排在该港。地中海地区主要的非洲港口：埃及塞得港和摩洛哥丹吉尔地中海新港得益于其得天独厚的地理位置和来自全球主要港口运营商的投资，承接了广泛的转运服务。丹吉尔地中海新港在自 2007 年投入运营后的头十年中，连通性指数创下全球绝对增幅最高纪录。

在西非，2019 年连通性最佳的港口是多哥洛美港，刚果（布）黑角港和安哥拉罗安达位居其后。科特迪瓦阿比让从 2016 年首位跌至第七位，拉各斯跌出连通性最佳十大港口下滑至第 16 位，而其他两个尼日利亚港口（廷坎岛和阿帕帕）跻身前十。在非洲大陆内部，西非因其地理位置所限，无法与任何主要的南北或东西航线相连。所以其连通性相对较差。而洛美港近年来发展迅速，有以下两个原因：一是现代化改革的推动加之尼日利亚拉各斯港口的拥堵；二是通过在这些航线上增加服务并部署更大规模的船只，设法吸引了中国的直接航运服务（Woldearegay et al.，2016）。

在非洲南部地区，2019 年连通性最佳的十大港口中有五个位于南非，其中前四大港口为南非的德班、开普敦、科加和伊丽莎白港。其他港口有三个位于莫桑比克（马普托、贝拉和纳卡拉）和两个位于马达加斯加（图阿马西纳和马哈赞加），其指数均与排名前四的南非港口差距较大。在南非，港口连通性指数与转运服务关联不大，与本国贸易量和来自内陆邻国的贸易关系密切（Hoffmann et al.，2019；Humphreys et al.，2019）。

在东非地区，2019 年连通性指数前二的港口为毛里求斯路易斯港和留尼汪加莱角港，这两个港口向东部和南部其他非洲港口提供转运服务。该地区其他港口如肯尼亚蒙巴萨和坦桑尼亚达累斯萨拉姆，除 2018 年蒙巴萨的 PLSCI 曾短暂地攀至峰值，其他时间一直处于相对停滞的状态。虽然这两个港口地理位置优越，是东非各国（包括一些内陆国家）进行海外贸易的重要门户，但由于两个港口高度拥挤，因此限制了其改善连通性的潜力。Humphreys 等提出改善东非港口连通性的政策措施包括：扩建现有港口并促使其进一步现代化；投资新港口；鼓励邻国之间的港口间竞争；改善多式联运和贸易以及为过境运输提供便利（Humphreys et al.，2019；UNCTAD，2017a）。

在红海地区，2019 年沙特阿拉伯的吉达港和阿卜杜拉国王港及吉布提的吉布提港是该地区的主要港口。这三个港口与亚洲和东非的港口竞争转运业务，而位于厄立特里亚、苏丹和也门的其他港口主要服务本国贸易。在过去几年中，该地区经济和政治局势导致贸易量减少，这些港口的连通性指数也有所下降。

在波斯湾地区，2019 年连通性最佳的港口是阿拉伯联合酋长国杰贝阿里港口。沙特阿拉伯达曼港、阿拉伯联合酋长国哈利法港及阿曼塞拉莱港在转运业务上处于竞争关系。该地区的其他国家港口连通指数均呈不稳定状态，包括巴林、伊朗、伊拉克和卡塔尔等国家。例如，伊朗阿巴斯港 2014 年和 2015 年由于禁运措施阻碍了集装箱运输公司向港口直接靠泊，其连通指数大幅下降。在 2016 年开始恢复，但 2019 年再次受到重创，下滑至 2006 年以来的最低水平。

在南亚，2019 年连通性最佳的港口是斯里兰卡科伦坡港。该港口除了服务本国的货物进出口业务，还为其他南亚国家提供转运服务。南亚地区十大港口中的其余九个分别位于印度（七个港口）和巴基斯坦（两个港口）。印度蒙德拉港的指数增幅最大，但仍落后于科伦坡。印度对沿海运输的限制措施阻碍承运人在印度港口转运货物（必须使用挂印度船旗的船舶），这一限制使得科伦坡港大大受益（UNCTAD，2017b）。

在东南亚，2019 年连通性最佳的三大港口是新加坡港、马来西亚巴生港和丹戎帕拉帕斯港。这三个港口是重要的枢纽港口，在转运市场上处于竞争关系。越南海防港新建的码头使其成为越南北部的首个深水港，随着新码头的建成该港口的指数在 2018~2019 年几乎翻番，而印度尼西亚、菲律宾、泰国和越南的其他港口主要服务本国的进出口贸易，转运服务较少，大部分港口的指数均出现下降。

在东亚，自 2006 年以来，中国的上海和宁波加强了其领先地位，上海目前已成为全球连通性最佳的港口。宁波自 2006 年以来 PLSCI 上升了一倍。除中国内地的港口外，东亚地区排名前四的港口分别是韩国釜山、中国香港、中国台湾高雄及日本横滨。总体而言，中国港口的指数增长高于其他东亚港口。随着日本经济增长放缓及其他港口的竞争力增强，日本神户港和名古屋港的连通性指数出现下降。

澳大利亚和新西兰的港口主要满足本国的进出口需求，同时也为太平洋岛屿经济体提供转运服务。2017 年和 2019 年，新西兰陶朗加港在其干线服务中增加了运力超 9 000 标准箱的船舶。在澳大利亚，主要港口的 PLSCI 接近，因为这些港口主要由相同的航运公司提供服务，这些航运公司沿澳大利亚东海岸部署了相同的船舶。

太平洋岛屿经济体属于 PLSCI 最低的经济体。瓦努阿图的维拉港只有四家公司为其提供定期航运服务，大约每三天有一艘集装箱船靠港，而在基里巴斯，只有一家公司提供定期班轮航运服务，大约每隔 10 天会有一艘船进港。太平洋小岛屿发展中国家港口连通性没有出现系统性改善，它们必须应对因常见的贸易量低下致使航运公司和港口无法投资以改善海运连通性的问题，而且也遭受着航运连通性低下所带来的货物贸易成本高昂且缺乏竞争力的困扰（UNCTAD，2014，2017a）。

第四节　双边班轮运输连通性指数

一、LSBCI 评价体系和对外发布情况

运输连通性是双边出口的一个重要因素，Fugazza（2015）认为双边缺乏直接的海运联系将导致出口额下降五成左右，任何额外转运次数将促使出口额下降两成左右；Fugazza 和 Hoffmann（2017）发现双边缺乏直接海运联系和额外的转运次数将不利于出口增长；Hoffmann 等（2019）发现双边相同的直接海运联系数量将显著地促进南非对外贸易，而转运次数和航行距离则产生显著的负向影响（邱志萍等，2021）。鉴于双边海运连通关系的重要性，2006 年，UNCTAD 进一步对 LSCI 进行延伸，编制了 LSBCI，旨在以 LSBCI 反映各国之间在全球班轮航运网络中的海运连通关系。从 2006 年第一季度开始，LSBCI 每季度发布。当前采用的 LSBCI 由五个指标构成：①从 A 国到 B 国所需的转运数量；②A 国和 B 国共同的直接连接数量；③两个国家之间通过一次转运达成共同连接数量；④A 国和 B 国之间航运连接服务的竞争水平；⑤连接 A 国和 B 国之间最薄弱路线中的最大船型，具体如下所示（Fugazza and Hoffmann，2017）。

（1）指标①是从 A 国到 B 国转运次数。由于每次转运都意味着额外的成本、时间延误和损坏的风险，因此具有直接服务的国家（地区）对的 LSBCI 将高于未通过直接服务连接的国家（地区）对。由于所有可能的国家（地区）对中只有一小部分直接相互连接，因此大多数国家（地区）对需要至少一次转运才能将集装箱从一个国家运输到另一个国家。

（2）指标②是两个国家的共同直接航运的数量即与两个国家都有直接航运的国家总数。

（3）指标③是只通过一次转运实现两国之间的运输的连接数量。

（4）指标④是连接国家（地区）对的服务的竞争水平，这体现在两国之间航线上的航运公司的数量有限，这个数值越高，竞争就越激烈。如果航运线上的竞争加剧，航运公司就有动机降低这些航线上的运输成本和利润，进而导致使用该特定航线的托运人的运输成本下降。

（5）指标⑤是最薄弱航线上最大船只的尺寸（以 TEU 为单位）。最大船舶尺寸可被认为是贸易国以及发生转运的国家基础设施水平的一个指标。船舶尺寸也是衡量海上经济规模的指标。在一些有直接航运的国家之间，通常不会选择最大的船只来在直达航线上进行部署。

所有指标都是针对国家（地区）对的，尽管指标④是基于一个国家的特定特征。将一个集装箱从 A 国移动到 B 国所需要的转运数量与将同一个集装箱从 B 国移动到 A 国所需要的转运数量完全相同。因此 A 国和 B 国之间的班轮运输连接性与 B 国和 A 国之间的班轮运输连接性是相同的。由于转运会对货运成本产生强烈影响，以及直接连接的发生率与班轮运输网络中国家的总体平均中心度之间的密切关系，贸发会议在选择指标时，将更多的权重放在了连接本身（指标①、②、③）上，而不是强度（指标④、⑤）上。

二、LSBCI 算法

为建立无量纲单位指数，所有指标都使用公式进行归一化处理，此处为方便理解，将原始数据设为 x_i，归一化值为 x_{nor}，即

$$x_{nor} = \frac{x_i - x_{min}}{x_{max} - x_{min}} \tag{17.4}$$

之所以选择此公式，在于其存在不同于 0 的最小值。如果所有指数的最小值为 0，那两个公式就是等价的，将会生成相同的归一化值。最大值与最小值都取自整个样本。如果其中任意一个参考值随时间发生变化，那么整个 LSBCI 将重新计算，因此有些数值可能在不同版本的 LSBCI 中存在变化。LSBCI 是通过对 5 个指标的归一化值进行平均来计算，因此只能取（0，1）之间的数值。对于第一个指标（即转运数量），我们将使用其补集。

三、LSBCI 结果分析

表 17.2 显示 2016~2020 年 LSCBI 前 5 国家（地区）对的变化。2016~2020 年，LSCBI 前 5 国家（地区）对都在亚洲区域内。2016~2019 年，中国—韩国、中国—日本、新加坡—马来西亚 LSBCI 一直稳居前三，中国—马来西亚一直位居前 5。中国—新加坡在 2016 年后超过中国—中国香港成为 LSBCI 前 5 的新国家（地区）对。在 2020 年，中国—日本超过中国—韩国成为互联互通最好的国家（地区）对，新加坡—马来西亚跌至第四。

表 17.2　2016~2020 年 LSBCI 前 5 的国家（地区）对

年份	排名	国家（地区）对		指数
2016	1	中国	韩国	0.622 730
	2	中国	日本	0.612 250

续表

年份	排名	国家（地区）对		指数
2016	3	新加坡	马来西亚	0.574 857
	4	中国	中国香港	0.558 738
	5	中国	马来西亚	0.554 523
2017	1	中国	韩国	0.618 203
	2	中国	日本	0.598 927
	3	新加坡	马来西亚	0.576 361
	4	中国	新加坡	0.554 283
	5	中国	马来西亚	0.553 181
2018	1	中国	韩国	0.622 942
	2	中国	日本	0.593 864
	3	新加坡	马来西亚	0.581 264
	4	中国	新加坡	0.557 374
	5	中国	马来西亚	0.549 108
2019	1	中国	韩国	0.632 018
	2	中国	日本	0.600 486
	3	新加坡	马来西亚	0.567 373
	4	中国	马来西亚	0.558 179
	5	中国	新加坡	0.548 87
2020	1	中国	日本	0.645 627
	2	中国	韩国	0.634 831
	3	中国	马来西亚	0.577 122
	4	新加坡	马来西亚	0.575 571
	5	中国	新加坡	0.561 655

资料来源：联合国贸易和发展会议数据库

　　表17.3显示了2020年第二季度全球LSBCI前20国家（地区）对。2020年，LSBCI前20位的双边联系大都是区域内的，即欧洲内部以及东亚和东南亚内。跨地区联系的有中国和美国、英国和美国。2006~2020年，LSBCI平均有所上升，但也出现了一些干扰——尤其是2008年的全球金融危机和2020年的新冠疫情。金融危机几乎立即产生影响，但新冠疫情的影响是一波接着一波的。除了这些中断之外，自2018年最后一个季度以来，LSBCI还呈下降趋势，UNCTAD认为这

更多是正在进行的结构转型的结果。投资大型船舶的公司旨在实现规模经济，从而降低单位成本。其他公司无法获得这些投资，竞争力不足，要么退出无利可图的路线，要么完全离开这个行业。船舶规模增加，航运公司数量减少，直接联系就会减少。

表 17.3　2020 年第二季度 LSBCI 前 20 国家（地区）对

国家（地区）对		排名	LSBCI
中国	日本	1	0.657 35
中国	韩国	2	0.636 93
中国	马来西亚	3	0.577 72
日本	韩国	4	0.577 70
中国	美国	5	0.565 50
新加坡	马来西亚	6	0.564 60
中国	新加坡	7	0.561 42
中国	中国香港	8	0.543 93
意大利	西班牙	9	0.534 70
荷兰	英国	10	0.531 28
新加坡	韩国	11	0.526 88
中国香港	韩国	12	0.520 01
比利时	荷兰	13	0.519 64
韩国	马来西亚	14	0.519 22
比利时	英国	15	0.516 45
德国	荷兰	16	0.514 52
英国	法国	17	0.512 19
比利时	德国	18	0.510 61
德国	英国	19	0.507 48
英国	美国	20	0.502 62

注：所有指数值均指指定年份第二季度的值. https://unctadstat.unctad.org/wds/TableViewer/tableView.aspx?ReportId=96618

参 考 文 献

胡涵景，李小林，邢立强，等. 2008. 《中国及世界主要贸易港口代码》国家标准的研制与修订[J]. 世界标准信息，（4）：18-21.

邱志萍，刘镇，郭虹. 2021. 全球班轮航运网络的国际贸易效应研究：基于联合国 LSBCI 矩阵数据的社会网络分析[J]. 国际商务（对外经济贸易大学学报），（5）：79-95.

唐云. 2019-08-23. 亚洲表现抢眼 马太效应显现[N]. 中国水运报（008）.

许立荣. 2019a. 海运即国运 初心照航程[J]. 国资报告，（10）：68-71.

许立荣. 2019b. 经济强国必定是海洋强国航运强国[J]. 珠江水运，（20）：76-83.

Fugazza M. 2015. Maritime Connectivity and Trade. Policy Issues in International Trade and Commodities[R].Geneva：UNCTAD. Research Study Series No. 70.

Fugazza M, Hoffmann J. 2017. Liner shipping connectivity as determinant of trade[J]. Journal of Shipping and Trade，2（1）：1-18.

Hoffmann J, Saeed N S. 2019. Liner shipping bilateral connectivity and its impact on South Africa's bilateral trade flows[J]. Maritime Economics and Logistics，21（7）：124-135.

Hoffmann J, Saeed N S, Sødal S. 2019. Liner shipping bilateral connectivity and its impact on South Africa's bilateral trade flows[J]. Maritime Economics and Logistics，22：473-499.

Humphreys M, Stokenberga A, Dappe M H, et al. 2019. Port Development and Competition in East and Southern Africa：Prospects and Challenges[R]. International Development in Focus. World Bank. Washington，D.C.

UNCTAD. 2014. Closing the Distance：Partnerships for Sustainable and Resilient Transport Systems in Small Island Developing States [M]. New York，Geneva：United Nations Publication.

UNCTAD. 2017a. Review of Maritime Transport 2017[R]. New York，Geneva：United Nations Publication.

UNCTAD. 2017b. Rethinking Maritime Cabotage for Improved Connectivity. Transport and Trade Facilitation Series [R]. New York，Geneva：United Nations Publication.

UNCTAD. 2019. Review of Maritime Transport 2019[R]. New York，Geneva：United Nations Publication.

UNCTAD. 2020. Review of Maritime Transport 2020[R]. New York，Geneva：United Nations Publication.

Wilmsmeier G, Hoffmann J. 2008. Liner shipping connectivity and port infrastructure as determinants of freight rates in the Caribbean[J]. Maritime Economics and Logistics，10（1/2）：130-151.

Woldearegay D W, Sethi K, Hartmann O, et al. 2016. Making the Most of Ports in West Africa[R]. Report No. ACS17308. World Bank.

附　表

附表 17.1　2006 年第一季度和 2020 年第二季度的 LSCI

国家或地区	排名	2020 年第二季度得分	2006 年第一季度得分	指数变化
中国	1	156.49	100.00	56.49
新加坡	2	110.05	81.58	28.46
韩国	3	107.25	68.17	39.08
美国	4	102.54	79.11	23.43
马来西亚	5	98.35	63.95	34.40
中国香港	6	91.11	84.15	6.95
荷兰	7	88.90	71.25	17.66
日本	8	88.62	72.69	15.93
西班牙	9	88.54	65.36	23.17
英国	10	88.47	78.80	9.67
比利时	11	84.68	72.41	12.27
德国	12	83.46	75.59	7.87
法国	13	79.31	56.98	22.34
越南	14	79.18	20.55	58.64
中国台湾	15	78.05	59.31	18.74
意大利	16	76.42	57.21	19.21
阿拉伯联合酋长国	17	76.36	47.44	28.91
斯里兰卡	18	69.46	31.94	37.52
沙特阿拉伯	19	68.46	39.50	28.96
摩洛哥	20	68.28	11.01	57.27
埃及	21	68.08	45.64	22.44
土耳其	22	61.53	29.82	31.71
阿曼	23	60.41	22.95	37.46

续表

国家或地区	排名	2020 年第二季度得分	2006 年第一季度得分	指数变化
希腊	24	59.50	29.74	29.76
波兰	25	56.44	8.89	47.54
泰国	26	55.90	36.09	19.81
印度	27	54.88	42.24	12.64
巴拿马	28	50.06	24.73	25.32
哥伦比亚	29	49.01	24.26	24.75
墨西哥	30	48.57	31.66	16.91
葡萄牙	31	47.79	26.46	21.33
瑞典	32	47.63	28.22	19.41
加拿大	33	47.54	32.89	14.65
丹麦	34	46.35	22.89	23.46
马耳他	35	44.92	26.61	18.31
卡塔尔	36	42.47	8.26	34.21
以色列	37	41.75	22.93	18.82
南非	38	41.34	26.82	14.52
秘鲁	39	40.02	17.25	22.77
巴基斯坦	40	39.42	24.14	15.28
加纳	41	39.09	15.47	23.62
厄瓜多尔	42	38.84	16.04	22.80
多米尼加	43	37.78	21.49	16.29
巴西	44	36.58	32.87	3.71
多哥	45	36.47	12.69	23.78
智利	46	36.30	17.18	19.12
印度尼西亚	47	35.68	33.91	1.77
毛里求斯	48	35.52	14.92	20.60
斯洛文尼亚	49	35.28	14.25	21.02
澳大利亚	50	34.78	26.17	8.61
吉布提	51	34.42	11.47	22.96
伊拉克	52	34.06	3.17	30.90

续表

国家或地区	排名	2020 年第二季度得分	2006 年第一季度得分	指数变化
俄罗斯	53	33.93	18.52	15.41
牙买加	54	33.71	25.74	7.97
黎巴嫩	55	33.62	24.20	9.43
阿根廷	56	33.56	26.17	7.40
克罗地亚	57	33.39	10.67	22.72
约旦	58	33.36	17.44	15.92
乌拉圭	59	31.54	17.09	14.45
菲律宾	60	30.57	19.77	10.81
刚果（布）	61	29.97	11.52	18.45
巴哈马	62	29.83	20.05	9.78
新西兰	63	29.04	20.25	8.79
安哥拉	64	28.89	13.02	15.87
乌克兰	65	27.26	12.92	14.33
罗马尼亚	66	26.35	16.00	10.35
危地马拉	67	24.80	20.56	4.23
哥斯达黎加	68	24.12	15.99	8.13
留尼汪	69	22.54	12.87	9.66
尼日利亚	70	21.75	15.74	6.01
瓜德罗普	71	20.22	10.21	10.01
科特迪瓦	72	19.64	15.41	4.24
马提尼克	73	18.77	10.40	8.36
塞浦路斯	74	18.42	16.24	2.18
贝宁	75	18.35	11.82	6.54
喀麦隆	76	18.17	14.75	3.42
伊朗	77	17.27	18.38	−1.11
肯尼亚	78	16.89	11.62	5.27
立陶宛	79	15.83	5.61	10.22
坦桑尼亚	80	15.83	10.99	4.83
塞内加尔	81	15.80	13.42	2.38

续表

国家或地区	排名	2020 年第二季度得分	2006 年第一季度得分	指数变化
特立尼达和多巴哥	82	15.62	15.69	−0.06
纳米比亚	83	15.42	9.49	5.93
芬兰	84	14.56	12.44	2.11
法属波利尼西亚	85	13.89	10.38	3.51
莫桑比克	86	13.67	8.52	5.15
利比亚	87	13.09	10.06	3.04
洪都拉斯	88	12.65	11.77	0.88
孟加拉国	89	12.63	7.73	4.90
加蓬	90	12.46	9.87	2.58
阿尔及利亚	91	12.08	10.57	1.51
赤道几内亚	92	11.70	5.07	6.63
科威特	93	11.11	11.10	0.01
委内瑞拉	94	11.10	22.64	11.54
爱尔兰	95	10.78	11.14	−0.35
新喀里多尼亚	96	10.77	10.93	−0.16
巴布亚新几内亚	97	10.65	8.34	2.31
圣马丁岛	98	10.36		
海地	99	10.35	3.95	6.40
拉脱维亚	100	10.24	7.17	3.08
几内亚	101	9.95	8.83	1.12
挪威	102	9.78	7.17	2.61
斐济	103	9.68	7.90	1.78
索马里	104	9.62	3.56	6.05
苏里南	105	9.49	7.42	2.06
关岛	106	9.36	8.53	0.83
巴林	107	9.27	7.11	2.17
苏丹	108	9.14		
塞舌尔	109	8.96	5.44	3.52
阿鲁巴岛	110	8.92	7.98	0.94

续表

国家或地区	排名	2020 年第二季度得分	2006 年第一季度得分	指数变化
库拉索	111	8.92		
马达加斯加	112	8.86	10.44	−1.58
叙利亚	113	8.83	11.83	−2.99
柬埔寨	114	8.82	3.58	5.23
缅甸	115	8.77	3.58	5.19
伯利兹	116	8.65	3.34	5.31
萨尔瓦多	117	8.56	7.37	1.19
古巴	118	8.52	7.82	0.70
所罗门群岛	119	8.51	5.63	2.88
圭亚那	120	8.21	7.42	0.79
保加利亚	121	8.07	7.69	0.38
尼加拉瓜	122	7.92	5.30	2.61
也门	123	7.85	13.04	−5.19
萨摩亚	124	7.78	7.61	0.17
利比里亚	125	7.60	4.10	3.50
美属萨摩亚	126	7.55	7.10	0.45
马约特	127	7.39	6.37	1.02
巴巴多斯	128	7.38	7.79	−0.40
瓦努阿图	129	7.37	5.81	1.57
阿尔巴尼亚	130	7.32		
马尔代夫	131	7.23	5.40	1.82
爱沙尼亚	132	7.01	6.79	0.22
塞拉利昂	133	6.90	4.10	2.80
文莱	134	6.87	4.25	2.62
圣文森特和格林纳丁斯	135	6.81	5.68	1.13
科摩罗	136	6.72	4.08	2.64
突尼斯	137	6.59	9.16	−2.58
马绍尔群岛	138	6.58	3.60	2.99
法属圭亚那	139	6.36	6.07	0.29

国家或地区	排名	2020 年第二季度得分	2006 年第一季度得分	指数变化
多米尼加	140	6.35	5.03	1.31
毛里塔尼亚	141	6.30	6.71	−0.40
冈比亚	142	6.28	4.03	2.25
格林纳达	143	6.21	5.41	0.81
格鲁吉亚	144	6.11	4.53	1.57
冰岛	145	6.02	5.09	0.93
圣卢西亚	146	5.91	5.41	0.50
英属维尔京群岛	147	5.80	4.38	1.41
圣基茨和尼维斯	148	5.80	3.17	2.63
黑山	149	5.43		
基里巴斯	150	5.33		
汤加	151	5.25	6.02	−0.77
北马里亚纳群岛	152	5.20	2.53	2.66
刚果（金）	153	5.13	4.66	0.46
安提瓜和巴布达	154	5.02	5.99	−0.98
圣多美和普林西比	155	4.94	3.83	1.10
安圭拉	156	4.49	2.07	2.42
蒙特塞拉特	157	4.49		
博内尔岛、圣尤斯特歇斯岛和萨巴岛	158	4.47		
佛得角	159	4.46	3.53	0.93
密克罗尼西亚联邦	160	4.41	1.56	2.86
几内亚比绍	161	4.36	2.71	1.65
厄立特里亚	162	4.36	4.16	0.20
法罗群岛	163	3.29	4.21	−0.92
东帝汶	164	2.63	2.00	0.63
库克群岛	165	2.62	0.64	1.98
帕劳	166	2.61	2.53	0.08
直布罗陀	167	2.52	1.85	0.68
格陵兰	168	1.99	1.89	0.09

续表

国家或地区	排名	2020 年第二季度得分	2006 年第一季度得分	指数变化
开曼群岛	169	1.88	2.19	−0.30
巴拉圭	170	1.85		
图瓦卢	171	1.81		
瓦利斯和富图纳群岛	172	1.81	2.49	−0.67
百慕大	173	1.79	1.63	0.16
瑙鲁	174	1.70		
圣诞岛	175	1.20		
特克斯和凯科斯群岛	176	1.13	1.36	−0.23
摩尔多瓦	177	0.64		
诺福克岛	178	0.48	0.88	−0.40

第十八章　世界领先海事之都

随着城市化进程的加快，世界越来越多的人口将居住在城市地区，因此城市地区的重要性也将继续增长。城市是知识、人才、创新和生产与服务专业化的中心。在当今世界，特别是对海事行业而言，城市在越来越大程度上竞相吸引最好的公司、初创公司和最优秀的人才。在这场吸引力竞赛中胜出的将成为世界领先的海事城市。《世界领先海事之都》报告（Jakobsen et al., 2022）以航运、海事金融与法律、海事技术、港口和物流、城市吸引力和竞争力 5 个海洋领域为基准，对世界上主要的海洋城市进行了评价。报告采用了一系列广泛的客观指标，并对优秀的业内专家进行了全面问卷调查，这些专家对当今全球海事行业的发展提供了有价值的见解。

第一节　《世界领先海事之都》报告的基本情况

一、《世界领先海事之都》报告简介

随着全球经济力量向新兴经济体的转移，世界经济日益一体化。这种转变的主要特点是市场一体化、国际贸易的强劲增长、外国直接投资、跨国公司的出现，以及国家间合作的急剧增加。尽管全球化进程发展变缓，但世界将依然高度相互依存，并通过航运和海事活动联系在一起。

城市化是 21 世纪最强的全球大趋势之一，现如今，超过一半的世界人口生活在城市，根据联合国的估计，预计到 2050 年，2/3 的世界人口将居住在城市地区①。因此，城市区域的重要性将继续增长。城市充满活力的知识创造和创新推

---

① 世界城市日｜应对气候变化，建设韧性城市！https://baijiahao.baidu.com/s?id=1715135683376872435&wfr=spider&for=pc.

动了人员、公司和投资的涌入和集聚。城市的高度集中使得有能力的人更容易互动和交流，从而促进了创造性思维并引发了知识溢出效应，进而推动了新的想法和技术的发展。海事城市是指以海洋经济为支柱产业的城市，拥有发达的海洋运输、港口、航运、海洋资源开发等相关产业。海事城市作为海洋经济的中心，有着链接内陆和国际贸易的纽带作用，促进了海洋经济的开发利用和国际经济交流合作。

由于气候危机，海事行业发生了巨大变化，技术进步令人惊叹，船东、租船人和货主以及金融提供商正在为低碳甚至零碳的未来做准备，可以期待零碳燃料在未来10~15年内迅速实现。我们确信，率先进行绿色转型的城市将成为世界领先的海洋城市。

《世界领先海事之都》研究报告是由挪威航运咨询机构梅农（MENON）和挪威船级社（DNV.GL）联合编写和发布的，该报告于2012年首次发布，迄今为止共有五期，分别是在2012年、2015年、2017年、2019年及2022年发布的。该报告通过一整套较为专业、综合的评价体系对世界范围内知名海洋城市进行了排名，在目前海事界具有首创性和唯一性（杨明，2019）。该报告自推出以来，其国际影响力日益扩大。从五期报告来看，虽然评价体系的指标每一期都有所调整，还在不断完善之中，一些指标由于受到数据可获得性的限制还不够科学，但这些指标总体上反映了当今世界领先海事城市的主要内涵，评价结果在各个国家也有很高的参考价值（胡春燕，2018）。

二、世界领先海事城市评价指标体系及方法

（一）评价架构

《世界领先海市之都》报告旨在从世界范围内对各海事城市进行排名，加强海事的沟通与繁荣，并对哪些全球枢纽能提供最优的基础设施、技术、金融和世界一流人才提供最新洞察。该报告围绕航运中心、海事金融与法律、海事技术、港口和物流、城市吸引力和竞争力五个关键支柱，每个支柱下综合各客观指标和主观指标建立全面系统的评价指标体系，为世界各国海事行业发展提供指导与参考。其评价体系的指标包括客观指标和主观指标两个方面。在客观评估方面，基于各个城市可靠、完整和高质量的数据，2022年的报告以更新的数据库为基础，同时加入了新的客观指标。对于研究中的五个支柱，总共使用了29个客观指标。主观指标则是针对"您认为哪个城市排在世界航运中心前五名""您认为哪个城市排在世界海上金融中心前五名"等11个问题面向全球280多个行业专家进行问卷调查，这些专家包括海洋领域政府官员、大中型涉海企业高管、海洋领

域科学家或技术人员等（胡春燕，2018）。评价指标详见表18.1。

表 18.1 2022 年《世界领先海事之都》评价指标体系

关键支柱	客观指标	主观指标
航运	船队规模-管理	领先的航运中心
	船队规模-船东	
	船队价值-船东	
	总部设在本市的航运公司数量	总部的吸引力
	航运公司的营业收入	
	低碳密集型燃料类型-船队规模的份额	
海事金融与法律	法律专家	领先的金融中心
	海事律师公司数量	
	保险费	
	委托贷款	
	航运银行投资组合	
	海洋产业上市公司数量	
	市证券交易所上市公司市值	
	首次公开募股、债券、后续交易	
海事技术	船舶修建	世界海事技术中心
	船舶修建-建造低碳密集型船舶	绿色转型方面的领先城市
	海事技术企业的营业额	
	船级社船队	在数字化转型方面处于最佳位置的城市
	造船厂建造的船舶的市场价值	
	海事专利数量	研发中心搬迁的首选
	每个城市的海事教育机构数量	
港口和物流	港口集装箱	世界港口和物流中心
	港口运营商的规模	
	班轮运输连通性指数	
	港口可用的液化天然气	
吸引力和竞争力	营商便利性	世界领先的海事中心
	政府透明度和腐败程度	总部搬迁的首选
	创业	最具创新和创业精神的城市
	海运和物流货物装卸	

注：Jakobsen 等（2022）

（二）指标解释及数据来源

航运的客观指标包括船队规模-管理、船队规模-船东、船队价值-船东、总部设在本市的航运公司数量、航运公司的营业收入，以及低碳密集型燃料类型-船队规模的份额。主观评价则针对领先的航运中心和总部的吸引力两个方面回答问题。海事金融与法律的客观指标包括法律专家、海事律师公司数量、保险费、委托贷款、航运银行投资组合、海洋产业上市公司数量、市证券交易所上市公司市值，以及首次公开募股、债券、后续交易（胡春燕，2018）。主观指标为领先的金融中心。海事技术的客观指标包括船舶修建、船舶修建-建造低碳密集型船舶、海事技术企业的营业额、船级社船队、造船厂建造的船舶的市场价值、海事专利数量、每个城市的海事教育机构数量。主观评价包括回答世界海事技术中心、绿色转型方面的领先城市、在数字化转型方面处于最佳位置的城市，以及研发中心搬迁的首选方面的问题。港口和物流的客观指标包括港口集装箱、港口运营商的规模、班轮运输连通性指数及港口可用的液化天然气。主观指标围绕世界港口和物流中心进行专家评价。吸引力和竞争力指标包括营商便利性、政府透明度和腐败程度、创业、海运和物流货物装卸。主观指标则包括五年内成为世界领先的海事中心、总部搬迁的首选及最具创新和创业精神的城市。

（1）船队规模-管理，指在该市注册的船舶管理公司拥有的船队规模，数据来源于 Clarksons World Fleet Register。

（2）船队规模-船东，指由在该市注册的船东控制的船队规模，数据来源于 Clarksons World Fleet Register。

（3）船队价值-船东，指每个城市的船队货物价值，通过将国家船队货物价值乘以该城市相应的国家修正总吨比率计算得出，数据来源于 Clarkson & WFM Vol 9 No 12 December 2018 - estimates of national fleet values。

（4）总部设在本市的航运公司数量，指拥有 5 艘以上船舶的航运公司数量（船东和经理），数据来源于 Clarksons World Fleet Register。

（5）航运公司的营业收入，航运公司的运营收入（营业额），分配给每个公司的总部地点，数据来源于 Bureu van Dijk（ORBIS database, most updated data by november 2021）[1]。

（6）低碳密集型燃料类型-船队规模的份额，船东的船队对环境的影响——以使用低碳燃料的船队所占比例（以总吨计）来衡量，包括当前车队和订单。数据来源于 Clarksons World Fleet Register & Alternative Fuels Insights[2]。

---

[1] https://www.bvdinfo.com/en-gb/our-products/data/international/orbis.

[2] https://www.clarksons.net/WFR/#!/login.

（7）领先的航运中心，问题为"您认为哪个城市是世界前五航运中心"，数据来源于 Global maritime expert assessments。

（8）总部的吸引力，问题为"如果贵公司要考虑搬迁，您认为哪些城市对业务部门最有吸引力"，据来源于 Global maritime expert assessments。

（9）法律专家，指每个城市的法律专家人数，由 Who's Who 评估。数据来源于 Who's who Legal 2021[①]。

（10）海事律师公司数量，指各城市注册的海事律师事务所数量。数据来源于 World Shipping Register[②]。

（11）保险费，国家从 IUMI（International Union of Marine Insurance，国际海上保险联盟）和 CEFOR（The Nordic Association of Marine Insures，北欧海事保险协会）收取的船体、货物、离岸保险费。按海洋保险公司的经济活动分配给城市。数据源自 IUMI，CEFOR，Bureu van Dijk（ORBIS database，most updated data by november 2021）[③]。

（12）委托贷款，由簿记行发放的海事辛迪加强制贷款的价值。总部设立后分配给每个簿记管理人的金额，数据来源于 Dealogic，Bloomberg and Loan Pricing Corporation. League tables for top 10 Bookrunner/MLA 2020。

（13）航运银行投资组合，世界各地银行的 40 个航运投资组合，其总额按银行总部所在地的城市分配，贷款截至 2020 年 12 月 31 日，数据来源于 Petrofin Bank Research 2020[④]。

（14）海洋产业上市公司数量，在城市证券交易所上市的海事企业数量。数据来源于 Bureu van Dijk（ORBIS database，most updated data by november 2021）。

（15）市证券交易所上市公司市值，海事公司市值根据证券交易所上市信息分配给各城市。数据来源于 Bureu van Dijk（ORBIS database，most updated data by november 2021）。

（16）首次公开募股、债券、后续交易，指海事上市公司 2021 年第一至第三季度债券、首次公开募股及后续交易成交量。数据来源于 Clarksons Shipping Intelligence Network[⑤]。

（17）领先的金融中心，问题为"您认为哪个城市是世界上前五个海事金融中心"，数据来源于 Global maritime expert assessments。

---

① https://whoswholegal.com/home.

② https://www.world-ships.com/.

③ https://www.bvdinfo.com/en-gb/our-products/data/international/orbis.

④ https://www.petrofin.gr/petrofin-bank-research-global-shipping-portfolios/.

⑤ https://sin.clarksons.net/.

（18）船舶修建，造船厂交付的船队规模，包括订单和 2018 年以后建造的船只。每个船队规模分配到城市造船厂的位置。数据来源于 Clarksons World Fleet Register[1]。

（19）船舶修建-建造低碳密集型船舶，造船厂交付的船队规模，包括订单和 2018 年以后建造的船舶，以低碳密集型燃料类型衡量。数据来源于 Clarksons World Fleet Register & Alternative Fuels Insights（DNV 2019）[1]。

（20）海事技术企业的营业额，海事技术行业公司的营业收入，营业额被汇总并分配给造船公司的总部。数据来源于 Bureu van Dijk[2]。

（21）船级社船队，指总部在船级社的世界船队份额。数据来源于 Clarksons World Fleet Register[1]。

（22）造船厂建造的船舶的市场价值，2018年、2019年、2020年在造船厂建造并出售的船舶的购买价格。造船厂选址后，在城市一级汇总采购价格。数据来源于 Clarksons World Fleet Register[1]。

（23）海事专利数量，总部设在该市的海事公司的专利数量。IPC（international patent classification，国际专利分类）：B63B，B63C，B63G，B63G，B63H，B63J。数据来源于 Bureu van Dijk（ORBIS Intellectual Property Database）[3]。

（24）每个城市的海事教育机构数量，数据来源于 World Shipping Register[4]。

（25）世界海事技术中心，问题为"你认为哪几个城市是世界前五海事技术中心"，数据来源于 Global maritime expert assessments。

（26）绿色转型方面的领先城市，问题为"哪些城市在引领海事行业绿色转型"，数据来源于 Global maritime expert assessments。

（27）在数字化转型方面处于最佳位置的城市，问题为"哪些城市的能力最强，最适合海运业的数字化转型"，数据来源于 Global maritime expert assessments。

（28）研发中心搬迁的首选，问题为"如果您的公司考虑搬迁，您认为哪个城市对研发部门最有吸引力"，数据来源于 Global maritime expert assessments。

（29）港口集装箱，指 2020 年全球港口装卸的集装箱数量。衡量每个港口的繁忙程度。数据来源于 Lloyd's Top 100 Ports 2021[5]。

（30）港口运营商的规模，全球21大港口运营商装卸的集装箱数量。数据来

① https://www.clarksons.net/WFR/#!/login.

② https://www.bvdinfo.com/en-gb/our-products/data/international/orbis.

③ https://www.bvdinfo.com/en-gb/our-products/data/international/orbis-intellectual-property.

④ https://www.world-ships.com/.

⑤ https://lloydslist.maritimeintelligence.informa.com/.

源于 Drewry（2019 年）①。

（31）班轮运输连通性指数，数据来源于 UNCTAD 2020②。

（32）港口可用的液化天然气（LNG available at ports），有液化天然气加油设施的港口。港口是根据使用港口进行燃料补给的液化天然气燃料船的总储罐容量进行排名的。数据来源于 Alternative Fuel Insights DNV 2021③。

（33）世界港口和物流中心，问题为"你认为哪些城市是世界前五港口和物流中心"。数据来源于 Global maritime expert assessments。

（34）营商便利性，通过评估监管绩效来衡量开展业务的难易程度。数据来源于 World Bank 2020④。

（35）政府透明度和腐败程度，衡量公共部门腐败的感知程度（清廉指数）。数据来源于 Transparency International。

（36）创业，用几个指标来衡量创业环境的健康状况。数据来源于 Global Entrepreneurship Index⑤。

（37）海运和物流货物装卸，数据来源于 OECD⑥。

（38）世界领先的海事中心，问题为"展望未来 5 年：哪些城市将成为世界前五航运中心"。数据来源于 Global maritime expert assessments。

（39）总部搬迁的首选，问题为"如果您的公司考虑搬迁，您认为哪个城市是最有吸引力的总部所在地"，数据来源于 Global maritime expert assessments。

（40）最具创新和创业精神的城市，问题为"哪些城市是当今海事行业最具创新和创业精神的城市"，数据来源于 Global maritime expert assessments。

（三）评价方法

领先的海洋城市排名是基于客观数据和主观专家评价的组合，以评估和衡量前 50 名领先的海洋城市。这种方法既考虑了客观指标，也考虑了来自全球各地的海事企业高管、船东和学者的主观评估。

世界 50 个领先海事城市的确定采用自下而上的方法，根据四个关键支柱，共 25 个客观海洋指标的排名，将所有具有一定程度海事活动的城市（15 000 多个城市的样本）缩小到 50 个城市的样本。四大支柱包括航运、海事金融与法律、海事

---

① https://www.drewry.co.uk/.

② https://unctad.org/.

③ https://www.dnv.com/services/alternative-fuels-insights-afi—128171.

④ https://archive.doingbusiness.org/en/reports/global-reports/doing-business-2020.

⑤ https://www.imperial.ac.uk/business-school/faculty-research/academic-areas/management-entrepreneurship/research/global-entrepreneurship-index/.

⑥ https://www.oecd.org/.

技术及港口和物流。随后，这些城市由来自世界各地的 280 名海事专家按照所有五大支柱进行评价，在参与这项研究的 280 位专家中，约 50% 来自亚洲，25% 来自欧洲，其余 25% 来自美国、中东和非洲，结合专家的评价与客观数据，对 50 个城市样本进行最终排名，评价流程见图 18.1。

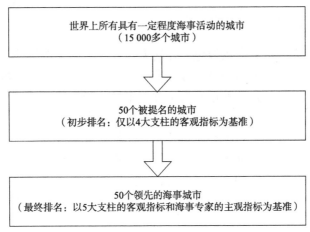

图 18.1 领先海事城市评价流程

主观评价以通过"2022 年领先海事城市"调查收集的信息为基础。在这项调查中，来自世界各地、背景不同的海事专家被要求对绿色转型、数字化、竞争力和创新等主题进行定性评估。此外，280 名专家基于航运、海事金融与法律、海事技术、港口和物流及吸引力和竞争力五个方面对海事城市进行了排名。根据这些数据，《世界领先海事之都》报告创建了一个专家对城市排名的评分系统，排名第一的城市得到 5 分，排名第二的城市得到 4 分，依此类推。最后，总结了每个城市在每个排名下的总得分，这些得分被用作排名前 50 的各个主观指标的得分。

该研究采用了一个包含客观指标和主观指标的排名模型，从五个方面对前 50 个海事城市进行排名。在对全球前 50 个城市进行排名时，每个支柱的权重都是相等的，即都是 20%。在每个支柱中，所有指标的权重相等，例如，如果一个支柱由五个指标组成，所有指标的权重为 20%。

第二节 报告结果分析

一、2022 年《世界领先海事之都》报告结果分析

2022 年《世界领先海事之都》报告在航运、海事金融与法律、海事技术、港

口和物流及吸引力和竞争力五个海洋领域进行分析，评比了全球各个海事城市。2022 年报告基于 40 个指标，结合了客观和主观的衡量标准，能够全面公正地反映城市海洋行业的发展状况。因此，该报告对当今全球海事行业的优势提供了宝贵的参考。

（一）总体情况

在新冠疫情影响下和新兴绿色产业转型过程中，新加坡保持了世界领先的海事城市地位。2022 年《世界领先海事之都》报告结果显示，新加坡被列为世界领先海事城市之首。尽管传统航运和海上油气市场的经济状况不佳，但新加坡一直能够保持其作为世界领先海运中心的地位。在这项研究中，新加坡在所有五大支柱中的排名都在前五位，其中在海事技术方面的表现超过了其他所有城市。新加坡一贯的创新战略、对初创企业和数字技术的投资，为新加坡在海事技术方面的地位铺平了道路（郭翔，2015）。然而，新加坡在航运、港口和物流方面的第一位置分别输给了雅典和上海。在海事金融与法律领域，新加坡正在失去一些优势，跌至第八名。

鹿特丹是荷兰的第二大城市，其海洋生态系统是世界上最完整、最具竞争力的海事集群，具有欧洲最智能、最可持续的海港，尽管鹿特丹在航运上排名第十，在任何支柱上都没有达到第一名，但鹿特丹在大多数支柱上得分很高，特别是在港口和物流及吸引力和竞争力方面。在全球经济的波动中，鹿特丹的港口持续保持着繁忙的状态，在港口和物流方面排在第二，在吸引力和竞争力方面排在第四位。所以这座荷兰中心城市的综合得分很高，在"世界领先海事之都"排名中紧随新加坡之后，位列第二。伦敦是全球领先的海事金融与法律城市，占有全球海事仲裁市场 80%的份额[1]，在"世界领先海事之都"总体排名第三，但在海事金融与法律领域，位居第二，是继鹿特丹第二个排在前五名的欧洲国家，正在竞争成为欧洲海事活动的领先城市。日本是世界顶级造船国家之一，东京面向北部湾，是日本乃至国际航运与金融中心，在海事行业拥有独特的竞争优势[2]。在本次排名中，东京综合海事发展排在第五位，其优势在于航运及海事金融与法律，均排在第三位。

如表 18.2 所示，中国在海事行业的重要性日益上升，这一点从上海跃居海事之都第四可以看出来。中国是世界上最大的贸易国，拥有世界上最大的造船业。

---

① 报告：伦敦占有全球海事仲裁市场 80%的份额，https://baijiahao.baidu.com/s?id=1633557833757063817&wfr=spider&for=pc.

② 世界上造船最多的国家，日本造船业发达！http://www.bala.cc/chengshi/renwen/2021/8847.html.

世界十大港口中有七个位于这个幅员辽阔的国家①。其中上海港是我国最大的综合性港口，在国际航运中心建设中有着举足轻重的地位，上海在航运、海事技术及港口和物流方面都跻身于前五名，其中在港口和物流方面远超其他城市。在参与排名的多个中国城市中，即北京、上海、香港、青岛、宁波等，只有上海进入前五名的行列，可见上海在海事领域发展迅速，有利于加快建设全球海洋中心城市。

表 18.2 2022 年《世界领先海事之都》五大支柱排名

排名	航运	海事金融与法律	海事技术	港口和物流	吸引力和竞争力	总排名
1	雅典	纽约	新加坡	上海	新加坡	新加坡
2	新加坡	伦敦	奥斯陆	鹿特丹	伦敦	鹿特丹
3	东京	东京	釜山	新加坡	哥本哈根	伦敦
4	上海	奥斯陆	伦敦	香港	鹿特丹	上海
5	汉堡	巴黎	上海	广州	奥斯陆	东京
6	伦敦	鹿特丹	东京	迪拜	汉堡	香港
7	香港	香港	鹿特丹	宁波	温哥华	奥斯陆
8	哥本哈根	新加坡	汉堡	青岛	悉尼	纽约
9	雅加达	北京	北京	汉堡	纽约	汉堡
10	鹿特丹	上海	首尔	吉隆坡	香港	哥本哈根
11	奥斯陆	哥本哈根	休斯敦	安特卫普	休斯敦	釜山
12	首尔	悉尼	哥本哈根	东京	洛杉矶	雅典
13	北京	雅典	巴黎	厦门	西雅图	迪拜
14	迪拜	汉堡	今治	洛杉矶	迈阿密	巴黎
15	今治	孟买	雅典	科伦坡	东京	休斯敦

展望未来五年，专家预测，新加坡将继续保持其全球领先的地位，而上海将变得更加重要，成为第二大海事城市。鹿特丹和伦敦在欧洲领先城市的竞争中处于首要地位。汉堡和雅典自 2019 年以来节节败退。在中东、印度和非洲地区，迪拜是领先的海上中心，在全球范围内排名第 14 位。

（二）指标构成要素情况

1. 航运

评比报告指出，在评估全球航运中心的状况时，雅典、新加坡和东京占据了

---

① 世界十大港口，光我国就占了七个，彰显我国海运核心地位. https://baijiahao.baidu.com/s?id=1746306623
735925742&wfr=spider&for=pc.

领先航运中心总排名的前三名，上海和汉堡紧随其后，排在第四和第五位，具体指标排名见表 18.3。

表 18.3　2022 年航运指标排名

城市	船队规模-管理	船队规模-船东	船队价值-船东	航运总部数量	航运公司的营业收入	低碳密集型燃料类型-船队规模的份额	领先的航运中心	总部的吸引力
雅典	1	1	1	2	39	1	3	9
新加坡	2	2	6	3	14	8	1	1
东京	7	3	2	6	3	2	11	15
上海	5	6	4	9	2	12	5	2
汉堡	4	4	3	5	8	9	6	7
伦敦	6	9	9	14	5	4	2	5
香港	3	5	18	11	21	15	4	4
哥本哈根	13	12	7	26	4	7	9	10
雅加达	8	10	24	1	33	28	29	30
鹿特丹	9	11	11	4	26	16	8	6
奥斯陆	21	13	10	22	9	3	7	11
首尔	16	7	8	12	7	6	26	20
北京	29	21	19	29	1	29	29	27
迪拜	10	18	26	10	10	24	10	3
今治	15	8	5	8	29	38	15	34

　　越来越多的航运运营活动转移到亚洲海事中心，导致传统的欧洲航运中心处在前十名的较低位置，分别排在第一、五、六、八和十名，但雅典是个例外，由于疫情影响，政治和经济出现不确定性，雅典管理者表现出高度厌恶风险，现在稳居第一，超越了业内专家长期以来最喜欢的新加坡。

　　在全球范围内，近年来由于干散货和集装箱等主要市场部门的迅速发展，全球船队价值显著上升，从 2016 年的 8 730 亿美元，上升到 2021 年 9 月的约 1.2 万亿美元[①]。在城市层面上，雅典、东京、汉堡、上海、今治及新加坡拥有的船队价值排名在前六，接近世界船队价值的 50%，说明了这些城市在全球航运业的重要性。

　　雅典在城市所管理的船队规模、隶属于船东的船队规模方面都名列第一，这

---

① 1.2 万亿美元！全球商船船队"身价"暴增创史上新高，https://www.sohu.com/a/485290837_155167?_trans_=000019_wzwza.

座城市的优势在于拥有一个庞大而强大的船东群体，希腊船东多年来一直在该行业发挥着关键作用，预计在未来仍将保持影响力[①]。雅典在未来领先航运中心的主观排名中排名第三，希腊的航运巨头基本上没有受到该国金融危机的影响。由于其处于领先海事中心的历史地位以及具有高素质的海事劳动力，该城市已经发展成为一个主要的船舶拥有和管理场所。

新加坡在航运领域排名第二，这座城市的优势在很大程度上在于其优越的地理位置，临近贸易通道和人口众多的市场，如中国和印度。新加坡是航运的重地，也是重要的商业管理中心，它拥有世界上第二大船队规模，在专家的主观指标中得分很高，被认为是领先的航运中心，是航运活动迁移的首选。

东京几十年来一直是全球领先的航运中心，在此次报告中排到第三。东京的船东在航运领域中占据了越来越大的份额，隶属于船东的船队价值很高，排名仅次于雅典。业内专家认为东京拥有环境友好的船队，在低碳密集型船队方面打出了很高的分数。

近年来，上海在海事活动方面表现出了显著的增长，形成了由中国船东和国际管理者组成的集群，为中国的进出口提供便利，使得航运活动表现出高周转率，获得高额的营业收入，成功地在与中国其他航运中心的竞争中胜出，排在第四位，香港只排到第七。因此，很多全球航运组织在上海设立区域总部、分支机构或其他项目公司，业内专家表示上海对很多企业具有强大的吸引力。

近年来，汉堡一直在努力跟上其他航运中心的步伐，排名第五。汉堡在集装箱船和干散货船上持有大量份额，并且这两个市场持续蓬勃发展，使该市在船舶总价值方面跃居第三位。船东的一部分船队是由拥有一个资产管理人和数百个小股东的单一目的公司融资，这些股东对它们的船舶及其运营缺乏了解和控制。许多船厂由于无法经受住全球金融和航运危机的风暴，最终倒闭。许多资本持有人不愿继续投资航运，转而寻求其他机会，反过来阻碍了汉堡船舶拥有量的增长（Jakobsen et al., 2019）。尽管如此，由于它们的专业知识和良好的业绩记录，对于许多转手给非德国船东的船舶来说，船舶管理仍然留在汉堡，这座城市仍然是船舶运营的全球中心。

2. 海事金融与法律

表 18.4 显示，总的来说，纽约在海事金融与法律方面排名世界第一，紧随其后的是伦敦、东京、奥斯陆和巴黎。纽约拥有全球最大的海事上市证券交易所，在海事业务融资方面发挥着关键作用[②]。就可交易股票数量和公司市值而言，纽

---

① 希腊航运业继续快速增长，稳固占据世界第一航海国家地位！ https://www.sohu.com/a/486076253_120871569?_trans_=000019_wzwza.

② 美国文化 | 全世界最大的证券交易所一瞥：美国纽约证券交易所. https://www.tjxz.cc/18806.

约是迄今为止全球最大的海运股票市场。伦敦则以其海事法律和保险服务闻名于世，它是世界领先保险机构的所在地，所以其在法律专家、海事律师公司数量及保险费上都遥遥领先，英国法律在航运纠纷的应用中非常广泛。

表 18.4　2022 年海事金融与法律指标排名

城市	法律专家	海事律师公司数量	保险费	委托贷款	航运银行投资组合	海洋产业上市公司数量	市证券交易所上市公司市值	首次公开募股、债券、后续交易	领先的金融中心
纽约	2	2	24	1	8	1	1	1	3
伦敦	1	1	1	6	6	12	13	9	1
东京	14	26	2	3	3	4	6	10	7
奥斯陆	14	16	9	2	5	2	10	2	4
巴黎	10	12	4	4	2	16	11		15
鹿特丹	7	5	7	5	4			6	9
香港	10	10	19			3	2	7	5
新加坡	7	8	3		13	7	7	3	2
北京		24	5		1				13
上海		15	16			9	3	8	6
哥本哈根	5	36	29		9	18	15	12	11
悉尼	2	20	13		12	19	16		20
雅典	16	3	28		10	16	19		12
汉堡	9	9	10		11	21	22		8
孟买	16	24	26			6	5		21

东京是日本航运界的中心，有几家银行在船舶融资方面很有实力。东京的保险公司创造出第二大保费，许多海事公司都是上市公司，所以其在保险费、委托贷款、航运银行投资组合及海洋产业上市公司数量上有很大的优势，总体排名第三，但在法律指标方面表现不佳，因为东京的律师事务所在全球范围内的认知度较低。

奥斯陆是挪威的金融中心和货币政策中心，在海事金融与法律领域的强势地位主要是由于挪威在航运业的强大历史地位和世界领先的金融服务。奥斯陆拥有世界上两家领先的航运银行和专注于海事的股票交易所，以及领先的保险和经纪实体，拥有强大的地位①。

巴黎是一个内陆城市，没有重要的港口和航运群体，由于它是法国巴黎银行、法国农业信贷银行等领先船舶融资银行的总部所在地，以及在保险和航运银行投资组合方面的优势，在海事金融与法律支柱方面排名第五。

据业内专家评估，海运金融规模最大的 5 个城市分别是伦敦、新加坡、纽约、奥斯陆和香港。巴黎和东京在客观指标上得分较高，但在业内专家的评价中，它们并不在顶级城市之列。相反，虽然新加坡在海事金融与法律上总排名第八，但他们仍然将新加坡列为第二大领先城市。

3. 海事技术

海事技术的排名使用了七个客观指标，揭示了海事技术的不同维度，即船舶修建、船舶修建-建造低碳密集型船舶、海事技术企业营业额、船级社船队、造船厂建造的船舶的市场价值、海事专利数量、每个城市的海事教育机构数量。在海事技术方面，新加坡是世界领先的城市，其次是奥斯陆、釜山、伦敦和上海，具体指标排名见表 18.5。

表 18.5　2022 年海事技术指标排名

城市	船舶修建	船舶修建-建造低碳密集型船舶	海事技术企业营业额	船级社船队	造船厂建造的船舶的市场价值	海事专利数量	每个城市的海事教育机构数量	海事技术中心	绿色转型方面的领先城市	在数字化转型方面处于最佳位置的城市	研发中心搬迁的首选
新加坡	13	11	5	16	8	11	5	1	2	1	1
奥斯陆	22	15	13	1	10	9	10	2	1	2	2
釜山	1	1	2	7	1	5	31	4	12	13	11
伦敦			8	4		6	1	7	6	5	3
上海	2	2	3	18	2	17	10	3	7	3	3
东京	8	5	6	2	6	3	16	6	8	10	8
鹿特丹	9	9	10		18	2	2	8	4	6	7
汉堡	17	16	18	19	17	4	3	5	5	7	5
北京	11	21	15	15	20	23	26	23	23	20	
首尔	26	19	4	24	1		31	10	17	17	17
休斯敦	31	21	28	3		8	15	13	23	14	15
哥本哈根			32			12	10	9	3	4	6

---

① 全球海洋中心城市的发展状况与特点. https://m.thepaper.cn/baijiahao_16852941.

城市	船舶修建	船舶修建－建造低碳密集型船舶	海事技术企业营业额	船级社船队	造船厂建造的船舶的市场价值	海事专利数量	每个城市的海事教育机构数量	海事技术中心	绿色转型方面的领先城市	在数字化转型方面处于最佳位置的城市	研发中心搬迁的首选
巴黎			9	6		7	31	31	26	26	30
今治	3	8	7		3	18		14	26	26	30
雅典	28	21	39	9		39	3	15	16	14	12

　　尽管新加坡的造船能力并不强，但在建造海事研发项目框架方面发挥着重要作用，政府愿意为海事公司，特别是海事技术初创企业提供支持，这为它们进入市场、获得资金和人才提供了便利。新加坡国立大学提供专家，可以协助创新项目的开发和试验。新加坡在领先海事技术中心，推动海事数字化以及对转移海事研发活动的吸引力方面都位居第一，是数字和绿色技术的主要中心。

　　奥斯陆是全球排名第二的领先城市，被认为是海事技术和创新的热点地区。世界领先的海事研发公司 DNV 的总部位于奥斯陆，所以在船级社船队规模上排在首位。奥斯陆地区还拥有世界领先的设备生产商以及各种专业的科技公司，是研发中心搬迁明智的选择。奥斯陆拥有顶尖的研发组织，是高度发达的海事设备行业的所在地，能够在环境可持续技术领域方面提供可行的解决方案，获得业内专家的广泛认可。

　　排名第三的是釜山，这得益于其造船厂交付的庞大船队、该城市的海事技术企业营业额及在该城市建造的船舶的市场价值。釜山是韩国造船集群的中心，这里的造船厂主要生产海上船舶和高附加值的巨型船舶，如集装箱船、超大型油轮和液化天然气油轮（薛龙玉，2022）。

　　伦敦因具有著名的海事教育机构，以及其是最古老的船级社劳埃德船级社的所在地而获得很高的分数，总排名第四。

　　上海排在前五名的原因是，上海的现代化造船厂吸引了大量新建项目。这些造船厂在相对较短的时间内在生产质量方面具有惊人的飞跃，同时也保持了高度的竞争力，这要归功于中国政府提供的经济激励措施，比如如果船东选择中国造船厂，就可以将融资扩大到新建项目总成本的 80%~90%[①]。除绿色转型外，上海在主观指标上都排在前四名，在海事技术领域得到了专家的广泛认可。

　　4. 港口和物流

　　如表 18.6 显示，总体而言，上海在港口和物流方面排名第一，因为它在港口

---

① 中国船舶配套网. 船舶融资：中国造船业的有力支撑. https://www.cnss.com.cn/old/61592_2.jhtml，2011-10-09.

集装箱吞吐量、港口运营商的规模和 LSCI 等各项指标上的加权平均分较高。上海是 PLSCI 等级中连接最完善的港口，有 265 条定期班轮进出其港口，定期服务部署的集装箱船平均规模很大[①]。

表 18.6 2022 年港口和物流指标排名

城市	港口集装箱	港口运营商的规模	班轮运输连通性指数	港口可用的液化天然气	世界港口和物流中心
上海	2	2	1		3
鹿特丹	10	4	6	1	2
新加坡	3	3	2	4	1
香港	8	1	4		4
广州	1		10		8
迪拜	11	5	12		6
宁波	5		3		12
青岛	4		5		20
汉堡	12	7	11		5
吉隆坡	13		8	4	23
安特卫普	15		7	7	11
东京	22	8	13		9
厦门	16		9		30
洛杉矶	9		22		7
科伦坡	24		14		30

鹿特丹排名第二，紧随其后的是新加坡、香港和广州。就港口集装箱吞吐量而言，广州、上海和新加坡要更大些，鹿特丹在排名评估中的优势主要在于其部署在该城市的液化天然气燃料船的规模大。鹿特丹还拥有欧洲最大的港口以及世界第三大港口运营商[②]。专家评估支持其与欧洲大陆建立良好联系的多样化港口。该港口处于自动化和创新的前沿，以利用新技术补充其核心港口活动。

虽然新加坡被全球专家认为具备最好的港口和物流服务，但它在这一支柱方面的综合排名现在已排在第三位。新加坡位于东西贸易通道的战略位置上，与 100 多个国家的数百个港口相连。此外，它还为在其港口装卸的集装箱船舶提供港口费优惠，为在其港口停留期间使用减排技术、清洁燃料或液化天然气的船舶

---

① 物流加. 港口"吸引法则"：连通与高效. https://zhuanlan.zhihu.com/p/96722203，2019-12-11.

② 李娜，夏文. 全球海洋中心城市的发展状况与特点. https://m.thepaper.cn/baijiahao_16852941，2022-02-25.

提供绿色港口优惠，以保持其竞争力。与鹿特丹一样，新加坡也满足船舶对液化天然气的需求，开发其集装箱码头，成为世界上规模最大的全自动化码头。

排名第四的是香港，这在很大程度上要归功于香港在港口运营商的规模指标上的高分。和记港口和招商局港口总部设在香港，因此香港是两家大型港口运营商的所在地，它们在港口运营中控制着大份额的全球集装箱吞吐量。

广州在港口和物流支柱方面排名第五，主要得益于它在港口集装箱吞吐量指标上得分最高。广州尚未提供液化天然气燃料。

5. 吸引力和竞争力

从表18.7可以看出，总体而言，从客观指标和专家评估来看，新加坡仍然是世界上最具吸引力和竞争力的海洋城市。新加坡在这一支柱中的大多数指标方面都是榜首，只有政府透明度和腐败程度、创业、海运和物流货物装卸例外，哥本哈根、纽约和鹿特丹分别位居这三个客观指标第一。

表18.7　2022年吸引力和竞争力指标排名

城市	营商便利性	政府透明度和腐败程度	创业	海运和物流货物装卸	五年内成为世界领先的海事中心	总部搬迁的首选	最具创新和创业精神的城市
新加坡	1	2	25	10	1	1	1
伦敦	11	6	8	6	3	2	7
哥本哈根	2	1	7	13	9	8	4
鹿特丹	37	4	10	1	5	9	6
奥斯陆	12	3	19	15	4	6	2
汉堡	19	5	14	2	8	7	5
温哥华	20	6	6	3	20	19	20
悉尼	14	6	9	14	33	36	26
纽约	4	18	1	29	12	10	13
香港	2	6	11		7	4	8
休斯敦	4	18	1	29	16	15	15
洛杉矶	4	18	1	29	16	19	22
西雅图	4	18	1	29	27	36	26
迈阿密	4	18	1	29	33	36	26
东京	22	11	22	7	11	13	10

在这一支柱方面，伦敦和哥本哈根排在新加坡之后，与哥本哈根相比，伦敦在主观评价上相对较强，但在营商便利性、政府透明度和腐败程度等方面处于落后水平。哥本哈根的主要优势在于它在一些客观指标上的得分很高，它是世界上最透明、最廉洁的城市，其营商便利性为世界第二。在主观方面，当业内专家被要求对他们所选择的最具创新和创业精神的三大海洋活动中心城市进行排名时，哥本哈根排名第四，而伦敦排名第七。

鹿特丹和奥斯陆紧随其后。鹿特丹在海运和物流货物装卸方面得分最高，奥斯陆则是在最具创新和创业精神的城市上得到了很高的排名。

二、五期报告结果对比分析

表 18.8 显示，2012~2022 年，新加坡蝉联"世界领先海事之都"之首，新加坡港口是全球最繁忙的港口之一，集装箱吞吐量和船舶总吨位巨大，对航运业和全球供应链有着卓越的贡献。

表 18.8　五期报告排名

排名	2012 年	2015 年	2017 年	2019 年	2022 年
1	新加坡	新加坡	新加坡	新加坡	新加坡
2	奥斯陆	汉堡	汉堡	汉堡	鹿特丹
3	伦敦	奥斯陆	奥斯陆	鹿特丹	伦敦
4	汉堡	香港	上海	香港	上海
5	香港	上海	伦敦	伦敦	东京
6	纽约	伦敦	鹿特丹	上海	香港
7	上海	东京	香港	奥斯陆	奥斯陆
8	东京	鹿特丹	东京	东京	纽约
9	哥本哈根	纽约	哥本哈根	迪拜	汉堡
10	雅典	雅典	迪拜	釜山	哥本哈根

鹿特丹的排名持续攀升，从 2012 年的第 11 名上升至 2022 年的第 2 名。鹿特丹是荷兰第二大城市，是欧洲乃至世界的物流中心。鹿特丹港口是欧洲第一大港，每年吞吐 16 万艘轮船。然而，有趣的是，伦敦在任何支柱上都没有第一的位置。在综合排名上，上海排名第 4，东京排名第 5。东京在客观指标方面一直表现强劲。奥斯陆从 2019 年开始掉出前五的行列。汉堡在前几次排名中一直排在前 5

名，但在 2022 年失去了优势，它在航运支柱上的第 5 名是汉堡 2022 年唯一的前 5 名。因此，汉堡的总排名下降到了第 9 位。香港在航运支柱和海事金融与法律方面失去了前 5 名的位置，在综合排名中从 2019 年的第 4 名跌至 2022 年的第 6 名。

2015 年，伦敦在全球排名中跌至第 6 位，2022 年伦敦成为全球第三领先海事城市之一。香港 2017 年降至第 7 名，是五次排名中最低的一次，该港口的吞吐量十多年来首次低于 2 000 万标准箱。2022 年，香港从 2019 年的第 4 名跌至第 6 名。中国其他城市的强劲发展对香港作为航运中心带来了挑战，其中一个城市就是上海，其正在加速迈进世界领先海事城市，从 2019 年的第 6 名升至 2022 年的第 4 名。

三、中国城市报告结果分析

五期报告中，上海和香港都参与了总排名，2017 年和 2022 年报告结合主观和客观指标对广州也进行了综合排名。2022 年，北京、宁波、青岛、厦门和大连也进入世界领先海事城市 50 强的行列，具体排名见表 18.9。

表 18.9　中国城市各期排名

城市	2012 年	2015 年	2017 年	2019 年	2022 年
上海	7	5	4	6	4
香港	5	4	7	4	6
广州			15		22
北京					18
宁波					25
青岛					30
厦门					35
大连					37

（一）上海

作为国内唯一海洋生产总值过万亿的城市[①]，上海正在加速迈向全球领先海洋城市。在世界领先海事之都的排名中，上海一直稳定在前十名，并且呈上升趋

① 新城市志|建设全球海洋中心城市，这八城开辟新赛场. https://baijiahao.baidu.com/s?id=1742289629661071359&wfr=spider&for=pc，2022-08-27.

势，从 2013 年的第 7 名提高到 2022 年的第 4 名，虽在 2019 年下降两个名次，但在 2022 年凭借其雄厚的海事实力又重登五强的宝座。

由表 18.10 可以看出，上海在五大支柱上的排名都很靠前，在港口和物流方面优势最为突出，一直排在前五名，甚至在 2022 年位列榜首。从集装箱吞吐量来看，上海港已成为全球集装箱第一大港，吞吐量一直在世界名列前茅。上海国际航运服务主要聚焦于船舶、港口、物流、船员等基础国际航运服务，已形成门类齐全的全产业链航运服务业，在全球航运领域具有领先地位[1]。自 2015 年起，上海在航运方面的排名持续攀升，从第 8 名上升到第 4 名。另外，上海在绿色航运、智慧航运、海事技术创新等方面成效逐步显现，实现了全球领先和引领（王丹等，2020）。上海在海事金融与法律方面表现并不是很突出，未来需要继续推进在海事金融领域的政策和功能创新，重视司法服务在促进产业发展中的作用。

表 18.10　上海在 5 大支柱上的排名

年份	航运	海事金融与法律	海事技术	港口和物流	吸引力和竞争力
2012	4	9	3		
2015	8	6	6	4	5
2017	8	8	5	2	9
2019	5	8	7	4	12
2022	4	10	5	1	

（二）香港

由表 18.9 可以看出，香港在 2012 年、2015 年及 2019 年荣登五强的行列，这主要归功于香港港口和物流服务的发展（表 18.11）。香港是重要的国际中转枢纽港，在自由港地位下，不单政策会比内地的更国际化和宽松，贸易及通关的便利性更处于世界领先地位，2015 年和 2019 年分别排在第 2 位和第 3 位[2]。2022年，香港跌出前五，主要是由于随着内地的逐渐开放以及内地港口的发展壮大，内地对香港的转运需求呈现减少趋势，直接导致香港港口吞吐量下降，其航运中心的地位受到挑战。另外，如果香港想要在以后的竞争中更进一步，需要重点关注海洋技术的研发与应用。

---

① 打造多式联运产业链，强化上海市绿色、智慧、低碳国际航运中心. https://news.sjtu.edu.cn/mtjj/20220831/173965.html，2022-08-23.

② 货物从内地运到香港转口出口的好处. http://www.flsj.com.cn/news/html/?3673.html，2021-11-25.

表 18.11　香港在 5 大支柱上的排名

年份	航运	海事金融与法律	海事技术	港口和物流	吸引力和竞争力
2012	6	5	8		
2015	5	5	11	2	6
2017	5	9	12	4	7
2019	4	4	13	3	7
2022	7	7		4	10

（三）广州

2017 年，广州在领先海事之都评比中排名第 15，其在航运方面排名第 15，主客观指标的排名分别为第 15 和第 14。在航运这一支柱中，2016 年由城市管理的船队价值在全球排名第 14；在城市注册的船东控制的船队规模排在第 13 名；总部设在本市的航运公司数量比较多，排在第 14，其价值则排在第 9 名。广州在海事金融与法律领域排名第 13，主客观指标的排名分别为第 15 和第 13。在这一支柱中，本地证券交易所上市海事公司的市值及数目排在第 12 名。广州在海事技术领域的排名为第 11，主客观指标的排名分别为第 13 和第 9。在这一方面，2016 年城市造船厂的船队订单量超过两百万修正总吨，排在第 3 位；在本市主要船级社工作的海事相关人员的数量排在第 12；截至 2016 年底，上市船厂及技术服务商的市值排在第 6 位。广州在港口和物流服务方面位列第 9，主客观指标的排名分别为第 9 和第 10。其中，该城市港口集装箱吞吐量达到全球最大，港口货物吞吐量仅次于釜山，排在第 2。广州在吸引力和竞争力上的排名为第 15，主客观指标的排名都是第 15。

2022 年，广州在总排名中位列第 22，较 2017 年下降了 7 个名次。其中，在航运方面，船队中使用低碳燃料类型的份额排在第 14，船队对环境的影响相对较小；城市船队价值超过 200 亿美元，排在第 13 名；在该市注册的隶属于船东的船队规模在全球排第 15。在海事技术领域，2018 年以后造船厂船队规模和订单量排在第 4 名；2019 年、2020 年、2021 年销售的船舶采购价格排在第 7；船厂使用低碳密集型燃料交付的船队规模位列第 3；在各城市设有总部的公司拥有的海事专利数量在全球排在第 15；海事科技公司营业额排在第 11 名。在港口和物流服务领域的总排名为第 5，在港口集装箱吞吐量和港口运输连通性指数分别排在第 1 和第 10，具有成为海事中心的潜力。

（四）北京

北京仅在 2022 年登上榜位，排名为第 18。在航运这一支柱上位列第 13，其中，城市航运公司营业额在全球是最高的；在隶属于城市的船队规模、隶属于船东的船队规模、船东的船队价值、航运总部数量以及环境友好型船队规模指标上排名较靠后，分别是第29、21、19、29、29。在海事金融与法律领域，北京排到第9名，其中在总部位于全球不同城市的银行评估领先航运投资组合时，北京是表现最好的，位列第1；在海事律师数量和保险费指标上分别排在第24和第5。在海事技术领域，北京排到第9名，其中由于很多海事技术公司总部设立在北京，导致北京海事科技公司营业额在全球是最高的；在造船厂交付的订单量，船厂建造的环境友好型船舶、船级社船队、船舶市值、海事专利及海事教育机构指标上分别排在第11、21、5、15、20、23。虽然在港口和物流服务支柱上没有进入前15名，但北京的港口吞吐量在全球排名第7。

（五）宁波

宁波在2022年领先海事之都总排名中为第25，宁波坐拥世界第一大港宁波舟山港，全市注册船舶5艘以上的船舶公司数量超过50个，排在第13名；2018年以后造船厂船队规模和订单量以及2019年、2020年、2021年销售的船舶采购价格都排在第5名；海事科技公司营业额排在第15名；宁波在港口和物流服务这一支柱上的总排名为第7，其中在港口集装箱吞吐量和港口运输连通性指数上的排名比较靠前，分别为第5和第3。

（六）青岛

青岛在2022年领先海事之都的总排名中排到第30名，其最大的优势是海洋人才和海洋创新能力，在海事技术支柱中的2018年以后造船厂船队规模和订单量，2019年、2020年、2021年出售的造船厂建造的船舶购买价格，以及造船厂建造的低碳密集型船队规模和交付的订单量指标上的排名分别为第7、12、7。青岛在港口和物流服务领域的总排名为第8，其中在港口集装箱吞吐量和港口运输连通性指数上的排名比较靠前，分别为第4、第5。

（七）厦门

厦门海洋产业蓬勃发展，在2022年领先海事城市评比中进入50强的行列，排在第35名，该城市航运公司的营业额位列第15名；2018年以后造船厂船队规模和订单量排在第15；2019年、2020年、2021年出售的造船厂建造的船舶购买价格排在第13；造船厂建造的低碳密集型船队规模和交付的订单量排在第10。厦门在港口和物流支柱上的总排名为第13，其中在港口集装箱吞吐量和港口运输连通性指数上的排名分别为第16和第9。

（八）大连

大连地处辽东半岛南端，三面环海，是东北海陆空立体交通枢纽，在2022年领先海事之都的总排名为第37。该城市在海事技术领域的很多指标中都有比较大的优势。例如，2018年以后造船厂船队规模和订单量排在第6；2019年、2020年、2021年出售的造船厂建造的船舶购买价格排在第5；造船厂建造的低碳密集型船队规模和交付的订单量上排在第6；海事科技公司营业额排在第12名。

参　考　文　献

郭翔. 2015. 新加坡荣登世界"海事城市"排行榜首[J]. 珠江水运，（S1）：1.

胡春燕. 2018-11-02. 对标全球海洋中心城市加快国际海洋名城建设[N]. 青岛日报（09）.

王丹，彭颖，柴慧，等. 2020. 上海国际航运中心建设目标评估及未来方向[J]. 科学发展，（5）：40-52.

薛龙玉. 2022. 釜山：建造核心力[J]. 中国船检，（2）：20-23.

杨明. 2019. 全球海洋中心城市评选指标，评选排名与四大海洋中心城市发展概述[J]. 新经济，（10）：30-34.

Jakobsen E W, Haugland L M, Abrahamoglu S. 2022. The Leading Maritime Capitals of the World 2022[EB/OL]. https://www.menon.no/wp-content/uploads/Maritime-cities-2022_13-oppdatert.pdf [2024-05-08].

Jakobsen E W, JuliebØ S, Haugland L M, et al. 2019. The Leading Maritime Capitals of the World 2019[EB/OL]. https://www.menon.no/wp-content/uploads/Maritime-cities-2019-Final.pdf[2024-05-08].

Jakobsen E W, Mellbye C S, Osman M S, et al. 2017. The Leading Maritime Capitals of the World 2017[EB/OL]. https://www.menon.no/wp-content/uploads/2017-28-LMC-report-revised.pdf[2024-04-29].

Jakobsen E W, Mellbye C S, Sørvig Ø S. 2015. The Leading Maritime Capitals of the World 2015[EB/OL]. https://www.menon.no/wp-content/uploads/01maritime-capitals-2.pdf[2024-04-29].

Nor Shipping, OSLO Maritime Network. 2012. The Leading Maritime Capitals of the World[EB/OL]. https://globalmaritimehub.com/wp-content/uploads/attach_886.pdf[2024-05-12].